"十二五"普通高等教育本科国家级规划教材
高等学校信息安全专业"十二五"规划教材

张沪寅 主编 吕 慧 副主编

计算机
网络管理教程

（第二版）

WUHAN UNIVERSITY PRESS
武汉大学出版社

图书在版编目(CIP)数据

计算机网络管理教程/张沪寅主编．—2 版．—武汉:武汉大学出版社,2018.10
"十二五"普通高等教育本科国家级规划教材　高等学校信息安全专业"十二五"规划教材
ISBN 978-7-307-20181-1

Ⅰ.计…　Ⅱ.张…　Ⅲ.计算机网络—管理—高等学校—教材　Ⅳ.TP393.07

中国版本图书馆 CIP 数据核字(2018)第 098209 号

责任编辑:林　莉　　责任校对:汪欣怡　　版式设计:马　佳

出版发行:**武汉大学出版社**　(430072　武昌　珞珈山)
　　　　　(电子邮件:cbs22@whu.edu.cn　网址:www.wdp.com.cn)
印刷:湖北民政印刷厂
开本:787×1092　1/16　印张:28.75　字数:733 千字　插页:1
版次:2012 年 1 月第 1 版　　2018 年 10 月第 2 版
　　　2018 年 10 月第 2 版第 1 次印刷
ISBN 978-7-307-20181-1　　定价:58.00 元

版权所有,不得翻印;凡购买我社的图书,如有质量问题,请与当地图书销售部门联系调换。

高等学校信息安全专业"十二五"规划教材
编委会

主　任：
沈昌祥（中国工程院院士，教育部高等学校信息安全类专业教学指导委员会名誉主任，武汉大学兼职教授）

副主任：
蔡吉人（中国工程院院士，武汉大学兼职教授）
刘经南（中国工程院院士，武汉大学教授）
肖国镇（西安电子科技大学教授，武汉大学兼职教授）

执行主任：
张焕国（教育部高等学校信息安全类专业教学指导委员会顾问，武汉大学教授）

编　委（主任、副主任名单省略）：
冯登国（密码科学技术国家重点实验室研究员，武汉大学兼职教授）
卿斯汉（北京大学教授，武汉大学兼职教授）
吴世忠（中国信息安全产品测评中心研究员，武汉大学兼职教授）
朱德生（中国人民解放军总参谋部通信部研究员，武汉大学兼职教授）
谢晓尧（贵州师范大学教授）
黄继武（中山大学教授）
马建峰（教育部高等学校信息安全类专业教学指导委员会委员，西安电子科技大学教授）
秦志光（电子科技大学教授）
刘建伟（教育部高等学校信息安全类专业教学指导委员会委员，北京航空航天大学教授）
韩　臻（教育部高等学校信息安全类专业教学指导委员会副主任，北京交通大学教授）
张宏莉（教育部高等学校信息安全类专业教学指导委员会委员，哈尔滨工业大学教授）
覃中平（华中科技大学教授，武汉大学兼职教授）
俞能海（教育部高等学校信息安全专业教学指导委员会委员，中国科技大学教授）
徐　明（教育部高等学校信息安全专业教学指导委员会委员，国防科技大学教授）
贾春福（南开大学教授）
石文昌（教育部高等学校信息安全专业教学指导委员会委员，中国人民大学教授）
何炎祥（武汉大学教授）
王丽娜（武汉大学教授）
杜瑞颖（武汉大学教授）

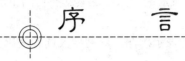

人类社会在经历了机械化、电气化之后，进入了一个崭新的信息化时代。

在信息化社会中，人们都工作和生活在信息空间（Cyberspace）中。社会的信息化使得计算机和网络在军事、政治、金融、工业、商业、人们的生活和工作等方面的应用越来越广泛，社会对计算机和网络的依赖越来越大，如果计算机和网络系统的信息安全受到破坏将导致社会的混乱并造成巨大损失。当前，由于敌对势力的破坏、恶意软件的侵扰、黑客攻击、利用计算机犯罪等对信息安全构成了极大威胁，信息安全的形势是严重的。

我们应当清楚，人类社会中的安全可信与信息空间中的安全可信是休戚相关的。对于人类生存来说，只有同时解决了人类社会和信息空间的安全可信，才能保证人类社会的安全、和谐、繁荣和进步。

综上可知，信息成为一种重要的战略资源，信息的获取、存储、传输、处理和安全保障能力成为一个国家综合国力的重要组成部分，信息安全已成为影响国家安全、社会稳定和经济发展的决定性因素之一。

当前，我国正处在建设有中国特色社会主义现代化强国的关键时期，必须采取措施确保我国的信息安全。

发展信息安全技术与产业，人才是关键。人才培养，教育是关键。2001 年经教育部批准，武汉大学创建了全国第一个信息安全本科专业。2003 年，武汉大学又建立了信息安全硕士点、博士点和博士后流动站，形成了信息安全人才培养的完整体系。现在，设立信息安全专业的高校已经增加到 80 多所。2007 年，"教育部高等学校信息安全类专业教学指导委员会"正式成立。在信息安全类专业教指委的指导下，"中国信息安全学科建设与人才培养研究会"和"全国大学生信息安全竞赛"等活动，开展得蓬蓬勃勃，水平一年比一年高，为我国信息安全专业建设和人才培养作出了积极贡献。

特别值得指出的是，在教育部的组织和领导下，在信息安全类专业教指委的指导下，武汉大学等 13 所高校联合制定出我国第一个《信息安全专业指导性专业规范》。专业规范给出了信息安全学科结构、信息安全专业培养目标与规格、信息安全专业知识体系和信息安全专业实践能力体系。信息安全专业规范成为我国信息安全专业建设和人才培养的重要指导性文件。贯彻实施专业规范，成为今后一个时期内我国信息安全专业建设和人才培养的重要任务。

为了增进信息安全领域的学术交流，并为信息安全专业的大学生提供一套适用的教材，2003 年武汉大学出版社组织编写出版了一套《信息安全技术与教材系列丛书》。这套丛书涵盖了信息安全的主要专业领域，既可用做本科生的教材，又可用做工程技术人员的技术参考书。这套丛书出版后得到了广泛的应用，深受广大读者的厚爱，为传播信息安全知识发挥了重要作用。2008 年，为了反映信息安全技术的新进展，更加适合信息安全专业的教学使用，武汉大学出版社对原有丛书进行了升版。2011 年，为了贯彻实施信息安全专业规范，给广大信息安全专业学生提供一套符合信息安全专业规范的适用教材，武汉大学出版社对以前的教材进行了根本性的调整，推出了《高等学校信息安全专业规划教材》。这套新教材的最大特点首先是符合信息安全专业规范。其次，教材内容全面、理论联系实际、努力反映信息安全领域的新成果和新技术，特别是反映我国在信息安全领域的新成果和新技术，也是其突出特点。我认为，在我国信息安全专业建设和人才培养蓬勃发展的今天，这套新教材的出版是非常及时的和有益的。

我代表编委会向这套新教材的作者和广大读者表示感谢。欢迎广大读者提出宝贵意见，以便能够进一步修改完善。

编委会主任，中国工程院院士，武汉大学兼职教授

沈昌祥

2012 年 1 月 8 日

前 言

随着计算机网络的飞速发展,网络的应用范围越来越大,功能也随之复杂,计算机网络已经渗透到社会经济的各个领域,网络已成为人们生活中不可或缺的一部分,因此给网络管理带来了更大的挑战。在这种情况下,一个完善的网络管理系统是网络能够可靠稳定运行的保证,也是网络上承载的业务系统和应用系统顺利运行的基础。现代网络的管理已从传统的保证网络连通性为目标转向以保证网络应用、特别是应用服务为主要目的,因此网络管理也需相应的改进,网络的管理必须建立在应用和服务层次之上,以期满足应用和信息服务为主的网络管理需求。

从最初的网络管理框架的提出到现在,网络管理系统包含以下五个功能:故障管理、配置管理、计费管理、性能管理和安全管理。

当前世界上流行的网络管理技术有由国际电信联盟的电信标准化部门 ITU-T 提出的 TMN(Telecommunications Management Network)、由国际标准化组织(ISO)提出的 CMIP (公共管理信息协议)和由 Internet 组织提出的 SNMP(简单网络管理协议)。在这些标准中,CMIP 的功能最强大,但其实现难度也最大,这就妨碍了它的应用,因此目前支持 CMIP 的产品很少;而 SNMP 则由于它的简单和易操作,得到广泛的应用,并已成为事实上 Internet 的管理标准。

SNMP 目前被广泛应用于 TCP/IP 网络及设备管理。其最大的优势是设计简单,几乎所有的网络管理人员都喜欢使用。SNMP 从 20 世纪 90 年代初出现以来,经历了 3 次大的修改,并于 1999 年 4 月推出了第 3 版(SNMPv3)草案。新标准的出现进一步刺激了制造商的开发活动,迅速研制出功能更加安全的网络管理产品,使得网络管理市场的竞争更加激烈。本书在原有授课基础上对 SNMP 作为重点修改,利用 AdventNet SNMP Utilities 软件中的 MibBrowser 组件来实现 SNMP 操作,使读者能更好地理解 SNMP 的管理方法。但是从长远来看,国际标准化组织定义的 OSI 系统管理由于得到政府部门的支持而一直没有停止研究和开发,而且网络互连的复杂性和规模的扩大也在呼唤着符合 CMIS/CMIP 标准的、功能全面的、管理严格的网络产品的出现。基于发展的考虑,本书也介绍了 OSI 系统管理的基本概念和主要内容。

根据当前网络管理和安全的需求,本书加入了有关网络安全管理技术策略。其中,第 6 章增加了 MIB-2 在网络安全中的应用,利用最常见的 MIB-2 开展多层次网络监控,从而及时发现网络入侵;第 8 章增加了 Host Resources MIB,利用 Host Resources MIB 进行网络安全管理;第 9 章增加了基于视图的访问控制模型,主要解决合法实体是否有权限去操作它在 PDU 中所要求的 MIB 对象,并将用户和特定的 MIB 视图关联起来,建立用户与 MIB 视图之间的安全关联。

为了使读者更好地掌握计算机网络管理的理论知识和实用技术,全书共分为 14 章,对网络管理的体系结构和网络管理实用技术进行了全面介绍,并对网络安全管理、Cisco 网络认证工程师、典型的网络管理平台、网络管理系统的操作和使用进行了详细的讲解。

本书第 1 章介绍了网络管理的基本概念，网络管理的标准化组织以及网络管理的五大功能。第 2 章主要介绍网络管理的体系结构，其中包括网络管理的基本模型，网络管理的模式，网络管理的组织模型以及网络管理软件结构。

第 3 章全面介绍了 OSI 系统管理，其中包括 OSI 的参考模型，服务定义和协议规范，CMIS/CMIP 的管理标准，OSI 管理框架，管理对象的层次结构，管理操作，管理对象的状态以及管理对象之间的关系。

第 4 章详细介绍了抽象语法表示 ASN.1 的表示方式，运用大量的实例对其数据类型进行了讲解，并对基本编码规则的编码结构作了详细的论述。

第 5 章对 Internet 管理信息结构进行了详细的论述，其中包括 SNMP 的管理框架，SNMP 协议体系结构，管理信息结构的定义，标量对象和表对象。

第 6 章简要介绍了 MIB 的发展，详细描述了 MIB-2 中的 system 组、interfaces 组、IP 组、ICMP 组、TCP 组、UDP 组、EGP 组和 Transmission 组的结构，并对 MIB-2 的局限性和 MIB-2 在网络安全中的应用作了详细分析。

第 7 章首先介绍 SNMPv1 基本信息，然后，详细描述了 SNMPv1 数据协议单元和操作过程，并对 SNMP 组作了介绍。第 8 章针对 SNMPv1 的不足，着重介绍了 SNMPv2 安全协议，并对 SNMPv2 的管理信息结构、管理信息库、协议操作和 Host Resources MIB 进行了论述。第 9 章对 SNMPv3 的产生以及体系结构进行了介绍，并对 SNMP v3 实体、SNMP v3 框架、SNMPv3 应用程序、安全模式和基于视图的访问控制模型作了叙述。

第 10 章首先介绍 RMON 的基本概念，然后对 RMON1 和 RMON2 的管理信息库进行详细的讲述，并通过具体的方案说明 RMON 在网络管理中的应用。

第 11 章是根据 Cisco 网络认证工程师所要求掌握的相关知识，介绍了 Cisco 路由器、交换机和集线器的特点，对 Cisco IOS 软件的基本操作、广域网协议设置、IP 路由设置、访问控制列表的设置、配置 VLAN 和 NAT 等进行了详细论述。

第 12 章分别介绍了一些具有代表性的典型网络管理系统，包括 Ciscoworks 2000, HP OpenView, IBM Tivoli NetView, Sun Solstice Net Manager 和青鸟网硕 NetSureXpert。

第 13 章是针对基于 Windows 平台的网络管理，分别介绍在 Windows 2000, Windows XP 和 Windows 2003 中 SNMP 服务的安装、配置、测试和应用，然后讲述如何在 Windows 平台进行 SNMP 编程。

第 14 章介绍了网络管理技术的发展，其中主要包括网络管理体系结构的变化，基于 Web 的网络管理，基于 XML 的网络管理，CORBA 技术在网络管理系统的应用，基于主动网络的网络管理和基于移动代理的网络管理。

本书可作为高等学校本科生和研究生的教学教材，也可作为网络管理工程技术人员的参考书。在编写的过程中，引用了大量国内外相关资料。

本书第 1 章、第 3 章、第 5 章、第 10 章由张沪寅编写，第 2 章、第 4 章、第 6 章由吕慧编写，第 7 章、第 8 章、第 9 章由生力军编写，第 11 章由张萌编写，第 12 章、第 13 章、第 14 章由吴黎兵编写。全书由张沪寅统稿。

本书的编写得到了武汉大学出版社的资助。书中内容的制订得到了吴产乐教授、黄传河教授和石岗教授的指导。在此谨向他们表示衷心的感谢。

由于时间和水平有限，难免有错，恳请读者批评指正。

编 者
2012 年 1 月

目　录

第1章　网络管理概述 ... 1
1.1　网络管理的基本概念 ... 1
1.1.1　网络管理概述 ... 1
1.1.2　网络管理的目标 ... 2
1.1.3　网络管理的服务层次 ... 2
1.1.4　网络管理的发展历程 ... 3
1.2　网络管理的标准化 ... 4
1.2.1　ISO ... 4
1.2.2　ITU-T ... 5
1.2.3　IETF ... 6
1.2.4　其他组织 ... 7
1.3　网络管理的功能 ... 7
1.3.1　配置管理 ... 7
1.3.2　故障管理 ... 8
1.3.3　性能管理 ... 9
1.3.4　计费管理 ... 9
1.3.5　安全管理 ... 10
1.4　网络管理的对象 ... 11
1.5　网络管理协议 ... 12
1.5.1　SNMP 协议 ... 12
1.5.2　CMIP 协议 ... 13
习题 ... 14

第2章　网络管理体系结构 ... 15
2.1　网络管理的基本模型 ... 15
2.1.1　网络管理者-管理代理模型 ... 15
2.1.2　网络管理者 ... 15
2.1.3　管理代理 ... 16
2.1.4　网络管理协议 ... 17
2.1.5　管理信息库 ... 17
2.2　网络管理模式 ... 17
2.2.1　集中式网络管理模式 ... 17
2.2.2　分布式网络管理模式 ... 20

  2.2.3 分层式网络管理模式 ... 21
  2.2.4 分布式与分层式管理模式的结合 ... 22
 2.3 网络管理系统体系结构 ... 23
  2.3.1 网络管理系统的层次结构 ... 23
  2.3.2 网络管理软件结构 ... 23
 习题 ... 25

第3章 OSI 系统管理 ... 26
 3.1 OSI 的基本概念 ... 26
  3.1.1 参考模型 ... 26
  3.1.2 服务定义 ... 27
  3.1.3 协议规范 ... 27
 3.2 公共管理信息服务和协议 CMIS/CMIP ... 28
  3.2.1 CMIS/CMIP 概述 ... 28
  3.2.2 CMIP 的管理信息库 ... 33
  3.2.3 CMISE 的服务 ... 38
  3.2.4 公共管理信息协议 CMIP ... 50
  3.2.5 远程操作服务元素 ROSE ... 53
  3.2.6 CMOT ... 55
 3.3 OSI 管理框架 ... 56
  3.3.1 管理站和代理 ... 57
  3.3.2 通信模型 ... 57
  3.3.3 通信机制 ... 59
  3.3.4 管理域和管理策略 ... 60
 3.4 管理对象的层次结构 ... 60
  3.4.1 继承层次 ... 61
  3.4.2 包含层次 ... 61
  3.4.3 注册层次 ... 62
 3.5 管理操作 ... 63
  3.5.1 操作范围 ... 63
  3.5.2 过滤功能 ... 63
  3.5.3 同步机制 ... 65
 3.6 管理对象的状态 ... 65
  3.6.1 一般状态 ... 65
  3.6.2 操作状态 ... 66
 3.7 管理对象之间的关系 ... 66
 习题 ... 68

第4章 ASN.1 ... 70
 4.1 网络数据表示及编码 ... 70

4.2 ASN.1 的基本概念 ... 71
4.2.1 抽象数据类型 ... 72
4.2.2 子类型 ... 81
4.2.3 应用类型 ... 83
4.3 基本编码规则 ... 83
4.3.1 编码结构 ... 84
4.3.2 标签字段 ... 84
4.3.3 长度字段 ... 85
4.3.4 值字段 ... 86
习题 ... 90

第 5 章 Internet 管理信息结构 ... 92
5.1 Internet 的网络管理框架 ... 92
5.1.1 SNMP 的管理框架 ... 93
5.1.2 SNMP 协议体系结构 ... 94
5.2 管理信息结构 ... 96
5.2.1 对象的标识 ... 96
5.2.2 管理信息结构的定义 ... 98
5.3 标量对象和表对象 ... 102
5.3.1 对象实例的标识 ... 105
5.3.2 概念表和概念行 ... 106
5.3.3 标量对象 ... 106
5.3.4 词典顺序 ... 106
习题 ... 108

第 6 章 管理信息库 ... 109
6.1 MIB-2 简介 ... 109
6.2 MIB-2 ... 110
6.2.1 system 组 ... 111
6.2.2 interfaces 组 ... 112
6.2.3 ip 组 ... 117
6.2.4 icmp 组 ... 123
6.2.5 tcp 组 ... 125
6.2.6 udp 组 ... 129
6.2.7 egp 组 ... 130
6.2.8 transmission 组 ... 133
6.2.9 MIB-2 的局限性 ... 136
6.3 MIB-2 在网络安全中的应用 ... 137
6.3.1 非法路由的检测 ... 137
6.3.2 源 IP 地址欺骗的检测 ... 137

6.3.3 非法 TCP 连接的检测 ·················· 138
　　6.3.4 非法 TCP/UDP 端口使用的检测 ·········· 139
　　6.3.5 DoS 攻击的检测 ······················ 139
　　6.3.6 交换机端口非法使用的检测 ············· 140
习题 ·· 141

第 7 章 SNMPv1 ······························ 143
7.1 SNMPv1 协议数据单元 ······················ 143
　　7.1.1 SNMPv1 协议数据单元的种类 ············ 143
　　7.1.2 SNMPvi 协议数据单元的具体格式 ········ 144
　　7.1.3 报文应答序列 ························· 146
　　7.1.4 SNMP 报文的发送和接收过程 ············ 147
7.2 SNMPv1 的安全机制 ························ 148
　　7.2.1 团体的概念 ··························· 148
　　7.2.2 简单的团体名认证 ····················· 148
　　7.2.3 SNMPv1 可采用的访问策略 ·············· 149
　　7.2.4 委托代理服务 ························· 149
7.3 SNMPv1 的操作 ···························· 149
　　7.3.1 检索简单对象 ························· 149
　　7.3.2 检索未知对象 ························· 152
　　7.3.3 检索表对象 ··························· 153
　　7.3.4 表的更新和删除 ······················· 157
　　7.3.5 陷阱操作 ····························· 158
7.4 Snmp 组 ·································· 159
7.5 SNMPv1 的局限性 ·························· 162
习题 ·· 162

第 8 章 SNMPv2 ······························ 164
8.1 SNMP 的演变 ······························ 164
　　8.1.1 SNMPv2 标准的开发 ···················· 164
　　8.1.2 SNMPv2 的新功能 ······················ 165
8.2 SNMPv2 管理信息结构 ······················ 166
　　8.2.1 对象定义 ····························· 166
　　8.2.2 模块定义 ····························· 169
　　8.2.3 通知定义 ····························· 171
　　8.2.4 概念表 ······························· 172
8.3 SNMPv2 管理信息库 ························ 176
　　8.3.1 system 组的改变 ······················ 177
　　8.3.2 snmp 组的重定义 ······················ 180
　　8.3.3 MIB 对象组 ··························· 181

  8.3.4 interfaces 组 184
  8.3.5 MIB 一致性声明 190
  8.3.6 Host Resources MIB 202
 8.4 SNMPv2 协议和操作 206
  8.4.1 SNMPv2 消息 206
  8.4.2 PDU 格式 207
 8.5 SNMPv2 安全协议 210
  8.5.1 计算机网络的安全需求 210
  8.5.2 对网络管理系统安全的威胁 210
  8.5.3 SNMP 的安全协议 211
  8.5.4 SNMPv2 加密报文格式 211
  8.5.5 加密报文的发送和接收 212
 8.6 SNMPv2 的实现 214
  8.6.1 网络管理站的功能 214
  8.6.2 轮询频率 215
  8.6.3 传输层映像 215
  8.6.4 与 OSI 的兼容性 216
  8.6.5 TCP/IP 网络中的系统管理 216
 习题 216

第9章 SNMPv3 218
 9.1 SNMPv3 概述 218
  9.1.1 SNMPv3 工作组 218
  9.1.2 SNMPv3 的体系结构 220
 9.2 SNMP 实体 221
  9.2.1 SNMP 引擎 221
  9.2.2 应用程序 223
 9.3 抽象服务接口 224
  9.3.1 分配器 224
  9.3.2 消息处理子系统 227
  9.3.3 安全控制子系统 229
  9.3.4 访问控制子系统 230
 9.4 SNMP 框架 MIB 231
  9.4.1 SNMPv3 正文约定 232
  9.4.2 管理标识 233
  9.4.3 管理对象 233
 9.5 SNMPv3 应用程序 234
  9.5.1 指令发生器 234
  9.5.2 指令应答器 235
  9.5.3 通告发生器 235

9.5.4 通告接收器 ·· 236
9.5.5 代理服务器 ·· 236
9.6 SNMPv3 应用程序 MIB ··· 237
9.6.1 管理目标 MIB ··· 237
9.6.2 通告 MIB ··· 239
9.6.3 代理服务器 MIB ··· 241
9.7 SNMPv3 消息格式 ·· 243
9.8 基于用户的安全模型 ··· 244
9.8.1 USM 提供的安全服务 ··· 245
9.8.2 USM 的模块 ··· 245
9.8.3 USM 抽象服务接口 ··· 247
9.8.4 USM 使用的协议 ··· 247
9.8.5 USM 消息处理过程 ··· 248
9.9 基于视图的访问控制模型 ··· 249
9.9.1 VACM 中的术语 ·· 249
9.9.2 VACM 的 MIB ·· 250
9.9.3 访问控制决策过程 ··· 254
习题 ·· 256

第 10 章 远程网络监视 ·· 257

10.1 RMON 的基本概念 ··· 257
10.1.1 RMON 简介 ··· 257
10.1.2 远程网络监视的目标 ··· 258
10.1.3 远程网络监视器的控制 ··· 259
10.1.4 RMON 的表管理 ··· 261
10.1.5 RMON 的管理信息库 ··· 264
10.2 RMON1 的信息管理库 ·· 266
10.2.1 统计组 ·· 266
10.2.2 历史组 ·· 269
10.2.3 主机组 ·· 271
10.2.4 最高 N 台主机组 ·· 274
10.2.5 矩阵组 ·· 276
10.2.6 警报组 ·· 277
10.2.7 过滤组 ·· 280
10.2.8 捕获组 ·· 284
10.2.9 事件组 ·· 285
10.2.10 tokenRing 组 ··· 287
10.3 RMON2 的信息管理库 ·· 290
10.3.1 RMON2 MIB 的组成 ·· 290
10.3.2 RMON2 新增功能 ·· 292

10.4 RMON 在网络管理中的应用 ... 296
 10.4.1 嵌入式 RMON ... 296
 10.4.2 分布式 RMON ... 297
 10.4.3 交换环境中的 RMON ... 298
习题 ... 299

第11章 Cisco 网络认证工程师 ... 300
11.1 网络互连模型 ... 300
 11.1.1 OSI 模型 ... 300
 11.1.2 TCP/IP 模型 ... 301
11.2 网络设备 ... 302
 11.2.1 集线器 ... 302
 11.2.2 交换机 ... 303
 11.2.3 路由器 ... 303
 11.2.4 基本组件及其作用 ... 303
11.3 Cisco IOS 软件 ... 304
 11.3.1 软件基本特点 ... 304
 11.3.2 操作模式 ... 306
 11.3.3 基本操作 ... 306
11.4 广域网协议设置 ... 308
 11.4.1 PPP 设置 ... 308
 11.4.2 ISDN 设置 ... 309
 11.4.3 帧中继设置 ... 311
11.5 IP 路由设置 ... 312
 11.5.1 静态路由 ... 313
 11.5.2 动态路由 ... 314
 11.5.3 默认路由 ... 318
11.6 第二层交换设置 ... 319
 11.6.1 概述 ... 319
 11.6.2 具体配置 ... 319
11.7 访问控制列表设置 ... 321
 11.7.1 概述 ... 321
 11.7.2 配置实例 ... 322
 11.7.3 配置原则 ... 324
11.8 NAT 设置 ... 324
 11.8.1 概述 ... 324
 11.8.2 配置实例 ... 325
习题 ... 326

第 12 章 典型网络管理系统 …328
12.1 CiscoWorks 2000 …328
12.1.1 CiscoWorks 2000 简介 …328
12.1.2 LAN 管理解决方案 …330
12.1.3 路由 WAN 管理解决方案 …333
12.1.4 服务管理解决方案 …334
12.1.5 CiscoWorks for Windows …338
12.2 HP OpenView …341
12.2.1 HP OpenView 简介 …341
12.2.2 HP OpenView 解决方案 …343
12.3 IBM Tivoli NetView …348
12.3.1 Tivoli NetView 简介 …348
12.3.2 Tivoli NetView 解决方案 …349
12.4 Sun Solstice Net Manager …352
12.4.1 Sun Net Manager 的特点 …353
12.4.2 基于 Sun Net Manager 的解决方案 …355
12.5 青鸟网硕 NetSureXpert …356
12.5.1 NetSureXpert 简介 …356
12.5.2 NetSureXpert 解决方案 …357
习题 …361

第 13 章 基于 Windows 平台的网络管理 …362
13.1 Windows SNMP 服务的基本知识 …362
13.1.1 Microsoft Windows SNMP 服务 …363
13.1.2 管理者和代理间的通信过程 …366
13.2 Windows 中 SNMP 服务的安装、配置和测试 …367
13.2.1 Windows 2000 中 SNMP 服务的安装和配置 …368
13.2.2 Windows XP/2003 中 SNMP 服务的安装和配置 …373
13.2.3 "WMI SNMP 提供程序"组件及调用方法 …374
13.2.4 测试 SNMP 服务 …378
13.3 Windows SNMP 应用程序接口 …385
13.3.1 SNMP 扩展代理 API 函数 …385
13.3.2 SNMP 管理 API 函数 …387
13.3.3 SNMP 实用 API 函数 …390
13.3.4 WinSNMP API 函数 …392
13.4 基于 WinSNMP 的网络管理程序设计 …393
13.4.1 WinSNMP 中的有关概念 …393
13.4.2 WinSNMP 基本编程模式 …394
13.5 利用 AdventNet SNMP API 进行网络管理开发 …396
13.5.1 AdventNet SNMP API 概述 …396

    13.5.2 AdventNet SNMP API 体系结构ᆢᆢᆢᆢᆢᆢᆢᆢᆢᆢᆢᆢᆢᆢᆢᆢᆢᆢᆢᆢᆢᆢᆢᆢᆢᆢᆢᆢ397
    13.5.3 应用程序实例ᆢᆢᆢᆢᆢᆢᆢᆢᆢᆢᆢᆢᆢᆢᆢᆢᆢᆢᆢᆢᆢᆢᆢᆢᆢᆢᆢᆢᆢᆢᆢᆢᆢᆢᆢᆢᆢ398
  习题ᆢᆢᆢ401

第14章 网络管理技术的发展ᆢᆢᆢᆢᆢᆢᆢᆢᆢᆢᆢᆢᆢᆢᆢᆢᆢᆢᆢᆢᆢᆢᆢᆢᆢ403

  14.1 集成化的网络管理ᆢᆢᆢᆢᆢᆢᆢᆢᆢᆢᆢᆢᆢᆢᆢᆢᆢᆢᆢᆢᆢᆢᆢᆢᆢᆢᆢᆢᆢᆢᆢᆢᆢᆢᆢᆢ403
    14.1.1 协议共存ᆢᆢ403
    14.1.2 协议互通ᆢᆢ405
  14.2 基于 Web 的网络管理ᆢᆢᆢᆢᆢᆢᆢᆢᆢᆢᆢᆢᆢᆢᆢᆢᆢᆢᆢᆢᆢᆢᆢᆢᆢᆢᆢᆢᆢᆢ408
    14.2.1 WMB 与传统网络管理平台的比较ᆢᆢᆢᆢᆢᆢᆢᆢᆢᆢᆢᆢᆢᆢᆢᆢ409
    14.2.2 WBM 的实现方式ᆢᆢᆢᆢᆢᆢᆢᆢᆢᆢᆢᆢᆢᆢᆢᆢᆢᆢᆢᆢᆢᆢᆢᆢᆢᆢᆢᆢᆢ410
    14.2.3 WBM 的安全性ᆢᆢᆢᆢᆢᆢᆢᆢᆢᆢᆢᆢᆢᆢᆢᆢᆢᆢᆢᆢᆢᆢᆢᆢᆢᆢᆢᆢᆢᆢᆢ412
    14.2.4 WBM 的标准ᆢᆢᆢᆢᆢᆢᆢᆢᆢᆢᆢᆢᆢᆢᆢᆢᆢᆢᆢᆢᆢᆢᆢᆢᆢᆢᆢᆢᆢᆢᆢᆢᆢ412
  14.3 基于 XML 的网络管理ᆢᆢᆢᆢᆢᆢᆢᆢᆢᆢᆢᆢᆢᆢᆢᆢᆢᆢᆢᆢᆢᆢᆢᆢᆢᆢᆢᆢᆢ415
    14.3.1 基于 XML 网络管理的优点ᆢᆢᆢᆢᆢᆢᆢᆢᆢᆢᆢᆢᆢᆢᆢᆢᆢᆢᆢᆢ415
    14.3.2 基于 XML 网络管理的四种模型ᆢᆢᆢᆢᆢᆢᆢᆢᆢᆢᆢᆢᆢᆢᆢᆢ416
    14.3.3 采用 XML 描述 MIB 文件ᆢᆢᆢᆢᆢᆢᆢᆢᆢᆢᆢᆢᆢᆢᆢᆢᆢᆢᆢᆢᆢ418
    14.3.4 采用 XML 描述报文ᆢᆢᆢᆢᆢᆢᆢᆢᆢᆢᆢᆢᆢᆢᆢᆢᆢᆢᆢᆢᆢᆢᆢᆢᆢ420
    14.3.5 一种基于 XML 的配置管理协议——Netconf 概述ᆢᆢ420
  14.4 CORBA 技术在网络管理系统的应用ᆢᆢᆢᆢᆢᆢᆢᆢᆢᆢᆢᆢᆢᆢᆢ421
    14.4.1 CORBA 简介ᆢᆢᆢᆢᆢᆢᆢᆢᆢᆢᆢᆢᆢᆢᆢᆢᆢᆢᆢᆢᆢᆢᆢᆢᆢᆢᆢᆢᆢᆢᆢ422
    14.4.2 基于 CORBA 的网络管理ᆢᆢᆢᆢᆢᆢᆢᆢᆢᆢᆢᆢᆢᆢᆢᆢᆢᆢᆢᆢᆢ423
  14.5 基于主动网络的网络管理ᆢᆢᆢᆢᆢᆢᆢᆢᆢᆢᆢᆢᆢᆢᆢᆢᆢᆢᆢᆢᆢᆢᆢᆢᆢᆢᆢ426
    14.5.1 主动网络及网管的体系结构ᆢᆢᆢᆢᆢᆢᆢᆢᆢᆢᆢᆢᆢᆢᆢᆢᆢᆢᆢᆢ426
    14.5.2 主动网络管理需求分析ᆢᆢᆢᆢᆢᆢᆢᆢᆢᆢᆢᆢᆢᆢᆢᆢᆢᆢᆢᆢᆢᆢᆢ428
    14.5.3 主动网络管理设计模式ᆢᆢᆢᆢᆢᆢᆢᆢᆢᆢᆢᆢᆢᆢᆢᆢᆢᆢᆢᆢᆢᆢᆢ428
  14.6 基于移动代理的网络管理ᆢᆢᆢᆢᆢᆢᆢᆢᆢᆢᆢᆢᆢᆢᆢᆢᆢᆢᆢᆢᆢᆢᆢᆢᆢᆢᆢ430
    14.6.1 移动代理概述ᆢᆢᆢᆢᆢᆢᆢᆢᆢᆢᆢᆢᆢᆢᆢᆢᆢᆢᆢᆢᆢᆢᆢᆢᆢᆢᆢᆢᆢᆢᆢ430
    14.6.2 基于移动代理的网络管理体系结构ᆢᆢᆢᆢᆢᆢᆢᆢᆢᆢᆢᆢᆢ430
    14.6.3 基于移动代理的网管系统功能设计ᆢᆢᆢᆢᆢᆢᆢᆢᆢᆢᆢᆢᆢ431
  14.7 网络管理智能化ᆢᆢᆢᆢᆢᆢᆢᆢᆢᆢᆢᆢᆢᆢᆢᆢᆢᆢᆢᆢᆢᆢᆢᆢᆢᆢᆢᆢᆢᆢᆢᆢᆢᆢᆢᆢ433
  习题ᆢᆢᆢ435

附录 A ITU-T 有关网络管理的建议书索引ᆢᆢᆢᆢᆢᆢᆢᆢᆢᆢᆢᆢᆢᆢᆢ436

附录 B 与网管有关的 ISO 标准索引ᆢᆢᆢᆢᆢᆢᆢᆢᆢᆢᆢᆢᆢᆢᆢᆢᆢᆢᆢᆢᆢ438

参考文献ᆢᆢᆢ441

第1章 网络管理概述

随着网络技术的发展，计算机网络的组成已变得越来越复杂，这主要表现在网络互联的规模越来越大，联网设备呈现出异构型、多制造商和多协议栈的特点，各种网络业务对网络性能的要求也多种多样。这些情况的出现无疑增加了网络管理的难度。为了提高网络的稳定性，增加网络的可靠性，减少网络故障的发生，人们应重视对网络本身进行管理。但由于网络日趋庞大和复杂，单靠人力是无能为力，所以运用网络管理技术，研究和开发符合实际情况的、经济适应的网络管理系统是当前急迫的任务。

本章主要介绍网络管理的基本概念、网络管理的标准、网络管理的功能、网络管理对象以及网络管理协议。

1.1 网络管理的基本概念

1.1.1 网络管理概述

随着计算机及通信技术的飞速发展，计算机网络及通信技术已日趋成熟，计算机网络作为信息社会的基础设施已渗透到了社会的各个方面，对社会经济发展起着重要的作用，政府部门、军事、商业、教育和科研等领域都离不开计算机网络。信息社会对网络的依赖，使得计算机网络本身运行的可靠性变得至关重要，也向网络的管理提出了更高的要求。

对于不同的网络，管理的要求和难度也不同。因为局域网运行统一的操作系统，其管理的网络设备较少，只要熟悉网络操作系统的管理功能和操作命令就可以管好一个局域网，因而局域网的管理相对简单。但是对于由异构型、运行多种操作系统设备组成的互联网的管理就不是那么简单了，这需要跨平台的网络管理技术，有配套的网络管理系统作支持。

网络管理是指对网络的运行状态进行监测和控制，并能提供有效、可靠、安全、经济地服务。网络管理应完成两个任务，一是对网络的运行状态进行监测，二是对网络的运行状态进行控制。通过监测可以了解当前网络状态是否正常，是否出现危机和故障；通过控制可以对网络状态进行合理分配，提供网络性能，保证网络应有的服务。监测是控制的前提，控制是监测的结果。所以，网络管理就是对网络的监测和控制。

随着网络技术的高速发展，网络管理的范围已扩大到网络中的通信活动以及网络的规划、组织实现、运营和维护等有关方面，因此，网络管理也变得越来越重要，主要表现在：

（1）网络设备的复杂化使得网络管理变得更加复杂。复杂化包含两个含义，一是设备功能复杂，二是生产设备厂商众多，商品规格不统一，网络管理无法用传统的手工方式完成，必须采用先进有效的自动管理手段。

（2）网络的经济效益越来越依赖网络的有效管理。现在网络已经成为一个极其庞大而复杂的系统，它的运营、管理、维护和开通（OAM&P）已成为一个专门的学科。如果没有一个有力的网络管理系统作为支撑，就难以避免发生诸如拥塞、故障等问题，使网络经营者在经济上受到损失，给用户带来麻烦。

（3）先进可靠的网络管理也是网络本身发展的必然结果。当今时代，人们对网络的依赖越来越强，个人通过网络打电话、发电子邮件、发传真，企业通过网络发布产品广告，获取商业情报，甚至组建企业专用网。在这种情况下，网络要求具有更高的安全性，能及时有效地发现故障和解决故障，以保证网络的正常运行。

1.1.2 网络管理的目标

网络管理的目标就是对网络资源（硬件和软件）进行合理的分配和控制，以满足网络运营者的要求和网络用户的需要，使网络资源可以得到最有效的利用，使整个网络更加经济地运行，并提供连续、可靠和稳定的服务。所以网络管理的根本目标就是满足运营者和用户对网络的有效性、可靠性、开放性、综合性、安全性和经济性的要求。

（1）网络的有效性。网络要能准确而及时地传递信息。这里所说的网络的有效性（availability）和通信的有效性（efficiency）在意义上是不同的，通信的有效性是指传递信息的有效率，而网络的有效性是指网络服务要有质量保证。

（2）网络的可靠性。网络必须保证能够稳定地运转，不能时断时续，要对各种故障以及自然灾害有较强的抵御能力和一定的治愈能力。

（3）网络的开放性。网络要能够接受多个厂商生产的异种设备，保证其设备的完全互联。

（4）网络的综合性。网络业务不能单一化。要从电话网、电报网、数字网分离的状态向综合业务过渡，并加入图像、视频点播等宽带业务。

（5）网络的安全性。对网络传输信息要进行安全可行性认证，确保网络传输信息的安全。

（6）网络的经济性。对网络管理者而言，网络的建设、运营、维护等费用要求尽可能少。

1.1.3 网络管理的服务层次

网络管理的服务是指网络管理系统为管理人员提供的管理功能的支持，服务层次是从管理系统的使用者角度进行描述，是对被管理的网络进行管理活动的内容划分。管理服务层次体现管理需求，各个管理功能是分布在多个管理层次中。网络管理通常可以分为4个层次。

1. 网元管理层

网元管理层（Network Element Management Layer）提供的管理功能服务实现对一个或多个网元的操作，如交换机、路由器、传输设备等的远程操作，对设备的硬软件的管理。该层管理功能通常就是对网络设备的远程操作和维护。

2. 网络管理层

网络管理层（Network Management Layer）提供的管理功能服务实现对网络的操作控制，主要考虑网络中各设备之间的关系，利用网络出现的事件和相关日志对网络的性能进行调整和控制，如网络流量的监视与控制和不同网元告警的综合分析等。通常是网络组织和运行管理人员使用该层功能服务。

3. 服务管理层

服务管理层（Service Management Layer）提供的管理功能服务主要对网络自身提供的服务进行监视和操作控制，并对网络服务的质量及其相互关系进行管理。如智能网业务、专线租用业务等的管理。通常是运行管理部门使用该层功能服务。

4. 商务管理层

商务管理层（Business Management Layer）提供的管理功能服务是为网络运行的决策提供支持，如网络运行总体目标的确定、网络运行质量的分析报告、网络运行的财务预算、网络运行的生产性计划和预测等。通常是运行管理部门使用该层功能服务。

1.1.4 网络管理的发展历程

网络管理技术是伴随着计算机、网络及通信技术的发展而发展的。一个好的网络系统离不开对网络的有效管理；同时，计算机及通信技术本身的快速发展又反过来促进了网络管理的发展。

网络管理在 19 世纪末的电信网络中就已出现，当时管理电信网络的管理员就是电话话务员。尽管管理的内容非常有限，但电话话务员能够对电信网络的资源进行合理的分配和控制。而对计算机网络的管理，是随着 1969 年世界上第一个计算机网络——美国国防部高级研究计划署网络阿帕网（ARPANet）的产生而产生。当时，ARPANet 就有一个相应的管理系统。随后的一些网络结构，如 IBM 的 SNA，DEC 的 DNA，Apple 的 AppleTalk 等，也都有相应的管理系统。由于当时的网络规模较小、复杂性不高，一个简单的网络管理系统就可以满足网络的正常工作，所以一直没有得到应有的重视。

然而，随着网络的发展，各生产厂商都根据自己的网络系统开发出相应的网络管理系统，这样，造成了其他厂商的网络系统、通信设备和软件等难以进行管理。这种状况很不适应网络异构互连的发展趋势，尤其是 20 世纪 80 年代 Internet 的出现和发展更使人们意识到了这一点的重要性。

Internet 的管理主要是对 TCP/IP 网络的管理。在 TCP/IP 网络中有一个简单的管理工具——PING 程序。用 PING 发送 icmp 报文可以确定通信目标的连通性及传输时延。如果网络规模不是很大，互联的设备不是很多，这种方法还是可行的。但是当网络的互联规模很大，包含成百上千台联网设备时，这种方法就不可取了。这是因为一方面 PING 返回的信息很少，无法获取被管理设备的详细情况；另一方面用 PING 程序对很多设备逐个测试，工作效率很低。为此，研究者们迅速开展了对网络管理这门技术的研究，并提出了多种网络管理方案，包括 HLEMS（High Level Entity Management System），SGMP（Simple Gateway Monitoring Protocol），CMIS/CMIP（Common Management Information Service/Protocol）和 NetView，LAN Manager 等。到 1987 年底，管理 Internet 策略和方向的核心管理机构 Internet 体系结构委员会 IAB（Internet Architecture Board）意识到，需要在众多的网络管理方案中选择适合于 TCP/IP 协议的网络管理的体系结构和框架。IAB 在 1988 年 3 月，制定了 Internet 管理策略，即采用 SGMP 作为短期的 Internet 的管理解决方案，并在适当的时候转向 CMIS/CMIP。CMIS/CMIP 是 20 世纪 80 年代中期国际标准化组织（ISO）和国际电报电话咨询委员会（CCITT）联合制定的网络管理标准。同时，IAB 还分别成立了相应的工作小组，对这些方案进行适当的修改，使它们更适合 Internet 的管理。在 1988 年和 1989 年，Internet 工程任务组(IETF, Internet Engineering Task Force)先后推出了 SNMP（Simple Network Management Protocol）和 CMOT（CMIS/CMIP Over TCP/IP）。但实际情况的发展并非如 IAB 所计划的那样，SNMP 一推出就受到用户的广泛支持，而 CMIS/CMIP 的实现却由于其复杂性和实现代价太高而遇到了困难。1990 年 Internet 工程任务组在 Internet 标准草案 RFC1157（Request For Comments）中正式公布了 SNMP，1993 年 4 月在 RFC1441 中发布了 SNMPv2；1998 年 1 月在 RFC2271-2275 中发布了 SNMPv3。当 ISO 的网络管理标准日渐成熟时，SNMP 已经得到了数百家厂商的支持，其中包括 IBM、HP、Fujitsu、SUN 等许多 IT 界著名的公司和厂商。目前 SNMP 已成为网络管理领域中实事上的工业标准，只要适合于 TCP/IP 的网络，无论是采用哪个厂商生产的联网设备，运行哪种网络操作系统，都能采用 SNMP 进行有效的网络管理。

与此同时，ISO 也在不断地修改 CMIS/CMIP 使其区域成熟，CMOT 可以应付未来更复杂的网络配置，提供更全面的管理功能。由于它更适合于管理结构复杂规模庞大的异构型网络，因而它代表了未来网络管理发展的方向。

网络管理国际标准的推出，刺激了制造商的研发工作。近年来市场上陆续出现了符合国际标准的商用网络管理系统，如 IBM 的 NetView、HP 的 OpenView、Fujitsu 的 NetWalker、Sun 的 Sun Net Manager 和 Cisco 的 Cisco Works 2000 等。它们都已在各种实际应用环境下得到了一定的应用，并已有了相当的影响。

有了统一的网络管理标准和适用的网络管理工具，就可以对网络实施有效的管理，这样可以减少停机时间，改进响应时间，提高设备的利用率，同时可以减少运行费用；利用网络管理工具可以很快地发现并缓解网络通信的瓶颈，提高运行效率；在新一代的网络技术中，我们可以利用网络配置工具，及时有效地修改和优化网络的配置，使网络能够满足多种多样的网络业务；在商业活动日益依赖于互联网的情况下，人们还要求网络工作得更加安全，对网上传输的信息要保密，对网络资源的访问要有严格的控制。由此可见，网络管理系统对一个网络系统能否高效运行是非常重要的，因此在我国大力推广网络管理系统的应用与研究是非常必要的。在应用方面，要采取对外引进与自主开发相结合，一方面，国内对网络管理系统的应用刚刚开始，与国外先进水平有一定差距，完全靠自己开发不现实；另一方面，完全依靠国外产品也并不好，国外的网络管理产品并不一定很适合我国的网络应用环境，也不利于我国网络管理的研究工作；在研究方面，应尽快跟踪国外先进技术，大力开展网络管理方面的研究。

1.2　网络管理的标准化

为了支持各种网络的互联及其管理，网络管理需要有一个国际性的标准。国际上有许多机构和团体在为制定网络管理国际标准而努力。在众多的标准化组织中，目前国际上公认最著名、最具有权威的是国际标准化组织 ISO 和国际电信联盟的电信标准部 ITU-T（即原来的国际电报电话咨询委员会 CCITT），而计算机网络中，IETF 的因特网技术标准已成为实事上的国际标准。

1.2.1　ISO

国际标准化组织 ISO（International Standardization Organization）成立于 1947 年，是世界上最庞大的一个国际性标准化专门机构，也是联合国的甲级咨询机构。它的会址在日内瓦。我国 1947 年就加入了 ISO。

ISO 的成员分为 P 成员和 O 成员，P（Participation）成员有表决权，而 O（Observer）成员不参加 ISO 的技术工作，只是与 ISO 保持密切联系。

ISO 的技术工作由技术委员会 TC（Technical Committee）具体负责，每个 TC 可以成立分技术委员会 SC（Subcommittee）或工作组 WG（Work Group），其成员是各国的专家。

网络管理标准是由 ISO 的第 97 委员会（即信息处理系统技术委员会）下的第 21 分委员会中的第 4 工作组制定的。通常记为 ISO/TC97/SC21/WG4。

ISO 每个标准的制定过程要经历以下 5 个步骤：

（1）每个技术委员会根据其工作范围拟定相应的工作计划，并报理事会下属的计划委员会批准。

（2）相应的分技术委员会的工作组根据计划编写原始工作文件，称为工作草案。

（3）分技术委员会或工作组再把工作草案提交技术委员会或分技术委员会作为待讨论的标准建议，称委员会草案 CD（Committee Draft），而 ISO 则要给每个 CD 分配一个唯一的编号，相应的文件被标记为 ISO CDxxxx。委员会草案 CD 之间的文件叫做建议草案 DP（Draft Proposal）。

（4）技术委员会将委员会草案发给其成员征求意见。若 CD 得到大多数 P 成员的同意，则委员会草案 CD 就成为国际标准草案 DIS（Draft International Standard），其编号不变。

（5）ISO 的中央秘书处将 DIS 分别送给 ISO 的所有成员国投票表决。有 75% 的成员国赞成则通过。经 ISO 的理事会批准以后就成为正式的国际标准 IS（International Standard），其编号不变，标记为 ISOxxxx。

ISO 还有一些被称为技术报告 TR（Technical Report）的非标准文件。这些文件不需要提交相应委员会通过。TR 是技术委员会在制定标准过程中形成的一些中间结果，可以给 TR 进行编号，标记为 ISO TRxxxx。

当各阶段的标准文件需要补充修改时，ISO 在相应标准文件的后面增加一个补篇 AM（AMendment）。补篇前面冠以标准的名称，如委员会草案补篇 CDAM。

ISO 规定每五年对国际标准进行一次复审，过时的标准将被废除。

ISO 对网络管理的标准化始于 1979 年，目前已经产生了一部分国际标准。尽管 ISO 的网络管理标准因为过于复杂而迟迟得不到广泛的应用，但其他一些国际性、专业性或区域性的标准化组织还是经常采用 ISO 的网络管理标准作为他们自己的参考标准，有时只是换一个编号而已。

附录 A 中列出了由 ISO 制定并且与网络管理有关的标准文本。

1.2.2 ITU-T

国际电联 ITU（International Telecommunication Union）成立于 1934 年，是联合国下属的 15 个专门机构之一。ITU 在 1989 年下设五个常设机构，它们分别是秘书处、国际电报电话咨询委员会 CCITT、国际无线电咨询委员会 CCIR、国际频率登记委员会 IFRB 和电信发展局 BDT。

CCITT 和 CCIR 的主要任务是研究电报、电话和无线电通信的技术标准以及业务、资费和发展通信网技术的经济问题，为国际电联制定各种规则提供技术业务依据。

随着技术的进步，有线和无线已进行了融合。从 1993 年起，国际电联将 CCITT 和 CCIR 合并，成立一个新的电信标准化部门 TSS（Telecommunication Standardization Sector）。而原来的 IFRB 改为无线电通信部门 RS，原来的 BDT 改为电信发展部门 TDS。此后国际电联有关电信的国际标准（仍称为建议书）均由电信标准化部门 TSS 制定。国际电联规定，电信标准化部门的简称为 ITU-T。

虽然 CCITT 和 CCIR 不复存在，但它们以前发行的建议书仍然有效。在应用原 CCITT

制定的标准时，可按原来的写法，如 CCITT X.25，但最好还是采用新的写法 ITU-T X.25。

ITU-T 的标准化工作由其设立的研究组 SG（Study Group）进行，其中与网络管理有关的研究组有以下 4 个：

（1）SG2 网络运行（Network operation）。有关电信业务定义的一般问题，该组进行电信网络的管理和网络的服务质量的研究工作。

（2）SG4 网络维护（Network maintenance）。负责电信管理网络（TMN）的研究；有关网络及其组成部分的维护，确立所属的维护机制；由其他研究组提供的专门维护机制的应用。

（3）SG7 数据网和开放系统通信（Data networks and open systems communication）。该组负责系统互连中的管理标准研究。

（4）SG11 交换和信令（Switching and signalling）。该组负责电信管理网 TMN 的研究工作。

原 CCITT 已经用 X.700 系列制定了一系列管理标准（建议书），这些标准和 ISO 的网络管理标准基本上相同，只是采用了各自的编号体系。而 ITU-T 的网络管理标准（建议书）中最著名的是有关电信管理网 TMN 的 M 系列建议书。

附录 B 列出了 ITU-T 通过的 M.3000 系列网络管理建议书。

1.2.3　IETF

Internet 体系结构委员会 IAB 是在 1992 年由 Internet 活动委员会改名而来的，它是 Internet 协议的开发和一般体系结构的权威控制机构。SNMP 的标准及其演变都是在 Internet 体系结构委员会的引导下由 IETF 制定和发布的。

IAB 下设的子机构称为任务组，共设两个。它们的时间表和任务各不相同，分别是 Internet 研究任务组（IRTF）和 Internet 工程任务组（IETF），相应由 Internet 研究指导组（IRSG）和 Internet 工程研究组（IERG）领导。图 1-1 给出了它们之间的关系。IRTF 主要致力于长期研究与开发，而 IETF 则注重于相对短期的工程项目。

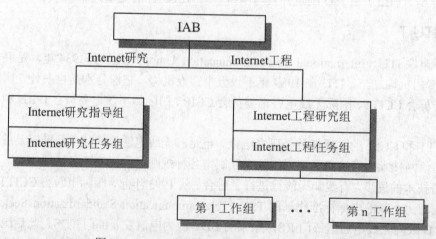

图 1-1　Internet 体系结构委员会 IAB 的机构组织

为了更有效地工作，IETF 按地区分成多个工作组（WG）。每个工作组都有自己具体的工作目标，通常每年开三次会。工作组由对征求意见 RFC（Request For Comments）文档的形成有技术性贡献的人员组成，他们都是为制定 RFC 做研究工作。一旦工作完成，相关的工作组就会解散，他们的工作成果通常以 RFC 的形式公布于众。IRSG 由每个地区工作组的负责人和 IETF 主席组成，这些负责人称为地区主任。

SNMP 各标准阶段的规范都是用 RFC 发布的。最早的 SNMP 工作组于 1991 年 11 月解散，而提出 SNMPv2C 的 RFC1901～1908 工作组也于 1995 年春解散。除了以 SNMP 标准为主要内容的工作组之外，许多新组纷纷成立，研究与 SNMP 有关的众多课题，其中为研究新的 MIB 组而成立的工作组就是最典型的代表。

1.2.4 其他组织

除了权威的国际性标准化组织以外，国际上还有一些民间团体和地区性机构也在进行有关网络管理标准化方面的研究。他们的结果对外界并没有约束力，只是作为团体的内部标准，对国际标准有一定的影响。

NMF（Network Management Forum）是由 120 多个公司组成的非官方标准化组织，该组织的成员主要由网络运营公司、计算机厂商、电信设备制造厂商、软件厂商、政府机构、系统集成商和银行等组成。NMF 的目标是针对互联信息系统中公共的、基于标准的管理办法的需求进行世界性的推广和实现。NMF 并不定义自己的标准，只是在 ISO 和 ITU-T 的标准中定义功能选项，与任何国际性标准化团体都没有正式的联盟关系。NMF 的规范形成的文档集，称为 OMNIPoints（开放管理互操作性指南）。

1.3 网络管理的功能

为了标准化系统的管理功能，ISO 在 ISO/IEC 7498-4 文档中定义了网络管理的 5 个系统管理功能域（SMFA），即配置管理、故障管理、性能管理、计费管理和安全管理。

1.3.1 配置管理

配置管理是网络管理中最早出现的，也是网络中最基本的管理功能，负责网络的建立、业务的开展以及配置数据的维护。资源清单的管理是所有配置管理的基本功能，资源开通是为满足新业务及时地配置资源，业务开通是为端点用户分配业务和功能。配置管理的作用包括确定设备的地理位置、名称和有关细节，记录并维护设备参数表；用适当的软件设置参数值并配置设备功能；初始化、启动和关闭网络及其相应设备；维护、增加和更新网络设备以及调整网络设备之间的关系。配置管理对资源的管理信息库（MIB）建立资源数据，并对其进行维护。配置管理可以根据网络管理人员的命令自动调整网络设备配置，以保证整个网络性能达到最优。

配置管理配置的网络信息包括：
- 网络设备的拓扑关系（存在性和连接关系）；
- 网络设备的域名、IP 地址（即寻址信息，用来标识一个设备）；
- 网络设备的运行特性（运行参数）；
- 设备的备份操作条件（是否要备份，备份条件）；
- 设备的配置更改条件。

配置管理将定义、收集、监视和修改这些配置数据。这里的配置数据包括管理范围内所有设备的任何静态和动态信息。配置数据不仅仅由配置管理功能使用，还被网络管理的其他功能（性能管理、故障管理、安全管理、计费管理）广泛使用。配置管理通过修改被管对象的属性来控制被管对象。

配置管理的对象是一个逻辑的概念，既可以是软件也可以是硬件。它可以是路由器、交换机等网络结点设备，也可以是服务器上的网络服务进程。配置管理的基本功能应包括以下几个方面：

- 设置被管系统或管理对象的参数（如路由器的路由表）；
- 初始化、启动和关闭管理对象；
- 收集被管系统状态的数据，以便管理系统能够识别被管系统中状态变化的发生；
- 改变被管系统或管理对象的配置；
- 定义和修改管理对象间的关系；
- 通过网络发布新软件；
- 生成配置状态报告。

配置管理有三种配置方式，即静态配置、当前运行配置和未来规划配置。

1.3.2 故障管理

故障管理是网络管理中最基本的功能之一。当网络中某个系统或部件不能达到规定的工作性能指标时，网络管理者必须迅速查找到故障并及时排除，此时故障管理功能就开始起作用了。故障管理的主要任务是及时发现和排除网络故障，其目的是保证网络能够提供连续、可靠、优质的服务。故障管理用于保证网络资源无障碍、无错误的运营状态，包括障碍管理、故障恢复和预防保障。障碍管理的内容有警告、测试、诊断、业务恢复和故障设备更换等在系统可靠性下降，业务经常受到影响时，预防保障为网络提供治愈能力。在网络的监视中，故障管理要参考配置管理的资源清单来识别网络元素，如果设备状态发生变化或者发生故障的设备被替换，则要与资源MIB互通，以尽快修改MIB中的信息。当故障对质量保证承诺的业务有影响时，故障管理要与计费管理互通，以赔偿用户的损失。

一般来说，不大可能迅速隔离某个故障，因为网络故障的产生原因往往相当复杂，特别是当故障是由多个网络组成部分共同引起时。在这种情况下，先将网络修复，然后再分析网络故障的原因。分析故障的原因对于防止类似故障的再次发生相当重要。网络故障管理主要包括故障检测、隔离故障和排除故障三个方面，其基本功能为：

- 维护、使用和检查差错日志（不严重的简单故障）；
- 接收差错事件（严重的故障）的通知（notification）并做出反应；
- 在系统范围内跟踪差错（对比较复杂的故障）；
- 执行诊断测试命令/动作序列（对比较复杂的故障）；
- 执行恢复动作以纠正差错。

网络故障的检测依据是根据网络组成部件状态的监测结果。对不严重的简单故障通常被记录在错误日志中，并不做特别处理；而严重一些的故障则需要以"警报"的方式通知网络管理者。网络管理者应能根据有关信息对警报进行处理，排除故障。当故障比较复杂时，网络管理者应能执行一些诊断测试程序来辨别故障原因。

1.3.3 性能管理

性能管理与配置管理一样，是网络管理最重要的功能之一。性能管理的目的是维护网络服务质量（QoS）和网络运营效率。为此性能管理要提供性能监测功能、性能分析功能以及性能管理控制功能。同时，还要提供性能数据库的维护以及在发现性能严重下降时启动故障管理系统的功能。典型的网络性能管理可以分为性能监测和网络控制。其中性能监测是对网络工作状态信息的收集和整理；而网络控制则是为改善网络设备的性能而采取的动作和措施。

网络服务质量和网络运营效率有时是相互制约的。较高的服务质量通常需要较多的网络资源（网络带宽、CPU 使用时间等），因此在制定性能目标时要在服务质量和运营效率之间进行权衡。在网络服务质量必须优先保证的场合，就要适当降低网络的运营效率指标；相反，在强调网络运营效率的场合，就要适当降低服务质量指标。但一般在性能管理中，主要是维护服务质量。

网络中所有的部件，包括通话设备和设施，都有可能成为网络通信的瓶颈。瓶颈问题的出现与传输时延、吞吐量、响应时间、网络利用率、拥塞情况等性能参数的定量有关，事先进行性能分析有助于在运行前或在运行中避免出现瓶颈问题。

性能管理包括一系列管理功能，以网络性能为准则来收集、分析和调整管理对象的状态，保证网络可以提供可靠、连续的通信能力并使用最少的网络资源和具有最小的时延。网络性能管理的功能主要包括：

- 从管理对象中收集并统计有关数据；
- 分析当前统计数据以检测性能故障、产生性能警报、报告性能事件；
- 维护和检查系统状态历史的日志，以便用于规划和分析；
- 确定自然和人工状况下系统的性能；
- 形成并改进性能评价准则和性能门限，改变系统操作模式以进行系统性能管理的操作；
- 对管理对象和管理对象群进行控制，以保证网络的优越性能。

通过性能管理中评测的主要性能指标，可以验证网络服务是否达到了预定的水平，找出已经发生或潜在的瓶颈，形成并报告网络性能的变化趋势，为管理机构的决策提供依据。网络性能管理功能需要维护性能数据库，要与性能管理功能域保持连接，提供自动的性能管理处理过程。

1.3.4 计费管理

对于公众网络来说，用户必须为使用网络的服务而付费，网络的管理系统则需要对用户使用网络资源进行记录并核算费用，然后通过一定的渠道收取费用。计费管理记录网络资源的使用情况，目的是控制和监测网络操作的费用和代价，估算用户使用网络资源可能需要的费用和代价。网络管理员可以规定用户可使用的最大费用，控制用户过多地占用和使用网络资源，从而提高了网络的效率。

计费管理的主要目的是正确地计算和收取用户使用网络服务的费用。但这并不是唯一的目的，计费管理还要进行网络资源利用率的统计和网络的成本效益核算。其中，有账目记录、账单验证和费率折扣处理等。对于一个以赢利为目的的网络经营者来说，资费政策是很重要的，计费管理功能提供了对用户收费的依据。

计费管理根据业务及资源的使用记录制作用户收费报告，确定网络业务和资源的使用费用，从而计算成本。计费管理要保证向用户无误地收取使用网络业务应缴纳的费用，也进行诸如核算费用、限制使用（费用达到门限而未付款）以及费用记录库的维护和通信（传递计费信息）等。

在计费管理中，首先要根据各类服务的成本、供需管理等因素制定资费政策。资费政策首先应包括根据业务情况制定的折扣率；其次要收集计费依据，如对使用的网络服务所占用的时间、通信距离、通信地点等计算服务费用。

计费管理通常应该包括以下几个功能：

- 计算网络建设及运营成本，包括设备、网络服务、人工费用等成本；
- 统计网络及其所包含的资源的利用率，确定计费标准；
- 将应该缴纳的费用通知用户；
- 支持用户费用上限的设置；
- 在必须使用多个通信实体才能完成通信时，能够把使用多个管理对象的费用结合起来；
- 保存收费账单及必要的原始数据，以备用户查询和质疑。

在大多数专用网中，内部用户使用网络资源一般不需要交费，因而计费管理就显得不很重要，但这并不是说计费管理功能在这些网络中没有用。计费管理除了计算用户费用外，还包括记录用户对网络的使用，统计网络的利用率，以及检查资源使用情况等功能。所以，计费管理功能在专用网络中也是非常有用的，可以帮助网络管理人员分析网络的使用情况。收费与不收费的主要区别就在于是否把使用资源的记录换算成费用通知用户交纳，费用的核算只是计费管理的功能之一。

1.3.5 安全管理

在开发系统中，安全问题是非常重要的。随着网络技术的发展，分布式处理和网络通信能力的增强，迫切需要有可靠的安全措施以便保护网络用户的信息安全，因此网络安全管理是非常重要的。在网络中主要的安全问题有：网络数据的私有性（保护网络数据不被入侵者非法获取）；授权（防止入侵者在网络上发送错误信息）；访问控制（控制对网络资源的访问）。

所有的公司、机关、团体和单位都有不愿意公开的机密信息，当这些信息存储在网络资源中或通过网络传输时就要考虑信息被"偷听"、被破坏或被篡改。因此，网络中需要有一些安全措施来保护这些信息，如设置口令对请求数据的用户进行合法性鉴别，对传输信息进行加密等。

安全管理采用信息安全措施保护网络中的系统、数据和业务。安全管理与其他管理功能有着密切的关系。安全管理要调用配置管理中的系统服务对网络中的安全设施进行控制和维护。当网络发现有安全方面的故障时，要向故障管理通报安全故障事件以便进行故障诊断和恢复。安全管理功能还要接收计费管理发来的与访问权限有关的计费数据和访问事件通报。

安全管理的目的是提供信息的隐私、认证和完整性保护机制，使网络中的服务、数据以及系统免受入侵者的侵扰和破坏。一般的安全管理系统包含风险分析功能、安全服务功能、警告、日志和报告功能以及网络管理系统保护功能等。

安全管理系统并不能杜绝所有对网络的侵扰和破坏，它的作用仅在于最大限度地防范，当受到侵扰和破坏后将损失降到最低。具体地说，安全管理系统的主要作用有以下几点：

- 采用多层防卫手段,将受到侵扰和破坏的概率降到最低;
- 提供迅速检测非法入侵者的手段,核查跟踪入侵者的活动;
- 提供恢复被破坏的数据和系统的手段,尽量降低损失;
- 支持身份鉴别,规定身份鉴别的过程;
- 控制和维护授权设施;
- 控制和维护访问权限;
- 支持密钥管理;
- 维护和检查安全日志。

网络的安全管理也必须包括网络管理系统自身的保护。比较好的办法是把网络管理进程的功能划分成若干部分,分由不同的操作人员负责各部分管理功能的执行和维护。这样做便于把网络管理进程中的最核心功能置于高度的安全级别。如安全性指标、门限值、用户口令、用户群定义与安全管理有关信息的变更等。总之,网络安全管理应包括对入侵检测(授权机制)、访问控制、密钥管理(加密和维护)和安全控制(检查安全日志)。

网络管理功能和网络管理服务层次之间的关系如图 1-2 所示。

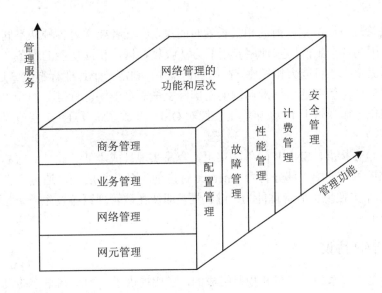

图 1-2 管理功能与管理层次之间的关系

1.4 网络管理的对象

在网络管理中涉及网络的各种资源,无论资源是什么,总归分为两大类,即硬件资源和软件资源。

硬件资源是指物理介质、计算机设备和网络互连设备。物理介质通常是物理层和数据链路层设备,如网卡、双绞线、同轴电缆、光纤等;计算机设备包括处理机、打印机、存储设备和其他计算机外围设备;网络互连设备有中继器、网桥、交换机、路由器和网关等。

软件资源主要包括操作系统、应用软件和通信软件。通信软件指实现通信协议的软件,如 FDDI、ATM 和 FR 这些主要依靠软件的网络就大量采用了通信软件。另外，软件资源还有路由器软件、网桥软件和交换机软件等。

在网络环境下资源的表示一般采用"被管对象 MO（Managed Object）"来表示。ISO 认为，被管对象是从 OSI 角度所看的 OSI 环境下的资源，这些资源可以通过使用 OSI 管理协议而被管理。网络中的资源一般都可用被管对象来描述。例如，网络中的路由器就可以用被管对象来描述，说明它的制造商和路由表的结构。对网络中的软件、服务及网络中的一些事件都可用被管对象来描述。

被管对象的集合被称为管理信息库（MIB），网络中所有相关的被管对象信息都放在 MIB 中。但要注意的是，MIB 只是一个概念上的数据库，而在实际网络中并不存在这样一个库。目前网络管理系统的实现主要依靠被管对象和 MIB，所以它们是网络管理中非常重要的概念。

1.5 网络管理协议

网络管理中最重要的部分就是网络管理协议，它定义了网络管理者与网络代理间的通信方法。

在网络管理协议产生以前的相当长的时间里，管理者要学习各种从不同网络设备获取数据的方法，因为各个生产厂家使用专用的方法收集数据。相同功能的设备，不同的生产厂家提供的数据采集方法可能大相径庭。在这种情况下，制定一个行业标准的紧迫性越来越明显。

开始研究网络管理通信标准问题的是国际上最著名的国际标准化组织 ISO，他们对网络管理的标准化工作开始于 1979 年，主要针对 OSI（开放系统互连）7 层协议的传输环境而设计。

相对于 OSI 标准，SNMP 简单而实用，容易实现且成本低。此外，它的特点还有：可伸缩性，SNMP 可管理绝大部分符合 Internet 标准的设备；扩展性，通过定义新的"被管理对象"，可以非常方便地扩展管理能力；健壮性，即使在被管理设备发生严重错误时，也不会影响管理者的正常工作。

1.5.1 SNMP 协议

SNMP 是由一系列协议组和规范组成的，它们提供了一种从网络上的设备中收集网络管理信息的方法。

SNMP 的体系结构分为 SNMP 管理者（SNMP manager）和 SNMP 代理（SNMP agent），每一个支持 SNMP 的网络设备中都包含一个网管代理，网管代理随时记录网络设备的各种信息，网络管理程序再通过 SNMP 通信协议收集网管代理所记录的信息。从被管理设备中收集数据有两种方法：一种是轮询（polling）方法，另一种是基于中断（interrupt-based）的方法。

SNMP 使用嵌入到网络设施中的代理软件来收集网络的通信信息和有关网络设备的统计数据。代理软件不断地收集统计数据，并把这些数据记录到一个管理信息库（MIB）中，网络管理者（简称网管站）通过向代理的 MIB 发出查询信号可以得到这些信息，这个过程就叫轮询（polling）。为了能够全面地查看一天的通信流量和变化率，网络管理者必须不断地轮询 SNMP 代理，每分钟就要轮询一次。这样，网管者可以使用 SNMP 来评价网络的运行状况，并揭示出通信的趋势。例如，哪一个网段接近通信负载的最大能力或正在使用的通信出错等。

先进的SNMP网管站甚至可以通过编程来自动关闭端口或采取其他矫正措施来处理历史的网络数据。

如果只使用轮询的方法，那么网络管理工作站总是在SNMP管理者控制之下，但这种方法的缺陷在于信息的实时性，尤其是错误的实时性。多长时间轮询一次，轮询时选择什么样的设备顺序都会对轮询的结果产生影响。轮询的间隔太小，会产生太多不必要的通信量；间隔太大，而且轮询时顺序不对，那么关于一些大的灾难性时间的通知又会太慢，这就违背了积极主动的网络管理目的。与之相比，当有异常事件发生时，基于中断的方法可以立即通知网络管理工作站，实时性很强，但这种方法也有缺陷。产生错误或自陷需要系统资源，如果自陷必须转发大量的信息，那么被管理设备可能不得不消耗更多的时间和系统资源来产生自陷，这将会影响到网络管理的主要功能。

而将以上两种方法结合是执行网络管理最有效的方法。一般来说，网络管理工作站轮询在被管理设备中的代理来收集数据，并且在控制台上用数字或图形的表示方法来显示这些数据；被管理设备中的代理可以在任何时候向网络管理工作站报告错误情况，而并不需要等到管理工作站为获得这些错误情况而轮询它的时候才会报告。

SNMP的最初版本是SNMPv1，SNMPv1存在两方面的问题：一是安全，SNMP只定义了安全性极为有限的基于团体名授权使用的安全模型；二是管理信息的可靠传输问题，SNMPv1是在UDP上实现的，而UDP并不保证所有报文都能够正确传送。

SNMPv2可以与SNMPv1透明地共存，它在性能、安全、保密和管理进程与管理进程信道方面对SNMP进行了改进，如减少了SNMP业务流、允许大块数据的传送、添加了一个用于高速网络环境下的64位计数器；对基于Novell IPX，AppleTalk DDP和OSI的SNMP作了映射；在安全性方面，1995年12月出版的RFC1901-1908没有定义相关的网络管理安全和管理控制框架内容，仍然使用早期 SNMPv2 RFC1441-1452 定义的文摘鉴别、时标签两个：SNMPv2c和SNMPv2usec，前者是基于共同体的安全模型SNMP，后者则是基于用户的安全模型，但都未能达到令人满意的效果。

随之，TCP/IP团队致力于SNMPv3和RMON（Remote Network Monitoring）的研究，以期增加SNMP的安全管理能力和检测的实时性、可靠性。1998年1月产生了SNMPv3管理控制框架（Administrative Framework），它由RFC2271-2275等几个文档共同说明，这些文档的主要内容包括数据表达或定义语言、MIB说明、协议操作、安全与管理等几类。SNMPv3在保持SNMPv2基本管理功能的基础上，增加了安全性和管理性描述。SNMPv3提供的安全服务有数据完整性、数据源端鉴别、数据可用性、报文时效性和限制重播性防护；其安全协议由鉴别、时效性、加密等三个模块组成，具有开放和支持第三方的管理结构。

近年来，SNMP发展很快，已经超越传统的TCP/IP环境，受到更为广泛的支持，成为网络管理方面事实上的标准。支持SNMP的产品中最流行的是IBM公司的NetView，Cabletron公司的Spectrum和HP公司的Open View。除此之外，许多其他生产网络通信设备的厂家，如Cisco，Crosscomm，Proteon，Hughes等也都提供基于SNMP的实现方法。目前SNMPv3已经是IETF提议的标准，并得到了供应商们的有力支持。

1.5.2 CMIP协议

ISO制定的公共管理信息协议（CMIP），主要是针对OSI 7层协议模型的传输环境而设计的。在网络管理过程中，CMIP不是通过轮询而是通过事件报告进行工作的，由网络中的各个检测设施在发现被检测设备的状态和参数发生变化后及时向管理进程进行事件报告。管理进程先对事件进行分类，根据事件发生时对网络服务影响的大小来划分事件的严重等级，再产生相应的故障处理方案。

CMIP 与 SNMP 相比，两种管理协议各有所长。SNMP 是 Internet 组织用来管理 TCP/IP 互联网和以太网的，由于实现、理解和排错很简单，所以受到很多产品的广泛支持，但是安全性较差。CMIP 是一个更为有效的网络管理协议。一方面，CMIP 采用了报告机制，具有及时性的特点；另一方面，CMIP 把更多的工作交给管理者去做，减轻了终端用户的工作负担。另外，CMIP 建立了安全管理机制，提供授权、访问控制、安全日志等功能。

CMIP 的所有功能都要映射到应用层的相关协议上实现。管理联系的建立、释放和撤销是通过联系控制协议 ACP（Association Control Protocol）实现的。操作和事件报告是通过远程操作协议 ROP（Remote Operation Protocol）实现的。

CMIP 所支持的服务是 7 种 CMIP 服务。与其他的通信协议一样，CMIP 定义了一套规则，在 CMIP 实体之间按照这种规则交换各种协议数据单元 PDU（Protocol Data Unit）。PDU 的格式是按照抽象语言描述 1（ASN.1）的结构化方法定义的。

CMIP 具有功能强大而全面的网络管理工具，但由于 CMIP 涉及面很广、大而全，难以得到业界的接受，所以实施起来比较复杂且花费较高，其产品还远未达到在市场中占主导地位的地步。

习　题

1. 什么是网络管理？网络管理的目标是什么？
2. 网络管理的五大功能是什么？分别对每个功能进行简单的描述，并举例说明。
3. 网络管理操作中有哪些安全问题？
4. 有关互联网管理的标准是谁制订的？这些标准文档叫什么？
5. 网络管理的内容可以分为哪些层次？不同层次的管理内容又有什么区别？
6. 比较著名的网络管理标准有哪些？请分别写出不同类型的网络管理的标准。
7. 什么是网络管理对象？请举例说明。
8. 简述网络管理功能与管理层次之间的关系。
9. 配置管理的基本功能应包括哪几个方面？
10. 故障管理的目的是什么？在管理中会遇到什么问题？
11. 局域网管理与本书所讲的网络管理有什么不同？结合你使用的局域网操作系统试举出几种管理功能。

第2章 网络管理体系结构

计算机网络是计算机、连接媒介、系统软件和协议的复杂排列，网络之间又互联形成更复杂的互联网，因此，在进行网络管理系统开发时，必须用逻辑模型来表示这些复杂的网络组件，网络管理一般采用管理者-管理代理的模型。本章将介绍网络管理的基本模型、网络管理系统的模式、网络管理的软件结构和网络管理的组织模型。

2.1 网络管理的基本模型

2.1.1 网络管理者-管理代理模型

在网络管理中，一般采用管理者-代理的管理模型，如图 2-1 所示，它类似于客户/服务器模式，通过管理进程与一个远程系统相互作用实现对远程资源的控制。在这种简单的体系结构中，一个系统中的管理进程担当管理者角色，被称为网络管理者，而另一个系统中的对等实体担当代理者角色，被称为管理代理。网络管理者将管理要求通过管理操作指令传送给位于被管理系统中的管理代理，对网络内的各种设备、设施和资源实施监视和控制，管理代理则负责管理指令的执行，并且以通知的形式向网络管理者报告被管对象发生的一些重要事件。

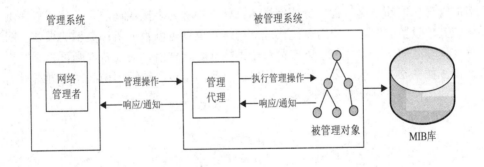

图 2-1 管理者-代理模型

不论是 OSI 的网络管理，还是 IETF 的网络管理，都认为现代计算机网络管理系统基本由网络管理者、管理代理、网络管理协议和管理信息库四个要素组成。

2.1.2 网络管理者

网络管理者（Network Manager）一般是位于网络系统的主干或接近主干位置的工作站、

微机等，负责发出管理操作的指令，并接收来自代理的信息。网络管理者要求管理代理定期收集重要的设备信息。网络管理者应该定期查询管理代理收集到的有关主机运行状态、配置及性能数据等信息，这些信息将被用来确定独立的网络设备、部分网络或整个网络运行的状态是否正常。

网络管理者和管理代理通过交换管理信息来进行工作，信息分别驻留在被管设备和管理工作站上的管理信息库中。这种信息交换通过一种网络管理协议来实现，具体的交换过程是通过协议数据单元（PDU）进行的。通常是管理站向管理代理发送请求 PDU，管理代理以响应 PDU 回答，管理信息包含在 PDU 参数中。在有些情况下，管理代理也可以向管理站发送通知，管理站可根据报告的内容决定是否做出回答。

管理站被作为网络管理员与网络管理系统的接口。它的基本构成包括：
（1）一组具有分析数据、发现故障等功能的管理程序；
（2）一个用于网络管理员监控网络的接口；
（3）将网络管理员的要求转变为对远程网络元素的实际监控的能力；
（4）一个从所有被管网络实体的 MIB 中抽取信息的数据库。

2.1.3 管理代理

管理代理（Network Agent）则位于被管理的设备内部。通常将主机和网络互连设备等所有被管理的网络设备称为被管设备。管理代理把来自网络管理者的命令或信息请求转换为本设备特有的指令，完成网络管理者的指示，或返回它所在设备的信息。网络代理也可能因为某种原因拒绝网络管理者的指令。另外，管理代理也可以把在自身系统中发生的事件主动通知给网络管理者。

一个网络管理者可以和多个网络代理进行信息交换，这在网络管理中是常见的；而一个网络代理也可以接受来自多个网络管理者的管理操作，但在这种情况下，网络代理需要处理来自多个网络管理者的多个操作之间的协调问题。

一般的管理代理都是返回它本身的信息，另外一种称为委托代理的管理代理能提供关于其他系统或其他设备的信息，使用委托代理，网络管理者可以管理多种类型的设备。网络管理者和管理代理之间使用的是一种语言，对于不能理解这种语言的设备，则可以通过委托代理完成通信，如图 2-2 所示。委托代理还可以提供到多个设备的管理访问。管理者只需和一个委托代理通信，就可以管理多个设备。

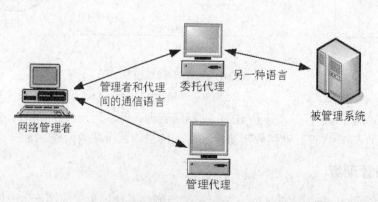

图 2-2　网络管理者通过委托代理管理另外一种语言的设备

2.1.4 网络管理协议

在管理者-代理的模型中,如果各个厂商提供的网络管理者和管理代理之间的通信方式各不相同,将会大大影响网络管理系统的通用性,影响不同厂商设备间的互连,因此需要制定一个网络管理者和管理代理之间通信的标准。用于网络管理者和管理代理之间传递信息,并完成信息交换安全控制的通信规约就称为网络管理协议。网络管理者通过网络管理协议从管理代理那里获取管理信息或向管理代理发送命令;管理代理也可以通过网络管理协议主动报告紧急信息。

目前最有影响的网络管理协议是 SNMP 和 CMIS/CMIP,它们代表了目前两大网络管理解决方案。其中 SNMP 流传最广,应用最多,获得支持也最广泛,已经成为事实上的工业标准。

2.1.5 管理信息库

管理信息库 MIB(Management Information Base)是一个信息存储库,是对于通过网络管理协议可以访问信息的精确定义,所有相关的被管对象的网络信息都放在 MIB 上。被管对象是网络资源的抽象表示,一个资源可以表示为一个或多个被管对象。MIB 库的描述采用了结构化的管理信息定义,称为管理信息结构(SMI, Structure of Management Information),它规定了如何识别管理对象以及如何组织管理对象的信息结构。MIB 库中的对象按层次进行分类和命名,整体表示为一种树型结构,所有被管对象都位于树的叶子节点,中间节点为该节点下的对象的组合。

在 MIB 中的数据大体可分为感测数据、结构数据和控制数据三类。感测数据表示测量到的网络状态,是通过网络的监测过程获得的原始信息,包括节点队列长度、重发率、链路态、呼叫统计等,这些数据是网络的计费管理、性能管理和故障管理的基本数据。结构数据描述网络的物理和逻辑构成,与感测数据相比,结构数据是静态的网络信息,包括网络拓扑结构、交换机和中继线的配置、数据密钥、用户记录等,这些数据是网络的配置管理和安全管理的基本数据。控制数据存储网络的操作设置,控制数据代表网络中那些可调整参数的设置,如中继线的最大流量、交换机输出链路业务分流比率、路由表等,这些数据主要用于网络的性能管理。

2.2 网络管理模式

现在计算机网络变得愈来愈复杂,对网络管理性能的要求也愈来愈高,为了满足这种需求,今后的网络管理将朝着层次化、集成化、Web 化和智能化方向发展。网络管理模式有集中式、分层式、分布式和集中式与分层式结合四种方法。

2.2.1 集中式网络管理模式

集中式网络管理模式是目前使用最为普遍的一种模式,如图 2-3 所示,有一个网络管理者对整个网络的管理负责。网络管理者处理所有来自被管理网络系统上的管理代理的通信信息,为全网提供集中的决策支持,并控制和维护管理工作站上的信息存储。

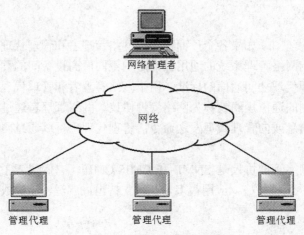

图 2-3　集中式网络管理模式

集中式有一种变化的形式，即基于平台的形式，如图 2-4 所示，将唯一的网络管理者分成管理平台和管理应用两部分。管理平台是对管理数据进行处理的第一阶段，主要进行数据采集，并能对底层管理协议进行屏蔽，为应用程序提供一种抽象的统一的视图。管理应用在数据处理的第二层，进行决策支持和执行一些比信息采集和简单计算更高级的功能。这两部分通过公共应用程序接口（Application Programming Interface，API）进行通信。这种结构易于维护和扩展，也可简化异构的、多厂商的、多协议网络环境的集成应用程序的开发。但总体而言，它仍是一种集中式的管理体系，应用程序一旦增多管理平台就成为了瓶颈。

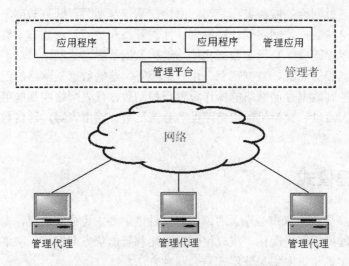

图 2-4　基于平台的集中式网络管理模式

集中式结构的简单、低价格以及易维护等特性，使其成为传统的普遍的网络管理模式，但随着网络规模的日益扩大，其局限性愈来愈显著，主要表现在下述几个方面。

1. 不可扩展性

所有的信息都向中央管理者传输，当网络规模扩大、被管对象种类增多后，管理信息传输量也将增大，必然会引起阻塞。

2. 功能固定，不灵活

集中式管理的服务器功能模块都是在建立时装入的，若要修改或增加新的功能，则必须重新编译、安装、服务器进程初始化。

3. 不可靠性

网管工作站一旦出现故障，整个网络管理系统都将崩溃。若连接两部分的中间某一设备出现问题，则后面的网络也就失去了管理功能。

4. 传输中的瓶颈

如图 2-5 所示的一个典型的复杂广域网络，两个网络 A、B 通过路由器和低速链路连接。在集中式管理条件下，位于网络 A 的网络管理者对网络 A 和 B 上的所有代理进行管理。实践中发现网络管理系统的瓶颈主要出现在 a、b、c 和 d 处，即路由器、低速链路、网络 A 与管理系统的接口以及管理系统的计算分析处。

（1）a 处路由器：该路由器显然是瓶颈之一，一旦发生故障，网络 A 中的管理者发出的网络管理信息包就不能到达网络 B，这样整个网络 B 就成为一个不可管理的网络。

（2）b 处低速链路：因为带宽问题该低速链路成为瓶颈。网络 B 上的所有 MIB 信息都要通过低速链路传递到网络 A。当 B 中的代理数目较多时，对低速链路的带宽要求很高，而且，管理者还要不停地对网络 B 进行轮询，这更使低速链路成为系统的瓶颈。

（3）c 处管理平台与网络 A 的接口：在这种复杂的网络中，代理的数目可能很多，使管理平台和网络 A 之间的流量相当大，这将占用管理平台通信处理机大量的时间和存储空间，甚至导致通信阻塞。

（4）d 处管理平台：管理平台要从大量的 MIB 变量值中通过计算和分析，得到有意义的值，然后经过表示工具呈现给最终的管理者。网络越复杂，MIB 信息量就越大，这一过程对管理平台 CPU 的负载也越大。在实际的某些网络管理平台中，系统往往要花几分钟才能对用户的要求作出回答反应。

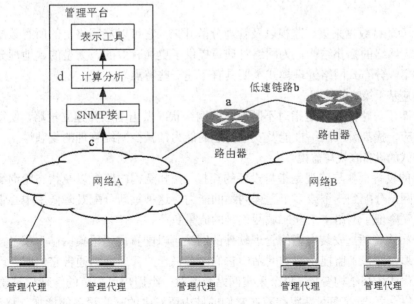

图 2-5 网络管理中的瓶颈

2.2.2 分布式网络管理模式

为了减少中心管理控制台、局域网连接和广域网连接以及管理信息系统不断增长的负担，将信息和智能分布到网络各处，使得管理变得更加自动化，在最靠近问题源的地方能够做出基本的决策，这就是分布式管理的核心思想。

分布式网络管理模式如图 2-6 所示，网络的管理功能分布到每一个被管设备，即将局部管理任务、存储能力和部分数据库转移到被管设备中，使被管设备成为具有一定自我管理能力的自治单元，而网络管理系统则侧重于网络的逻辑管理。按分布式网络管理方法组成的管理结构是一种对等式的结构，有多个管理者，每个负责管理一个域，相互通信都在对等系统内部进行。

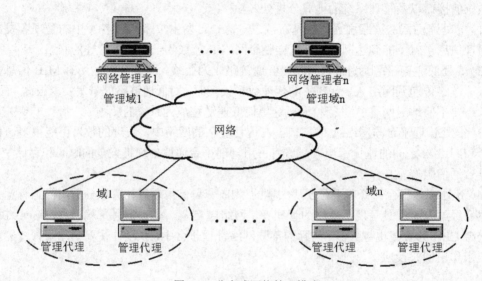

图 2-6 分布式网络管理模式

分布式管理将数据采集、监视以及管理分散开来，它可以从网络上的所有数据源采集数据而不必考虑网络的拓扑结构，为网络管理员提供了更加有效的、大型的、地理分布广泛的网络管理方案。分布式网络管理模式主要具有下述一些特点。

1. 自适应基于策略的管理

自适应基于策略的管理是指对不断变化的网络状况做出响应并建立策略，使得网络能够自动与之适应，提高解决网络性能及安全问题的能力，减少网络管理的复杂性。

2. 分布式的设备查找与监视

分布式的设备查找与监视是指将设备的查找、拓扑结构的监视以及状态轮询等网络管理任务从管理网站分配到一个或多个远程网站的能力。这种重新分配既降低了中心管理网站的工作负荷，又降低了网络主干和广域网连接的流量负荷。

采用分布式管理，安装有网络管理软件的网站可以配置成"采集网站"或"管理网站"。采集网站是那些接替了监视功能的网站，它们向有兴趣的管理网站通告它们所管理的网络的任何状态变化或拓扑结构变化。每个采集网站负责对一组用户可规范的管理型对象（称为域）进行信息采集。采集/管理网站跟踪着在它们的域内所发生的网络设备的增加、移动和变化。

在规律性的间歇期间,各网站的数据库将于同一级或高一级的网站进行同步调整,这使得在远程网址的信息系统管理员在监控它们自己资源的同时,也让全网络范围的管理员了解到了目前设备的现有状况。

3. 智能过滤

通过优先级控制,不重要的数据就会从系统中排除,从而使得网络管理控制台能够集中处理高优先级的事务。为了在系统中的不同地点排除不必要的数据,分布式管理采用设备查找过滤器、拓扑过滤器、映像过滤器与报警和事件过滤器。

4. 分布式阈值监视

阈值事件监视有助于网络管理员先于用户感觉到有网络故障,并在故障发生之前将问题检测出来并加以隔离。采集网站可以独立地向相关的对象采集到 SNMP 及 RMON 趋势数据,并根据这些数据引发阈值事件措施。采集网站还将向其他需要上述信息的采集网站及管理网站提供这些信息,同时还有选择地将数据转发给中心控制台,以便进行容量规划、趋势预测以及为服务级别协议建立档案。

5. 轮询引擎

轮询引擎可以自动地和自主地调整轮询间隙,从而在出现异常高的读操作或出现网络故障时,获得对设备或网段的运行及性能更加明了的显示。

6. 分布式管理任务引擎

分布式管理任务引擎可以使网络管理更加自动,更加独立。其典型功能包括分布式软件升级及配置、分布式数据分析和分布式 IP 地址管理。

分布式管理的根本属性就是能容纳整个网络的增长和变化,因为随着网络的扩展,监视智能及任务职责会同时不断地分布开来,既提供了很好的扩展性,同时也降低了管理的复杂性。将管理任务都分布到各域的管理者,使网络管理更加稳固可靠,也提高了网络性能,并且使网络管理在通信和计算方面的开销大大减少。

2.2.3 分层式网络管理模式

尽管分布式网络管理能解决集中式网络管理中出现的一系列问题,但目前还无法实现完全的分布方案,因此,目前的网络管理是分布式与集中式相结合的分层式网络管理模式。

分层式网络管理模式是在集中式管理中的管理者和代理间增加一层或多层管理实体,即中层管理者,从而使管理体系层次化。在管理者和代理间增加一层管理实体的分布式网络管理模式如图 2-7 所示。一个域管理者只负责该域的管理任务并不意识到网络中其他部分的存在,域管理者的管理者 MOM(Manager of Managers)位于域管理者的更高层,收集各个域管理者的信息。分层式与分布式最大区别是:各域管理者之间不相互直接通信,只能通过管理者的管理者间接通信。分层式网络管理模式在一定程度上缓解了集中式管理中存在的问题,但是给数据采集增加了一定的难度,同时也增加了客户端的配置工作。如果域管理者配置不够仔细,往往会使多个域管理者监视和控制同一个设备,从而消耗了网络的带宽。

分层式结构可以通过加入多个 MOM 进行扩展,也可在 MOM 上再构建 MOM,使网络管理体系成为一种具有多个层次的结构,这种结构的管理模式比较容易开发集成的管理应用,使这些管理程序能从各个不同域中读取信息。

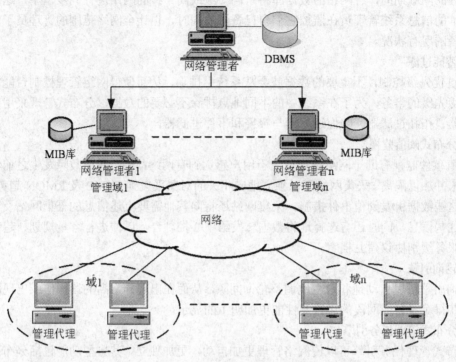

图 2-7 分层式网络管理模式

2.2.4 分布式与分层式管理模式的结合

分布式与分层式管理模式结合的方法吸收了分布式和分层式的优点和特点，具有很好的可扩展性，如图 2-8 所示，它采用了域管理和 MOM 的思想。

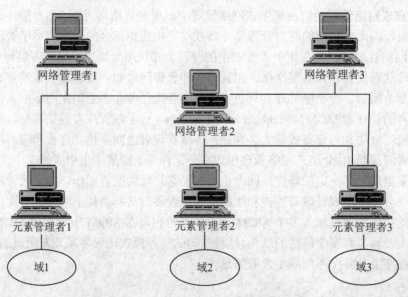

图 2-8 分布式与分层式结合的管理模式

在分布式与分层式结合的管理模式中，有多个管理者，这些管理者被分为元素管理者和集成管理者两类。每个元素管理者负责管理一个域，而每个元素管理者又可以被多个集成管理者管理，所以，集成管理者就是管理者的管理者。多个集成管理者之间也具有一定的层次性，易于开发集成的管理应用。

2.3 网络管理系统体系结构

2.3.1 网络管理系统的层次结构

网络管理系统的层次结构如图 2-9 所示。在网络管理站中最下层是操作系统和硬件，操作系统既可以是一般的主机操作系统，如 DOS、UNIX、Windows XP 等，也可以是专门的网络操作系统，如 Novell NetWare 或 OS/2 LAN Server。操作系统之上是支持网络管理的协议，如 OSI、TCP/IP 等通信协议，以及专用于网络管理的 SNMP、CMIP 协议等。协议栈上面是网络管理框架，这是各种网络管理应用工作的基础结构，各种网络管理框架的共同特点如下：

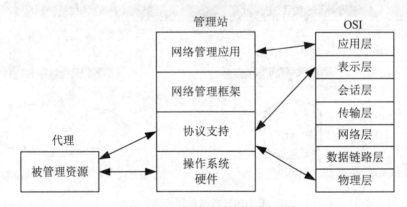

图 2-9 网络管理系统的层次结构

- 管理功能分为管理站和代理两部分；
- 为存储管理信息提供数据库支持；
- 提供用户接口和用户视图功能；
- 提供基本的管理操作。

网络管理应用是用户根据需要开发的软件，这种软件运行在具体的网络上，实现特定的管理目标，例如故障诊断和性能优化，或者业务管理和安全控制等。

图 2-9 中把管理资源放在单独的位置，表明被管理资源可能与管理站处于不同的系统中。网络管理涉及监视和控制网络中的各种硬件、固件和软件元素，例如网卡、集线器、中继器、路由器、外围设备、通信软件、应用软件和实现网络互联的软件等。有关资源的管理信息由代理进程控制，代理进程通过网络管理协议与管理站对话。

2.3.2 网络管理软件结构

网络管理软件包括用户接口软件、管理专用软件和管理支持软件三个部分，如图 2-10 所示。

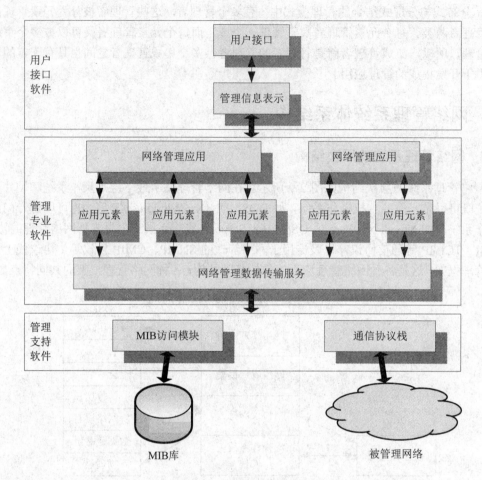

图 2-10　网络管理软件

1. 用户接口软件

用户通过网络管理接口与管理专用软件交互作用，监视和控制网络资源。接口软件不仅存在于管理主机上，而且也可出现在网络管理代理系统中，以便对网络资源实施本地配置、测试和排错。若要实施有效的网络管理，用户接口软件应具有统一的接口、一定的信息处理能力和图形界面。

2. 管理专用软件

复杂的网络管理软件可以支持多种网络管理应用，适用于各种网络设备和网络配置。应用元素实现初等的通用的管理功能，可由多个应用程序调用，从而可用大量的应用元素支持少量管理应用。网络管理软件的最底层提供网络管理数据传输服务，用于在管理站和管理代理之间交换管理信息，管理站利用这种服务接口可以检索设备信息，设置设备参数，管理代理则通过服务接口向管理站通告设备事件。

3. 管理支持软件

管理支持软件包括 MIB 访问模块和通信协议栈。管理代理中的 MIB 包含反映设备配置和设备行为的信息，以及控制设备操作的参数。管理站的 MIB 中除保存本地节点专用的管理信息外，还保存着管理站控制的所有管理代理的有关信息。MIB 访问模块具有基本的文件管理功能，使得管理站或管理代理可以访问 MIB，同时该模块还能把本地的 MIB 数据转换成适用于网络管理系统传送的标准格式。通信协议栈支持节点之间的通信。

习　题

1．试述网络管理的基本模型以及各个组成部分的功能。
2．管理代理可以向网络管理者发送信息吗？为什么？
3．被管理的网络设备有哪些？
4．何谓委托代理？试举例说明。
5．何谓网络管理协议？
6．MIB 库中包括了哪些信息？
7．集中式网络管理模式的工作原理是什么？其优缺点是什么？
8．何谓分布式网络管理模式？其优点是什么？它有哪些特点？
9．分层式网络管理模式的工作原理是什么？
10．网络管理系统分为哪些层次？网络管理框架的主要内容有哪些？
11．试述网络管理的软件结构。

第 3 章　OSI 系统管理

OSI 网络管理框架是 ISO 在 1979 年开始制定的,也是国际上最早制定的网络管理标准。ISO 制定的 OSI 网络管理标准中,管理协议是 CMIP(Common Management Information Protocol),所提供的管理服务是 CMIS(Common Management Information Service)。

尽管由于种种原因 CMIP 的应用部署远没有达到 1988 年开始制定的 SNMP 那样成功,但它是大多数通信服务提供商和政府机构主要采纳和参考的网络管理框架。OSI 网络管理中较早地运用了面向对象的分析方法和设计方法,历经多年演变,其功能强大和完整,但其实现却步履缓慢,被 ITU-T 应用在 TMN 的 Q3 接口中才真正走向实用。

由于 OSI 管理标准包含了网络管理的基本概念和总体框架,所以本章介绍 OSI 管理的主要内容,包含 OSI 的基本概念、CMIP/CMIS、OSI 管理框架、OSI 管理信息结构等。

3.1　OSI 的基本概念

国际标准化组织 ISO 制定了计算机网络体系结构,即开放系统互连参考模型 OSI/RM(Open System Interconnection/Reference Model)。它包含参考模型、服务定义和协议规范三个主要概念。

3.1.1　参考模型

ISO 定义的计算机网络体系结构分为 7 层,如图 3-1 所示,该模型是 OSI 系统管理的基本结构。按照 OSI 的定义,开放系统包括硬件和软件实体,它们共同完成从信息传输到分布式应用的各个功能,这样功能按照标准规定划分为 7 个层次。其中下 3 层主要完成通信功能,第 4 层实现端到端的通信控制,而上 3 层是面向应用的。

图 3-1　OSI 7 层参考模型

3.1.2 服务定义

OSI/RM 规定了每一层实体（可能有多个）对其上层实体提供的服务。（N）层服务是利用了下面（N-1）层实体提供的服务，再加上（N）层实体自己的功能，从而提供了比下层更高级的服务。提供服务的实体叫做服务提供者，被提供服务的实体叫做服务用户。服务用户通过服务访问点（SAP）使用下层提供的服务。一个服务可能使用一个或多个服务访问点。SAP 其实就是地址的抽象概念，如图 3-2 所示。服务是用服务原语定义的，图 3-3 显示出 4 种服务原语（请求、指示、响应和确认）及其功能。服务分为有确认服务和无确认服务。有确认的服务用到了 4 条原语，而无确认的服务只用到 2 条（请求和指示）原语。

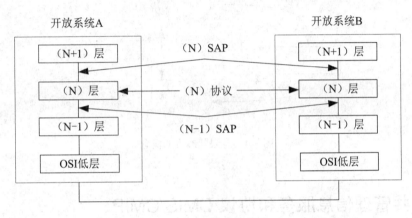

图 3-2　OSI 服务访问点

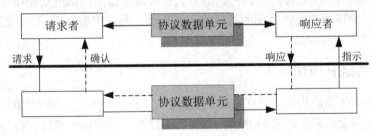

图 3-3　OSI 服务定义

3.1.3 协议规范

OSI 还规定了不同开放系统中对等实体之间的协议，即对等实体之间交换的协议数据单元的格式。所谓开放系统就是可以通过符合 OSI 规定的各层标准协议与其他系统实现互连的系统。当一个协议实体提供上层实体请求的服务时就向其对等的实体发送协议数据单元，其中包含了上层实体需要传送的请求报文。对等的上层实体如果需要应答对方的请求，则返回一个响应报文，这个报文的传送也是利用下层服务实现的。可见通过协议数据单元的交换，下层实体实现了为上层实体提供的服务，图 3-3 显示了协议数据单元交换的过程。

OSI 用有限状态机（FSM，Finite State Machine）来解释协议实体的功能，称为协议机。

FSM 是一种用于描述系统属性和行为的概念模型，这种模型如图 3-4 所示。图中的状态表示协议实体可能遇到的各种情况，其中的初始状态是协议实体开始工作的状态，此外协议实体还可能处于其他状态，例如活动状态、忙状态等。当某些事件发生时（例如调用服务原语、传输出错等）就会引起一些作用，从而又引起协议实体状态的转换。用协议机不仅可以表示协议实体的各种工作状态，而且还可以验证协议是否正确，是否会出现死锁等。网络管理系统必须监视协议实体在各种情况下的工作状态。

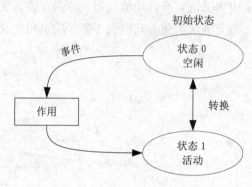

图 3-4　有限状态机的概念

3.2　公共管理信息服务和协议 CMIS/CMIP

OSI 定义了应用层的各种基本构件，这是大多数应用都要用到的功能模块，叫做应用服务元素（ASE）。管理站和代理之间的通信除了要用到一些应用服务元素，还需要专门制定的管理通信协议。

3.2.1　CMIS/CMIP 概述

OSI 网络管理体系结构要运行在 OSI 协议栈上，这是一个完全面向对象的设计，应用了面向对象的所有概念，包括对象的继承、包含、关联等。根据这个设计，该体系结构由信息模型、组织模型、通信模型和功能模型 4 个主要部分组成，它们结合在一起提供了非常全面的网络管理方案。

信息模型包括一个管理信息结构、层次命名体系和管理对象（MO）定义，其中管理信息结构是 SNMP 的管理信息结构的超级结构，而且也要用到抽象语法表示（ASN.1）。

组织模型实质上是在一个开放系统的网络中采用分布式的协同管理。它与 SNMP 一样，是管理站与管理代理模式。

通信模型是基于系统的通信体系结构，它包括三种交换管理信息的机制：应用管理、层管理和层操作。其中，应用管理是应用层管理应用进程之间的通信；层管理是特定层管理实体之间的通信；层操作是标准协议实体之间的管理通信。

功能模型把整个管理系统划分成五个功能域：配置、故障、性能、计费和安全管理。

CMIP 所支持的网络管理服务称为公共管理信息服务（CMIS）。CMIP 定义的是如何实现 CMIS 服务，即指定了协议交换的 PDU 及其传送语法。

为了提供位于各种不同的网络机器和计算机结构之上所需的网络管理协议特征，CMIS/CMIP 的功能和结构远远不同于 SNMP。SNMP 是按照简单和易于实行的原则设计的。OSI 网络管理协议并不像 SNMP 一样过于简单，它能够提供支持一个完整的网络管理方案所需要的功能。

OSI 网络管理的整体结构是建立在 ISO 参考模型的基础上，网络管理应用进程使用 ISO 参考模型中的应用层。在这一层中，公共管理信息服务元素（CMISE）提供了应用程序使用 CMIP 的手段。联系控制服务元素 ACSE（Association Control Service Element）用于建立和拆除两个系统之间应用层的通信联系。远程操作服务元素 ROSE（Remote Operation Service Element）用于处理应用层之间的请求/应答交互。

这些协议及其应用，构成了 ISO 网络管理方案的框架结构。处理这些定义在应用层的协议外，OSI 没有在底层特别为网络管理定义协议。

1. 公共管理信息通信环境

在 OSI 的 7 层参考模型中，从第 1 层到第 6 层是为网络管理中管理信息的传递提供标准的信息传输服务，第 7 层即应用层上则要有特定的网络管理应用服务以支持网络管理通信。在 ISO 的网络管理国际标准中，应用层上与网络管理应用有关的称为系统管理应用实体（SMAE）。

在 OSI 管理信息通信中，管理站和管理代理是一对对等的应用实体，它们调用 CMISE 的服务来交换管理信息。CMISE 提供的服务访问点支持管理站和管理代理之间有控制的联系（association）。此联系用于管理信息的请求/响应、传递事件通知、远程启动管理对象的操作等。

CMISE 的管理信息通信需要面向连接的传输支持，并且与已有的应用层环境有一定关系。CMISE 利用了 OSI 联系控制服务元素 ACSE 的服务和远程操作服务元素 ROSE 来实现它自己的管理信息服务。

CMISE 能够使用户访问到 CMIS 管理服务，该服务是利用 CMIP 作为其管理站与管理代理之间的通信手段。CMISE 要用到 ACSE 和 ROSE 的支持，用于对应用联系的控制。ACSE 实现了打开和关闭管理站与管理代理之间的通信联系，而 ROSE 则在联系建立起来后传送请求和响应。它们之间的关系如图 3-5 所示。

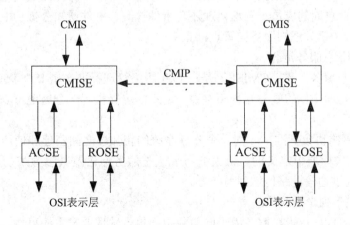

图 3-5　CMIS/CMIP 相关三个应用层实体之间的关系

CMISE 对上层提供服务访问点与其用户（管理站或管理代理）交换服务原语，对下层则通过 ACSE 和 ROSE 的服务按照 CMIP 收发 CMIP 协议数据单元（PDU）。这些 PDU 是通过面向连接的传输服务交换的，通信过程一般都遵循 OSI 的请求/响应模式。CMIS 与其用户即管理站或管理代理的关系如图 3-6 所示。

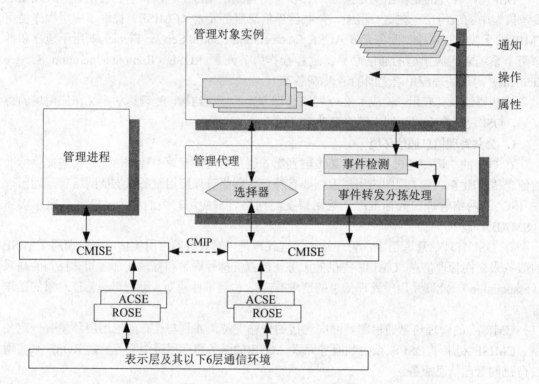

图 3-6　OSI 网络管理信息通信环境

在网络管理信息通信环境中，管理代理的对等实体（管理站或其他管理代理）通过 CMIP 将管理操作请求 get/set/action 传送到目的代理方的 CMISE，CMISE 再通过 CMIS 原语将命令递交给管理代理。管理代理根据原语参数选择管理对象记录中的特定实例进行操作，这些实例都是本地管理信息库的成员。管理代理还有事件检测、事件通知分拣功能，需要转发的事件则通过 CMISE 的事件通知服务向管理站报告。

2. 公共管理信息服务元素

公共管理信息服务元素（CMISE）是在 OSI 网络管理标准文本 ISO 9595 中定义的，它定义了用于网络管理操作的服务元素和参数（变量），也提供了一个远地可以调用的公共管理过程的框架。

在 ISO 的网络协议标准中，同一个开放系统的相邻层之间创建和使用原语的规则是在 OSI 协议服务元素标准中定义的。协议服务元素把服务原语及其参数映射成协议数据单元（PDU），然后经过通信链路传送到另一方。

CMISE 提供下列 7 类服务：

（1）M-EVENT-REPORT 服务用于向服务用户报告发现或发生的事件。这里所说的事件可以是有关管理对象的任何事件，只要 CMISE 的服务用户想要报告。这个服务在报告事件的同时，给出事件发生或检测到的当时时间和报告事件的时间。它既可以用于有确认的服务，也可以用于无确认的服务。

（2）M-GET 服务用于从对等实体中读取管理信息。它主要用于管理站（管理者）从管理代理的管理信息库中获取信息。这个服务利用管理对象的名字等标识信息读取给定管理对象的属性名和属性值或选择一组管理对象。由于读取信息需要先发送一个请求给对等实体，然后得到一个回答（响应），故该服务是需要确认的服务。

（3）M-CANCEL-GET 服务用于要求对等实体取消以前发出的 M-GET 请求，即不必发回上一个 M-GET 的响应。GET 服务是唯一带有取消选项的服务。该服务是有确认的。为什么其他服务，如 SET、CREATE 和 DELETE 等就没有取消的功能呢？因为如果这些涉及修改被管对象信息的服务，在操作执行过程当中被取消，可能会影响被管对象信息完整性和一致性。

（4）M-SET 服务是管理者用来请求管理代理（或管理进程）修改管理对象的属性值，该服务可由用户决定是使用有确认模式还是无确认模式。如果是有确认模式，用户将会得到一个属性设置结果的回答。

（5）M-ACTION 服务允许激活一个在被管对象中预先定义的动作过程。这里的被管对象是由管理代理对其操作。此服务可以是有确认的，也可以是无确认的。当使用有确认模式时，请求用户可以得到一个动作执行结果的回答。

（6）M-CREATE 服务支持用户创建管理对象的新实例，当然需要一些相应的管理信息如属性值等参数。可以采用一个已经存在的实例作为创建新实例的模板。该服务只提供有确认的服务，请求用户总会得到一个回答。

（7）M-DELETE 提供的服务正好与 M-CREATE 相反，用于删除一个被管对象的实例。M-DELETE 服务总是提供有确认模式，该服务会得到一个删除结果的回答。

此外，CMISE 还要直接调用应用层其他实体的服务以向用户提供建立联系等服务，这些服务如下：

（1）M-INITIALIS 服务用来在对等的两个 CMISE 服务用户之间建立联系（association）。用户可以是管理进程，也可以是管理代理。该服务是管理信息传输活动的第一步，仅仅用来建立一个联系。如果两个用户之间已经存在一个联系，则用户就不必再调用该服务再次建立联系了。该服务是有确认的，并且要在 ACSE 的支持下实现。

（2）M-TERMINATE 服务支持 CMISE 服务用户正常释放(终止)与对等用户的一个联系。它也是一个有确认的服务，也要通过 ACSE 来实现。有时被称为"文雅终止"。

（3）M-ABORT 服务也支持 CMISE 服务用户中止一个联系，但它是一个无确认的服务，是一种突然中止方式，需要通过 ACSE 实现。有时称它为"野蛮中止"。

应用层的 CMISE 为了提供上述服务，除了要调用 ACSE 的服务来建立和终止应用联系外，它还必须调用远地操作服务元素（ROSE）的服务，以实现管理操作。主要是以下 4 个服务：

（1）RO-INVOKE 服务用于调用一个远程操作。该服务是无确认服务。

（2）RO-RESULT 服务用于响应 RO-INVOKE 服务，表示操作已完成。该服务是无确认服务。

（3）RO-ERROR 服务用于响应 RO-INVOKE 服务，表示操作不完成。该服务是无确认服务。

（4）RO-REJECT 服务分为两部分，其中 RO-REJECT-U 服务用于拒绝 RO-INVOKE 服务；如果必要，也用于拒绝 RO-RESULT 和 RO-ERROR 服务，该服务是无确认服务。另一个是 RO-REJECT-P 服务，它是由 ROSE 服务的提供者用于向 ROSE 的用户通报问题。

ROSE 接着又要调用表示层的 P-DATA 服务。CMISE 与其他应用层服务元素 ROSE 和 ACSE 以及表示层的服务调用关系如图 3-7 所示。

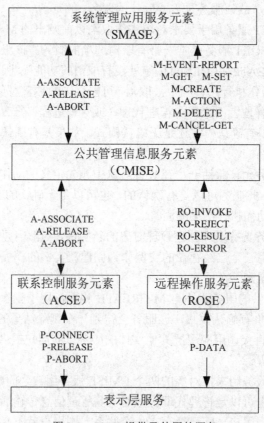

图 3-7 CMIS 提供及使用的服务

CMISE 是按照一定的功能单元来组织的，每种服务用一个功能单元来实现，对应于一组特定的服务原语，再加上一些特殊的功能单元用于实现直接服务以外的功能。用功能单元来描述和定义通信实体之间的操作是比较简单和实用的。

在 OSI 的 CMISE 中定义的功能单元如表 3-1 所示。这些功能单元又分成核心功能和附属功能两大类，表 3-1 中的前 7 个功能单元是核心功能单元。这两类功能单元的特点分别如下：

（1）核心功能单元：除非选择了多重回答功能单元，否则前后相关标识参数不能用；除非选择了多对象选择功能单元，否则"视窗"和同步参数不能用。

（2）附属功能单元：可以利用在核心功能单元中不允许使用的参数。

表 3-1　　　　　　　　　　　CMISE 的功能单元

序　号	功能单元	是否有确认
1	M-EVENT-REPORT	有确认/无确认
2	M-GET	有确认
3	M-CANCEL-GET	有确认
4	M-SET	有确认/无确认
5	M-ACTION	有确认/无确认
6	M-CREATE	有确认
7	M-DELETE	有确认
8	多对象选择	
9	过滤器	
10	多重回答	
11	扩展服务	

表3-1中最后4个功能单元则提供如下功能：

（1）多对象选择功能单元：有了这个服务才使"视窗"和同步参数可以为核心功能单元所用，这两个参数是在 M-EVENT-REPORT 和 M-CREATE 操作中没有的。

（2）过滤器功能单元：有了这个服务才使核心功能单元可以用过滤器参数，这个参数也是在核心功能单元 M-EVENT-REPORT 和 M-CREATE 操作中没有的。

（3）多重回答功能单元：利用这个服务，核心功能单元可以用前后相关标识参数。在 M-EVENT-REPORT 和 M-CREATE 功能单元中没有该功能。

（4）扩展服务功能单元：该功能单元提供了一些在表示层 P-DATA 服务中没有的表示服务。

从前面图 3-7 可以看出，CMISE 必须得到应用层其他实体的支持，如 ROSE 和 ACSE。CMISE 在进行操作之前必须先激活 ACSE 的服务，这时在 A-ASSOCIATE 的用户数据字段中包含的信息如下：

（1）功能单元代码：发起方的 CMISE 用户必须明确给出在操作中需要使用的扩展功能单元代码。

（2）访问控制码：这个参数未定义但可以使用，CMISE 用户可以利用它建立操作时的访问规则。

（3）用户信息：可以包含用户需要传送的任何信息。

3.2.2　CMIP 的管理信息库

管理信息库（MIB）是网络管理系统中的重要组成部分，它是网络管理系统中管理对象的集合。因此，网络管理信息模型在一个网络管理系统中是十分重要的，它对复杂的网络管理系统和网络管理框架来说是一个关键的内容。

网络管理系统中需要处理的信息类型和数量是巨大的，描述管理信息、建立管理信息模型最好采用结构化的方法，这样可以降低系统实现的难度、提高通用性。目前可以利用的最新技术是面向对象（Object Oriented）技术，利用面向对象技术来建立管理信息模型具有许多好处。

另一方面，随着网络的不断扩大，新产品、新技术的不断问世，经常会有添加管理对象类的需要。因此管理系统设计中就要有一定的标准化方法来保证管理对象设计，定义管理对象的模块化特征，保证协议和过程的可扩展性，保证各个机构、团体和厂家定义的管理对象的兼容性。正是因为面向对象设计具有上述能力，在 OSI 管理信息模型中采用了面向对象的设计技术。

ISO 的网络管理国际标准中用面向对象技术来定义网络管理对象。一个管理对象必定属于一个或多个对象类，并具有多个不同属性，包含可以对管理对象进行的操作、管理对象将会发出的通知等与管理对象有关的信息。本节将按照面向对象技术的方法对 CMIP 的管理信息库进行描述和说明。

1. 管理对象与管理对象类

在网络管理系统中，将可以控制、管理和操作的所有"东西"，包括网络中的所有设备、设施和资源都用一个统一的抽象名字"管理对象"来标记。实际上，管理对象就是对网络管理数据的抽象，它们代表管理活动中所涉及的资源和信息。对管理对象的管理操作由管理进程发起，通过管理进程与管理对象之间的通信（交换管理信息）来完成。一个管理对象可以代表单个资源，也可以代表多个资源，其中资源可以是网络中有用的软件和硬件以及其他设施，如无线通信频带等。管理对象与网络中的真实资源不一定要有一一对应关系，因为并非所有的资源都要有相应的对象去表示它。这种情况仅仅表明有些资源是网络管理系统不可达的（不可控制的）。反过来，也有一些管理对象并不代表实际的网络资源，它们的存在仅仅是为了网络管理上的需要，如事件日志（event log）和过滤筛网（sieve）就属于这种对象。

管理信息库中有许多具有相同管理操作、属性、特性组（package）、通知和行为特性的管理对象，我们称它们是属于同一个"管理对象类"的。管理对象的类（一般称管理对象类，有时也简称为对象类）只是一个虚的概念或定义了的类别。当一个具体的网络实体作为某类管理对象存在（创建）时，该实体就称为对象实例。管理对象和管理对象实例之间的关系可以比喻为"人类"和"人"之间的关系，"人类"是一个具有一定特性的事物的定义，而"人"则是具有"人类"特性的具体实例。对管理对象的操作实际上都是对管理对象实例进行的。

ISO 有关管理信息结构的标准文本 ISO 10165 中定义了公共管理信息的类型、属性以及可以对其进行的操作。标准文本中规定，管理系统中的每个管理对象都具有以下 5 个（或 5 组）特征量：

（1）类（class）：表明管理对象属于哪个对象类。

（2）属性（attribute）：是管理对象拥有的特性参量。

（3）管理操作（operation）：是可以对管理对象施加的操作。

（4）行为（behavior）：表明管理对象对管理操作所作出的反应。

（5）通知（notification）：是管理对象可能主动发出的报告类信息。

标准文本中还给出了概括性的对象定义方法，即如何说明新的管理对象类。标准文本中定义的对象属性有状况、计数器、量规、门限、事件和日志等。

对象类规定了所有该类管理对象实例应具有的特性。一个管理对象实例在创建的时候就被说明属于哪个对象类，同时该实例也就拥有了相应对象类的特性，具有相应的属性、操作、通知和行为特性。在 OSI 网络管理标准中，管理对象（类）是用结构化的方法定义的，通常用 ASN.1 语言来描述。

2. 属性

属性只是一种称呼，用来指管理对象的特性值。给特性定义一个名字，该特性也就称为属性。属性值可以通过内在的系统手段、网络活动或管理活动进行读取和修改，但修改活动不是任意的，要受内部条件和对象定义时规定的限制。如在定义管理对象时可以规定某些属性对外部系统来说是只读的，也可规定属性值改变的条件等。

属性可以代表多种有数值的物理资源特性，如不断变化的存储容量，或正在运算的进程，这种进程会产生与某个特性有关的响应值。比如，雇员档案表中可能有"年龄"这个属性，但实际存储的则是雇员的出生年月，因此"年龄"属性就需要从出生年月和当前时间中计算得到。再比如，用户账单记录中可能有"本月费用"这个属性，但实际存储的却是费率、通信距离和通信时间等，因而属性"本月费用"就必须用这三个参数计算获得。所以，在属性和物理存储量之间可以没有直接的对应关系。甚至属性也可以没有相应的存储量，这时表示该属性取默认值。

总之，属性可以表示的内容是很广的，既可以是直接对应于某个逻辑变量的存储值，对其进行读和修改，也可以只是一个参考关系，需要"读"该属性值时，相应的运算过程从若干个存储量中计算出属性值。ISO 的网络管理标准中支持所有公共数据类，并且还支持"数值集合"属性。数值集合属性代表若干个数值，它们之间除了数值量的不同以外没有其他区别。数值集合属性的操作包括插入或者删除一个数值量等。

在管理对象定义中，除属性外还引入了"属性组"。属性组代表若干个属性，只要给出属性组的名字，就意味着给出了该组内的所有属性名。对属性组的操作实际上是对组内每一个属性分别进行操作。属性组是可以扩展的，一个属性组在不同的对象类中所代表的属性个数可以是不一样的。

每个管理对象都有许多属性。属性代表管理对象的各方面特性和工作状态。比如，打印机的 OperationalState 就可以反映该打印机是联机状态还是脱机状态。各个属性值是网络管理进程可以访问的，网络管理进程也就是依靠属性值才能获知管理对象的具体状况，实际上也就是网络资源的状况。属性可以是简单的变量，也可以是一个复杂的数据结构，对于复杂的数据结构的属性就有多个值。此外还有一种集合值属性，这类属性的取值是一个数值集合。每个属性都必须有一个专有标识符（名字），用于在管理机构中注册，不同管理对象之间一般不会重名。

在定义管理对象类的时候，要完全说明一个对象，必须包括下列各个特性：
- 对象的父类；
- 对象的可见属性；
- 可以对对象进行的操作；
- 对象发生内部事件时将会发出的通知；
- 对象的行为特性。

在描述网络资源的模型时，为了增加灵活性，上述特性除了父类以外可以集合成一个特性组，管理对象的模型就是用给定若干特性组来定义的。一个特性组对某个对象来说可能是必备的，也可能是有条件的。必备特性组中的特性是一类对象的所有实例都必须拥有的，而条件特性组反映的特性是一类对象中一部分实例才有的，往往提供更多的管理能力。在对象类定义中必须给出条件，满足条件的对象实例就必须具备某个条件特性组。但这只是充分条件，而不是必要条件，即不具备条件的对象实例也可能有这些条件特性组中的特性。条件特性组是在初始化对象实例时可选择是否具备的特性，或者是代表一些非基本的管理功能。

有一点必须说明，在 OSI 管理信息定义、操作方式中，基本构造模块是"管理对象"（简记为 MO），引入"特性组"仅仅是在定义管理对象类时又添加了一些模块化工具。必备特性组是一类对象的所有实例都必须具备的，而条件特性组则是在对象初始化时可以不具备的。但如果具有条件特性组，则也必须在初始化对象时创建，不能中途创建条件特性组中的特性，也不能中途删除条件特性组中的特性。只有在删除一个对象时才能把条件特性组一起删除。

3. 管理对象的操作

管理对象一般都表示活动的实体，呈现一定的行为，并从一个状态转移到另一个状态。这就需要通过对管理对象的操作以实现对相应实体的控制。由于对象具有封闭特性，对象的操作只能用通信方式传递发起管理操作的请求和返回操作结果。报文中必须包含与特定操作有关的所有参数和信息、操作执行的方式（比如要么全部执行，要么全都不执行）以及在何种条件下执行操作，否则放弃操作，等等。同样，由于管理对象的封闭特性，一个操作的结果也必须在管理对象给出一个或多个响应报文以后才能知道。因此，对于每次操作，管理对象总要给出一个报文，指明操作是成功结束还是失败、操作成功以后对象的新条件及其参数或失败的原因等。

在管理对象类定义中要明确规定允许进行的管理操作。管理操作可以分为两类，一类是对管理对象本身的操作，其操作结果改变了整个管理对象；另一类是对管理对象属性的操作。封闭特性对两类操作都是适用的。

（1）面向属性的操作。

面向管理对象属性的操作有以下 5 种，其含义分别是：

- 取属性值（get）：将指定属性的当前值读出并返回给管理进程。
- 替换属性值（replace）：用管理进程给出的值替换指定属性的当前值。
- 添加属性值（add）：给多值属性（集合值属性）加一个额外的值。
- 删除属性值（remove）：从多值属性的众多值中删去指定的值。
- 置默认值（set to）：将指定的属性值置为默认值。

面向属性的操作中最常用的还是对象属性值的读取和设置。

对管理对象属性的操作将会产生两类效果。第一类是直接效果，如对一个属性值修改操作的直接结果是该属性值被新值替换了。第二类效果则是间接的，间接效果是资源之间相互作用的结果，如一个对象属性值的修改可能会导致另一个对象中属性的改变，间接效果可能有以下几种：

- 同一对象内其他属性值的改变；
- 管理对象行为（状态）的变迁；
- 相关管理对象的属性值改变；
- 相关管理对象中属性值改变引起的行为变迁。

（2）面向整个对象的操作。

面向整个对象的操作不是为了读取或修改对象的一个或多个属性值而进行的，而是针对整个管理对象的操作，操作的结果将影响整个对象。当然，面向整个对象的操作结果有时也会引起对象属性的一些改变。

对管理对象的操作主要有 3 个,其含义分别为:
- 创建(create):为该类对象创建一个新的实例。
- 删除(delete):删除管理对象实例自身。
- 执行动作(action):执行指定的动作,整个动作在对象类的定义中已经说明。

在 OSI 管理标准中,创建和删除管理对象的操作不是在对象定义时说明的,而是作为"命名绑定"的一部分定义的。一个管理对象能否通过管理动作进行创建和删除取决于包含了将要创建的新实例或将要删除的老实例的管理对象。在同一个管理对象中还可以定义两个不同的命名绑定,可以规定一个允许创建和删除操作,而另一个不允许。

管理对象创建操作与其他操作的不同是它不是由对象自己完成的,而是由系统进程实施的。创建一个对象实例需要指定该对象实例的各种条件,需要置属性初值或默认值,这些值可能来自默认值库,也可能是参照另一个对象实例得到。如果有一个属性值不能得到,则创建实例操作就告失败。

删除操作是管理对象实例内部完成的,它对实例的影响很大。在管理对象定义中必须明确规定删除操作的行为特性。当管理对象还包含有其他对象时,要规定删除操作能不能成功进行。如果包含有其他对象时删除操作不允许进行,则对象外部的系统进程必须逐个删除包含的各级对象。例如,在网络管理活动中总会有"网络"对象,而该对象又包含"结点"对象、"线路"对象和"连接"对象等,如要删除"网络"对象,就要看是否允许直接删除。如果允许,则"网络"对象的删除就意味着所有下级对象都被删除,否则必须先逐个删除"结点"、"线路"和"连接"对象后才能删除"网络"对象。

动作操作提供了扩充能力,已定义且不能完成的管理操作都可利用动作操作来实现。

另外,创建和删除两个操作只有在定义中说明了"允许"时才能进行,而动作操作则可以对所有对象执行。如果管理对象被删除时能发出一个通知,则可以引起管理进程的注意。是否要在管理对象被删除时发出通知取决于管理对象定义中的说明。动作操作是要求管理对象执行特定的动作并给出动作执行的结果,可以执行的动作和相关的信息在对象定义中都要说明。

在管理对象定义中可以明确规定创建对象时要否指定对象实例的名字和包含它的管理对象,当然也可以不作规定。创建操作中可以直接说明新对象实例在命名树中的位置,也可以由管理进程把它放在可接受的包含对象中。实例在命名树中的位置可以用两种方法说明:一种方法是指定包含它的对象的名字;另一种方法则是直接指定新对象的名字。如果只给出包含对象的名字,则新对象的相对可辨别名可由管理系统自行选择。新对象的名字和包含对象名都未指定时,被管理系统可自行选择包含对象,并给新对象命名。

4. 管理对象的行为

管理对象的行为描述了对象及其属性、通知和动作的动态特性。行为特性包括描述属性的语法、描述了管理活动如何影响对象及其属性。行为特性还描述管理对象内部可能发生的事件以及事件可能导致的对象自身的变化。例如对象属性值改变的条件、发出通知的条件等。行为特性的描述形式是一系列条件,即在什么条件下产生什么事件或哪个动作、然后又处于什么状态,以及在什么条件下对象不变化等。

管理对象的行为特性定义中的条件内容可以包括:
- 对管理对象进行操作的结果;

- 对属性或对象操作的各种约束条件或者限制（这些限制一般是为了满足一致性规则），尤其是对创建和删除管理对象操作的限制；
- 属性之间的各种内在关系；
- 管理对象之间的各种内在联系；
- 发出通知的条件；
- 管理对象行为的其他方面完整性定义。

在定义管理对象行为时也可以使用自然语言来描述。

5. 通知

管理对象通常代表活动的网络资源，资源内部或外部发生的事件需要在管理对象中有所反映，也就是说要通过管理对象的行为表现出来。网络资源中发生的事件大多是管理进程需要知道的，因而管理对象以主动发出通知的形式将发生的事件通知外部的管理进程。管理对象首先将通知发给本地管理进程，是否要通知其他管理进程则取决于整个系统的配置和管理服务提供的手段。

并不只是管理对象内部发生的事件才需要发布事件通知。外部对管理对象进行的操作也可能要发布通知，比如一个管理进程控制某个管理对象进行了一些操作（如修改属性值等），有时这个操作结果最好也让其他管理进程知道，甚至该对象的用户也可能需要知道，因而发布通知是不可少的。

与管理操作类似，通知分为两类：一般通知和特殊通知。每一类通知都有若干种具体的通知定义，下面分别予以介绍。

（1）一般通知。
- enrolObject：说明创建了新的管理对象实例。
- reenrolObject：说明管理对象更换了名字。
- deenrolObject：说明现有的一个管理对象实例被删除了。
- attributeChange：说明管理对象实例的属性值已被修改过了。
- addValue：说明已给管理对象的多值属性添加了一个值。
- removeValue：说明管理对象的多值属性的一个值已被删除。

（2）特殊通知。
- transmissionAlarm：说明从一个结点往另一个结点发送信息过程中出现了差错（error）。
- equipmentAlarm：说明某个设备中发生了差错（error）。
- serviceAlarm：说明用户得到的服务质量下降了。
- processingAlarm：说明出现了一个处理过程中的错误。
- environmentAlarm：说明发现了通信设备的工作环境异常。

管理对象在什么时候发出通知决定于它的"转发分拣器"。这是一个组合条件，只要满足了条件就要发出通知。

3.2.3 CMISE 的服务

前面已经简单介绍了 CMISE 提供的 7 类服务，这一节将对它们逐条进行分析和解释。

1. M-EVENT-REPORT

该服务是很有用的，CMIS 服务的用户利用它互相通知检测到的各种事件，包括故障管理操作中常用的各种告警信息的传递。用户可以要求该服务是需要确认或不要确认服务。图

3-8 画出了与该服务有关的服务原语及其先后关系。这些原语中必须携带一定的参数，CMIP 协议（CMIP，CMIP 协议机）实体用这些参数构造相应的应用层协议数据单元，接收方 CMIP 协议实体再将其恢复到另一个原语中。M-EVENT-REPORT 服务原语中的参数分为：

（1）发起方用户标识符：这个参数用于表明发送事件的网络管理实体，它的取值在网络管理国际标准中并没有定义，但必须在全网范围内无二义、足以区分不同的网络管理实体。这个参数在这个服务的所有原语（一个服务需要 2 个、4 个或更多个原语）中都必须携带。

（2）模式：该参数用来表明这次服务是需要确认还是不要确认，需要确认则接收方用户必须给出一个确认。该参数在请求原语（request）和指示原语（indication）中都必须携带。

（3）管理对象类：该参数指明这次报告的事件是在哪类管理对象上发生的（指定事件源）。管理对象的"类"决定了这个管理对象有哪些属性，同类的管理对象具有同样的属性集合。该参数在请求和指示原语中是必须携带的，而在响应（response）和证实（confirm）原语中是可有可无的。

（4）管理对象实例：该参数说明发生事件的是哪个管理对象实例，通常和前一个参数（管

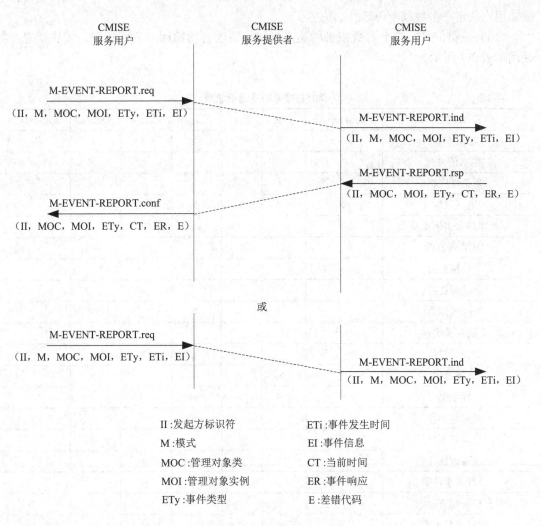

图 3-8 M-EVENT-REPORT 服务原语和服务过程

理对象类）一起确定一个网络资源。这个参数在请求和指示原语中是必须有的，而在响应和证实原语中则可有可无。

（5）事件类别：这个参数说明这次报告的是什么事件，但事件代码的解释则与管理对象有关，不同的管理对象可能定义不同的事件代码表。请求和指示原语中必须携带该参数，如果在响应和证实原语中包括了"事件回答"参数，则也必须同时包括事件类别参数。

（6）事件时间：这个参数说明该事件检测到的时间。这个参数在请求和指示原语中是可选的参数，在响应和证实原语中则没有这个参数。

（7）事件信息：当报告事件的用户需要解释该事件发生的原因或说明事件发生的环境等情况时，就使用该参数。这个参数内容的解释与管理实体有关，不同的管理实体之间可能有不同的定义。这个参数在请求和指示原语中是可选的，在响应和证实原语中则没有这个参数。

（8）当前时间：这个参数携带发出原语的时间，在请求和指示原语中没有这个参数，在响应和指示原语中是可选的。

（9）事件响应：该参数包含的内容是对事件报告的回答，说明事件报告操作是成功还是失败。在请求和指示原语中不能有这个参数，在响应和证实中则是一个条件参数，由发出响应的用户决定在参数域中传送什么内容。

（10）差错信息：这个参数携带的是当本操作失败时的原因等诊断信息。差错信息及其使用如表 3-2 所示。

表 3-2　　　　　　　　　　CMISE 服务的差错信息表

差错类型	Event report	Get	Set	Action	Create	Delete	Cancel Get
访问控制		×	×	×	×	×	
类-实例冲突		×	×	×	×	×	
复杂性限制		×	×	×		×	
重复调用	×						×
管理对象实例重复					×		
GET 列表错		×					
非法标量值	×			×			
非法属性值					×		
非法过滤器		×	×	×		×	
非法对象实例					×		
缺少属性值					×		
非法范围		×				×	
标量错		×	×	×	×		×
没有该动作				×			
没有该变量	×			×			
没有该属性					×		
没有该事件类	×						
没有该发起方标识符							×
没有该对象类		×	×	×	×	×	

续表

差错类型	Event report	Get	Set	Action	Create	Delete	Cancel Get
没有该对象实例	×	×	×	×	×	×	
没有该参考对象					×		
处理失败	×	×	×	×	×	×	×
资源限制	×	×	×	×	×	×	×
SET 列表错			×				
不支持同步		×	×	×		×	
未知操作	×	×	×	×	×	×	

注：打×表示该服务操作有该种差错信息

2. M-GET

该服务支持管理系统或管理代理通过 CMISE 从对等的某个管理实体中读取管理信息，比如管理对象的状态指示变化。这个服务是要求确认的服务，服务原语和服务过程如图 3-9 所示。

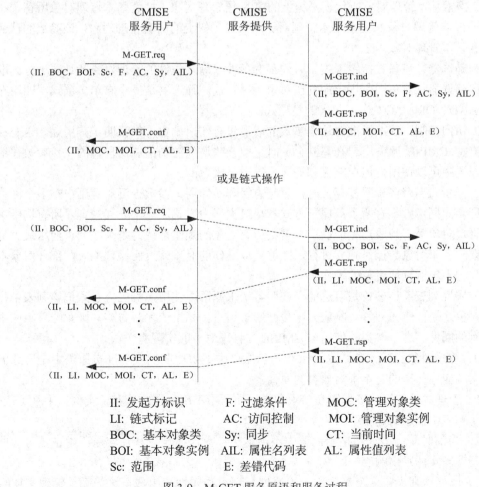

II: 发起方标识　　　　F: 过滤条件　　　　MOC: 管理对象类
LI: 链式标记　　　　　AC: 访问控制　　　　MOI: 管理对象实例
BOC: 基本对象类　　　Sy: 同步　　　　　　CT: 当前时间
BOI: 基本对象实例　　AIL: 属性名列表　　　AL: 属性值列表
Sc: 范围　　　　　　　E: 差错代码

图 3-9　M-GET 服务原语和服务过程

下面解释 M-GET 原语的参数。

（1）发起方用户标识符：这个参数代表需要读取信息的管理实体即 CMISE 服务用户的标识符，即用户名。该标识符的取值在 OSI 标准中没有规定，但在全网范围内必须是唯一的，能够区别正在工作的不同管理实体。在所有原语中，该标识符是必不可少的。

（2）链式标记：这个标记只有在读取命令需要多重回答时才用到（利用确定范围功能就可以一次指定多个管理对象进行操作，由它们分别给出回答），用于区别发出回答的多个管理实体。对它的规定与对发起方用户标识符一样。多重回答的各个回答之间的关系包含在这个参数中。

（3）基本对象类：这个参数指定要在这次操作中读取对象属性等信息的一组管理对象类，也可只指定一个管理对象类。如果是指定一组，则这个参数只是指定了要进行搜索、筛选的一系列管理对象中的第一个。基本对象类是实现确定范围功能所必需的。

（4）基本对象实例：该参数指定一个管理对象的实例，也是指定了搜索和筛选的第一个实例，也是实现确定范围功能所必需的。

（5）范围：这个参数用于指定管理对象树的一棵子树，也即指定一组管理对象进行搜索和筛选，以便对它们有选择地读取信息。在 OSI 标准中规定了 4 个搜索级别：只搜索基本管理对象、搜索基本管理对象所代表子树上的第 N 层管理对象、搜索基本管理对象所在子树上的第 M～N 层管理对象和搜索基本管理对象所代表子树上的所有管理对象。该参数的默认值是只搜索基本管理对象。

（6）筛选器：该参数指定了搜索时的筛选条件，满足条件的管理对象就是要进行读取信息的，但筛选器只对范围所规定的管理对象进行筛选。筛选器是一个布尔多项式，即用布尔操作符 AND、OR、NOT 连接起来的多项式。

（7）访问控制：OSI 标准对这个参数的取值没有作出规定，但说明了其用途。这个参数是为了支持 CMISE 服务用户在建立会话时采取一些访问控制措施而设置的。该参数在请求和指示原语中可以使用，但在响应和证实原语中是没有的。

（8）同步：当有多重回答存在时，发起方管理实体用该参数告诉对等用户在多个回答之间如何同步。同步方案有两个：原子方式和尽最大努力方式。原子方式规定，所有选中进行操作的管理对象都必须成功完成操作，否则所有对象的操作都认为是失败的。而尽最大努力方式则要求各个对象的操作独立进行，能够完成操作的对象就返回操作响应，部分对象不能完成操作也不影响其他对象的操作。

（9）属性列表：该参数是可选的，在服务请求原语中使用，响应方必须把该列表中指定的管理对象之属性值在回答（响应）中传回请求用户。如果该参数省略，则意味着响应中要包括所有的属性。这个参数的使用与 CMISE 和管理对象的实现有关。

（10）管理对象类：该参数在请求和指示原语中不用，在响应和证实原语中是可选的，用于说明响应中传送的是哪个对象类的属性。

（11）管理对象实例：该参数在请求和指示原语中不用，在响应和证实原语中是可选的，用于说明响应中传送的是哪个对象实例的属性。

（12）当前时间：请求和指示原语中不用这个参数，在响应和证实原语中也是可选的，用于说明管理实体发出响应的时间。

（13）属性值列表：这个参数由一组属性标识符和属性值组成，这些都是管理实体给出的响应内容。这个参数可表示 GET 操作的成败，如果成功就会出现这些属性标识符和它们的值。

（14）差错信息：当 M-GET 操作或服务不能正确完成时，该参数给发起方用户返回一个差错信息，可以用于故障诊断。可能返回的差错信息见表 3-2。

3. M-CANCEL-GET

在 CMISE 提供的服务中，只有 GET 服务是可以中途放弃的。因为其他操作都要改变管理对象的特性如属性值等，不能在操作过程未结束时取消操作。中途取消操作会造成操作不完全，不完全的操作可能会使管理对象处于未知的状态。只有 GET 是不影响对管理对象的操作，随时可以取消操作，不会造成管理对象的状态改变。另外，即便是 GET 操作，也不应该在管理对象的状态不稳定的时候去读取信息。

如果用户发现在 GET 的参数中给出的范围太大，包括了太多的管理对象，需要大量时间处理或需要耗费大量的资源以完成该操作，这时就可以用 M-CANCEL-GET 服务原语来取消前面发出的 M-GET 服务请求。M-CANCEL-GET 服务的原语交换过程如图 3-10 所示。

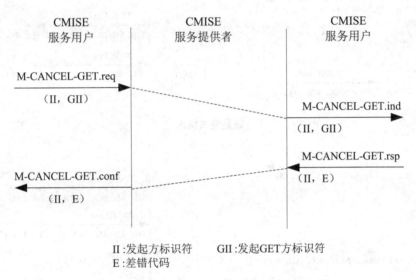

图 3-10 M-CANCEL-GET 服务原语和服务过程

"取消 get" 操作原语的引入主要用于取消大量数据的读取，当 get 操作要读取的是一大堆数据，比如一个操作命令选中多个管理对象进行操作或对一个管理对象操作但形成多个回答（即多重回答）时，及时使用 "取消 get" 操作可以减轻网络的负担，尤其在网络业务量较大时更能显示出该操作的好处。

由于 get 操作不会改变管理对象的状态、属性值等，因而可以放心地使用 "取消 get" 操作而不会带来麻烦。但必须让管理进程知道，get 操作是正常完成还是被取消的。

M-CANCEL-GET 服务原语比较简单，只有以下 3 个参数：

（1）发起方标识符：该参数指明调用 M-CANCEL-GET 服务的管理实体的名字或代号。与其他原语中的发起方标识符一样，OSI 管理标准中也没有规定这个标识符的值如何取，但至少必须在该标识符的使用系统和时间范围内是唯一的。在所有的请求原语中都有这个参数。

（2）发起 GET 方标识符：这个参数指定要删除哪个 M-GET 操作（说明要删除的 M-GET 操作是由哪个管理实体发起的）。

（3）差错信息：如果操作不能完成，则用这个参数通知发起方管理实体关于本次操作未能完成的原因。操作失败的差错信息编码见表 3-2。

4. M-SET

当管理实体需要改变管理对象的属性值时调用这个服务，请求对等的管理实体完成相应的操作。该服务可以按照需要确认方式提供服务，也可按照不要确认方式提供服务，决定于发起方用户的要求。服务中传送的设置内容对 CMISE 来说可以是任意的，因为 M-SET 只负责传送设置请求和设置结果，至于如何设置和设置什么则是管理实体的事。M-SET 服务原语和服务过程如图 3-11 所示。

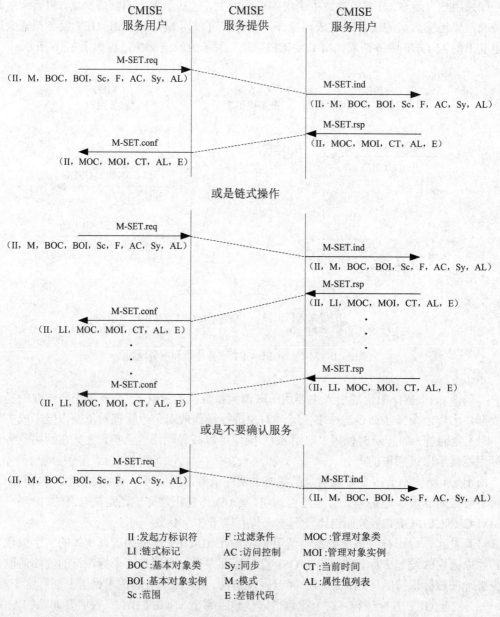

图 3-11 M-SET 服务原语和服务过程

M-SET 服务原语有如下一些参数：

（1）发起方标识符：标明请求 M-SET 服务的管理实体（CMISE 服务用户）。

（2）链式标记：这个参数只有在需要多重回答时才用，用于区别发出回答的管理实体。

（3）模式：该标识符指定本次操作是需要确认还是不要确认，在请求原语和指示原语中必须有此参数。

（4）基本对象类：这个参数给出需要进行操作的管理对象类。在请求和指示原语中是必须有的，在响应和证实原语中则没有。

（5）基本对象实例：这个参数给出需要进行操作的管理对象实例。在请求和指示原语中是必须有的，在响应和证实原语中则没有。

（6）范围：这个参数用于确定管理对象树的一棵子树，这棵子树上的一部分管理对象是将要进行搜索并操作的。除了指定子树外，该参数还进一步指定在这棵子树上的搜索范围，只是需要与基本对象参数一起指定：基本对象本身、基本对象以下第 N 层（子孙）结点上的对象、基本对象以下第 M~N 层（子孙）结点上的对象或者是基本对象及其所有子孙。这个参数如果省略，则指定为基本对象及其所有子孙。

（7）筛选器：这个参数给出搜索子树时的匹配条件，符合条件的对象才是本次要操作的管理对象。匹配条件是一个布尔多项式，即用布尔操作符 AND、OR 和 NOT 连接起来的逻辑多项式。

（8）访问控制：该参数如何取值在标准中尚无规定，决定于参与管理通信的各个对等管理实体之间的协议。在响应和证实原语中没有这个参数。

（9）同步：该参数用于规定对多个对象进行操作时各个对象操作的顺序关系。这个参数指定的同步类型分原子方式和尽最大努力方式两种。

（10）管理对象类：这个参数在响应和证实原语中才有，而且是可选的，用于说明该响应是对哪个管理对象类操作的结果。

（11）管理对象实例：这个参数在响应和证实原语中才有，而且是可选的，用于说明该响应是对哪个管理对象实例操作的结果。

（12）属性值列表：这个参数是必须有的，包括一组属性标识符及其属性值，与前面讲的其他操作原语中的属性列表一样。

（13）当前时间：该参数携带响应产生的时间，实际上就是 M-SET 操作完成的时间，因而只有响应和证实原语中才有，而且是可选的。

（14）差错信息：如果 M-SET 操作失败，CMISE 将返回操作失败的原因码。差错信息编码见表 3-2。

5. M-ACTION

这个服务与前面的 SET 服务不同。SET 服务是对管理对象的参数及各种属性进行操作，而 M-ACTION 服务则对管理对象执行一些动作，例如要求环路测试软件发送一个测试序列等。该服务也提供两种选择：需要确认服务和不要确认服务。M-ACTION 服务的原语和参数以及服务的过程如图 3-12 所示。

M-ACTION 服务原语中的每个参数的含义如下：

（1）发起方标识符：与其他服务原语一样，它是请求服务管理实体的标识符，在与该管理实体有关的管理环境中是唯一的。

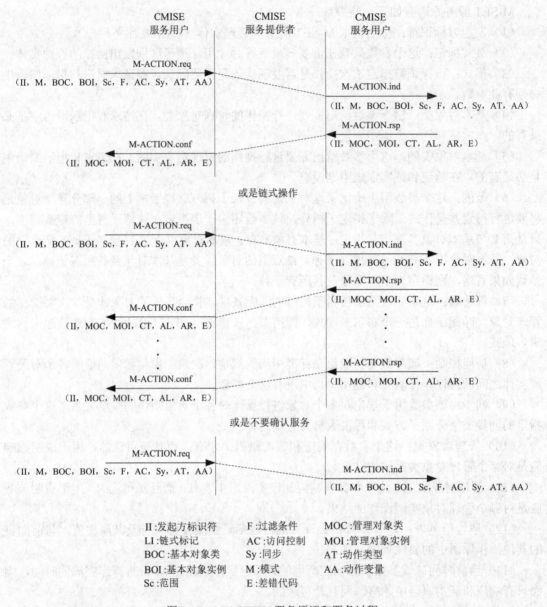

图 3-12 M-ACTION 服务原语和服务过程

（2）链式标记：该参数只有在多重回答时才用，用于区别发出回答的管理实体。

（3）模式：该参数指定本次操作需要确认还是不要确认。这个参数只有在请求和指示原语中才有。

（4）基本对象类：这个参数给出需要执行动作的管理对象类。在请求和指示原语中是必须有的，在响应和证实原语中则没有。

（5）基本对象实例：这个参数给出需要执行动作的管理对象实例。在请求和指示原语中是必须有的，在响应和证实原语中则没有。

（6）范围：这个参数用于确定管理对象树的一棵子树，这棵子树上的对象是将要进行搜索、匹配并执行动作的。与其他原语中的范围参数作用相同。

（7）筛选器：这个参数给出搜索子树时的匹配条件，符合条件的对象才是本次要执行动作的管理对象。

（8）管理对象类：这个参数在响应和证实原语中才有，而且是可选的，用于说明该响应是对哪个管理对象类执行动作的结果。

（9）管理对象实例：这个参数在响应和证实原语中才有，而且是可选的，用于说明该响应是对哪个管理对象实例执行动作的结果。

（10）访问控制：该参数如何取值在标准中尚无规定，决定于参与管理通信的各个对等管理实体之间的协议。在响应和证实原语中没有这个参数。

（11）同步：该参数用于规定对多个对象执行动作时各个对象的动作的顺序关系。这个参数指定的同步类型分原子方式和尽最大努力方式两种。

（12）动作类型：该参数说明对管理对象执行哪个动作。

（13）动作变量：这个参数对执行的动作给出更加详细的信息，在请求和指示原语中是可选的参数，在响应和证实原语中则没有这个参数。

（14）当前时间：该参数携带响应产生的时间，实际上就是 M-ACTION 操作完成的时间，因而只有响应和证实原语中才有，而且是可有可无的。

（15）动作结果：这个参数中包含执行动作的结果，如成功还是失败等。

（16）差错信息：如果 M-ACTION 操作失败，CMISE 将返回操作失败的原因码。差错信息编码见表 3-2。

6. M-CREATE

管理实体可以要求对等管理实体创建一个管理对象实例，这个服务就是为支持这类操作而设的。发出请求的管理实体必须提供完整的管理对象信息以及相应的属性值等参数。这个服务总是需要确认的，请求方用户总会得到一个回答。创建管理对象实例的服务原语和服务过程如图 3-13 所示。

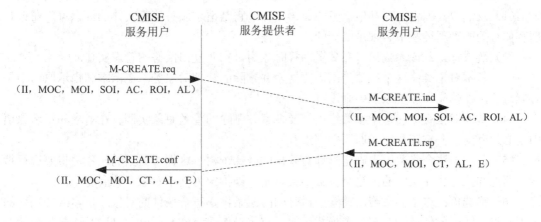

图 3-13　M-CREATE 服务原语和服务过程

M-CREATE 服务原语中每个参数的含义如下：

（1）发起方标识符：与其他服务原语一样，它是请求服务管理实体的标识符，在与该管理实体有关的管理环境中是唯一的。

（2）管理对象类：这个参数在响应和证实原语是可选的，但在请求和指示原语中是必不可少的。该参数说明将要创建的是哪个类的管理对象。

（3）管理对象实例：这个参数在响应和证实原语中是可选的，但在请求和指示原语中是必不可少的。该参数说明将要创建的是哪个管理对象实例。

（4）父管理对象实例：这个参数指定一个已经创建的管理对象实例，新创建的实例将是它的子实例。

（5）访问控制：该参数如何取值在标准中尚无规定，决定于参与管理通信的各对等管理实体之间的协议。在响应和证实原语中没有这个参数。

（6）参考对象实例：这个参数指定一个已经存在的管理对象实例作为新创建的对象的参照物，该参考对象实例的属性等参数值就作为新创建对象实例的默认值。该参数在请求和指示原语中必须有，在响应和证实原语中则没有。

（7）属性值列表：该列表由发起方用户给出，对等服务用户按照这个列表返回属性值。如果该参数省略，则返回所有属性的值。

（8）当前时间：该参数携带响应产生的时间，实际上就是 M-CREATE 操作完成的时间，因而只有响应和证实原语中才有，而且是可选的。

（9）差错信息：如果 M-CREATE 操作失败，CMISE 将返回操作失败的原因码。差错信息编码见表 3-2。

7. M-DELETE

这个服务用来删除管理对象树中的一个节点（一个管理对象实例）。这个服务只提供要求确认的服务。M-DELETE 服务的原语和参数以及服务的过程如图 3-14 所示。

M-DELETE 服务原语中的每个参数的含义如下：

（1）发起方标识符：与其他服务的原语一样，它是请求服务管理实体的标识符，在该管理实体有关的管理环境中必须是唯一的。

（2）链式标记：该参数只有在多重回答时才用，指明发出回答的管理实体。

（3）基本对象类：这个参数给出需要搜索并删除的管理对象类。在请求和指示原语中是必须有的，在响应和证实原语中则没有。

（4）基本对象实例：这个参数给出需要搜索并删除的管理对象实例。在请求和指示原语中是必须有的，在响应和证实原语中则没有。

（5）范围：这个参数用于确定管理对象树的一棵子树，这棵子树上的对象是将要进行搜索、匹配并执行删除操作的。这个参数如果省略，则指定为基本对象及其所有子孙。

（6）筛选器：这个参数给出搜索子树时的匹配条件，符合条件的对象才是本次要删除的管理对象。匹配条件是一个布尔多项式，即用布尔操作符 AND、OR 和 NOT 连接起来的逻辑多项式。

（7）访问控制：该参数如何取值在标准中尚无规定，决定于参与管理通信的各个对等管理实体之间实现的协议。在响应和证实原语中没有这个参数。

（8）同步：该参数用于规定对多个对象执行删除操作时对不同对象操作之间的关系。这个参数指定的同步类型分原子方式和尽最大努力方式两种。

（9）管理对象类：这个参数在响应和证实原语中才有，而且是可选的：用于说明该响应是对哪个管理对象类执行删除的结果。

（10）管理对象实例：这个参数在响应和证实原语中才有，而且是可选的，用于说明该响应是对哪个管理对象实例执行删除的结果。

（11）当前时间：该参数携带响应产生的时间，实际上就是 M-DELETE 操作完成的时间，因而只有响应和证实原语中才有而且是可选的。

（12）差错信息：如果 M-DELETE 操作失败，CMISE 将返回操作失败的原因码。差错信息编码见表 3-2。

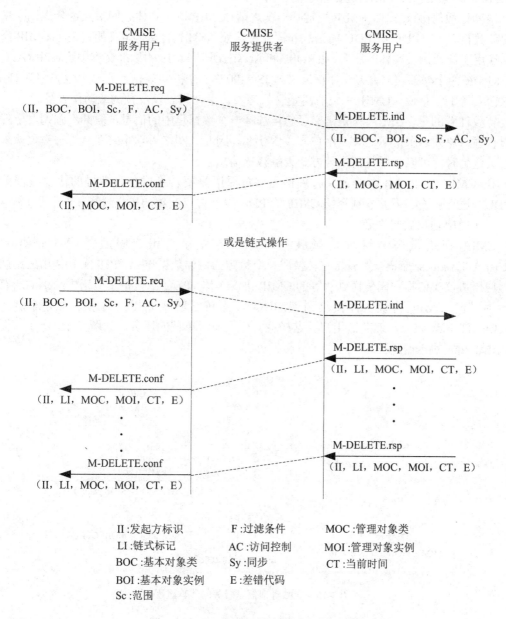

图 3-14　M-DELETE 服务原语和服务过程

3.2.4 公共管理信息协议 CMIP

在 OSI 网络通信协议中，ISO 对每个通信协议总是分成两部分分别进行定义的，其中一部分是协议对上层用户提供的通信服务，另一部分则是对等协议实体之间的信息传输协议。管理信息通信的协议也不例外。前面已经介绍了公共管理信息服务元素 CMISE 提供的通信服务，本节则讨论 CMISE 之间的通信协议 CMIP。

CMIP 是在 ISO 的网络管理标准文本 ISO 9595 中定义的，它所支持的服务正是上节介绍的 CMISE 的各种服务。也就是说，CMISE 对上层提供前面介绍的 7 种服务，而不同系统中的 CMISE 之间则按照 CMIP 进行管理信息的交换。

与其他通信协议一样，CMIP 规定了一套规则，CMIP 协议实体之间按照这套规则交换各种协议数据单元（PDU）。PDU 的语法和语义是按照 ASN.1 的规则定义的。由于 CMIP 需要调用应用层其他协议实体的服务，如 ROSE 和 ACSE，所以 CMIP 的标准文本中用 OPERATION 和 ERROR 两个外部宏来直接引用标准文本 ISO 9072-1 中的协议操作定义。也正因为 CMIP 对 ROSE 等的依赖性，CMIP 中没有再定义状态表、事件列表以及预测或动作表等。

需要注意的是，CMIP 只是定义了怎样解释一个数据包中的信息，但并不强调对于任何来自管理对象的请求信息 CMIS 用户应该做什么。因此，网络管理系统在从管理对象请求任何相关信息时，可以采用任何实现方式去解释该信息。

在 CMIP 协议实体中，公共管理信息服务原语将要转换成各种各样的协议数据单元（PDU）进行传输。下面分别介绍 CMIP 的 PDU 以及协议实体的操作过程。

1. CMIP 协议数据单元

CMIP 在提供公共管理信息服务时，它首先接受用户的服务请求原语，如 M-CREATE.request 原语，然后将它转换成一个特定的协议数据单元（PDU）并调用应用层的其他应用协议实体将它们传送到对等的 CMIP 协议实体，PDU 中携带了原语中给出的所有参数。对等的 CMIP 协议实体接收到该 PDU 以后将它转换成相应的指示服务原语，如 M-CREATE.indication，递交给用户。这样就完成了一次单程的服务。如图 3-15 所示，图中还画出了相应的传输过程。

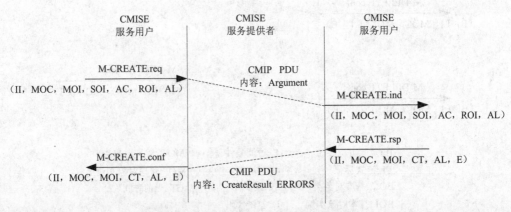

图 3-15 公共管理信息服务的传输过程

由于协议数据单元的详细定义很琐碎，这里只能用例子来说明 ISO 的网络管理标准中是如何定义公共管理信息协议数据单元的。下面以 M-CREATE 服务为例进行说明。

在 OSI 管理标准中，协议数据单元的格式是按照 ASN.1 中规定的结构化方法来定义的。其中与 M-CREATE 操作相对应的协议数据单元的定义如图 3-16 所示，图中省略了一些次要内容，以便更容易理解其定义方法。

```
m-Create OPERATION
    ARGUMENT              CreateArgument
    RESULT                CreateResult
    ERROR                 {accessDenied,classInstanceConflict,
                           duplicateManagedObjectInstance,
                           invalidAttributeValue,noSuchAttribute,
                           missingAttributeValue,noSuchAttribute,
                           noSuchObjectClass,noSuchObjectInstance,
                           noSuchReferenceObject,proceddingFailure}
CreateArgument::=SEQUENCE{
    managedObjectClass    ObjectClass,
                          CHOICE
                          {managedObjectInstance   ObjectInstance,
                           superiorObjectInstance  [8]ObjectInstance}
                                                                    OPTIONAL,
    accessControl         [5]AccessControl                           OPTIONAL,
    referenceObjectInstance [6]ObjectInstance                        OPTIONAL,
    attributeList         [7]IMPLICIT SET OF Attribute               OPTIONAL,
CreateResult::= SEQUENCE{
    managedObjectClass    ObjectClass                                OPTIONAL,
    managedObjectInstance ObjectInstance                             OPTIONAL,
    currentTime           [5]IMPLICIT GeneralizedTime                OPTIONAL,
    attributeList         [6]IMPLICIT SET OF Attribute               OPTIONAL}
```

图 3-16 M-CREATE 协议数据单元定义

图 3-16 中的协议数据单元由 3 个主要字段组成，它们分别是 ARGUMENT（变量）、RESULT（结果）和 ERRORS（错误信息）。其中 ARGUMENT 字段是发起方用户给出的操作参数，附在 M-CREATE 服务原语中携带，从发起方传送到接收方；RESULT 字段和 ERRORS 字段则是从接收方用户（操作的执行用户）发回的有关操作执行情况的信息，CMIP 协议实体是从 M-CREATE 响应原语中得到这些信息的。

图 3-16 还给出了上述 3 个字段的详细定义，ARGUMENT 字段和 RESULT 字段都由多个小字段组成，有的小字段则又分成更小的字段。图中还有关于字段内容和原语中参数的关系。值得注意的是，服务原语的诸多参数中除发起方标识符外，原语中的所有其他参数都对应于 PDU 中的一个字段或小字段。如果原语中参数是可选的，则在 PDU 中相应的字段也是

可选的。发起方标识符参数因为在调用 ROSE 服务时由 ROSE 负责识别通信的对等实体，所以不包含在 CMIP 的 PDU 中。

在前面几个小节中定义的公共管理信息服务原语参数在 CMIP 的协议数据单元中都有对应的数据字段，所以 PDU 中的数据字段的含义就不在这里重复介绍了。

2. CMIP 协议的操作

前面只是解释了 CMIP 的协议数据单元定义，这一小节则说明 CMIP 是如何将服务请求原语映射到 PDU，调用应用层的其他协议实体的服务完成 PDU 的传输，又如何将 PDU 映射成服务指示原语递交给管理实体，以及如何从对等管理实体接收响应传送回到发起方管理实体的。图 3-17 描绘了这个逐步实现的过程，其中 CMIP 实体也称为 CMIP 协议机。

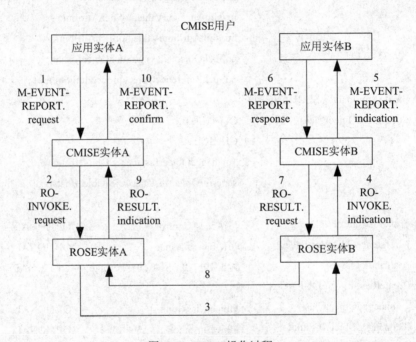

图 3-17 CMIP 操作过程

图 3-17 画出了与管理信息通信有关的几个主要应用层协议实体，也用数字标出了各个原语操作的先后顺序。注意这里是以事件通知（M-EVENT-REPORT）为例画出的。图中，ROSE 以下是表示层及其以下的通信协议层完成的端到端通信，ROSE 则直接为 CMIP 协议机提供支持，用户层即管理实体处于 CMIP 协议机之上。管理信息的通信过程是一个堆栈式的过程，即一端用户将信息自上而下交给 ROSE 及其下面的协议层，而接收方则自下而上递交给管理实体。以事件报告为例，在每一个步骤中所交换的原语分别如下：

（1）当管理实体 A（一般是管理代理）检测到一个异常现象，需要向另一个管理实体 B（一般是管理进程）报告该现象时，调用 CMIP 的 M-EVENT-REPORT 服务来实现。这时，它构造一个 M-EVENT-REPORT.request 原语交给 CMIP 协议机，启动一次事件报告服务过程。

（2）CMIP 协议机收到用户即管理实体的 M-EVENT-REPORT.request 原语后，先检查原语的正确性并从原语的参数中获知该原语是关于事件报告操作的、是关于哪个管理对象的事件、是什么事件（类型）、事件检测到的时间，以及有关该事件的一些其他信息。然后按照这些参数构造一个关于事件报告的 CMIP 协议数据单元（PDU），该 PDU 的格式只有对等的 CMIP 协议机才能识别和理解。由于 CMIP 还需要调用 ROSE 的服务来实现 PDU 的传输，因此它需要把 PDU 映射成另一个原语，即 CMIP 协议机调用 ROSE 服务的原语 RO-INVOKE.request，通过系统内的原语交换机制把这个原语交给 ROSE 协议机。

（3）ROSE 协议机收到 CMIP 协议机的 RO-INVOKE.request 原语以后也要检查其正确性，如果是正确的，就调用表示层的服务通过网络把请求原语中的 PDU 传送到目的系统的 ROSE 协议机。

（4）目的系统的 ROSE 协议机收到请求方 ROSE 协议机的 PDU，取出其中的 CMIP 协议数据单元通过一个 RO-INVOKE.indication 原语上交给响应方 CMIP 协议机。

（5）响应方 CMIP 协议机收到 ROSE 提交的 RO-INVOKE 指示原语，从中取出本协议的 PDU，如果合法，就按照 PDU 的格式定义从该 PDU 中分解出各个参数，从而知道本次服务是 M-EVENT-REPORT 以及相关的参数。然后就这些参数构造 M-EVENT-REPORT.indication 原语送交其用户即响应方管理实体。这样就完成了一次 CMIS 单向服务。

（6）如果本次事件报告服务是需要确认的，则响应方管理实体收到事件报告以后要给出一个关于收到本次事件报告的响应，准备发回到请求方管理实体。为此响应方管理实体要构造一个 M-EVENT-REPORT.response 原语，原语的内容包括：本次操作的类型（说明是事件报告服务）、发生事件的管理对象、收到的事件类型、响应产生的时间和事件报告的结果，如果事件报告是错误的，则还要包括本次服务的差错信息编码。最后把该响应原语交给 CMIP 协议机要求继续服务。

（7）与请求方 CMIP 一样，响应方 CMIP 协议机收到响应原语以后首先验证原语的正确性，然后从中获得有关的参数，知道是事件报告服务的响应。根据原语中的参数构造一个相应的 CMIP 协议数据单元，再把它映射成另一个服务原语 RO-RESULT.request 递交给 ROSE 协议机，请求 ROSE 协议机传输到事件报告发起方的 CMIP 协议机。

（8）ROSE 协议机将 RO-RESULT.request 原语中的 PDU 按照自己的协议再通过表示层及其以下各层传输到事件报告发起方 ROSE 协议机。

（9）发起方 ROSE 协议机将对等 ROSE 协议机传来的信息用一个 RO-RESULT.indication 原语上交给 CMIP 协议机。

（10）CMIP 协议机收到 RO-RESULT.indication 原语后，首先分解出 CMIP 协议数据单元 PDU，判明是关于事件报告的响应，然后根据 PDU 中的有关参数构造一个 M-EVENT-REPORT.confirm 原语上交给本地的管理实体。当发起方管理实体收到一个 M-EVENT-REPORT.confirm 原语时，本次事件报告服务也就完成了。

对于其他服务，一个服务请求可能有多重回答，这时对应于一个 *.request 原语就有多个 *.confirm 原语返回，也就要调用多次 RO-RESULT 服务。这里就不再细述了。

3.2.5 远程操作服务元素 ROSE

前面我们已经提到，CMIP 的实现依赖于远程操作服务之类。ROSE 和 ACSE 构成了管理信息交换功能的基础。ROSE 主要是对请求/响应式的交互通信模式进行有效管理。ROSE 提供的服务可以把一个用户所要进行的远程操作和携带的参数传递给位于远地的另一个用户，并由远地的用户执行该操作；然后再利用 ROSE 所提供的服务把操作结果发回给远程操作的调用者。

ISO 定义的 ROSE 服务元素提供远程操作调用机制,如图 3-18 所示。假定应用实体 AE1 需要调用 AE2 的操作。首先通过 ACSE 服务建立两个应用实体之间的联系,然后 AE1 就可以使用 ROSE 提供的 RO-INVOKE 服务调用 AE2 的操作。如果操作成功,则 AE2 用 RO-RESULT 返回操作结果;如果操作出错,则以 RO-ERROR 返回错误信息。最后两种服务 RO-REJECT-U 和 RO-REJECT-P 分别表示服务用户和服务提供者拒绝远程操作调用。除了 RO-REJECT-P 服务外,其他服务都是无确认操作。

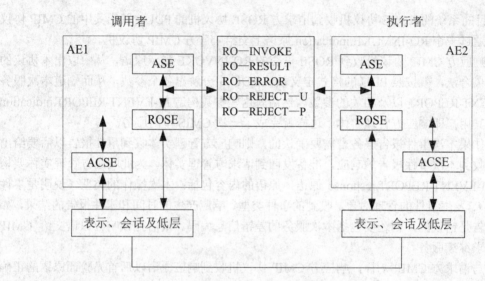

图 3-18 远程操作调用

ROSE 提供了 5 种服务,如表 3-3 所示。

表 3-3　　　　　　　　　　　ROSE 的 5 种服务

服务	类型	用途
RO-INVOKE	无确认	用于调用一个远程操作
RO-RESULT	无确认	用于响应 RO-INVOKE 服务,表示操作已完成
RO-ERROR	无确认	用于响应 RO-INVOKE 服务,表示操作不成功
RO-REJECT-U	无确认	用于拒绝 RO-INVOKE 服务;如果必要,也用于拒绝 RO-RESULT 和 RO-ERROR 服务
RO-REJECT-P	服务提供者使用	由 ROSE 服务的提供者用于向 ROSE 的用户通报问题

ROSE 比一般远程过程调用复杂,下面的几个特点说明了 ROSE 的复杂性。

首先对远程调用可以有不同的应答方式,具体说明有以下 4 种可能性:
- 如果操作成功,返回操作结果,否则返回错误值。
- 仅操作成功时返回结果,操作失败时不应用。
- 仅操作出错时返回错误信息,操作成功时不应答。
- 无论成功与否均不回答。

其次，ROSE 允许连续调用远方实体的多个操作，于是在多个操作之间就有了同步操作方式和异步操作方式。同步操作要求在发送下一个操作之前对当前执行的操作必须应答；异步操作是指不必等待应答就可以连续调用其他操作。

ROSE 还提供一种远程连接操作（linked operation），即在多个应用实体之间连续调用远程操作。图 3-19 表示了两个应用实体之间互相调用远程操作的情况。应用实体 AE1 调用应用实体 AE2 的操作 A，实体 AE2 为了执行 A 操作，又要分两次调用 AE1 的远程操作 B 和 C。这两个操作 B 和 C 叫做 A 的子操作，而 A 就是 B 和 C 的父操作。这种父操作关系可以继续下去，例如实体 AE1 为了完成 C 操作又调用实体 AE2 的 D 操作。

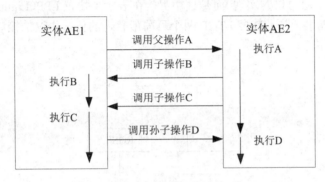

图 3-19　远程操作链接

远程操作还可根据对响应的要求，分为 5 类，如表 3-4 所示。

表 3-4　ROSE 操作类型

类型	说　　明
1	同步方式，操作执行成功时返回结果，或失败时返回错误情况
2	异步方式，操作执行成功时返回结果，或失败时返回错误情况
3	异步方式，操作执行成功时不回答，仅在失败时返回错误情况
4	异步方式，操作执行失败时不回答，仅在成功时返回结果
5	异步方式，不管操作执行结果如何，不返回任何信息

在使用 ROSE 的过程中，需要遵循以下规则：

（1）CMIP 总是使用 ROSE 的第 3 类联系（见表 3-4），联系的发起者和响应者都可以发起操作。

（2）对于有确认的 CMIS 操作，CMIP 使用 ROSE 的第 1 类或第 2 类操作。

（3）对于无确认的 CMIS 操作，CMIP 使用 ROSE 的第 5 类操作。

3.2.6　CMOT

由于在最初设计 CMIS/CMIP 时，是想提供一套适用于不同类型网络设备的完整的网络管理协议簇。因此，CMIS/CMP 是建立在 ISO 参考模型的基础之上，通过在应用层上实现 CMIP、ACSE 和 ROSE 等协议，提供了较完整的联系操作、响应请求和事件通告等机制，为开发灵活、有效的网络管理应用奠定了基础。但是，也正是由于 CMIS/CMIP 追求成为适用广泛的网络管理协议，使得它的规范过于庞大，造成现有的系统中很少有能轻松地运用最终实现出来的 CMIP 协议。它要求对现有的系统提供较大投资进行升级，如增加大量内存和购买新的协议代理等。这是限制 CMIS/CMIP 推广的一个主要原因。

为了解决 CMIS/CMIP 在实现上过于复杂的问题，一种使用 TCP 进行传输的协议被提了出来，即 CMOT（Common Management information service and protocol Over TCP/IP）。CMOT 是在 TCP 协议簇上实现 CMIS 服务的。

与 CMIS 一样，CMOT 仍然依赖于 CMISE、ACSE 和 ROSE 协议。不同的是，CMOT 并不依赖于 ISO 表示层协议的实现，而是使用另一个表示层协议 LPP（Lightweight Presentation Protocol）。该协议提供了与 UDP 和 TCP 两个目前最普遍的传输协议的接口。图 3-20 表示了 CMOT 协议层次结构。

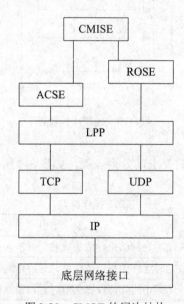

图 3-20　CMOT 的层次结构

由于 TCP/IP 协议簇没有定义 OSI 的服务，因此 LPP 的作用就是在 OSI 的应用服务元素和 TCP/UDP 模块之间建立一种映射。如图 3-20 所示，LPP 必须将 ACSE 和 ROSE 映射到传输层。

虽然已经有了 CMOT 的定义，但由于种种原因，CMOT 并未能得到很好的发展和应用。网络管理生产商们也不打算在这上面花费太多的人力、物力和时间；相反，许多生产商都在 SNMP 的开发上进行了大量投资。这也是 SNMP 在网络管理协议中仍然占据主导地位的一个主要原因。

3.3　OSI 管理框架

OSI 把网络管理分为系统管理和（N）层管理。系统管理包含所有 7 层管理对象，管理信息的交换采用端到端的可靠传输；而层管理只涉及某一层的管理对象，并利用下一层的通信协议传递管理信息。当无法对全部 7 个 OSI 层实施统一管理时，可利用层管理协议。

ISO 7498-4 文件定义了 OSI 系统管理的框架结构（framework），主要包含下列内容：
- 系统的一般概念；
- 系统管理模型；
- 系统管理信息模型；
- 系统管理标准框架；
- 系统管理功能域。

下面简单介绍其相关内容。

3.3.1 管理站和代理

OSI 系统管理操作在对等的开放系统之间进行，一个系统称为管理站（管理者），另外一个系统起代理（管理代理）的作用，如图 3-21 所示。管理站和代理的功能已在前面所述，即管理站实施管理功能，而代理接受管理站的查询，并且根据管理站的命令设置管理对象的参数。但是值得注意的是，在 OSI 管理中管理站和代理的角色是不固定的，在一次交互作用中作为管理站的系统在另一次交互中可能起代理的作用。至于代理和管理对象之间的作用在 OSI 标准中并没有规定。管理对象与代理可能属于同一系统，也可能属于不同系统。代理如何管理本地的对象，如何了解远处对象的情况，完全取决于具体的实现。

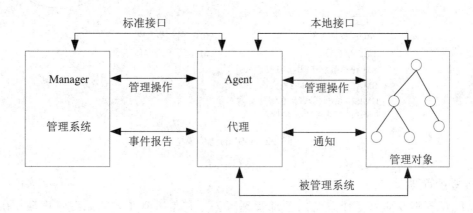

图 3-21　管理站和代理的关系

管理站和代理要能够互相通信，它们之间就要互相了解，即要有共享的管理知识。这些知识包括具有哪些功能和功能单元，支持哪些管理对象类，管理功能和管理对象之间有什么关系等。管理站和代理之间可以通过交换应用上下文（Application Context，AC）获得共享的管理知识。一般地说，AC 是指管理站和代理之间共同使用的应用服务元素及其调用规则。系统管理应用实体的管理知识存储在本地的文件中，在建立应用联系阶段，通过交换应用上下文，形成共享的管理知识。

3.3.2 通信模型

系统管理的目的是针对被管对象的资源进行管理和控制。因此，需要在相互协作的开放系统之间交换管理信息。OSI 的通信模型包括如下三种主要管理类别：
- 系统管理；
- 层管理；
- 协议管理。

图 3-22 说明了 OSI 通信模型。OSI 的网络管理体系结构并没有详细说明三种管理类别之间相互作用的特性。

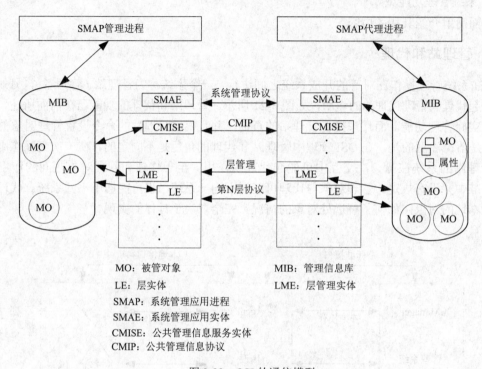

图 3-22　OSI 的通信模型

1. 系统管理

系统管理涉及对互操作系统的全部管理行为。它是以分布式的系统管理应用(System Management Application，SMA）来表达的。这些系统管理应用由一系列相关的系统管理应用进程（System Management Application Process，SMAP）及它们之间的相互操作组成。

由于管理所导致的不对称关系，一个系统管理应用进程，根据具体的应用，既可以担当管理者的角色，也可以担当代理的角色。网络管理应用中与通信相关的部分是系统管理应用实体（System Management Application Element，SAME），它使用适当的网络管理协议与其他系统交换管理信息。这种管理通信的方式是 OSI 网络管理体系结构中的标准。

OSI 的网络管理体系结构指定了网络管理应用进程通过系统管理应用实体交换管理信息这一过程，可以是基于它自己专用的服务（公共管理信息服务）和一个相关的管理协议 (公共管理信息协议)。图 3-23 显示了在 OSI 通信体系结构中的 CMIS 和 CMP。

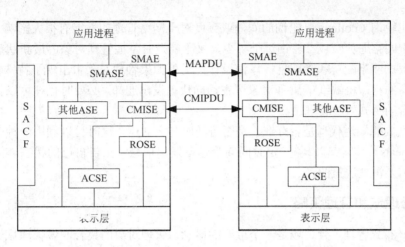

MAPDU：管理应用协议数据单元　　　　　SACF：单联系控制功能
CMIPDU：公共管理信息协议数据单元　　　SMASE：系统管理应用服务元素
ASE：应用服务元素

图 3-23　OSI 通信体系结构中的 CMIS 和 CMIP

CMIS 用来访问和控制远程被管对象，它允许用户在管理信息库的整个信息树上进行操作。CMIS 是面向连接的服务，它使用联系控制服务元素（ACSE）进行连接控制。CMIP 协议接受来自 CMIS 的服务原语，构造适当的应用协议数据单元，并通过下层（如表示层）的服务将 PDU 传给对等的 CMIP 用户。

2. 层管理

层管理包括涉及一个特定层的功能、服务和协议等内容。它不需要其 OSI 上层的服务。例如，第三层的交换路由信息等。尽管 OSI 的网络管理体系结构明确地将层管理划为一类，但由于 ISO 在这方面只作了很少的工作，只定义了第三层的路由信息交换和第三层和第四层的对象库，因此这里对层管理不作深入的讨论。

层管理的通信实体被称作 N 层管理实体（Layer Management Entity，LME），其相关协议称作 N 层管理协议。

3. 协议管理

实际上，管理信息和功能也是标准层协议的组成部分，如 HDLC 中的测试帧、X.25 协议中的 RESULT-PDU 数据单元或连接建立过程中的附加协议参数等。因此，认识到协议元素与管理的相关性是十分必要的。在许多最新的协议（如 ATM，DQDB）和一些已经应用多年的协议（如 X.25）的修订版中都已经考虑到了两者之间的关系。在这方面，目前仍有许多工作要做。

3.3.3　通信机制

管理站和代理之间的通信通过交换包含管理信息的协议数据单元（PDU）进行。通常是管理站向代理发送请求 PDU，代理以响应 PDU 回答。然后在有些情况下，代理也可能主动向管理站发送消息，特别把这种消息叫做事件报告（Event Reporting），管理站可根据事件报告的内容决定是否做出回答。

为了及时了解被管理资源的最新情况，管理站必须经常查询代理中的管理对象，这种定期的查询叫轮询（Polling）。轮询的间隔或频度对于网络管理的性能有很大影响。轮询过于频繁，会加重网络通信负载；轮询过于稀少，又不能及时掌握管理对象的最新状态，所以轮询的间隔应根据网络配置和管理目标仔细设计。另外如果管理对象中出现了特殊情况 (例如作为管理对象的打印机缺纸)，管理对象可主动向代理发出通知。必要时代理可以把对象的通知以事件报告的形式发往管理站。

管理站要想知道代理是否存在，是否可随时与之通信，这时可以利用一种叫做心跳的机制（Heartbeats），即代理每隔一定时间向管理站发出信号，报告自己的状态。同样，心跳的间隔也是需要慎重决策的。

3.3.4 管理域和管理策略

对于分布式管理，管理域是一个重要的概念。管理对象的集合叫做管理域。管理域的划分可能是基于地理范围的，也可能是基于管理功能的，或者是基于技术原因。无论怎样划分，其目的都是对不同管理域中的对象实行不同的管理策略。图 3-24 给出一个管理域的例子。

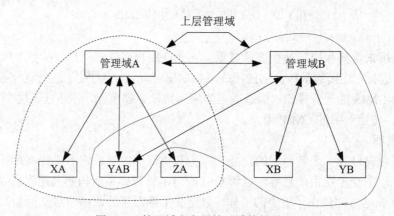

图 3-24 管理域和上层管理域的例子

每个管理域有一个唯一的名字，包含一组被管理的对象，管理和代理对象之间有一套通信规则。属于一个管理域的对象也可能属于另一管理域，例如图 3-24 中的对象 YAB，既属于管理域 A，也属于管理域 B。当网络被划分为不同的管理域后，还应该有一个更高级的控制中心，以免引起混乱。因而在以上概念模型的基础上又引入上层管理域（Administrative Domain）的概念。上层管理域的作用是划分和改变管理域，协调管理域之间的关系。此外，上层管理域也对本域中的管理对象和代理实施管理和控制。图 3-24 中的管理域 A 和 B 属于同一上层管理域。关于分布式网络管理的许多概念，例如管理域的安全问题，管理域的备份策略问题，管理域之间的动态关系问题等，是学术界目前讨论的主要论题，尚在激烈争论之中，标准还不成熟。

3.4 管理对象的层次结构

管理信息描述管理对象的状态和行为。OSI 标准采用了复杂的面向对象模型定义管理对象。对象具有属性和操作，通过对象允许的操作可以改变对象属性的值。当有关对象的某些事件发生时对象可以发送通知，说明事件的细节，并指明接收通知的管理实体。对象的行为解释了对象各种特征（属性、操作和通知）的语义，以及它们之间的关系。第 4 章和第 5 章我们还要详细讲述管理对象的形式定义。

3.4.1 继承层次

按照对象类的继承关系，表示管理信息的所有对象类组成一个继承层次树，如图 3-25 所示。继承性反映了软件重用性。设计一个新的对象类时不必全部从头开始，可以根据新数据类型的属性和已有对象类的相似关系把新类插入到继承层次树中。相同的属性可以从父继承，再在父类的基础上设计子类对象的新属性，从而减少了设计工作量。这种设计已经是现代程序设计和系统设计的常规方法了。

OSI 管理的面向对象模型是一个非常复杂的模型，几乎囊括了已知的所有面向对象的概念，例如多继承性，多态性（Polymorphism）和同质异晶性（Allomorphism）等。多继承性是指一个子类有多个超类，例如图 3-25 中的 dqdb 类就继承了 lanNet 和 manNet 两个超类的属性。多态性源于继承性，子类继承超类的操作，同时又对继承的操作做了特别的修改。这样，同一超类的不同子类对象对同一操作会做出不同的响应，这种特性就叫多态性。我们说一个对象具有同质异晶性是指它可以是多个对象类的实例，例如一个协议有两个兼容的版本，一个协议实体既是老版本的实例，又是新版本的实例。

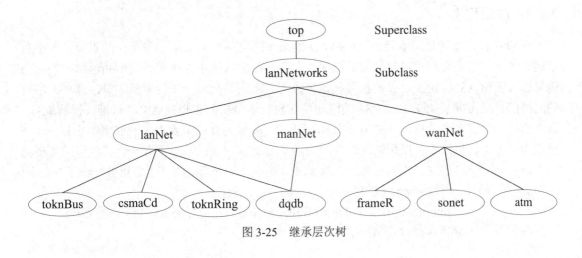

图 3-25 继承层次树

3.4.2 包含层次

一个管理对象可以是另外一个管理对象的一部分，这就形成了管理对象之间的包含关系。包含关系可以表示成有向树，如图 3-26 所示。值得注意的是，包含关系仅适用于对象实例，决不能应用于对象类。在图 3-26 中，system 类的实例 lansys1 是包含对象，而 lanNetwork 类的实例 cs11 和 lanSegment 类的实例 lan12 是被包含对象。

包含树与对象的命名有关，因而包含树对应于对象命名树。对象的名字分为全局名和对地名。全局名也叫区分名（Distinguished Name，DN）从包含树的树根 root 开始，向下级联各个被包含对象的名字，直到指称为对象为止。本地名也叫相对区分名(Relative Distinguished Name，RDN)，RDN 可以从任意上级包含对象的名字开始向下级联。例如在图 3-26 中，对象 office3 的 DN 是（lansys1，cs11，office3），而 RDN 可以是（cs11，office3）。

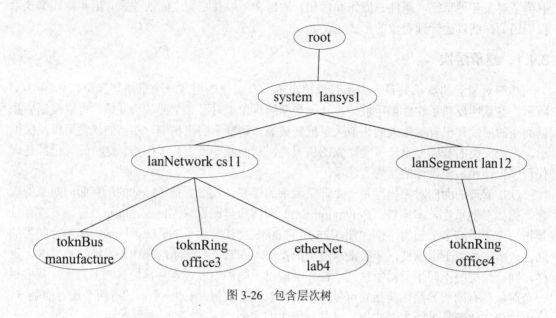

图 3-26　包含层次树

3.4.3　注册层次

在 OSI 标准中管理对象类由 ASN.1 的对象标识符表示。对象标识符是由圆点隔开的整数序列。这一列整数反映了对象注册的顺序，即在注册层次树中的位置。我们知道网上的任何信息都可以用 ASN.1 定义，并根据与其他信息的关系为其指定一个对象标识符。这样，所有的网络信息就组成了如图 3-27 所示的注册层次树。这个树的根指向 ASN.1 标准，没有编号。其下的第一层有 3 个节点，分别编号为 0、1 和 2。编号为 0 的节点原来的名字叫 ccitt，现在已改为 ITU-T，也许不久以后注册层次树会随之改变。在 iso 节点下有一个其他组织管理的节点 org，org 下面的第 6 个节点由美国国防部 dod 管理。dod 下面的第 1 个节点分配给了 Internet 活动董事会 IAB。所以 internet 的对象标识符是：

　　　　　　internet OBJECT IDENTIFIER::={iso(1) org(3) dod(6) 1}

我们在下一章将详细讨论 ASN.1 和注册层次树。

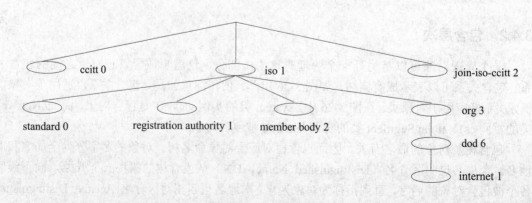

图 3-27　注册层次树

3.5 管理操作

OSI 管理定义的操作有 Get（检索对象的值）、Set（设置对象的值）、Create（生成管理对象）和 Action（指挥管理对象的动作）等，这些操作的功能在前面章节中已详细介绍。这一节讲述管理操作的作用范围，以及过滤和同步机制。

3.5.1 操作范围

由于管理对象之间具有包含关系，对一个管理对象的操作也可能作用于被该对象包含的其他对象。在一个包含层次中所有受管理操作影响的对象形成了该操作的作用范围（Scope）。与操作范围有关的两个概念是基对象和包含级别。管理操作的参照对象叫做基对象。基对象和被它包含的其他对象可能在或者不在同一个代理中，但是操作请求必须发送给含有基对象的代理，操作才能成功。在说明基对象的同时还必须说明包含级别，这是指管理操作可达到的基对象树的层次。下面结合图 3-28 的命名树说明管理操作的作用范围。如果操作请求说明了操作名、基对象和包含级别，则操作范围可以有以下 4 种类型的选择：

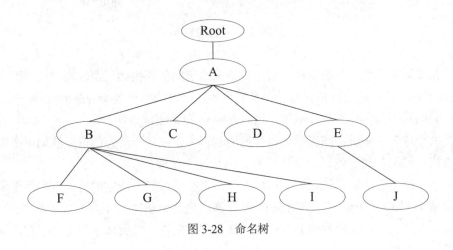

图 3-28　命名树

（1）仅选择基对象：这是默认的操作范围。在图 3-28 中，如果操作的参数表明基对象，并且指明基对象为 A，则操作仅适用于 A 对象。

（2）选择第 n 级下层对象：在图 3-28 中，如果指明基对象为 A，n=1，则操作适用于对象 B、C、D 和 E。

（3）选择基对象和下层 n 级对象：例如基对象为 A，n=1，则操作适用于对象 A、B、C、D 和 E。

（4）选择基对象及其所有被包含对象：例如基对象为 A，则操作适用于对象 A、A 的第一级被包含对象 B、C、D 和 E 以及 A 的第二级被包含对象 F、G、H、I 和 J。

3.5.2 过滤功能

过滤（Filtering）是一种更精致的范围选择方式，这种机制允许对基对象的所有被包含对象进行筛选，选出部分被包含对象进行操作。过滤规则有两条：一个是过滤条件，用含有

and、or 和 not 等逻辑运算的表达式表示；另一个是匹配规则，说明逻辑表达式的适用方式。下面以图 3-29 为例说明标准规定的 8 条匹配规则。

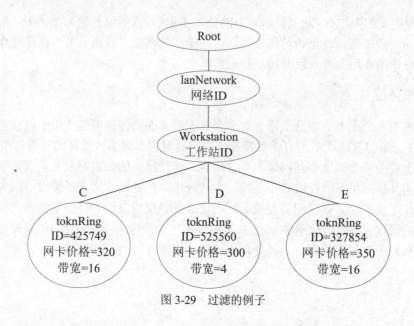

图 3-29　过滤的例子

（1）相等测试：测试对象属性的值是否等于给定的值。例如用逻辑表达式"网卡价格＝300"进行测试，显然对象 D 满足这个条件。另外还可以给出更复杂的逻辑条件，例如用"网卡价格＝320 and 带宽=16"进行测试，这时对象 C 满足测试条件。

（2）大于或等于测试：测试对象属性的值是否大于或等于给定的值。例如用逻辑表达式"网卡价格>=350"进行测试，显然对象 E 满足这个条件。

（3）小于或等于测试：测试对象属性的值是否小于或等于给定的值。例如用逻辑表达式"网卡价格<=320"进行测试，则对象 C 和 D 都满足这个条件。

（4）存在测试：测试属性值是否存在。例如测试属性"冲突概率"是否存在，显然没有对象满足这个条件。

（5）子串测试：有些属性值是字符串类型，可以与给定的字符串进行比较，如果属性值是给定字符串的子串，则匹配成立，否则匹配不成立。例如用 327854 匹配对象 ID，则对象 E 符合条件。

（6）子集测试：可以给出一个属性值的集合，如果该集合是对象属性集的子集，则匹配成立。例如给定集合[327854，350]，它是对象 E 属性集的子集，因而对象 E 符合测试条件。

（7）超集测试：与上一种测试相反，还可以测试给定集合是否为对象属性集的超集。例如给定集合[327854，350，987234]，显然没有对象满足这个测试条件。

（8）非空交集测试：可以测试对象属性集与给定的集合是否有非空交集，例如给定集合[327854，123325，987234]，则对象 E 的属性 ID 为 327854，属于给定集合的元素之一，所以 E 满足测试条件。

3.5.3 同步机制

管理站需要知道代理如何完成指定的操作,特别是当管理操作作用于多个管理对象时,管理站需要知道该操作是否可以全部完成,还是部分完成,这就是管理操作的同步问题(Synchronization)。管理对象行为的定义决定了管理操作的同步方式。

当管理操作(例如 Set、Get 和 Action 等)作用于管理对象时可能有两种同步方式。一种是原子方式,即要么全做,要么不做。这种操作开始时首先检查是否可以对所有指定作用范围的对象完成该操作,如果检查通过,则完成指定的操作,否则返回错误信息。另外一种同步方式是尽力而为的方式,即对可以完成操作的对象就做,对不可以完成操作的对象就不做。例如管理站要检索多个对象的属性值,但是可能只得到部分对象的属性值。

3.6 管理对象的状态

状态描述了管理对象的使用条件和操作条件,这些条件表现在管理对象属性的定义中。管理对象的状态属性可分为一般状态属性和操作状态属性。操作状态属性是对一般状态属性的进一步说明,如图 3-30 所示。下面分别解释这些状态的含义。

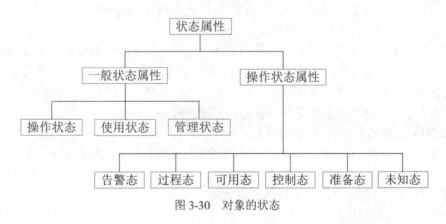

图 3-30 对象的状态

3.6.1 一般状态

操作状态有两个可取的值:使能(Enabled)和无能(Disabled),分别表示管理对象是否能够工作。这个属性只适用于读操作。当操作状态未知时,操作状况属性属于未知态(值为True)。

使用状态表示在某一时刻管理对象是否正被用户使用,它有 3 个可能的取值:闲、忙和活动。当被管理资源仅有一个用户时,使用状态可取值为闲或忙;当被管理资源有多个用户时,使用状态可取值为闲或活动。当操作状态未知时,操作状况属性处于未知态。使用状态属性也是只读的。

管理状态表明如何操作被管理资源,它有 3 个可能的取值:锁定、未锁定和关机。有些管理对象类只能取这个值集合的一个子集,例如[锁定,未锁定]或[锁定,关机]。管理状态是可读可写的属性,既可以用 get 操作读管理状态的值,也可以用 set 操作写管理状态的值。

定义管理对象类时,可以说明一个或多个状态属性,但这些状态属性的取值必须是有效的组合。

3.6.2 操作状态

操作状况进一步说明对象状态的细节,共有 6 种操作状况属性,如图 3-30 所示。

告警态表示管理对象已经生成一个事件警告,可能有 5 种警告：修复(资源正在维修)、重大警告、大警告、小警告(区别警告严重的程度)、未决警告(警告尚未解除)。出现警告时,操作状态可以是 Enabled 或 Disabled。如果这个属性没有值,则表示没有生成事件警告。告警态属性是可读写的,适用于 get 和 set 操作。

过程态表示资源正处于操作过程的某一阶段。如果这个属性没有值,表示资源已准备好。另外还可以有下列 5 个值之一：

(1) 需初始化：管理对象工作之前需要初始化,尚不能工作,操作状态应为 Disabled。

(2) 未初始化：尚未经过初始化,但是管理对象可以自己完成初始化,工作之前不需要专门启动初始化过程。操作状态可为 Disabled 或 Enabled。

(3) 正在初始化：管理对象正在初始化。根据对象类定义的不同,操作状态可为 Disabled 或 Enabled。

(4) 报告：管理对象正在报告工作结果,操作状态应为 Enabled。

(5) 终止：管理对象正处于工作终止阶段。

可用态指示管理对象是否可使用。这个属性可取的值有 9 种,分别表示不可用的原因：正在测试、失败、掉电、脱机、不能工作(由于某些资源不可用)、不值班、降级工作、未安装和记录满等。这些属性值的含义是明显的,不需要再解释了。可用态属性是只读的,它只是对告警态、过程态和可用态的进一步解释,当然也可以没有值。

控制态属性是可读写的,可取的值有：

- 需要测试：管理对象在操作期间可能出现不正常的行为,因而需要测试；
- 部分服务锁定：资源的一部分服务不可用；
- 保留测试：资源不可用,正在准备测试；
- 挂起：资源被挂起,不可用。

准备态说明备份资源的状态,这个属性是只读的,可取的值有：

- 热备份：备份资源已经初始化,保留着工作资源的所有信息,随时可替换工作资源；
- 冷备份：备份资源替换工作资源之前需要初始化；
- 正在服务：备份资源已经开始工作。

未知态表示资源的状态不可知,可取值为 True 或 False。

3.7 管理对象之间的关系

在面向对象的系统中,对象之间具有一定的关系。在 OSI 管理标准中用角色属性表示一个对象与其他对象间的关系。例如定义了管理对象类 PrinterUsed 和 PrinterBackup,两个类之间的备份关系(当 PrinterUsed 对象失效时 PrinterBackup 对象如何代替它工作)是由它们的角色属性定义的。

对象间的关系可以采取多种形式。关系可能是直接的,也可能是间接的。如果显式说明了对象 X 如何连接到对象 Y，也显式说明了对象 X 如何连接到对象 Z，则 X 和 Y、X 和 Z 都是直接关系，从而也可以推导出 Y 和 Z 之间的间接关系，虽然这个关系没有显式表示出来，如图 3-31 所示。

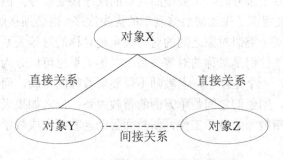

图 3-31　直接关系和间接关系

关系也可分为对称的和非对称的。所谓对称关系是指两个对象（例如 X 和 Y）都对同一对象（例如 Z）扮演同样的角色（有同样的交互作用规则），如图 3-32（a）所示。更具体的例子可以用两个教师说明，他们都对同一班级教同一课程的不同部分，要求和测验的方式都相同，则这两个教师之间有对称关系。非对称关系如图 3-32（b）所示，这里对象 X 和 Y 扮演不同的角色。如果两个教师教同一课程，但是他们有不同的教学风格，不同的教学要求，则教师之间的关系是不对称的。

图 3-32　对称关系和不对称关系

关系可能是相互的，或是单方面的。相互关系是指两个对象间的关系可以由一个对象对另一对象的关系属性来定义，当删除一个对象的关系属性时另一个对象的关系属性自动删除。而且当一个对象的关系属性改变时，该对象要向另外一个对象发出通知，使得对方的关系性随之改变。然而这并不意味着相互关系必须是一对一的，一组对象之间也可以有相互关系。例如两个公司各有自己的首席执行官（CEO），由于关系密切，约定每一个 CEO 又是对方公司的董事会成员，这就规定了董事会成员的角色是相互关系。单方面关系仅指明一个对象对另外一个对象的关系，而在被关联的对象中并没有显式地说明这种关系。例如假定 A 公司接管了 B 公司，则 A 公司的 CEO 可以坐在 B 公司的董事席上，而 B 公司的 CEO 不能再坐在 A 公司的董事席上，这时董事会成员的角色就成为单方面的了。

具体地说，管理对象之间可以有以下几种关系：

（1）服务关系：提供服务的对象是服务提供者，接受服务的对象是服务的用户。如果在多个对象之间形成服务和被服务的关系，则必须说明接受服务的优先次序。优先次序有两重含义：一是当多个用户要求同一服务时，各个用户按照规定的优先次序获得提供者的服务；二是当一个对象需要多个服务时，也要按照规定的次序接受服务。例如汽车需要加油服务，还需要修理刹车，如果规定了先加油后修刹车的优先次序，则必须按照这样的次序接受服务。

（2）对等服务：两个类似对象之间的对等关系是对称的对等关系，例如两个教授在一个学校教同样的课程，则他们是对称的对等关系。对等关系也可以分为单方面的和相互的。如果一个教师是老教师，一个是新手，老教师不需要新教师的帮助，而新教师却经常向老教师请教问题、请求指导，则他们之间是单方面的帮教关系；反之如果老教师和新教师组成一个教学组，老教师辅导新教师的教学工作，新教师帮助老教师完成教学任务，则他们之间就是相互的对等关系了。

（3）备份关系：指明一个对象是另外一个对象的备份对象，如图 3-33 所示。

（4）支援关系：两个对象之间的支援关系必须说明主对象和次对象，主对象是被支援的，次对象是支援者。图 3-33 中的对象 Y 是 X 的备份对象，Z 是 Y 的支援对象，当 Y 不能提供备份服务时，Z 可以提供备份服务，但是这并不意味着 Z 正在提供备份服务。注意，Y 和 Z 间的关系是不对称的。

（5）组织关系：对象之间建立组织关系可能是出于功能的、行政的或者管理的原因。在这种关系中要分清组织的主人和成员。在图 3-34 中，对象 O、X、Y 和 Z 之间有组织关系，而对象 N、Z、P 和 Q 之间有组织关系，对象 O 和 N 分别是这两个组织的主对象。

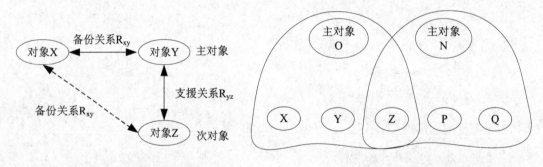

图 3-33 备份关系和支援关系　　　　　　图 3-34 组织关系

习　题

1. OSI 的管理模型与互联网的管理模型之间有什么不同？
2. CMIP 与 CMIS 之间的关系是什么？
3. CMIP 中如何选择管理对象？
4. CMIP 中定义了哪些操作？与 SNMP 的操作有哪些不同？
5. CMIP 的管理对象与 SNMP 的管理对象有何本质区别？
6. OSI 系统管理中要用到哪些应用服务元素？
7. CMISE 提供哪些服务？请解释这些服务中使用的参数的含义。
8. OSI 系统管理中为什么需要远程操作？ROSE 操作有什么特点？

9．OSI 的管理站和代理之间、代理和管理对象之间怎样通信？
10．什么是管理域和管理策略？试举例说明。
11．什么是对象的继承性、多态性和同质异晶性？请举例说明。
12．什么是对象的包含层次？包含层次与对象的命名有什么关系？
13．管理对象的注册层次是如何表示的？Internet 的对象标识符是什么？
14．OSI 管理操作的范围与什么有关？操作范围有哪几种选择？
15．当管理操作作用多于管理对象时有哪些同步方式？各有什么特点？
16．管理对象的操作状况属性有哪些？
17．管理对象之间的关系有哪些形式？
18．管理对象的一般状态属性有哪些？

第 4 章　ASN.1

抽象语法表示 ASN.1（Abstract Syntax Notation 1）是一种形式语言，它提供统一的网络数据表示，通常用于定义应用数据的抽象语法和应用协议数据单元的结构。在网络管理中，无论是 OSI 的管理信息结构，还是 SNMP 管理信息库，都是用 ASN.1 定义的。用 ASN.1 定义的应用数据在传送过程中要按照一定的规则变成比特串，这种规则就是基本编码规则 BER（Basic Encoding Rule）。这一章主要讨论 ASN.1 和 BER 的基本概念及其在网络管理中的应用。

4.1　网络数据表示及编码

表示层的功能是提供统一的网络数据表示。在互相通信的端系统中至少有一个应用实体（如 FTP、TELNET、SNMP 等）和一个表示实体（即 ASN.1）。表示实体定义了应用数据的抽象语法，相当于程序设计语言定义的抽象数据类型。应用协议按照预先定义的抽象语法构造协议数据单元（PDU），用于和对等的应用实体交换信息。表示实体则对应用层数据进行编码，按照编码规则变成二进制的比特串，例如把十进制数变成二进制数，把字符变成 ASCII 码等。比特串由下面的传输实体在网络中传送。把抽象数据变成比特串的编码规则叫做传输语法。在各个端系统内部，用 ASN.1 表示的应用数据或者 PDU 将被映射成本地的数据格式，本地设备才能进行存储或处理。关于信息表示的通信系统模式如图 4-1 所示。

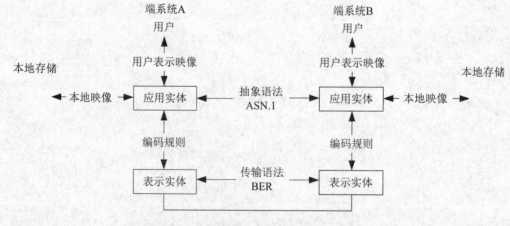

图 4-1　关于信息表示的通信系统模型

特别需要指出的是，这里提到的抽象语法是独立于编码技术的，只与应用有关。抽象语法要满足应用的需要，能够定义应用需要的数据类型和表示这些类型的值。ASN.1 是根据当前网络应用的需要制定的标准（CCITT X.208 和 ISO8824）。

现在，我们还需要弄清楚一些问题。首先，为什么要使用抽象语法？其次，既然数据类型的定义功能几乎在所有的高级语言中都提供，为什么不选择某一种现成的高级语言，而使用 ASN.1 呢？

在回答第一个问题前，让我们回顾一下网络体系结构的分层模型。无论是 OSI 的七层参考模型还是简单一些的 TCP/IP 参考模型，都可以把这些层次简单地划分为两个部分，传输者和使用者。从服务提供者的角度来看，网络提供数据传输的功能。在 TCP/IP 中，这一功能是通过传输层协议 TCP 和 UDP 以及传输层以下各层来提供的，在 OSI 中，这是由会话层和会话层以下各层提供。从服务使用者的角度来看，网络应用是网络数据传输功能的使用者，包括 TCP/IP 中的应用层协议（如 TELNET、FTP、SNMP 等）和 OSI 的应用层协议。

传输者和使用者对数据的理解是不同的。对于传输者来说，无论是数据的发送方还是数据的接收方，数据的单位是二进制的字节。不同的传输方式区别只是在于提供可靠还是不可靠的字节传输，至于字节的含义，传输者是不关心的。而传输的使用者就不同了，它必须区分传送的文件的数据类型，例如文本文件、数据库文件、声音文件、图像文件等，根据不同数据类型，网络应用对数据的处理也不一样。对于网络应用来说，必须能够识别出数据类型和数据内容，而且应用连接的双方对数据含义的理解也应该完全一致。因此，我们需要一种对数据类型和数据内容进行描述的语法，这就是为什么要使用抽象语法。

虽然编程语言（如 C、Pascal 等）的语法定义中使用到的巴科斯-诺尔范式中也有类似的数据定义功能。但是，它们一方面缺乏统一的表示，同一语言有各种不同的实现，这样不同的实现对数据的理解有差别。另一方面，数据定义不是它们的主要功能，因此不能和 ASN.1 所提供的强大的、可扩展的数据定义功能相比。更重要的是这些语言缺乏对传输语法的支持，而传输语法对于数据传输双方来说数据的理解是不可缺少的。而 ASN.1 中包含的基本编码规则正好提供了这样的功能。

随着网络应用的发展，今后还会开发出新的表示层标准，而且对应一种抽象语法可以选择不止一种传输语法。

4.2　ASN.1 的基本概念

ASN.1 是由 CCITT 和 ISO 共同开发的正规语言，它与应用层一起使用，可在系统间进行数据的传输。作为一种形式语言，ASN.1 有严格的 BNF 定义。我们不想全面研究它的 BNF 定义，而是自底向上地解释 ASN.1 基本概念，然后给出一个抽象数据类型的例子。下面列出 ASN.1 文本的书写规则，这些规则叫做文字约定（Lexical Conventions）。

（1）书写的布局是无效的，多个空格和空行等效于一个空格。

（2）用于表示值和字段的标识符、类型指针（类型名）和模块名由大小写字母、数字和短线（hyphen）组成。

（3）标识符以小写字母开头。

（4）类型指针和模块名以大写字母开头。

（5）ASN.1 定义的内部类型全部用大写字母表示。

（6）关键字全部用大写字母表示。

（7）注释以一对短线（--）开始，以一对短线或行尾结束。

4.2.1 抽象数据类型

在 ASN.1 中,每一个数据类型都有一个标签(tag),标签有类型和值(见表 4-1)。数据类型是由标签的类型和值唯一决定的,这种机制在数据编码时有用。标签的类型分为以下 4 种:

表 4-1　　　　　　　　　　ASN.1 定义的通用类型

标　　签	类　　型	值　集　合
UNIVERSAL1	BOOLEAN	TURE,FALSE
UNIVERSAL2	INTEGER	正数、负数和零
UNIVERSAL3	BIT STRING	0 个或多个比特组成的序列
UNIVERSAL4	OCTET STRING	0 个或多个字节组成的序列
UNIVERSAL5	NULL	空类型
UNIVERSAL6	OBJECT IDENTIFIER	对象标识符
UNIVERSAL7	Object Descriptor	对象描述符
UNIVERSAL8	EXTERNAL	外部文件定义的类型
UNIVERSAL9	REAL	所有实数
UNIVERSAL10	ENUMERATED	整数值的表,每个整数有一个名字
UNIVERSAL11～15	保留	为 ISO 8824 保留
UNIVERSAL16	SEQUENCE,SEQUENCE OF	序列
UNIVERSAL17	SET,SET OF	集合
UNIVERSAL18	NumericString	数字 0 到 9 和空格
UNIVERSAL19	PrintableString	可打印字符串
UNIVERSAL20	TeletexString	由 CCITT T.61 建议定义的字符集
UNIVERSAL21	VideotexString	由 CCITT T.100 和 T.101 建议定义的字符集
UNIVERSAL22	IA5String	国际标准字符集 5(相当于 ASCII 码)
UNIVERSAL23	UTCTime	时间
UNIVERSAL24	GeneralizedTime	时间
UNIVERSAL25	GraphicString	由 ISO 8824 定义的字符集
UNIVERSAL26	VisibleString	由 ISO 646 定义的字符集
UNIVERSAL27	GeneralString	通用字符集
UNIVERSAL28…	保留	为 ISO 8824 保留

- 通用标签:用关键字 UNIVERSAL 表示。带有这种标签的数据类型是由标准定义的,适用于任何应用;
- 应用标签:用关键字 APPLICATION 表示,是由某个具体应用定义的类型;
- 上下文专用标签:这种标签在文本的一定范围(例如一个结构)中适用;
- 私有标签:用关键字 PRIVATE 表示,这是用户定义的标签。

ASN.1 定义的通用数据类型有 20 多种,标签类型都是 UNIVERSAL,如表 4-1 所示。这些数据类型可分为以下 4 大类：
- 简单类型：由单一成分构成的原子类型；
- 构造类型：由两种以上成分构成的构造类型；
- 标签类型：由已知类型定义的新类型；
- 其他类型：包括 CHOICE 和 ANY 两种类型。

ASN.1 基于 Backus 系统，它使用正规的语法和巴科斯范式文法（BNF）来表示。

<name>::=<description> | <definition>

下面解释这些数据类型的含义。

1. 简单类型

（1）**INTEGER**：整数类型。与一般程序设计语言不同的是，ASN.1 中没有限制整型的位数，也就是说 INTEGER 可以是任意大小的整数。

【例 4.1】　　PageNumber　　　::=INTEGER
　　　　　　　ColorType　　　　::=INTEGER{
　　　　　　　　　　　　　　　　red (0),
　　　　　　　　　　　　　　　　blue (1),
　　　　　　　　　　　　　　　　green (2)}
　　　　　colorA　ColorType::=1　　--colorA is an instance of type ColorType and has a
　　　　　　　　　　　　　　　　　　value blue

例 4.1 中类型 ColorType 取值为整数，并且值 0 命名为 red，1 命名为 blue，2 命名为 green。当然需要注意的是 ColorType 的取值范围并不限于 0、1 和 2，red、blue、green 只是对这三个数赋予了名字而已，它也可以取 0~2 以外的其他整数值，这是和后面要介绍的枚举类型所不同的地方。第二行是说明了一个 ColorType 类型的变量 colorA，并将 colorA 赋值为 blue。

【例 4.2】　　DayofTheMonth::=INTEGER{first(1),last(31)}
　　　　　　　today　DayofTheMonth::=first
　　　　　　　unknown　DayofTheMonth::=0

例 4.2 中的类型 DayofTheMonth 定义了一个月中的某一天，其中值 1 和 31 分别命名为 first 和 last。DayofTheMonth 的实例 today 赋值为 first 或 1，unknown 赋值为 0。

（2）**BOOLEAN**：布尔值。取值为 TRUE（真）或 FALSE（假）。所有可以归结为二值形式的问题回答都可以表示为布尔类型。

【例 4.3】　　Employed::=BOOLEAN
　　　　　　　john　　Employed::=FALSE　　　　--john 没有被雇佣
　　　　　　　maggie　Employed::=TRUE　　　　--maggie 被雇佣

当选择布尔类型名时，注意使用描述使问题回答为真的标识。

【例 4.4】　　Married::=BOOLEAN
　　　　　　　john　　Married::=TRUE　　　　--john 已婚
　　　　　　　maggie　Married::=FALSE　　　--maggie 未婚

而不是：

MaritalStatus::=BOOLEAN

事实上，英文"MaritalStatus"可以有很多种情况，而不仅仅表示"是否结婚"。

（3）**REAL**：实数类型。和整型一样，ASN.1 中对实数的精度也没有限制。也就是说 REAL

可以表示所有的实数。每个实数均可以表示为 $M\times B^E$，即三元组(M，B，E)的形式，其中 M 是尾数，B 是基数，E 是指数。

【例 4.5】　　AngleInRadians::=REAL　　--定义以弧度值表示的扇形角度
　　　　　　　angle AngleInRadians::={31415926,10,-7}　　　--角度表示为三元组

（4）**ENUMERATED**：枚举类型。枚举类型实际上是一组个数有限的整型值。可以给每个整型值赋以不同的意义，如：red（1），green（2），blue（3）。

比如可以定义枚举类型 Month，表示一年的十二个月份。

【例 4.6】　　Month::= ENUMERATED {
　　　　　　　　　　January　　　　　(1),
　　　　　　　　　　February　　　　 (2),
　　　　　　　　　　March　　　　　　(3),
　　　　　　　　　　April　　　　　　(4),
　　　　　　　　　　May　　　　　　　(5),
　　　　　　　　　　June　　　　　　 (6),
　　　　　　　　　　July　　　　　　 (7),
　　　　　　　　　　August　　　　　 (8),
　　　　　　　　　　September　　　　(9),
　　　　　　　　　　October　　　　　(10),
　　　　　　　　　　November　　　　 (11),
　　　　　　　　　　December　　　　 (12) }
　　　　　　　hottestMonth　Month::=July　　　--or 7

当婚姻状态仅包括已婚和未婚时，在例 4.4 中是用布尔类型来定义的。我们也可以用枚举类型表示婚姻状态。

【例 4.7】　　MaritalStatus::= ENUMERATED{single(0),married(1)}
　　　　　　　john　　MaritalStatus::=1　　　--john 已婚

并且，使用枚举类型可以很方便地加入新的婚姻状态。

【例 4.8】　　MaritalStatus::= ENUMERATED{single(0),married(1),widowed(2)}
　　　　　　　peter　　MaritalStatus::=2　　　--peter 丧偶

【例 4.9】　　MaritalStatus::= ENUMERATED{single(0),married(1),widowed(2),divorced(3)}
　　　　　　　maggie　　MaritalStatus::=divorced　　--maggie 离婚

（5）**BIT STRING**：位串类型。由零个或多个比特组成的有序位串。位串的值可以由对应的二进制或十六进制串表示。使用二进制记法时，第一位在左，结束位在右；使用十六进制记法时，每个十六进制数字的最高有效位对应位串中较前的值。比如，10010001B 或 91H 都是位串类型的有效数值，当然在使用十六进制表示时，位串位数应当是 4 的倍数。

为了标识位串中的特定位，可以对相应位赋予名称。

【例 4.10】　　Occupation::=BIT STRING {
　　　　　　　　　　Clerk　　　　　(0),
　　　　　　　　　　Editor　　　　 (1),
　　　　　　　　　　artist　　　　 (2),
　　　　　　　　　　publisher　　　(3) }

peter Occupation::={editor,artist}   --or '0110'B

位串类型 Occupation 用来表示职业，如果具备某种职业，则可在相应位置 1。如一个既是 editor 又是 artist 的人（editor,artist）可以用´0110´B 表示。

（6）**OCTET STRING**：八位位组串。由 0 个或多个 8 位位组组成的有序串。如果以对应的十进制数值来表示，一个八位位组的范围是 0~255。和位串类型一样，八位位组串也可以用对应的二进制或十六进制串表示。比如，1101000100011010B 或 D11AH 都是八位位组串类型的有效值。

【例 4.11】 MacAddress::=OCTET STRING(SIZE(6))
          interface1   MacAddress::=A00000BCDAEDH

（7）**OBJECT IDENTIFIER**：对象标识符。从对象树派生出的一系列点分数字串的形式，用来标识对象。对象可以是国际标准，管理对象，甚至可以是抽象语法和传输语法本身。在 ASN.1 中对象集合按照树形结构组织，树的每个边都被赋予一个整数标识。对象标识符是从根节点开始到对象节点路径上边标识的顺序连接，它是对象的唯一标识。根节点以下有三个节点，分别是：ccitt(0)，iso(1)，joint-iso-ccitt(2)，它们向下又可细分。如 iso 的子节点包括 standard(0)，registration-authority(1)，member-body(2)，identified-organization(3)。其中 identified-organization(3)（通常简写为 org）下面的节点 internet 就定义了最常使用的管理对象。

【例 4.12】 internet OBJECT IDENTIFIER::={iso(1) org(3) dod(6) 1}

对象标识符值由从对象树的根开始到对象所在节点路径上的对象标识符组成。在上例中，internet 是对象标识符，它的 4 个对象标识符成分是 iso，org，dod 和 1。对象标识符有两种表示形式：名字形式和数字形式。其中，数字形式是必须有的，名字形式是为了对对象节点加以说明而加的标识符。例 4.12 中的 iso，org，dod 都是相应对象标识符的名字，而 1，3，6 是它们对应的数字形式。

在已经定义了某父节点的对象标识符后，此节点的对象标识符定义可以简写，也就是略去父节点之上的部分，只需声明父节点对象标识符的名字形式即可。

【例 4.13】 directory   OBJECT IDENTIFIER::={internet 1}
          mgmt   OBJECT IDENTIFIER::={internet 2}
          experimental   OBJECT IDENTIFIER::={internet 3}
          private   OBJECT IDENTIFIER::={internet 4}

（8）**NULL**：空值类型。这是最简单的一种类型，它仅包含一个值 NULL。主要用于位置的填充。如果某时刻无法得知数据的准确值，那么最简单的方法就是将这一数据定义为 NULL 类型。数据值为 NULL 时，表示该值还不知道。还可以用 NULL 表示序列中可能缺省的某个元素。

【例 4.14】 PatientIdentifier::=SEQUENCE{
              name   Visiblestring --取自 IA5 的图形字符组成,不含控制字符
              roomNumber   CHOICE
                   { INTEGER
                     NULL   }}
          patient1 PatientIdentifier::={name "peter"，roomNumber 301}
          patient2 PatientIdentifier::={name "john"，roomNumber NULL}

例 4.14 中，患者标识符包括姓名和病房号两部分，但是当患者出院后，就不需要病房号

了，因此这时可以令 roomNumber 域为 NULL。注："OPTIONAL"也可以提供同样的功能，见 SEQUENCE 类型定义。

（9）**CHARACTER STRING**：字符串类型。ASN.1 中定义了一些字符集不完全相同的 CHARACTER STRING 类型，不同类型包含的字符集不同。标准 ASCII 字符可以分为 G 集（图形符号集）和 C 集（控制符号集）。其中编号从 33 到 126 的 ASCII 字符属于图形符号集，编号从 0 到 31 的 ASCII 字符属于控制符号集，空格符（编号 32）和删除符（编号 127）同时属于两个符号集。字符串类型包括：

- NumericString：包含数字 0 到 9 以及空格，不包含控制字符集；
- PrintableString：包含所有大小写字母、数字、标点以及空格，也不包含控制字符集；
- IA5String：由取自 IA5（5 号国际字母表）的字符组成，它和 ASCII 码基本相同；
- VisibleString：由取自 IA5 的图形字符组成，不包含控制字符集；
- GeneralString：包含所有的标准字符。

字符串值由双引号括起，如下所示：

【例 4.15】　　NumString　　　　 ::= NnmericString
　　　　　　　str1 NumString　　 ::= "1234567890"
　　　　　　　Surname　　　　　 ::= PrintableString
　　　　　　　personSurname1　　::= "John"

例 4.15 中，NumericString 类型的字符串 str1 被赋值为"1234567890"。而 PrintableString 类型的 personSurname1 被赋值为" John "。

（10）时间类型：UTCTime 和 GenaralizedTime 是两个有关时间的类型。

UTCTime 是世界通用时间，一个 UTCTime 值包括精确到分钟或秒的本地时间，及相对于 GMT 的偏移，其格式有以下 6 种：

　　　　　　　YYMMDDhhmmZ
　　　　　　　YYMMDDhhmm+hhmm
　　　　　　　YYMMDDhhmm-hhmm
　　　　　　　YYMMDDhhmmssZ
　　　　　　　YYMMDDhhmmss+hhmm
　　　　　　　YYMMDDhhmmss-hhmm

　　其中：YY 是年份的末两位
　　　　　MM 是月份(01 to 12)
　　　　　DD 是日 (01 to 31)
　　　　　hh 是小时(00 to 23)
　　　　　mm 是分钟(00 to 59)
　　　　　ss 是秒 (00 to 59)
　　　　　Z 表示本地时间是 GMT
　　　　　+/- 调整通用时间

【例 4.16】　　t1　　UTCTime::= "110506164540-0700"
　　　　　　　t2　　UTCTime::= "110506234540Z"

例 4.16 中 t1 和 t2 实际上表示的是同一个时间值，t1 是 2011 年 5 月 6 日下午 4:45:40，比 GMT 时间慢 7 小时，而 t2 是 GMT 时间 2011 年 5 月 6 日下午 11:45:40。

GeneralizedTime 类型与 UTCTime 类型的主要区别是表示时间的形式不同，它用 4 位数字表示年。

【例 4.17】 t3 GeneralizedTime::= "20110506164540-0700"

t4 GeneralizedTime::= "20110506234540Z"

2. 构造类型

可以使用构造类型标识符定义新的数据类型。ASN.1 的构造类型包括：

（1）**SEQUENCE**：序列类型。包含零个或多个组成元素的有序列表。列表的不同元素可以分属于不同的数据类型。序列类型的巴科斯范式定义如下：

SequenceType::=

  SEQUENCE{ElementTpyeList} |

  SEQUENCE{}

ElementTpyeList::=

  ElementTpye |

  ElementTpyeList, ElementTpye

ElementTpye::=

  NamedType |

  NamedType OPTIONAL |

  NamedType DEFAULT Value |

  COMPONENTS OF Type

有序列表中的每个元素是由元素名称和元素类型组成，元素类型可以是简单类型，也可以是定义的其他构造类型。元素类型标识符后可以跟 OPTIONAL 或 DEFAULT 关键词。OPTIONAL 关键词表示在序列类型的实例中该元素项可以出现，也可以不出现。DEFAULT 关键词表示序列类型的实例中该元素具有事先指定的缺省值，即创建实例时没有指定值时所使用的值。COMPONENTS OF 关键字表示它包含了给定序列中的所有组成元素。

【例 4.18】 AirlineFlight::=SEQUENCE{

  airline IA5string,

  flight Numericstring,

  seats SEQUENCE{

   maximum INTEGER,

   occupied INTEGER,

   vacant INTEGER

   },

  airport SEQUENCE {

   origin IA5string,

   stop1 [0] IA5string OPTIONAL,

   stop2 [1] IA5string OPTIONAL,

   destination IA5string

   },

  crewsize ENUMERATED {

```
                    six    (6),
                    eight  (8),
                    ten    (10)
                },
            cancle  BOOLEAN  DEFAULT  FALSE
                }
```

它的一个实例是：
```
    airplane1   AirlineFlight::={airline  "china",
                    flight   "1106"
                    seats    {320,107,213},
                    airport {
                        origin "Beijing",destination  "Shanghai"
                    },
                    crewsize   10 }
```
或   ::= {"china","1106", {320,107,213}, {"Beijing", "Shanghai"},10}

上面的实例描述的是从北京飞往上海的 1106 次航班，需要机组人员 10 名，飞机有 320 个座位，其中有乘客的座位和空座位各为 107 个和 213 个。还可以看出本次航班执行的是无间断飞行，因为该实例没有对表示中间站的可选项 stop1 和 stop2 赋值，并且由于 cancel 使用了缺省值 FALSE，所以该航班没有取消。

例 4.18 中 SEQUENCE 元素项 stop1 和 stop2 被标记为上下文有关类。这是由于此两项类型同为 IA5String，又同是可选项，为 stop1 和 stop2 标记是为了消除可能产生的歧义性。标签的使用将在下面予以解释。

（2）**SEQUENCE OF**：单纯序列（数组）类型。即序列中的各项都属于同一类型，从这个意义上说，可以认为 SEQUENCE OF 是 SEQUENCE 类型的特例。例 4.19 中定义了座位号类型 Seats，因为座位号都是整数，所以我们使用单纯序列类型。

【例 4.19】   Seats::=SEQUENCE OF INTEGER

（3）**SET**：集合类型。包含零个或多个组成元素的无序集合。这些元素的顺序无任何意义，但是它们之间必须是不相同的，组成元素的类型可以分为不同的 ASN.1 类型。

【例 4.20】   Person::=SET{
                    name   IA5string,
                    age   INTEGER,
                    female   BOOLEAN}

{"maggie",4,ture}、{true, "maggie",4}、{4,true, " maggie "}虽然表示不同，但它们都属于 Person 类型的同一个实例。

【例 4.21】   UserName::=SET{
                    personName [0]   VisibleString,
                    organizationName[1]   VisibleString,
                    contryName[2]   VisibleString}
                user UserName::={
                    contryName   "Nigeria",

　　　　　　　　personName　　　　　　　"Jonas Maruba",
　　　　　　　　organizationName　　　　"Meteorology Ltd. "}

（4）**SET OF**：单纯集合类型。包含零个或多个组成元素的无序集合，同单纯序列类型类似，这些组成元素必须为相同的 ASN.1 类型。例如：

【例 4.22】　Vipseats::=SET OF INTEGER
　　　　　　vipseatset Vipseats::={340,342,345}

3. 标签类型

标签由一个标签类（class）和一个标签号（class number）组成，标签号是十进制非负整数。共有四种不同的标签类型：通用类（UNIVERSAL），应用类（APPLICATION），私有类（PRIVATE）和上下文有关类（CONTEXT-SPECIFIC）。

通用类标签是 ASN.1 标准定义的，除了 CHOICE 和 ANY 类型之外，所有的简单类型和结构类型都具有统一分配的唯一标签。表 4-1 列出了 ASN.1 类型及其对应的通用类型（UNIVERSAL）标签。应用类是为具体应用协议标准定义的。在 ASN.1 模块中必须是唯一的。私有类仅对某个企业有效，它必须在该企业内是唯一的。上下文有关类主要用于消除歧义性，它在结构的上下文中必须是唯一的。

从某种意义上来说，标签类型的称呼容易使人产生误解。因为 ASN.1 中所有的数据类型都有与之相关的标签。加标签后的类型本质上是一个新的类型，它和原类型在结构上一样，但是是不同的类型。我们看下面的例 4.23。

【例 4.23】　Exuniv::=[UNIVERSAL 2] INTEGER
　　　　　　valA Exuniv::=9
　　　　　　Exappl::=[APPLICATION 0] INTEGER
　　　　　　valB Exappl::=10
　　　　　　Expriv::=[PRIVATE 1] INTEGER
　　　　　　valC Expriv::=11
　　　　　　Excont::=SET {type1 [0] INTEGER　　OPTIONAL,
　　　　　　　　　　　　　type2 [1] INTEGER　　OPTIONAL　　}

因为集合类型 Excont 的两个组成元素类型相同，而且同是可选项，当 Excont 取值只有一个时，如果不对这两个元素进一步标记就无法区分所选元素的类型。为了避免可能产生的歧义，分别将 type1 和 type2 标记为上下文有关类 1 和类 2，就可以指明这个元素是来自哪个数据类型的元素。因此，在一个结构（序列或集合）中，可以用上下文专用标签区分专用标签类型相同的元素。

当标签类型的数据传输时，其附加的标签信息必须进行编码。也就是说，对上面定义的 Expriv 类型，需要传输 INTEGER 本身的标签[UNIVERSAL 2]，还要传输标签[PRIVATE]。在某些情况下，我们可以声明标签为 IMPLICIT（隐式）以减少编码量，IMPLICIT 的含义是指示用新标签覆盖原标签。例如，定义

　　　　Expriv::=[PRIVATE 1] IMPLICIT INTEGER

这样再传输 Expriv 类型的数据时，就可以只传[PRIVATE 1]的标签了，从而节省了大量的编码。虽然标签没有传输，但是接受端可以从 DCS（已定义上下文集）中推导出标签的信息。

除了隐式标签外，还有明示标签，用关键字 EXPLICIT（可省略）表示。明示标签的语义是在一个基类型上加上新标签，从而导出一个新类型。事实上，明示标签类型是把基类型作为唯一元素的构造类型，在编码时，新老标签都要编码。可见隐式标签可以产生较短的编码，但明示标签也是有用的，特别是用在当基类型未定时，例如基类型为 CHOICE 或 ANY 类型。所以 ANY 和 CHOICE 类型不能标签为 IMPLICIT。

4. 其他类型

CHOICE 和 ANY 是两个没有标签的类型，因为它们的值是未定的，而且类型也是未定的。当这种类型的变量被赋值时，它们的类型和标签才确定。可以说标签是运行时间确定的。

（1）**CHOICE**：选择类型。包含一个可供选择的数据类型列表。CHOICE 类型的每一个值都是其中某一数据类型的值。数据可能在不同情况下取不同的值，如果这些可能的类型能够在事先都知道的话，那么就可以使用选择类型。

【例 4.24】　Prize::=CHOICE {

　　　　　　car　　　IA5string,
　　　　　　cash　　INTEGER,
　　　　　　nothing　BOOLEAN

　　prize1　Prize::=" Lincoln "
　　prize2　Prize::=TRUE
　　prize3　Prize::=65000

由于一个人不能同时获得多项奖励，而且奖项的种类是可以预知的，所以我们定义了类型 Prize，它的奖项种类分为，(1) car　" Lincoln "，(2) nothing　TRUE，(3)cash 65000。

（2）**ANY**：和选择类型具有确定的数据类型选择范围不同，如果在定义数据时还不能确定数据的类型，可以使用 ANY 型。ANY 型可以被任何 ASN.1 类型置换。

【例 4.25】　TextBook::=SEQUENCE

　　　　　　{
　　　　　　author　　　IA5string,
　　　　　　reference　　ANY
　　　　　　}

由于不能确定 TextBook 所使用 reference 的类型，所以使用了 ANY 类型。

　　　　book1　TextBook::=
　　　　{
　　　author　"shakespeare ",
　　　reference　IA5string " ISBN0669123757 "
　　　}
　　　　book2　TextBook::=
　　　　{
　　　author　"shakespeare ",
　　　reference　INTEGER　1988
　　　}

book1 和 book2 都是 TextBook 的正确实例。

4.2.2 子类型

子类型（subtype）是由限制父类型的值集合而导出的类型，所以子类型的值集合是父类型的子集。子类型还可以再产生子类型。产生子类型的方法有 6 种，如表 4-2 所示。

表 4-2　　　　　　　　　　　　产生子类型的方法

类型	单个值	包含子类型	值区间	限制大小	可用字符	内部子类型
BOOLEAN	√	√				
INTRGER	√	√	√			
ENUMERATE	√	√				
REAL	√	√	√			
OBJECT IDENTIFIER	√	√				
BIT STRING	√	√		√		
OCTET STRING	√	√				
CHARACTER STRING	√	√		√	√	
SEQUENCE	√	√				√
SEQUENCE OF	√	√		√		√
SET	√	√				√
SET OF	√	√		√		√
ANY	√	√				
CHOICE	√	√				√

1. 单个值（Single Value）

这种方法就是列出子类型可取的各个值，例如，我们可以定义小素数为整数类型的子集。

【例 4.26】 SmallPrime::=INTEGER(2|3|5|7)　　-- SmallPrime 可取 2，3，5，7 中的任何一个值。

　　　　　　sp1　SmallPrime::=5

2. 包含子类型（Contained Subtype）

包含子类型是从已有的子类型定义新的子类型，新子类型包含原子类型的全部可能的值。这里要用到关键字 INCLUDES，说明被定义的类型包含了已有类型的所有的值，例如下面的定义。

【例 4.27】 Months::=ENUMERATED {jaunary(1)，february(2)，march(3)，april(4)，may(5)，
　　　　　　　　　june(6)，july(7)，august(8)，september(9)，october(l0)，
　　　　　　　　　november(11)，december(12)}
　　　　　　First-quarter::=Months(january，february，march)；
　　　　　　Second-quarter::=Months(april，may，june)
　　　　　　First-half::= Months (INCLUDES First-quarter|INCLUDE Second-quarter)
　　　　　　jan　First-quarter::=1

另外，也可以直接列出被包含的值，例如：

First-third::= Months (INCLUDES First-quarter| April)

3. 值区间（Value Range）

这种方法只能应用于整数和实数类型，指出子类型可取值的区间。在下面的定义中 PLUS-INFINITY 和 MINUS-INFINITY 分别表示正负最大值，MAX 和 MIN 分别表示类型可允许的最大值和最小值，区间可以是闭区间或开区间。如果是开区间，则加上符号"<"。

【例 4.28】　　AtomicNumber::=INTEGER (1..105)

下面是一组等价的定义：

【例 4.29】　　PositiveInteger::=INTEGER(0<..PLUS-INFINITY)
　　　　　　　　PositiveInteger::=INTEGER(1..PLUS-INFINITY)
　　　　　　　　PositiveInteger::=INTEGER(0<..MAX)
　　　　　　　　PositiveInteger::=INTEGER(1..MAX)

同理，下面 4 个定义也是等价的：

　　　　　　　　NegativeInteger::=INTEGER(MINUS-INFINITY..<0)
　　　　　　　　NegativeInteger::=INTEGER(MINUS-INFINIT..-1)
　　　　　　　　NegativeInteger::=INTEGER(MIN..0)
　　　　　　　　NegativeInteger::=INTEGER(MI..-1)

4. 可用字符（Permitted Alphabet）

可用字符只能用于字符串类型，限制字符集的取值范围，使得字符串中的字符只能从某些字符中取得。下面是两个限制可用字符的例子。

【例 4.30】　　TouchToneButtons::=IA5String(FROM("0" | "1" | "2" | "3" | "4" | "5" | "6" |
　　　　　　　　　　　　　　　　　　　　　　　　　　　"8" | "9" | "*" | "#"))
　　　　　　　　DigitString::= IA5String (FROM("0" | "1" | "2" | "3" | "4" | "5" | "6" | "8" | "9"))
　　　　　　　　Str2 DigitString::= "46732"

5. 限制大小（Size Constraint）

可以对 5 种类型（BIT STRING，OCTET STRING，Character string，SEQUENCE OF，SET OF）限制其规模大小，例如限制比特串、字节串或字符串的长度，限制构成序列或集合的元素（同类型）个数等。例如 X.25 公共数据网的地址由 5～14 个数字组成，这个规定可用下面的定义表示。

【例 4.31】　　X25DataNumber::=DigitString(SIZE(5..14))

可将参数表所包含的参数个数限制在 12 个以下：

【例 4.32】　　ParameterList::=SET SIZE(1..12) OF Parameter

【例 4.33】　　BitField::=BIT STRING(SIZE(12))
　　　　　　　　map1 BitField::= ´100110100100´B
　　　　　　　　map2 BitField::= ´9A4´H

6. 内部子类型（Inner Subtyping）

内部子类型适用于 SEQUENCE，SEQUENCE OF，SET，SET OF 和 CHOICE 类型，主

要用于对这些结构类型的元素项进行限制。例如，下面定义的协议数据单元（PUD）类型。

【例4.34】 PDU::=SET { alpha   [0] INTEGER,
                      beta   [1] IA5striong OPTIONAL,
                      gamma   [2] SEQUENCE OF parameter,
                      delta   [3] BOOLEAN }

现在对 PDU 进行测试需要 delta 的布尔值为假，alpha 的整数值为负。可以定义子类型 TestPDU 如下：

TestPDU::=PDU(WITH COMPONENTS{ …,delta(FALSE),alpha(min..<0)})

如果进一步要求 beta 项必须出现，并且字符串长度为 5 或 12，定义如下：

FurttherTestPDU::=TestPDU(WITH COMPONENTS

{…,beta(SIZE(5 | 12)) PRESENT}

内部子类型还可以用于序列，例如：

Text-block::=SEQUENCE OF VisibleString

Address::=Text-block(SIZE(1..6) | WITH COMPONENTS(SIZE(1..32)))

这个例子说明地址包含 1~6 个 Text-block，每一个 Text-block 包含 1~32 个字符。

4.2.3 应用类型

ASN.1 中的应用类型与特定的应用有关，根据网络管理的实际特点，SNMP 补充了一些特有的类型，RFC1155 定义了以下 6 种应用类型：

（1）NetworkAddress::=CHOICE{internet IpAddress} 这种类型用 ASN.1 的 CHOICE 构造定义，可以表示不同类型的网络地址。目前只有 internet 地址，即 IP 地址。

（2）IpAddress::=[APPLICATION 0] IMPLICIT OCTET STRING(SIZE(4)) 32 位的 IP 地址，定义为 OCTET STRING 类型。

（3）Counter::= [APPLICATION 1] IMPLICIT INTEGER(0..4294967295) 计数器类型是一个非负整数，其值可增加，但不能减少，达到最大值 $2^{32}-1$ 后回零，再从零开始增加，计数器可用于计算收到的分组数或字节数。

（4）Gauge::=[APPLICATION 2] IMPLICIT INTEGER(0..4294967295) 计量器类型是一个非负整数，其值可增加，也可减少。计量器的最大值 $2^{32}-1$。与计数器不同的地方是计量器达到最大值后不回零，而是锁定在 $2^{32}-1$，直到复位，计量器可用于表示存储在缓冲队列中的分组数。

（5）TimeTicks::=[APPLICATION 3] IMPLICIT INTEGER(0..4294967295) 时钟类型是非负整数。计数范围 1~$2^{32}-1$，以 0.01 秒为单位递增，可表示从某个事件（例如设备启动）开始到目前经过的时间。

（6）Opaque::= [APPLICATION 4] OCTET STRING 不透明类型即未知数据类型，它可以表示任意类型。这种数据编码时按 OCTET STRING 处理，管理站和代理能解释这种类型。

4.3 基本编码规则

用高级语言编写的程序中所声明的变量必须通过编译转换为机器所能识别的格式才能够使用。网络中数据的传输也是同样的道理，用 ASN.1 语言书写的变量必须转换为串行的字节流才能在网络中传输。为此，ASN.1 又提供了基本编码规则（BER）来描述传输过程中内容的表示。

为下面叙述方便，这里先做如下约定：

（1）八位位组：八比特组成，是编码的基本单位；

（2）八位位组中的二进制位编号从 8 到 1，用来定义串行位传输的顺序，约定第 8 位是最高有效位，第 1 位是最低有效位。

4.3.1 编码结构

BER 码有三个字段：标签（tag）字段是关于标签类别和编码格式的信息；长度（Length）字段定义内容字段的长度；值（Value）字段包含实际的数据。因此，一个 BER 编码实际是一个 TLV 三元组（标签，长度，值）。每个字段都是一个或多个八位位组组成。结构见图 4-2 所示。下面我们将分别对这三个字段进行讨论。

| 标签八位位组 | 长度八位位组 | 值八位位组 |

图 4-2　BER 编码的结构

4.3.2 标签字段

标签字段对标签类别、标签号和编码格式进行编码。其格式如图 4-3 所示。

8	7	6	5	4	3	2	1
标签类别		P/C	标签号				

图 4-3　标签八位位组的结构

标签类别用二位表示，共有四类标签。这四类标签的编码如表 4-3 所示。

表 4-3　标签的编码

标签类别	第 8 位	第 7 位
Universal	0	0
Application	0	1
Context-Specific	1	0
Private	1	1

另外用 1 位 P/C 指明编码格式：0 代表简单类型，1 代表构造类型。简单编码是一个数据值编码，其值可用八位位组直接表示这个数据值。而构造编码的值可用多个八位位组数据值进行编码。不同类型的数据值可能是简单的，也可能是构造的。如果标签号在 0 到 30 之间，

则标签号可以用其余 5 位比特表示。当标签号大于 30 时，标签字段就需要一个以上的字节。这时需要将标签字段的第一个八位位组的后 5 位全部置 1，标签字段的后继八位位组除最后一个外，最高位均置 1。这样将后继八位位组的低 7 位连接在一起就可以得到标签号。并且第一个后继八位位组不能所有位全为 0，这是为了保证标签号的编码长度最短。标签号大于 30 的标签字段编码如图 4-4 所示。

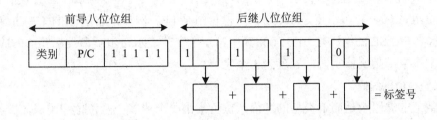

图 4-4　标签号大于 30 的标签字段编码

4.3.3　长度字段

长度字段用来表示值字段的八位位组数。根据值字段的长度在编码时是否可知，长度字段的编码可以分为确定格式（definite form）和不确定格式（indefinite form）。确定格式又可分为长格式和短格式。使用确定格式或不确定格式的规定如下：

（1）若编码是简单类型，则使用确定格式；

（2）若编码是构造的，并且编码立即可用，则既可以使用确定格式，也可以使用非确定格式，由发送者选择；

（3）若编码是构造的，但编码不是立即可用，则使用不确定格式。

对于确定格式，长度字段由一个或多个八位位组组成。当长度字段只包括一个八位位组时，可以表示小于 128 个八位位组的值字段的长度，这时称为短格式。短格式的长度字段八位位组的第 8 位为 0，第 7 至第 1 位是长度的编码（可以为 0），编码值是无符号二进制整数，以第 7 位为最高有效位。例如：L=38 的编码是（00100110）$_2$。

当值字段的精确长度已知，并且长度大于或等于 128 字节时，采用长格式。长格式将长度字段的第一个字节最高位置 1，其余 7 位表示后面有多少字节用来表示值字段的长度。其中后 7 位全 1 的值保留不使用，这是为了将来可能的扩展。在这种情况下，长度字段可能的最大长度是 127 字节，其中 126 字节用来表示值字段的长度，这显然足够了。和短格式一样，长格式的编码值也是无符号二进制整数，以第 1 个后继八位位组的第 8 位为最高有效位。例如：L=201 的编码是（1000000111001001）$_2$。

BER 没有规定长度字段的编码必须使用最短所需的八位位组数。因此当值字段小于 128 时，也可以使用长格式。

当值字段的长度在编码时无法确定，则采用不确定格式。不确定格式使用以内容结束八位位组来标记编码的结束。不确定格式的长度字段是一个八位位组，第 8 位置 1，第 7 至 1 位为 0，即（10000000）$_2$。当八位位组内容结束时，用两个连续的零八位位组标识。

4.3.4 值字段

值字段由零个或多个八位位组组成,并按不同类型数据值的不同规定对它们进行编码。我们通过一系列的例子来分别介绍 ASN.1 的各种数据类型的编码方式,其中的数字用十六进制数表示。

1. 布尔值的编码

布尔值的编码应是简单类型的。值八位位组由 1 个八位位组组成。若布尔值是 FALSE,则八位位组是 00。若布尔值是 TRUE,八位位组是 FF。例如,布尔值 TRUE 的编码是 01 01 FF;布尔值 FALSE 的编码是 01 01 00。其中第一个字节表示布尔类型的标签(UNIVERSAL 1)号,第二个字节指明值字段的长度为 1 个字节。

2. 整数值的编码

整数值的编码应是简单类型的。值八位位组由一个或多个八位位组组成。整数值采用二进制补码形式编码。补码从高位到低位排列在值的第一字节的第 8 位到第 1 位,第二字节的第 8 位到第 1 位,以下按顺序类推。编码取需要的最少字节数,因此不可能出现第一字节的所有位和第二字节的第 8 位全 0 或全 1 的情况。

表 4-4 是一些整数值的 BER 编码。

表 4-4　　　　　　　　　　　整数类型编码实例

整数值	BER 编码	整数值	BER 编码
0	02 01 00	256	02 02 01 00
127	02 01 7F	-128	02 01 80
128	02 02 00 80	-129	02 02 FF 7F

其中编码的第一个字节表示整型类型的标签(UNIVERSAL 1)号。另外,枚举值的编码是与之相关的整数值编码。

3. 实数值的编码

实数值的编码应是简单类型的。如果实数值是零,在编码中就不需要使用值八位位组,相应的长度值为 0。如果实数值不为 0,则使用"B"作为编码的基。基可以由发送首选择。如果"B"是 2,8 或 16,则选择二进制编码;如果"B"是 10,则选择字符编码。编码中对基的区分如表 4-5 所示。

表 4-5　　　　　　　　　　　实数编码方式

第 1 个值八位位组	整数编码方式
位 8=1	二进制编码
位 8=0,且位 7=0	十进制编码
位 8=0,且位 7=1	特别实数值

采用二进制编码时，分为尾数编码和指数编码两部分。如图 4-5 所示。

| 1 | 编码信息 | 指数编码 | 尾数编码 |

图 4-5　实数值的二进制编码

尾数编码的部分信息和指数编码的长度由第一个值八位位组指定，后面接着是指数编码字段，剩余的值字段是尾数编码的其他部分。如果尾数不为 0，那么它由符号 S、非负整数值 B 和二进制比例因子 F 来表示，即 $M=S\times B\times 2^F$，$0\leq F<4$，$S=\pm 1$。如图 4-6 所示。

图 4-6　实数二进制编码

S 由第一个值八位位组的位 7 表示，S=-1 则位 7 等于 1，否则位 7 等于 0。位 6 和位 5 根据基数 B 进行编码（见表 4-6）。位 4 和位 3 是比例因子的无符号二进制表示。位 2 和位 1 对指数编码的形式作出规定（见表 4-7）。

表 4-6　　　　　　　　　　实数二进制编码基数 B 的编码

第 1 个内容八位位组	基　　数
位 6=0，且位 5=0	2
位 6=1，且位 5=1	8
位 6=1，且位 5=0	16
位 6=1，且位 5=1	为将来版本保留

表 4-7　　　　　　　　　　实数二进制编码指数的编码

第 1 个内容八位位组	基　　数
位 2=0，且位 1=0	使用第 2 个内容八位位组
位 2=0，且位 1=1	使用第 2、3 个内容八位位组
位 2=1，且位 1=0	使用第 2、3、4 个内容八位位组
位 2=1，且位 1=1	使用第 2 个内容八位位组表示用于指数编码的八位位组数

值字段的剩余部分将整数值 N 编码成无符号二进制。

当使用十进制编码（位 8 和位 7 等于 00）时，按 ISO 6093 的规定进行编码。其中第一个值八位位组的位 6 到位 1 规定使用 ISO 6093 的何种编码形式，如表 4-8 所示。

表 4-8　　　　　　　　　　　　　十进制编码方式

位 6 到位 1	数字表示
00 0001	ISO6093　NR1 形式
00 0010	ISO6093　NR2 形式
00 0011	ISO6093　NR3 形式

当对"特别实数值"进行编码（位 8 和位 7 等于 01）时，只需要一个值八位位组就可以了。特别实数值指的是正无穷（PLUS-INFINITY）和负无穷（MINUS-INFINITY），它们的编码如表 4-9 所示。

表 4-9　　　　　　　　　　　　　特别实数值

第 1 个内容八位位组	特别实数值
0100 0000	PLUS－INFINITY
0100 0001	MINUS－INFINITY

4. 空值的编码

空值的编码是简单编码。它不需要使用值八位位组，相应的长度值为 0。空值的标签是 UNIVERSAL 5。所以编码为 05 00。

5. 位串值的编码

位串值的编码可以是简单类型，也可以是构造类型。当整个位串成为有效值之前必须开始传送时，需要使用构造编码，否则使用何种编码由发送者选择。

简单编码的值八位位组包含一个初始八位位组，后面跟 0 个、1 个或多个后继八位位组。位串的第一位置于第一个后继八位位组的第 8 位，以下顺序类推。初始八位位组是以第一位为最低有效的无符号二进制整数，初始八位位组的编码是最后后继八位位组中未使用的位数，该数在 0 和 7 之间。若位串为空，则没有后继八位位组，且初始八位位组为 0。

构造编码的值八位位组由 0 个、1 个或多个数据值的完整编码组成。每个这样的编码都包括标识、长度和值字段。每个数据值的编码通常采用简单编码。使用构造编码时，值八位位组编码中的各个数据值之间的界限是不重要的。

例如位串值（0A3B5F291CD）$_{16}$ 的编码可以采用以下任何一种形式。如表 4-10 所示。

表 4-10　　　　　　　　　　　　位串值的编码

BER 编码	说　明
03 07 040A3B5F291CD0	简单编码
23 80 03 03 000A3B 　　　03 05 045F291CD0 00 00	构造编码，将位串值拆为(0A3B)$_{16}$ 和(5F291CD)$_{16}$ 两部分

6. 对象标识符值的编码

对象标识符的编码是简单类型的。值八位位组是互相联结的子标识符编码的（有序）表。每个子标识符表示为一系列（一个或多个）八位位组。每个八位位组的第 8 位指示它是否为该系列中的最后一个，最后八位位组的第 8 位为 0，其他八位位组的第 8 位为 1；第 1 至 7 位组合起来作子标识符的编码，以 128 为基数。子标识符是无符号的二进制数，子标识符按可能最少的八位位组编码。

第一个编码子标识符的数值从被编码的对象标识符值中的前两个子标识符值得出。使用公式：（X×40）＋Y。其中 X 和 Y 分别是前两个子标识符的值。因此，编码子标识符数比实际对象全部子标识符数少 1。例如：对象标识符{joint-iso-ccitt 100 2}，即{2 100 3}，计算 2×40＋100 得到 180，因此标识符按{180 3}编码，如表 4-11 所示。

表 4-11   对象标识符的编码

对象标识符	BER 码
{2 100 3}	06 03 813403H

7. 字节串和字符串类型值的编码

由于字节串和字符串总是占用整数个字节，所以不必说明未占用的位数。例如 IA5String 类型字符串"ACE"可编码为 16 03 41 43 45H，字节串 ACE0 可编码为 04 02 AC E0H。

8. 序列值的编码

序列值的编码是构造编码。值八位位组由序列类型 ASN.1 定义中列出的每个类型的一个数据值的完整编码组成，除非该类型带有关键字"OPTIONAL"或"DEFAULT"，否则这些编码按定义中的次序出现。带有关键字"OPTIONAL"或"DEFAULT"的类型，其数据值的编码可以不出现。例如：序列类型{name IA5String ok BOOLEAN}，值{ name "smith"，ok TURE}，可以编码为：30 0A 16 05 73 6D 69 74 68 01 01 FF。

按照序列的结构可展开如下：

```
Seq   Len   Val
30    0A    IA5   Len   Val
            16    05    73  6D  69  74  68
            Bool  Len   Val
            01    01    FF
```

9. 集合值的编码

由于集合类型的元素是无序的，故有多种编码。例如：SET{breadth INTEGER，bent BOOLEAN}的值{ breadth 7，bent FALSE}的编码为：31 06 02 01 07 01 01 00；也可以是 31 06 01 01 00 02 01 07。

10. 标签类型的编码

标签类型可以是隐含的或明示的，分别用关键字 IMPLICIT 和 EXPLICIT（可省略）表示。隐含标签的语义是用新标签替换老标签，所以编码时只编码新标签。明示标签的语义是在一个基类型上加上新标签，从而导出一个新类型，编码时新老标签都要编码。

【例 4.35】 定义一个口令类型，并赋予应用标签 27。

Password::=[APPLICATION 27]OCTET STRING

对这个类型的一个值"Sesame"编码。

```
     T         L         V
    7B        08         T         L         V
                        04        06        53 65 73 61 6D 65
```

例 4.35 中，应用标签和字节串标签都编码了，所以它是构造类型。为了减少编码中的冗余信息，可使用隐含标签重新定义如下：

Password::=[APPLICATION 27] IMPLICIT OCTET STRING

则相应的编码为 5B 06 53 65 73 61 6D 65。

习 题

1. 表示层的功能是什么？抽象语法和传输语法各有什么作用？
2. 用 ASN.1 表示协议数据单元以太网 V2 的帧，其帧格式如图 4-7 所示。

目的地址	源地址	类型	数据	帧校验
6 字节	6 字节	2 字节	46~1500 字节	4 字节

图 4-7 以太网 V2 帧格式

3. 用基本编码规则对长度字段 L 编码：L=18，L=180，L=1044。
4. 用基本编码规则对数据编码：标签值＝1011001010，长度＝255。
5. 写出一个 ASN.1 模块，该模块以 ENUMERATED 数据类型定义了 DaysOfWeek，它的值从 0 到 6。
6. 用 ASN.1 语法描述一个列表和一个顺序列表。
（1）识别两者之间的不同；
（2）举例说明列表结构和重复结构的区别。
7. 下面是某人家庭地址的正规记录结构：

姓名：王华军

性别：男

年龄：25

住址：中山路 129 号

城市：武汉

国家：中国

邮政编码：430077

请用 ASN.1 写出此记录结构的描述，并写出此人家庭的记录值。

8. 某个人的记录结构和值如下所示：

Name   John P Smith

Title   Director

Employee Number   51

Date of Hire	1997.7.3
Number of Children	2
Child Information	
Name	Ralph T Smith
Date of Birth	2000.10.10
Child Information	
Name	Susan B Smith
Date of Birth	2003.6.1

请用 ASN.1 写出此记录结构的描述，并写出此人的记录值。

9. 根据下列类型 TouchToneButton 的定义，问实例 str3 是否有错？
   TouchToneButtons::=IA5String("0" | "1" | "2" | "3" | "4" | "5" | "6" | "7" | "8" | "9" | "*" | "#")

   str3 TouchToneButtons::= "46732"

10. 应用类型有哪几种？各有什么特点？可用于描述什么网络元素？

11. 子类型分为哪几种？请分别举例说明。

12. PPP 帧的格式如图 4-8 所示，请用 ASN.1 描述该帧结构。

标志字段 7EH	地址字段 FFH	控制字段 03H	协议 字段	信息部分	帧检查序列	标志字段 7EH
1 字节	1 字节	1 字节	2 字节	不超过 1500 字节	2 字节	1 字节

图 4-8 PPP 帧的格式

13. ASN.1 定义一实例如下所示，则对该实例简单编码的 BER 码为多少？
    peter   BIT   STRING::=0110B

14. 对象标识符 2.100.2 的 BER 码为多少？

第5章 Internet 管理信息结构

随着网络管理的重要性越来越得到人们的重视，各种网络几乎都制定了适用于自身网络特点的管理方案，以适应网络的发展需要。Internet 组织经过多年研究，制定了基于 TCP/IP 的 Internet 网络管理方案 SNMP（Simple Network Management Protocol），使其成为了管理互联网的标准。

本章首先概述 TCP/IP 网络的管理框架，然后介绍 SNMP 的管理信息结构及管理对象的表示方法。

5.1 Internet 的网络管理框架

在 Internet 中，对网络、设备和主机的管理叫做网络管理。显然，这里的术语与 OSI 是不同的。早期的 Internet 中没有专门的网络管理协议，唯一可用于网络管理的协议是 ICMP。应用 ICMP 的回声（请求/响应）和时间戳（请求/响应）报文，再加上 IP 头的某些任选项（例如源路由和路由记录等），就可以开发简单的网络管理工具。其中最著名的就是 PING（Packet InterNet Groper）程序。这个程序可用于检查两个主机之间是否存在 IP 连接。

当 20 世纪 80 年代后期 Internet 的规模迅速扩大时，仅靠 PING 这样的简单管理工具已不能满足网络管理的需要。1987 年发布的简单网关监控协议 SGMP（Simple Gateway Monitoring Protocol）是开发专门的网络管理协议的初步尝试，但是 SGMP 很快被一个更实用的协议 SNMP 所取代。1988 年 IAB（Internet Architecture Board）研究了网络管理协议进展的情况，确定了两个研究方向。一个是短期的目标进一步开发 SNMP；另一个是长期的目标研究 CMIP 在 TCP/IP 上的实现问题，即开发 CMOT（CMIP Over TCP/IP）。为了使这两个阶段更好地衔接，IAB 要求 SNMP 和 CMOT 使用同样的管理信息库。这样只要定义一种管理信息结构和一种管理信息库标准就可以满足当前的协议 SNMP 和将来的协议 CMOT 的共同需要。然而这种想法是不实际的。OSI 的管理对象很复杂，要保持 SNMP 简单，就无法处理那么复杂的对象。后面我们会看到，SNMP 的管理对象只是具有某些属性的变量而已，与 OSI 的管理对象是完全不同的。

IAB 放弃了要求 SNMP 与 CMOT 管理信息库兼容的要求，使 SNMP 得到了迅速发展。很多制造商都支持 SNMP，SNMP 在 Internet 中十分兴旺发达，成为一般用户首选的网络管理标准。甚至 SNMP 还用在 OSI 设备上，以及其他非 TCP/IP 网络中。与此同时，人们也以不同的方式对 SNMP 协议进行增强和改进。

也许最重要的改进是增加了 SNMP 的远程监控能力。RMON 规范对 SNMP 管理信息库的增强使得管理站不仅能监视单独的网络设备，而且还可以监视整个子网的活动。RMON 作为 SNMP 的必要扩充很快得到了制造商和用户的广泛支持。我们将在第 10 章专门研究 RMON 标准。

5.1.1 SNMP 的管理框架

图 5-1 描述了 SNMP 的配置框架。SNMP 由两部分组成：一部分是管理信息库结构的定义，另一部分是访问管理信息库的协议规范。下面简要介绍这两部分的内容。

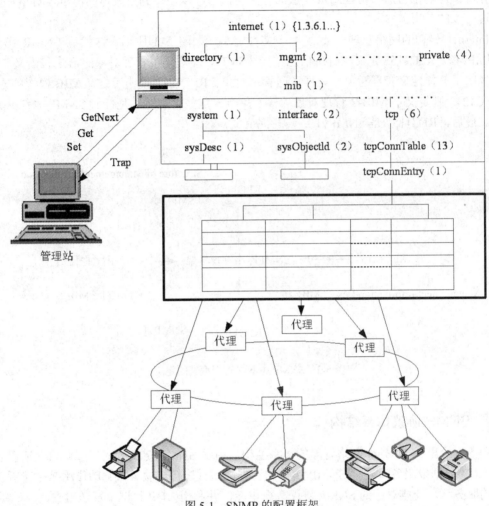

图 5-1 SNMP 的配置框架

图 5-1 的第一部分是 MIB 树。各个代理中的管理数据由树叶上的对象组成，树的中间节点的作用是对管理对象进行分类。例如，与某一协议实体有关的全部信息位于指定的子树上。树结构为每个叶结点指定唯一的路径标识符，这个标识符是从树根开始把各个数字串联起来形成的。

图 5-1 的另一部分是 SNMP 协议支持的服务原语，这些原语用于管理站和代理之间的通信，以便查询和改变管理信息库中的内容。Get 检索数据，Set 改变数据，而 GetNext 提供扫描 MIB 树和连续检索数据的方法。Trap 则提供从代理进程到管理站的异步报告机制。

为了使管理站能够及时而有效地对管理设备进行监控，同时又不过分增加网络的通信负载，必须使用陷入（trap）的轮询过程。这个过程的操作是：管理站启动时、或每隔一定时间（例如一天）用 Get 操作轮询一遍所有代理，以便得到某些关键的信息（例如接口特性），或基本的性能统计参数（例如在一段时间内通过接口发送和接收的分组数等）。一旦得到了这些基本数据，管理站就停止轮询，而由代理进程负责在必要时间向管理站报告异常事件，例如代理进程重启动、链路失效、负载超过门限等。这些情况都是由陷入操作传送给管理站的。得到异常事件的报告后，管理站可以查询有关的代理，以便得到更具体的信息，对事件的原因做进一步的分析。

Internet 最初的网络管理框架由 4 个文件定义，如图 5-2 所示，这就是 SNMP 第一版（SNMPv1）。RFC1155 定义了管理信息结构（SMI），即规定了管理对象的语法和语义。SMI 主要说明了怎样定义管理对象和怎样访问管理对象。RFC1212 说明了定义 MIB 模块的方法，而 RFC1213 则定义了 MIB-2 管理对象的核心集合。这些管理对象是任何 SNMP 系统必须实现的。最后，RFC1157 是 SNMPv1 协议的规范文件。

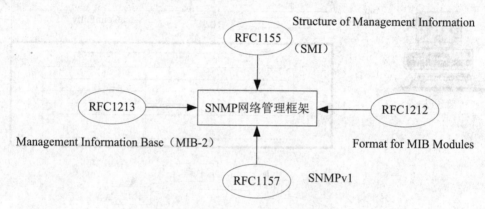

图 5-2　SNMPv1 网络管理框架的定义

5.1.2　SNMP 协议体系结构

图 5-3 给出了 Internet 网络管理的体系结构。由于 SNMP 定义为应用层协议，所以它依赖于 UDP 数据报服务。同时 SNMP 实体向管理应用程序提供服务，它的作用是把管理应用程序的服务调用变成对应的 SNMP 协议数据单元，并利用 UDP 数据报发送出去。

之所以选择 UDP 协议而不是 TCP 协议，这是因为 UDP 效率较高，这样实现网络管理不会太多地增加网络负载。但由于 UDP 不是很可靠，所以 SNMP 报文容易丢失。为此，对 SNMP 实现的建议是对每个管理信息要装配单独的数据包独立发送，而且报文应短些，不超过 484 个字节。

每个代理进程管理若干管理对象，并且与某些管理站建立团体（community）关系，如图 5-4 所示。团体名作为团体的全局标识符，是一种简单的身份认证手段。一般来说代理进程不接受没有通过团体名验证的报文，这样可以防止假冒的管理命令，同时在团体内部也可以实行专用的管理策略。

SNMP 要求所有的代理设备和管理站都必须实现 TCP/IP 协议。对于不支持 TCP/IP 的设备（例如某些网桥、调制解调器、个人计算机和可编程控制器等）不能直接用 SNMP 进行管

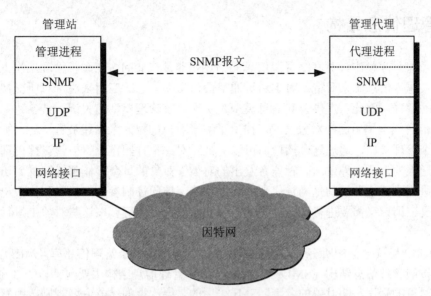

图 5-3　简单网络管理协议的体系结构

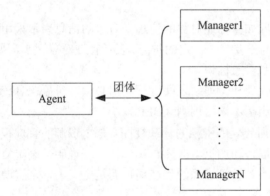

图 5-4　SNMPv1 的团体关系

理。为此，提出了委托代理的概念，如图 5-5 所示。一个委托代理设备可以管理若干台非 TCP/IP 设备，并代表这些设备接收管理站的查询。实际上委托代理起到了协议转换的作用。委托代理和管理站之间按 SNMP 协议通信，而与被管理设备之间则按专用的协议通信。

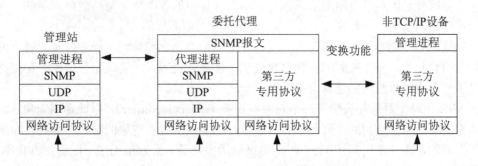

图 5-5　委托代理

5.2 管理信息结构

在系统管理模型中，对网络资源信息的描述是非常重要的。在系统管理层次上，物理资源本身只被作为信息源来对待。对于通过通信接口交换信息的应用来说，对所交换的信息必须有相同的解释。因此，提供公共信息模型是实现系统管理模型的关键。

公共信息模型采用面向对象技术，提出了被管对象的概念来描述被管资源。被管对象对外提供一个管理接口，通过这个接口，可以对被管对象执行操作或将被管对象内部发生的随机事件用通报的形式向外发出。管理者发出的对被管对象的每个操作都能够受到访问控制。通过代理进程进行这种控制是网管代理的一个功能。访问控制参数的读取和修改也作为被管对象来定义，即定义需要进行访问控制的对象和操作，以及可以在这些对象上进行这些操作的管理者。

经 SNMP 协议传输的所有管理信息都被收集到一个或多个管理信息库（MIB）中，被管对象类型按照管理信息结构（SMI）和标识定义。 管理信息结构主要包括以下 3 个方面：

（1）对象的标识，即对象的名字。SMI 采用的是层次型的对象命名规则，所有对象构成一棵命名树，连接树根节点至对象所在节点路径上所有节点标识便构成了该对象的对象标识符。

（2）对象的语法，即如何描述对象的信息。对象的信息表示采用的是抽象语法表示的子集，同时也针对 SNMP 的需要作了一定的扩充。表示管理对象至少需要包括 4 个方面的属性：类型、存取方式、状态和对象标识。

（3）对象的编码。代理和管理站之间进行通信必须对对象信息统一编码，为此，SMI 规定了对象信息的编码采用基本编码规则（BER）。

被管对象被定义为所代表的资源的管理视图。一个资源的管理视图不是对资源的简单观察结果，而要对它进行取舍和加工，即要对其进行管理说明，确定资源的哪些方面由管理者监控。因此，被管对象不是被管资源的代名词，而是定义了一个资源的一般操作之外的管理能力。

5.2.1 对象的标识

SMI 明确要求所有被管理的信息和数据都要由管理树来标识，如图 5-6 所示。这棵管理树来源于 OSI 的定义，它具有从根开始的严格分层化结构。管理树的分支和叶子是用数字和名字两种方式显示的。数字化编码是机器可读的，名字显示则更适合于人读。在管理树中通向一个节点或叶子的路径是用对象标识符表示的。树中的各个分支是用数值表示的，因此对象标识符就构成了一个整数序列，中间是以"."号间隔而成的。

管理树的根节点是一个虚拟节点，没有实际对应的名字和编码。处于叶子位置上的对象是实际的被管对象，每个实际的被管对象表示某些被管资源、活动或相关信息。树型结构本身定义了一个将对象组织到逻辑上相关的集合之中的方法。

在 MIB 中每个对象都被赋予一个对象标识符（object identifier），以此命名对象。由于对象标识符的值是层次结构的，因此命名方法本身也能用于确认对象的结构。如图 5-6 所示，从根节点开始，第一级有 3 个节点：国际电报电话咨询委员会 ccitt 分支、国际标准化组织 iso 分支和 joint-iso-ccitt 分支。通常使用的管理信息都是在 iso(1)子树下面定义，其中包括 ISO

为其他组织定义的子树 org(3)。在 org(3)节点下的一个子树是美国国防部使用的 dod(6)，而在该节点下的子节点 internet(1)定义了所有 Internet 所使用的协议，包含了与因特网有关的所有的管理对象，该子树由 IAB 统一管理，其完整的对象标识符为 1.3.6.1。在 Internet 节点下定义了以下 4 个子树：

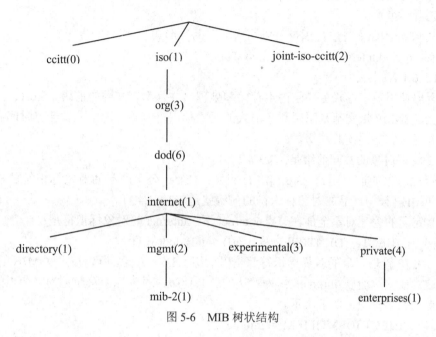

图 5-6　MIB 树状结构

（1）directory(1)子树：保留给 OSI 目录服务（X.500）的，以备将来之用。

（2）mgmt(2)子树：用于那些在 IAB 所批准认可的文档中定义的对象，包括管理信息库的定义，目前该子树包含的对象使用最为广泛。

（3）experimental(3)子树：标识在 Internet 实验中使用的对象，处于试验阶段的协议和设备的管理信息通常先放在该子树下面，等待成熟之后再成为标准。

（4）private(4)子树：标识私人企业定义的对象。目前该子树只包含一个子节点 enterprises，每个向 ISO 申请的企业在 enterprises 节点下面可以得到分配的一棵子树，然后企业就可以在该子树下创建它产品的特定信息，表 5-1 给出了部分企业对应的子树。

表 5-1　　　　　　　　　　　　企业及其对应的子树号

子树号	企业	子树号	企业
0	保留	36	DEC
2	IBM	42	Sun Microsystems
9	Cisco	43	3Com
11	HP	311	Microsoft

采用树状结构的组织方式有如下优点：

（1）易于管理。层次型的管理对象便于对对象进行管理，可以将不同的子树授予不同的管理实体，从命名树节点的标识就能判断出所隶属的单位。管理代理可以根据自身的需要进行取舍，舍弃对自身管理无用的子树，以及自定义自己的管理子树。

（2）易于扩充。树状结构的组织方式可以很容易地加入新的网络管理对象，具有良好的扩充性。新加入的对象只是对其所连接父节点子树的延伸，对其他节点不会产生影响。

下面讨论对象的命名方法。前面已经指出，对象标识符有两种标识方法：数字形式和名字形式。先看一个示例。

MIB 对象 sysName 对象标识符可以写成如下两种形式：

  iso.org.dod.internet.mib-2.system.sysName

  1.3.6.1.2.1.1.5

可以看出使用数字形式更易于内部存储和处理，并且都有共同的前缀 1.3.6.1。

实际上，SNMP 报文都是采用数字形式的对象标识符，并且为了节省计算时间和存储空间，内部处理时省略共同的前缀。

 mib-2 管理对象的共同前缀是：1.3.6.1.2.1。

企业管理对象的前缀是：1.3.6.1.4.1。例如：Cisco 公司产品的对象标识符的前缀就是 1.3.6.1.4.1.9；HP 公司产品的对象标识符的前缀就是 1.3.6.1.4.11。

SNMP 定义的管理对象全部在节点 internet 下，internet 的对象标识符是：

internet   OBJECT IDENTIFIER::={iso(l) org(3) dod(6) 1}

因此 SNMP 管理对象的对象标识符都是以前缀 1.3.6.1 开始，所以在定义 MIB 的 RFC 中都略去了这一前缀，而以 internet 作为默认的公共前缀，对象标识符简记为父节点的名字标识和本节点的数字标识，如下所示。

mgmt OBJECT IDENTIFIER::={internet 2}
mib-2 OBJECT IDENTIFIER::={mgmt 1}
system OBJECT IDENTIFIER::={mib-2 1}
sysName OBJECT IDENTIFIER::={system 5}

5.2.2 管理信息结构的定义

MIB 包含各种类型的管理对象，需要在定义一个 MIB 对象时表示相当多的信息，如：该 MIB 对象的对象标识和文本标记是什么？此对象的数据类型是什么？对象的取值范围是否有限制？允许对此对象的操作有哪些？是否提供一些描述信息来帮助用户来了解这个 MIB 对象？

显然，这些信息对于定义任何 MIB 对象都是需要的，既然这样，有没有可能设计一种模板将定义 MIB 对象的形式固定下来，使得 MIB 对象的定义遵循标准的格式呢？ASN.1 宏提供了创建这样"模板"的可能，这也是引入 ASN.1 宏的缘由。ASN.1 宏机制使得 ASN.1 语言具有良好的扩充性。

1. 模块定义

ASN.1 的基本单位是模块，用于定义一个抽象数据类型。ASN.1 模块实际上是由一组类型定义和值定义组成。类型定义就是说明类型的名称和类型的格式，值定义是规定将什么样的具体值赋给某一类型。模块定义的基本形式为：

<moduleIdentifier> DEFINITIONS ::=
      BEGIN
      EXPORTS

IMPORTS
　　　　AssignmentList
END

其中的 moduleIdentifier 是模块名，模块名的第一个字母必须大写。EXPORTS 结构用于定义其他模块可以移植的类型或值。而 IMPORTS 结构规定了模块中某些定义是从其他模块中移植过来的。

AssignmentList 部分包含模块定义的所有类型、值和宏定义。下面是一个模块定义的例子：

【例 5.1】　　RFC1155-SMI DEFINITIONS::=BEGIN
　　　　EXPORTS　　　--EVERYTHING
　　　　　　internet，directory，mgmt，experimental，
　　　　　　private，enterprises，OBJECT-TYPE，
　　　　　　ObjectName，ObjectSyntax，SimpleSyntax，
　　　　　　ApplicationSyntax，NetworkAddress，IpAddress，
　　　　　　Counter，Gauge，TimeTicks，Opaque；
　　　　　--the path to the root
　　　internet　　　　OBJECT IDENTIFIER::={iso(1) org(3) dod(6) 1}
　　　directory　　　OBJECT IDENTIFIER::={internet 1}
　　　mgmt　　　　　OBJECT IDENTIFIER::={internet 2}
　　　experimental　OBJECT IDENTIFIER::= {internet 3}
　　　private　　　　OBJECT IDENTIFIER::= {internet 4}
　　　enterprises　　OBJECT IDENTIFIER::= { private 1}
　ObjectName ::= OBJECT IDENTIFIER
　ObjectSyntax ::=CHOICE {
　　　　　simple　　SimpleSyntax,
　　　　　application-wide　ApplicationSyntax}
　SimpleSyntax ::= CHOICE {
　　　　　number　INTEGER,
　　　　　string　　OCTET STRING,
　　　　　object　　OBJECT IDENTIFIER,
　　　　　empty　　NULL}
　ApplicationSyntax ::=CHOICE {
　　　　　address　NetworkAddress,
　　　　　counter　Counter,
　　　　　gauge　　Gauge,
　　　　　ticks　　　TimeTicks,
　　　　　arbitrary　Opaque }
　NetworkAddress ::=CHOICE {
　　　　　internet　　IpAddress}
　IpAddress ::= [APPLICATION 0]IMPLICIT OCTET STRING (SIZE (4))

```
Counter ::=[APPLICATION 1]IMPLICIT INTEGER (0..4294967295)
Gauge ::=[APPLICATION 2]IMPLICIT INTEGER (0..4294967295)
TimeTicks ::=[APPLICATION 3]IMPLICIT INTEGER (0..4294967295)
Opaque ::=[APPLICATION 4]IMPLICIT OCTET STRING
END

RFC1213-MIB DEFINITIONS::=BEGIN
    IMPORTS
        mgmt，NetworkAddress，IpAddress，Counter，
        Gauge，TimeTicks
        FROM RFC1155-SMI
        OBJECT-TYPE
        FROM RFC-1212;
    mib-2    OBJECT IDENTIFIER::= {mgmt 1}
    ......
    END
```

在例 5.1 中，定义了两个模块 RFC1155-SMI 和 RFC1213-MIB，前者定义了 SNMPv1 的管理信息结构，主要是分配对象标识符和定义各种数据类型。后者在前者的基础上定义具体的管理信息对象集合 MIB-II。两个模块的定义部分都在关键字 DEFINITIONS 后的 BEGIN 和 END 之间。模块 RFC1155-SMI 的开头用 EXPORTS 将本模块中定义的全部数据类型说明为外部类型，从而可以被其他定义 MIB 对象的模块使用；模块 RFC1213-MIB 的开头用 IMPORTS 说明本模块中使用了在 RFC1155-SMI 中定义的对象标识符 mgmt 和数据类型 NetworkAddress，IpAddress，Counter，Gauge，TimeTicks 以及模块 RFC-1212 中定义的宏 OBJECT-TYPE。RFC1155-SMI 和 RFC1213-MIB 的其他部分分别是定义具体数据类型或管理对象的细节，这里不再赘述。

2. 宏表示

ASN.1 宏提供了创建"模板"用来定义宏的方法，MIB 对象就是采用宏定义模板来定义。这一小节介绍定义宏的方法，为此我们需要区分 3 个不同的概念：
- 宏表示：ASN.1 提供的一种表示机制，用于定义宏；
- 宏定义：用宏表示定义的一个宏，代表一个宏实例的集合；
- 宏实例：用具体的值代替宏定义中的变量而产生的实例，代表一种具体的类型。

宏定义的模板形式如下：
```
    <macroname>    MACRO::=
        BEGIN
        TYPE    NOTATION ::=<user defined type notation>
        VALUE    NOTATION ::=<user defined value notation>
          <supporting syntax>
        END
```

其中 macroname 是宏的名字，必须全部大写。宏定义由类型表示（TYPE NOTATION）、值表示（VALUE NOTATION）和支持产生式（supporting syntax）3 部分组成，而最后部分

是任选的，是关于宏定义体中类型的详细语法说明。这 3 部分都由 Backus-Naur 范式说明。当用一个具体的值代替宏定义中的变量或参数时就产生了宏实例，它表示一个实际的 ASN.1 类型（叫做返回的类型），并且规定了该类型可取的值的集合（叫做返回的值）。可见宏定义可以看做是类型的类型，或者说是超类型。另一方面也可以把宏定义看做是类型的模板，用这种模板制造出形式相似、语义相关的许多数据类型。这就是宏定义的主要用处。

下面是取自 RFC1212 的关于对象类型的宏 OBJECT-TYPE 的定义，其中包含多个支持产生式。

```
OBJECT -TYPE MACRO::=
    BEGIN
        TYPE NOTATION ::= "Syntax" type(TYPE ObjectSyntax)
                          "ACCESS" Access
                          "STATUS" Status
                              DescrPart
                              ReferPart
                              IndexPart
                              DefValPart
        VALUE NOTATION ::= value (VALUE ObjectName)
        Access::= "read-only" | "read-write" | "write-only" | "not-accessible"
        Status::= "mandatory" | "optional" | " obsolete"
        DescrPart ::= " DESCRIPTION" value (description DisplayString)| empty
        ReferPart ::= " REFERENCE" value (reference DisplayString)| empty
        IndexPart ::= " INDEX" " {" IndexTypes " }" | empty
        IndexTypes ::=IndexType | IndexTypes "," IndexType
        IndexType ::=value (indexobject   ObjectName) | type (indextype)
        DefValPart ::= "DEFVAL" " {" value (defvalue ObjectSyntax) "}" | empty
        DisplayString::=OCTET STRING SIZE(0..255)
    END
```

TYPE NOTATATION 包含 7 个子句，其中前 3 个是必选的，每个子句都描述对象的不同属性，具体解释如下：

- SYNTAX：表示对象类型的抽象语法，在宏实例中关键字 type 应由 ObjectSyntax 代替，即上面提到的通用类型和应用类型。我们有：

  ObjectSyntax ::=CHOICE { simple   SimpleSyntax,
                          application-wide   ApplicationSyntax}

  SimpleSyntax 是指 5 种通用类型，而 ApplicationSyntax 是指 6 种应用类型。

- ACCESS：定义 SNMP 协议访问对象的方式。可选择的访问方式有只读（read-only）、读写（read-write）、只写（write-only）和不可访问（not-accessible）4 种，这是通过访问子句定义的。任何实现必须支持宏定义实例中定义的访问方式，还可以增加其他访问方式，但不能减少。

- STATUS：说明实现是否支持这种对象。状态子句中定义了必要的（mandatory）和任选的（optional）两种支持程度。过时的（obsolete）是指老标准支持而新标准不支持的类型。如果一个对象被说明为可取消的（deprecated），则表示当前必须支持这种对象，但在将来的标准中可能被取消。
- DescrPart：这个子句是任选的，用文字说明对象类型的含义。
- ReferPart：这个子句也是任选的，用文字说明可参考在其他 MIB 模块中定义的对象。
- IndexPart：用于定义表对象的索引项。
- DefValPart：定义了对象实例默认值，这个子句是任选的。

VALUE NOTATION：指明对象的访问名，即对象标识符。

最后一部分是值的产生式规则，该部分也是任选的。

3. 宏实例的定义

当用一个具体的值代替宏定义中的变量（或参数）时就产生了宏实例，它表示一个实际的 ASN.1 类型（叫做返回的类型），并且规定了该类型可取的值的集合（叫做返回的值）。宏实例（即 ASN.1 类型）的定义首先是对象名，然后是宏定义的名字，最后是宏定义规定的宏体部分。下面给出对象定义的例子。

【例 5.2】　　tcpMaxConn OBJECT-TYPE
　　　　　　　SYNTAX　　INTEGER
　　　　　　　ACCESS　　read-only
　　　　　　　STATUS　　mandatory
　　　　　　　DESCRIPTION
　　　　　　　"The limit on the total number of TCP connection the entity can support"
　　　　　　　::={tcp 4}

【例 5.3】　　对 Internet 控制报文协议流入的信息计数。
　　　　　　　icmpInMsgs OBJECT-TYPE
　　　　　　　　SYNTAX　　Counter
　　　　　　　　ACCESS　　read-only
　　　　　　　　STATUS　　mandatory
　　　　　　　　DESCRIPTION
　　　　　　　　　　"The total number of ICMP messages which the
　　　　　　　　　　entity received.　Note that this counter includes
　　　　　　　　　　all those counted by icmpInErrors."
　　　　　　　　::={icmp 1}

5.3 标量对象和表对象

SMI 只存储标量和二维数组，后者叫做表对象（Table）。表的定义要用到 ASN.1 的序列类型和对象类型宏定义中的索引部分。下面通过例子说明定义表的方法。

【例 5.4】　　tcpConnTable OBJECT-TYPE
　　　　　　　SYNTAX　SEQUENCE OF TcpConnEntry
　　　　　　　ACCESS　not-accessible
　　　　　　　STATUS　mandatory
　　　　　　　DESCRIPTION

"A table containing TCP connection-specific information"
::={tcp 13}

tcpConnEntry   OBJECT-TYPE
    SYNTAX   TcpConnEntry
    ACCESS   not-accessible
    STATUS   mandatory
    DESCRIPTION
        "Information about a particular TCP connection. An object of this type is transient, in that it ceases to exist (or soon after) the connection makes the transition to the CLOSED state."
    INDEX   {tcpConnLocalAddress,
             tcpConnLocalPort,
             tcpConnRemAddress,
             tcpConnRemPort}
    ::={tcpConnTable 1}

TcpConnEntry::=SEQUENCE {
    tcpConnState INTEGER,
    tcpConnLocalAddress IPAddress,
    tcpConnLocalPort INTEGER(0..65535),
    tcpConnRemAddress IPAddress,
    tcpConnRemPort   INTEGER(0..65535)}

tcpConnState OBJECT-TYPE
    SYNTAX INTEGER{closed(1),listen(2), SynSent(3),
    synReceived(4),established(5), finWaitl(6),
    finWait2(7),closeWait(8),lastAck(9),closing(10),
    timeWait(11),deleteTCB(12) }
    ACCESS   read-write
    STATUS   mandatory
    DESCRIPTION
        "The state of this TCP connection."
    ::={ tcpConnEntry 1}

tcpConnLocalAddress OBJECT-TYPE
    SYNTAX IpAddress
    ACCESS   read-only
    STATUS   mandatory
    DESCRIPTION

"The local IP address for this TCP connection."
::={ tcpConnEntry 2}

tcpConnLocalPort OBJECT-TYPE
　　SYNTAX　INTEGER(0..65535)
　　ACCESS　read-only
　　STATUS　mandatory
　　DESCRIPTION
　　　　"The local port number for this TCP connection."
::={ tcpConnEntry 3}

tcpConnRemAddress OBJECT-TYPE
　　SYNTAX　IpAddress
　　ACCESS　read-only
　　STATUS　mandatory
　　DESCRIPTION
　　　　"The remote Ipaddress for this TCP connection."
::={tcpConnEntry 4}

tcpConnRemPort OBJECT-TYPE
　　SYNTAX　INTEGER(0..65535)
　　ACCESS　read-only
　　STATUS　mandatory
　　DESCRIPTION
　　　　"The remote port number for this TCP connection."
::={ tcpConnEntry 5}

例5.4取自RFC1213规范的TCP连接表的定义。可以看出，这个定义有下列特点：

（1）整个TCP连接表（tcpConnTable）是TCP连接项（tcpConnEntry）组成的同类型序列（SEQUENCE OF），而每个TCP连接项是TCP连接表的一行。可以看出，表由0个或多个行组成。

（2）TCP连接项是由5个不同类型的标量元素组成的序列。这5个标量的类型分别是INTEGER，IpAddress，INTEGER(0..65535)，IpAddress和INTEGER(0..65535)。

（3）TCP连接表的索引由4个元素组成，即本地地址、本地端口、远程地址和远程端口。这4个元素的组合可以唯一地区分表中的一行。考虑到任意一对主机的任意一对端口之间只能建立一个连接，用这样4个元素作为连接表的索引是必要的，而且是充分的。

图5-7给出了TCP连接表的例子，该表包含3行。整个表是对象类型TcpConnTable的实例，表的每一行是对象类型TcpConnEntry的实例，而且5个标量各有3个实例。在RFC1212中，这种对象叫做列对象，实际上是强调这种对象产生表中的一个实例。

第 5 章　Internet 管理信息结构

tcpConnState	tcpConnLocalAddress	tcpConnLocalPort	tcpConnRemAddress	tcpConnRemPort
（1.3.6.1.2.1.6.13.1.1）	（1.3.6.1.2.1.6.13.1.2）	（1.3.6.1.2.1.6.13.1.3）	（1.3.6.1.2.1.6.13.1.4）	（1.3.6.1.2.1.6.13.1.5）
5	10.0.0.99	12	9.1.2.3	15
2	10.0.0.99	13	12.1.2.5	18
3	10.0.0.99	14	89.1.1.42	20
	INDEX	INDEX	INDEX	INDEX

（表头上方为 tcpConnTable（1.3.6.1.2.1.6.13））

图 5-7　TCP 连接表的实例

5.3.1　对象实例的标识

前面提到，对象是由对象标识（OBJECT IDENTIFIER）表示的，然而一个对象可以有各种值的实例，那么如何表示对象的实例呢？换言之，SNMP 如何访问对象的值呢？

我们知道，表中的标量对象叫做列对象，列对象有唯一的对象标识符，这对每一行都是一样的。例如，在图 5-7 中，列对象 tcpConnState 有 3 个实例，而 3 个实例的列对象标识符都是 1.3.6.1.2.1.6.13.1.1。我们也知道，索引对象的值用于区分表中的行。这样，把列对象的对象标识符与索引对象的值组合起来就说明了列对象的一个实例。例如 MIB 接口组中的接口表 ifTable（参见图 6-4），其中只有一个索引对象 ifIndex，它的值是整数类型，并且每个接口都被赋予唯一接口编号。如果想知道第 2 个接口的类型，就可以把列对象 ifType 的对象标识符 1.3.6.1.2.1.2.2.1.3 与索引对象 ifIndex 的值 2 连接起来，组成 ifType 的实例标识符 1.3.6.1.2.1.2.2.1.3.2。

对于更复杂的情况，可以考虑图 5-7 的 TCP 连接表。这个表有 4 个索引对象，所以列对象的实例标识符就是由列对象的对象标识符按照表中的顺序级联上同一行的 4 个索引对象的值组成，如图 5-8 所示。

tcpConnState	tcpConnLocalAddress	tcpConnLocalPort	tcpConnRemAddress	tcpConnRemPort
（1.3.6.1.2.1.6.13.1.1）	（1.3.6.1.2.1.6.13.1.2）	（1.3.6.1.2.1.6.13.1.3）	（1.3.6.1.2.1.6.13.1.4）	（1.3.6.1.2.1.6.13.1.5）
X.1.10.0.0.99.12.9.1.2.3.15	X.2.10.0.0.99.12.9.1.2.3.15	X.3.10.0.0.99.12.9.1.2.3.15	X.4.10.0.0.99.12.9.1.2.3.15	X.5.10.0.0.99.12.9.1.2.3.15
X.1.10.0.0.99.13.12.1.2.5.18	X.2.10.0.0.99.13.12.1.2.5.18	X.3.10.0.0.99.13.12.1.2.5.18	X.4.10.0.0.99.13.12.1.2.5.18	X.5.10.0.0.99.13.12.1.2.5.18
X.1.10.0.0.99.14.89.1.1.42.20	X.2.10.0.0.99.14.89.1.1.42.20	X.3.10.0.0.99.14.89.1.1.42.20	X.4.10.0.0.99.14.89.1.1.42.20	X.5.10.0.0.99.14.89.1.1.42.20

X=1.3.6.1.2.1.6.13.1=tcpConnEntry 的对象标识符

图 5-8　实例标识符

总之，tcpConnTable 的所有实例标识符都是下面的形式：

x.i.(tcpConnLocalAddress).(tcpConnLocalPort).(tcpConnRemAddress).(tcpConnRemPort)

其中：x= tcpConnEntry 的对象标识符 1.3.6.1.2.1.6.13.1；

i=列对象的对象标识符的最后一个子标识符（指明列对象在表中的位置）。

一般的规律是这样的：假定对象标识符为 y，该对象所在的表有 N 个索引对象 $i_1, i_2, \cdots, i_N$，则它的某一行的实例标识符是：$y.(i_1).(i_2)\cdots(i_N)$。

还有一个问题没有解决，那就是对象实例的值如何转换成子标识符呢？RFC1212 提出了下面的转换规则：

如果索引对象实例取值为：

- 整数值，则把整数值作为一个子标识符；
- 固定长度的字符串值，则把每个字节（OCTET）编码为一个子标识符；
- 可变长的字符串值，先把串的实际长度 n 编码为第一个子标识符，然后把每个字节编码为一个子标识符，总共有 n+1 个子标识符；
- 对象标识符，如果长度为 n，则先把 n 编码为第一个子标识符，后续该对象标识符的各个子标识符，总共有 n+1 个子标识符；
- IP 地址，则变为 4 个子标识符。

5.3.2 概念表和概念行

表和行对象（例如 tcpConnTable 和 tcpConnEntry）是没有实例标识符的。因为它们不是叶子节点，SNMP 不能访问，其访问特性为"not-accessible"。这类对象叫做概念表和概念行。

5.3.3 标量对象

由于标量对象只能取一个值，所以从原则上说不必区分对象类型和对象实例。然而为了与列对象一致，SNMP 规定在标量对象标识符之后级联一个 0，表示该对象的实例标识符。例如：在管理信息库（MIB）包含的系统组（system）中的 sysName 对象标识符是 1.3.6.1.2.1.1.5，则该对象的实例标识符是 1.3.6.1.2.1.1.5.0。

5.3.4 词典顺序

对象标识符是整数序列，这种序列反映了该对象 MIB 中的逻辑位置，同时表示了一种词典顺序，只要按照一定的方式（例如中序）遍历 MIB 树，就可以排出所有的对象及其实例的词典顺序。

对象的顺序对网络管理是很重要的。因为管理站可能不知道代理提供的 MIB 的组成，所以管理站要用某种手段搜索 MIB 树，在不知道对象标识符的情况下访问对象的值。例如，为检索一个表项，管理站可以连续发出 get 操作，按词典顺序得到预定的对象实例。

图 5-9 是一个简化的 IP 路由表，该表只有 3 项。这个路由表的对象及其实例按分层树排列如图 5-10 所示，表 5-2 给出了对应的词典顺序。

第 5 章 Internet 管理信息结构

ipRouteDest	ipRouteMetric1	ipRouteNextHop
9.1.2.3	3	99.0.0.3
10.0.0.51	5	89.1.1.42
10.0.0.99	5	89.1.1.42

图 5-9　一个简化的 IP 路由表

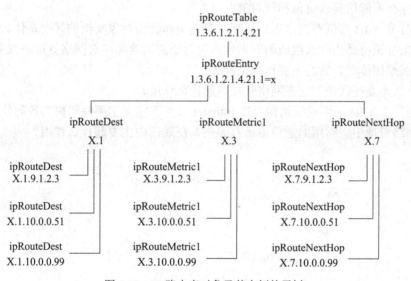

图 5-10　IP 路由表对象及其实例的子树

表 5-2　　　　　　　　IP 路由表对象及其实例的词典顺序

对　　象	对象标识符	下一个对象实例
ipRouteTable	1.3.6.1.2.1.4.21	1.3.6.1.2.1.4.21.1.1.9.1.2.3
ipRouteEntry	1.3.6.1.2.1.4.21.1	1.3.6.1.2.1.4.21.1.1.9.1.2.3
ipRouteDest	1.3.6.1.2.1.4.21.1.1	1.3.6.1.2.1.4.21.1.1.9.1.2.3
ipRouteDest.9.1.2.3	1.3.6.1.2.1.4.21.1.1.9.1.2.3	1.3.6.1.2.1.4.21.1.1.10.0.0.51
ipRouteDest.10.0.0.51	1.3.6.1.2.1.4.21.1.1.10.0.0.51	1.3.6.1.2.1.4.21.1.1.10.0.0.99
ipRouteDest.10.0.0.99	1.3.6.1.2.1.4.21.1.1.10.0.0.99	1.3.6.1.2.1.4.21.1.3.9.1.2.3
ipRouteMetric1	1.3.6.1.2.1.4.21.1.3	1.3.6.1.2.1.4.21.1.3.9.1.2.3
ipRouteMetric1.9.1.2.3	1.3.6.1.2.1.4.21.1.3.9.1.2.3	1.3.6.1.2.1.4.21.1.3.10.0.0.51
ipRouteMetric1.10.0.0.51	1.3.6.1.2.1.4.21.1.3.10.0.0.51	1.3.6.1.2.1.4.21.1.3.10.0.0.99
ipRouteMetric1.10.0.0.99	1.3.6.1.2.1.4.21.1.3.10.0.0.99	1.3.6.1.2.1.4.21.1.7.9.1.2.3
ipRouteNextHop	1.3.6.1.2.1.4.21.1.7	1.3.6.1.2.1.4.21.1.7.9.1.2.3
ipRouteNextHop.9.1.2.3	1.3.6.1.2.1.4.21.1.7.9.1.2.3	1.3.6.1.2.1.4.21.1.7.10.0.0.51
ipRouteNextHop.10.0.0.51	1.3.6.1.2.1.4.21.1.7.10.0.0.51	1.3.6.1.2.1.4.21.1.7.10.0.0.99
ipRouteNextHop.10.0.0.99	1.3.6.1.2.1.4.21.1.7.10.0.0.99	1.3.6.1.2.1.4.21.1.1.x

习 题

1. Internet 网络管理框架由哪些部分组成？支持 SNMP 的体系结构由哪些协议层组成？
2. SNMP 环境中的管理对象是如何组织的？这种组织方式有什么意义？
3. SNMP 网络管理系统由哪些主要模块或部件组成？
4. RFC1212 给出的宏定义由哪些部分组成？试按照这个宏定义产生一个宏实例。
5. 什么是标量对象？什么是表对象？标量对象和表对象的实例如何标识？
6. 为什么不能访问表对象和行对象？
7. MIB 和 MIB 实例有何区别？管理对象类型和管理对象实例的区别是什么？
8. 对象标识符是由什么组成的？为什么说对象的词典顺序对网络管理是很重要的？
9. 什么是团体名？它的主要作用是什么？
10. 什么是委托代理？它在网络管理中起什么作用？
11. 为什么 MIB 采用树状结构？在 Internet 节点下定义了哪些子树？各起什么作用？
12. 网络管理中，常用的通信原语有哪些？在通信中主要起什么作用？

第6章 管理信息库

利用管理信息结构（SMI），MIB 树中的被管对象被定义，它包含了丰富的对于管理网络非常有用的信息，当前可以从许多网络设备中获得。本章简单介绍了 MIB 的发展，详细描述了 MIB-2 中的 system 组、interfaces 组、IP 组、ICMP 组、TCP 组、UDP 组、EGP 组和 Transmission 组。

6.1 MIB-2 简介

1988 年 8 月，在 RFC1066 中公布了第一组被管对象，被认为是 MIB-1，它包括了 8 个对象组，约 100 个对象。MIB-1 对象组如下：

```
system      OBJECT IDENTIFIER ::= { mib 1 }
interfaces  OBJECT IDENTIFIER ::= { mib 2 }
at          OBJECT IDENTIFIER ::= { mib 3 }
ip          OBJECT IDENTIFIER ::= { mib 4 }
icmp        OBJECT IDENTIFIER ::= { mib 5 }
tcp         OBJECT IDENTIFIER ::= { mib 6 }
udp         OBJECT IDENTIFIER ::= { mib 7 }
egp         OBJECT IDENTIFIER ::= { mib 8 }
```

厂商很快就接受了 MIB-1，在他们实现的管理站和代理中把它作为开发成本合适的 SNMP 协议的基础。然而，不久以后，一个问题就变得非常突出，对一个网络管理系统而言，100 多个变量只能表示整个网络的一小部分。

1990 年 5 月，在 RFC1158 中公布了 MIB-2。MIB-2 引入了 cmot、transmission、snmp 这 3 个新的对象组，从而扩展了 MIB-1 已有的对象组。MIB-2 对象组如下：

```
system        OBJECT IDENTIFIER ::= { mib-2 1 }
interfaces    OBJECT IDENTIFIER ::= { mib-2 2 }
at            OBJECT IDENTIFIER ::= { mib-2 3 }
ip            OBJECT IDENTIFIER ::= { mib-2 4 }
icmp          OBJECT IDENTIFIER ::= { mib-2 5 }
tcp           OBJECT IDENTIFIER ::= { mib-2 6 }
udp           OBJECT IDENTIFIER ::= { mib-2 7 }
egp           OBJECT IDENTIFIER ::= { mib-2 8 }
cmot          OBJECT IDENTIFIER ::= { mib-2 9 }
transmission  OBJECT IDENTIFIER ::= { mib-2 10 }
snmp          OBJECT IDENTIFIER ::= { mib-2 11 }
```

MIB-2 除了引入新的对象组，还引入了很多新的对象，它们包括：
- system 组中增加 sysContact、sysName、sysLocation 和 sysServices 这 4 个对象；
- interfaces 组的表对象 ifTable 中增加 ifSpecific 对象；
- ip 组的表对象 ipAddrTable 中增加 ipAdEntReasmMaxSize 对象，表对象 ipRoutingTable 中增加 ipRouteMask 对象，而且增加表对象 ipNetToMediaTable；
- tcp 组中增加 tcpInErrs 和 tcpOutRsts；
- udp 组中增加表对象 udpTable；
- egp 组中增加 egpAs 对象。

在 RFC1213 中，MIB-2 被彻底修订并采纳 RFC1212 中的简洁 MIB 定义，这一文档使 RFC1158 失效。RFC1213 在以下方面做了修订：

（1）修改文本，使 MIB 显示没有歧义，引入了 DisplayString 数据类型。

（2）与 SMI/MIB 和 SNMP 更强的向下兼容性。例如可取消的（deprecated）对象的引用，MIB 就可以知道某些对象已经在后来的版本标准中删除。MIB-2 中，将 at 组中的对象标记为可取消的对象。

（3）增强对多协议环境的支持。在多协议网络中的 MIB 必须能够支持多个地址映射表。

（4）创建适应各具体实现的 MIB 附加选项，例如在具体实现中可以用指定的正整数标识 IP 地址和路由表。

6.2 MIB-2

管理信息库的第一个版本 MIB-1 目前已经被在 RFC1213 中定义的 MIB-2 所取代，MIB-2 保留了 MIB-1 的对象标识符。图 6-1 显示了 MIB-2 的结构。

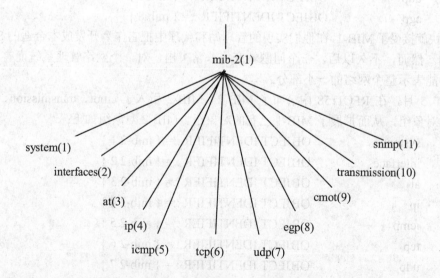

图 6-1 MIB-2 中的组及部分对象

6.2.1 system 组

system 组中包含了关于实体所在系统的数据，如图 6-2 和表 6-1 所示，这些对象中的多数对于故障管理和配置管理是很有用的。

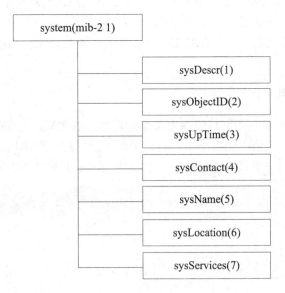

图 6-2 system 组的对象标识符子树

表 6-1 适用于配置管理的 system 组对象

Object	ODI	Syntax	Access	Description
sysDescr	system 1	DisplayString(SIZE(0..255))	RO	系统的描述
sysObjectID	system 2	OBJECT IDENTIFIER	RO	系统制造者
sysUpTime	system 3	TimeTicks	RO	系统已经运行了多长时间
sysContact	system 4	DisplayString(SIZE(0..255))	RW	负责该系统的人
sysName	system 5	DisplayString(SIZE(0..255))	RW	系统的名字
sysLocation	system 6	DisplayString(SIZE(0..255))	RW	系统的物理位置
sysServices	system 7	INTERGER(0..127)	RO	设备提供了哪些协议层服务

1. 用于配置管理的 system 组对象

对象 sysDescr、sysContact、sysName 和 sysLocation 适用于配置管理。

对于许多实体，通过 sysDescr 可获得软件版本或操作系统，该数据对于管理设备的设置和故障检修都是有用的。sysLocation、sysContact、sysName 分别告知系统的物理位置、有问题时和谁联系、网络设备的名字，当为了对远程设备进行物理访问而需要和某个人联系时知道这些是有用的。

2. 用于故障管理的 system 组对象

对象 sysObjectID、sysUpTime 和 sysServices 适用于故障管理。

sysObjectID 中的对象标识符标明了实体的生产商，这对解决一个和设备有关的问题又需要知道设备的制造者时是非常有用的数据。

sysServices 告知设备主要提供了 ISO 参考模型中的哪一层服务。设 L 是协议层编号，如果使用了 L 层的协议，则二进制数值的第 L-1 位为 1，否则为 0。例如，一个主要在第三层运行的路由器将返回值 0000100B，即 4，而一个运行第四层和第七层服务的主机将返回值 1001000B，即 72。在不知道设备的功能时，该信息对于问题的解决是有用的。

sysUpTime 告知一个系统已经运行了多久。故障管理查询该对象可以确定实体是否已重新启动，如果查询获得的是一个一直增加的值就认为实体是 up 的，如果小于以前的值，则自上次查询后系统重启了。

6.2.2 interfaces 组

interfaces 组对象提供关于网络设备上每个特定接口的数据，它在配置、性能、故障和计费管理中都是有用的。系统中有多个子网时，每个子网对应一个接口，并且每个接口的参数都要进行描述，但是这个组只描述接口的一般参数。图 6-3 和表 6-2 列出了该组中的被管对象。

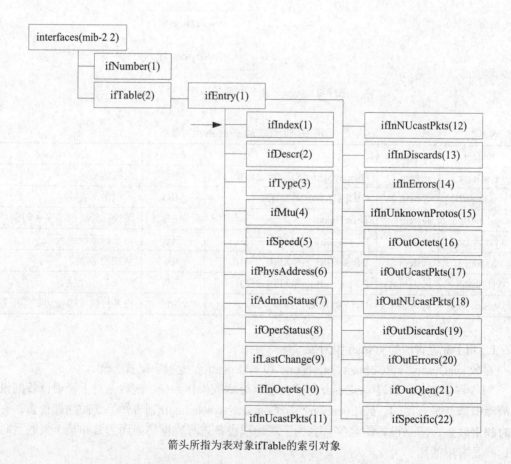

箭头所指为表对象ifTable的索引对象

图 6-3 interfaces 组被管对象标识符子树

表 6-2　　　　　　　　　　　interfaces 组中的被管对象

Object	ODI	Syntax	Access	Description
ifNumber	interfaces 1	INTEGER	RO	网络接口的数目
ifTable	interfaces 2	SEQUENCE OF ENTRY	NA	接口条目清单
ifEntry	ifTable 1	SEQUENCE	NA	包含子网及其以下层对象的接口条目
ifIndex	ifEntry 1	INTEGER	RO	对应各个接口的唯一值
ifDescr	ifEntry 2	DisplayString(SIZE(0..255))	RO	有关接口的厂商、产品名称、硬件接口版本等信息
ifType	ifEntry 3	INTEGER	RO	接口类型，根据物理或链路层协议区分
ifMtu	ifEntry 4	INTEGER	RO	接口可接收或发送的最大协议数据单元尺寸
ifSpeed	ifEntry 5	Gauge	RO	接口当前数据速率的估计值
ifPhysAddress	ifEntry 6	PhysAddress	RO	网络层之下协议层的接口地址
ifAdminStatus	ifEntry 7	INTEGER	RW	期望的接口状态
ifOperStatus	ifEntry 8	INTEGER	RO	当前的接口状态
ifLastChange	ifEntry 9	TimeTicks	RO	接口进入当前操作状态的时间
ifInOctets	ifEntry 10	Counter	RO	接口收到的 8 元组的总数
ifInUcastPkts	ifEntry 11	Counter	RO	递交到高层协议的子网单播的分组数
ifInNUcastPkts	ifEntry 12	Counter	RO	递交到高层协议的非单播的分组数
ifInDiscards	ifEntry 13	Counter	RO	被丢弃的输入分组数
ifInErrors	ifEntry 14	Counter	RO	有错的输入分组数
ifInUnknownProtos	ifEntry 15	Counter	RO	由于协议未知而被丢弃的分组数
ifOutOctets	ifEntry 16	Counter	RO	接口发送的 8 元组总数
ifOutUcastPkts	ifEntry 17	Counter	RO	发送到子网单播地址的分组总数
ifOutNUcastPkts	ifEntry 18	Counter	RO	发送到非子网单播地址的分组总数
ifOutDiscards	ifEntry 19	Counter	RO	被丢弃的输出分组数
ifOutErrors	ifEntry 20	Counter	RO	不能被发送的有错的分组数
ifOutQLen	ifEntry 21	Gauge	RO	输出分组对列长度
ifSpecific	ifEntry 22	OBJECT IDENTIFIER	RO	参考 MIB 对实现接口的媒体的定义

1. 用于配置管理的 interfaces 组对象

对象 ifDescr、ifType、ifMtu、ifSpeed 和 ifAdminStatus 用于配置管理。

ifDescr 和 ifType 分别命名接口并给出它的类型，例如 ifDescr 返回字符串"Ethernet"，ifType 很可能返回一个数 6，为了易于理解，应该有一个网络管理应用把数 6 映射到一个能给出更多信息的字符串中，例如"Ethernet-CSMA/CD"。ifType 返回值的意思定义在 MIB 中，每种接口都有一个标准编码，如表 6-3 所示。

表 6-3　　常用接口的类型和编码

编码	类型	描述
1	other	其他接口
2	regular1822	ARPANET 主机和 IMP 间的接口协议
3	hdh1822	修订的 1822，使用同步链路
4	ddn-x25	为国防数据网定义的 X.25 接口
5	rfc877-x25	RFC877 定义的 X.25，传送 IP 数据
6	ethernet-csmacd	以太网 MAC 协议
7	iso88023-csmacd	IEEE802.3MAC 协议
8	iso88024-tokenBus	IEEE802.4MAC 协议
9	iso88025-tokenRing	IEEE802.5MAC 协议
10	iso88026-man	IEEE802.6DQDB 协议
11	starLan	1Mb/s 双绞线以太网
12	proteon-10Mbit	10Mb/s 光纤令牌环
13	proteon-80Mbit	80Mb/s 光纤令牌环
14	hyperchannel	Network System 开发的 50Mb/s 光缆 LAN
15	fddi	ANSI 光纤分布数据接口
16	lapb	X.25 数据链路层 LAP-B 协议
17	sdlc	IBM SNA 同步数据链路控制协议
18	ds1	1.544Mb/s 的 DS-1 传输线接口
19	e1	2.048Mb/s 的 E-1 传输线接口
20	basicISDN	192Kb/s 的 ISDN 基本速率接口
21	primaryISDN	1.544Mb/s 或 2.048Mb/s 的基本速率 ISDN 接口
22	propPointToPointSerial	专用串行接口
23	ppp	Internet 点对点协议
24	softwareLoopback	系统内的进程间通信
25	eon	运行于 IP 之上的 ISO 无连接协议
26	ethernet-3Mbit	3Mb/s 以太网接口
27	nsip	XNS over IP
28	slin	Internet 串行线路接口协议
29	ultra	Ultra Network Tech.开发的高速光纤接口
30	ds3	44.736Mb/s 的 DS-3 数字传输线路接口
31	sip	IP over SMDS
32	frame-relay	帧中继网络接口
33	rs232	RS-232C 或 RS-232D 接口
34	para	并行口
35	arcnet	ARCnetLAN
36	arcnetPlus	ARCnetPlus 局域网接口

续表

编码	类型	描述
37	atm	ATM 接口
38	miox25	X.25 和 ISDN 上的多协议连接
39	sonet	SONET 或 SDH 高速光纤接口
40	x25ple	X.25 分组层实体
41	sio8802llc	IEEE802.2LLC
42	localTalk	老式 Apple 网络接口规范
43	smdsDxi	SMDS 数据交换接口
44	frameRelayService	帧中继网络服务接口
45	v35	ITU-V.35 接口
46	hssi	高速串行接口
47	hippi	高性能并行接口
48	modem	一般 modem
49	sal5	ATM 适配层 5，提供简单服务
50	sonetPath	SONET 通道
51	sonetVT	SONET 虚拟支线
52	smdsIcip	SMDS 载波间接口
53	PropVirtual	专用虚拟接口
54	PropMultiplexer	专用多路器

ifMtu 设置接口发送或接收的最大数据报的大小。ifSpeed 设置接口的带宽，即每秒钟可以传输的最大位数，例如 ifSpeed 取值 10000000 表示 10Mb/s。ifAdminStatus 设置接口的状态。

2. 用于性能管理的 interfaces 组对象

对象 ifInDiscards、ifOutDiscards、ifInErrors、ifOutErrors、ifInOctets、ifOutOctets、ifInUcastPkts、ifOutUcastPkts、ifInNUcastPkts、ifOutNUcastPkts、ifInUnknownProtos 和 ifOutQlen 用于性能管理。

性能管理应用一般要观察接口的错误率，要完成这些，需要找出接口的总包数和错误数。接口收到的总包数应为 ifInUcastPkts 和 ifInNUcastPkts 之和，发送的总包数应为 ifOutUcastPkts 和 ifOutNUcastPkts 之和，则接口的输入、输出错误率分别为：

$$输入错误百分率 = \frac{ifInErrors}{ifInUcastPkts + ifInNUcastPkts}$$

$$输出错误百分率 = \frac{ifOutErrors}{ifOutUcastPkts + ifOutNUcastPkts}$$

可以使用相似的方法，利用对象 ifInDiscards 和 ifOutDiscards 监视被接口丢弃包的比率：

$$丢弃的输入包率 = \frac{ifInDiscards}{ifInUcastPkts + ifInNUPkts}$$

$$丢弃的输出包率 = \frac{ifOutDiscards}{ifOutUcastPkts + ifOutNUcastPkts}$$

接口运行不正常、媒体有问题、设备中的缓冲有问题等都可能导致错误或丢弃。发现错误后，就可以着手解决它们。但是，并不是所有的丢弃都表示有问题。例如，一个设备由于它接收到了许多未知或不支持的协议的包而有很高的丢弃率，这种情况导致 ifInUnknownProtos 值上升。比如，一个只进行互联网络协议路由的网络设备，该设备有一个接口在以太网上，导致该设备不得不接收广播，因此接收到许多不知道如何处理的包，结果 ifInDiscards 的值上升，ifInUnknownProtos 值也相应增加。因此，大量的 ifInDiscards 或 ifInUnknownProto 可能并不意味着有问题。

性能管理应用可以利用 ifInOctets 和 ifOutOctets 计算出一个接口的利用率。要完成该计算，需要两个不同时刻的查询：一个取得在时刻 x 的总字节数，另一个取得在时刻 y 的总字节数，在查询时刻 x 和 y 之间发送和接收的总字节数由下面公式计算：

总字节数 = ($ifInOctets_y - ifInOctets_x$) + ($ifOutOctets_y - ifOutOctets_x$)

由此可得每秒钟总字节数 = 总字节数 / (y-x)，则线路的利用率为：

利用率 = （每秒总字节数×8）/ifSpeed （ifSpeed 是一个以每秒钟位数为单位的数）

对象 ifOutQlen 可告知一个设备的接口是否在发送数据上有问题。当等待离开接口的包数增加时，该对象的值也相应增加。在发送数据上的问题可能是由于接口上的错误导致的，也可能是由于设备处理包的速度跟不上包的输入速度。大量的包等待在输出队列中虽不是一个严重的问题，而它不断地增长可能意味着接口发生了拥挤。

ifOutDiscards 和 ifOutOctets 一起可以给出网络拥挤的情况。如果一个设备丢弃了很多试图离开接口的包，而输出字节的总数却在减少，说明接口可能发生了拥挤。

3. 用于故障管理的 interfaces 组对象

对象 ifAdminStatus、ifOperStatus 和 ifLastChange 可用于故障管理。

ifAdminStatus 对象和 ifOperStatus 对象都返回整数：值 1 表示 Up，值 2 表示 Down，值 3 表示测试，把这两个对象结合在一起，故障管理应用可以确定接口的当前状态，如表 6-4 所示。这两个对象所有其他组合都是不合适的，如果查询这两对象返回的不是这 4 个组合之一，可能意味着实体或设备软件工作不正常。

表 6-4　　ifAdminStatus 和 ifOperStatus 组合的意义

ifOperStatus	ifAdminStatus	含　义
Up(1)	Up(1)	接口正常运行
Down(2)	Up(1)	接口处于失败模式
Down(2)	Down(2)	接口在管理上关闭
Testing(3)	Testing(3)	接口处于测试模式

ifLastChange 对应于接口进入它当前运行状态的时间。

4. 用于计费管理的 interfaces 组对象

对象 ifInOctets、ifOutOctets、ifInUcastPkts、ifOutUcastPkts、ifInNUcastPkts 和 ifOutNUcastPkts 也可用于计费管理。

使用 ifInOctets 和 ifOutOctets 可以确定一个接口发送和接收的字节数。如果一个网络设备中每个计费实体都直接对应一个接口，没有中间传输流量，则该数据是非常有用的，无需计算就可以得出计费实体发送到网络或从它接收到了多少字节。如果通过该接口的流量还要传输到另一个计费实体，这种模式就不能很好地工作了。

如果计费模型使用包而不是以字节计数，则 ifInUcastPkts、ifOutUcastPkts、ifInNUcastPkts 和 ifOutNUcastPkts 将给出计费进程所必需的数据包数。

6.2.3 ip 组

ip 组提供了关于实体的 IP 信息，该信息又可分为：

（1）提供关于所观察到的错误和 IP 包类型数据的对象；
（2）关于实体的 IP 地址信息的表 ipAddrTable；
（3）关于实体的 IP 路由的表 ipRouteTable；
（4）IP 地址到其他协议地址的映射表 ipNetToMediaTable。

图 6-4 和表 6-5 列出了该组中的被管对象。

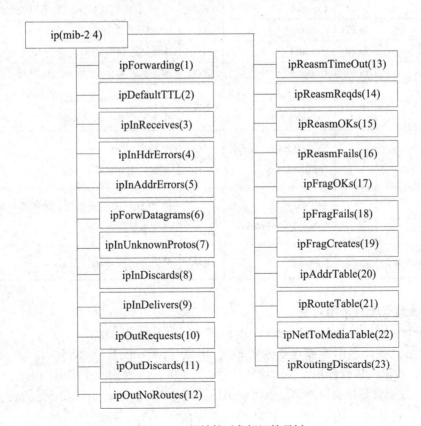

图 6-4　ip 组被管对象标识符子树

表 6-5　　　　　　　　　　　ip 组中的被管对象

Object	ODI	Syntax	Access	Description
ipForwarding	ip 1	INTEGER	RW	是否作为 IP 网关
ipDefaultTTL	ip 2	INTEGER	RW	该实体生成的数据报的 IP 头中 TTL 字段的默认值
ipInReceives	ip 3	Counter	RO	接口收到的输入数据报的总数
ipInHdrErrors	ip 4	Counter	RO	由于 IP 头错被丢弃的输入数据报的总数
ipInAddrErrors	ip 5	Counter	RO	由于 IP 地址错被丢弃的输入数据报的总数
ipForwDatagrams	ip 6	Counter	RO	转发的输入数据报
ipInUnknownProtos	ip 7	Counter	RO	由于协议未知被丢弃的输入数据报的总数
ipInDiscards	ip 8	Counter	RO	未遇到问题而被丢弃的输入数据报数
ipInDelivers	ip 9	Counter	RO	成功递交给 IP 用户协议的输入数据报数
ipOutRequests	ip 10	Counter	RO	本地 IP 用户协议要求传输的 IP 数据报总数
ipOutDiscards	ip 11	Counter	RO	未遇到问题而被丢弃的输出数据报的数
ipOutNoRoutes	ip 12	Counter	RO	由于未找到路由而被丢弃的 IP 数据报数
ipReasmTimeOut	ip 13	INTERGER	RO	重组接收到的分段可等待的最大秒数
ipReasmReqds	ip 14	Counter	RO	接收到的需要重组的 IP 分段数
ipReasmOKs	ip 15	Counter	RO	成功重组的 IP 数据报数
ipReasmFails	ip 16	Counter	RO	由 IP 重组算法检测到的重组失败的数目
ipFragOKs	ip 17	Counter	RO	成功拆分的 IP 数据报数
ipFragFails	ip 18	Counter	RO	不能成功拆分而被丢弃的 IP 数据报数
ipFragCreates	ip 19	Counter	RO	本实体产生的 IP 数据报分段数
ipAddrTable	ip 20	SEQUENCE OF IpAddrEntry	NA	本实体的 IP 地址信息（参见图 6-5 和表 6-6）
ipRouteTable	ip 21	SEQUENCE OF IpRouteEntry	NA	IP 路由表（参见图 6-6 和表 6-7）
ipNetToMediaTable	ip 22	SEQUENCE OF IpNetToMediaEntry	NA	将 IP 地址映射到物理地址的地址转换表（参见图 6-8 和表 6-9）
ipRoutingDiscards	ip 23	Counter	RO	被丢弃的路由选择条目

1. 用于配置管理的 ip 组对象

对象 ipForwarding、ipAddrTable 和 ipRouteTable 用于配置管理。

一些网络设备如路由器被设置为可转发 IP 数据报。配置管理应用查询一个设备的 ipForwarding 对象，从而告知实体的功能。例如，如果应用查询一个设备的 system 组对象 sysServices，发现设备可提供网络层服务，然后通过 ipForwarding 知道设备是否转发 IP 数据报。

知道分配给设备的网络地址、子网掩码和广播地址对于配置管理是很有价值的。ipAddrTable 给出了关于实体的当前 IP 地址的信息,其对象如图 6-5 和表 6-6 所示。在每个 ipAddrEntry 中,ipAdEntAddr 和 ipAdEntIfIndex 分别告知 IP 地址和相应的接口,可以使用 ipAdEntIfIndex 把 ipAddrTable 项和一个 interface 组 ifTable 项关联起来。ipAdEntNetMask 给出了子网掩码,而 ipAdEntBcastAddr 告知广播地址。然而,MIB 把这些对象定义为只读的,这种配置管理的意图是应用程序或管理人员可以查询该信息但不能改变它。

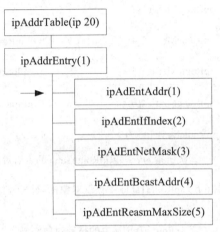

箭头所指为表对象ipAddrTable的索引对象

图 6-5　ipAddrTable 中被管对象标识符子树

表 6-6　　　　　　　　　　ipAddrTable 中的被管对象

Object	OID	Syntax	Access	Description
ipAddrEntry	ipAddrTable 1	SEQUENCE	NA	一个特定的 IP 地址表目
ipAdEntAddr	ipAddrEntry 1	IPAddress	RO	本地主机 IP 地址
ipAdEntIfIndex	ipAddrEntry 2	INTEGER	RO	唯一指定本地接口的索引值
ipAdEntNetMask	ipAddrEntry 3	IPAddress	RO	与 IP 地址对应的子网掩码
ipAdEntBcastAddr	ipAddrEntry 4	INTEGER	RO	广播地址最低位
ipAdEntReasmMaxSize	ipAddrEntry 5	INTEGER	RO	可重装配的最大数据报

ipRouteTable 表中的对象如图 6-6 和表 6-7 所示。ipRouteTable 把它的许多对象定义为可读写的,出于配置管理的目的,可以修改、新增、删除路由信息,利用 ipRouteDest 输入新的路由,用 ipRouteType 改变路由类型。

ipRouteTable 表中的一行对应于一个已知的路由,由目标 IP 地址 ipRouteDest 索引,对于每一个路由,通向下一结点的本地接口由 ipRouteIfIndex 表示,其值与接口表中的 ifIndex 一致,每个路由对应的路由协议由变量 ipRouteProto 指明,其值的编码和类型如表 6-8 所示。

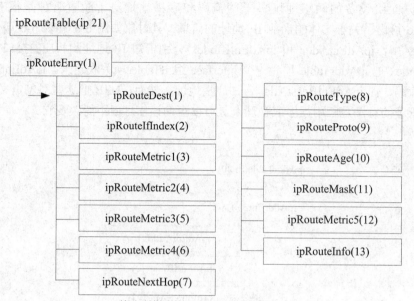

箭头所指为表对象ipRouteTable的索引对象

图 6-6　ipRouteTable 中被管对象标识符子树

表 6-7　　　　　　　　　　　ipRouteTable 中的被管对象

Object	ODI	Syntax	Access	Description
ipRouteEntry	ipRouteTable 1	SEQUENCE	NA	对应一个特定目的地的路由
ipRouteDest	ipRouteEntry 1	IpAddress	NA	目的地的 IP 地址
ipRouteIfIndex	ipRouteEntry 2	INTEGER	RW	唯一指定本地接口的索引值
ipRouteMetric1	ipRouteEntry 3	INTEGER	RW	本路由代价的主要度量
ipRouteMetric2	ipRouteEntry 4	INTEGER	RW	本路由代价的可选度量
ipRouteMetric3	ipRouteEntry 5	INTEGER	RW	本路由代价的可选度量
ipRouteMetric4	ipRouteEntry 6	INTEGER	RW	本路由代价的可选度量
ipRouteNextHop	ipRouteEntry 7	IpAddress	RW	本路由下一跳的 IP 地址
ipRouteType	ipRouteEntry 8	INTEGER	RW	路由的类型，other(1)，invalid(2)，direct(3)，indirect(4)
ipRouteProto	ipRouteEntry 9	INTEGER	RW	路由的学习机制
ipRouteAge	ipRouteEntry 10	INTEGER	RW	路由更新以来经历的秒数
ipRouteMask	ipRouteEntry 11	IpAddress	RW	子网掩码
ipRouteMetric5	ipRouteEntry 12	INTEGER	RW	本路由代价的可选度量
ipRouteInfo	ipRouteEntry 13	OBJECT IDENTIFIER	RO	对 MIB 中定义的与本路由有关的路由协议进行参考

表 6-8　　　　　　　　　　　ipRouteProto 的编码和类型

编码	类型
1	other
2	local
3	netmgmt
4	icmp
5	egp
6	ggp
7	hello
8	rip
9	is-is
10	es-is
11	ciscoIgrp
12	bbnSpfIgp
13	ospf
14	bgp

2. 用于性能管理的 ip 组对象

对象 ipInReceives、ipInHdrErrors、ipInAddrErrors、ipForwDatagrams、ipInUnknownProtos、ipInDiscards、ipInDelivers、ipOutRequests、ipOutDiscards、ipOutNoRoutes、ipReasmReqds、ipReasmOKs、ipReasmFails、ipFragOKs、ipFragFails 和 ipFragCreates 用于性能管理。

使用 ip 组对象，性能管理应用可以测量实体输入和输出 IP 流量的百分率。利用 interfaces 组对象，实体接收到的总数据报数为所有接口的 ifInUcastPkts 和 ifNUcastPkts 的和，用该和除以 ipInReceives 可以得出接收到的 IP 数据报的比率。使用对象 ipOutRequest 可以对实体发送的数据报作类似的计算。

由于缺少系统资源或其他不允许对数据报进行适当处理等原因导致丢弃数据报。对象 ipInDiscards 和 ipOutDiscards 分别给出了数据报在输入和输出时被丢弃的个数。

含有错误的 IP 数据报对于使用 IP 进行传递的应用可能会引起性能问题。使用 IP 组对象可以计算 IP 数据报的错误率：

$$\text{IP 输入错误率} = \frac{(\text{ipInDiscards} + \text{ipInHdrErrors} + \text{ipInAddrErrors})}{\text{ipInReceives}}$$

$$\text{IP 输出错误率} = \frac{(\text{ipOutDiscards} + \text{ipOutNoRoutes})}{\text{ipOutRequests}}$$

ipForwDatagrams 告知设备对 IP 数据报转发的速率，如果在时刻 x 和时刻 y 被两次查询，则可得

$$\text{IP 转发速度} = \frac{\text{ipForwDatagrams}_y - \text{ipForwDatagrams}_x}{y - x}$$

类似的，可得到系统接收 IP 分组的速率：

$$\text{IP 输入速率} = \frac{ipInReceives_y - ipInReceives_x}{y - x}$$

如果实体不得不处理大量的数据报,而对这些数据报它有没有一个本地支持的上层协议,则可能引起性能问题,通过 ipInUnknownProtos 度量可发现该问题。

对象 ipOutNoRoutes 对实体没有数据报有效路由的计数。如果该对象的速度增加,意味着实体不能转发数据报到目的地。

一些 IP 组对象可以用来计算由 IP 分段导致的错误。计算分段数据报和相关错误的百分比对于知道一个设备正在发送或接收大量的分段 IP 数据是有用的。同样,大比率的导致分段错误的 IP 数据报可能会影响使用 IP 进行网络传递的性能。

3. 用于故障管理的 ip 组对象

对象 ipRouteTable 和 ipNetMediaTable 用于故障管理。

ipRouteTable 中的所有对象对故障管理都是有用的。这些对象使得故障管理能够产生设备的 IP 路由表并找出通过一个网络的路由,而且 ipRouteType 和 ipRouteProto 还可以告知路由信息是如何得到的。

ipRouteDest 给出目标地址的网络号,ipRouteIfIndex 给出实体外出的接口,ipRouteMetric 给出到目标地址的跳数,ipRouteNextHop 给出下一站地址。设想一个例子,一个用户无法使自己的机器连接到网络中心的一台服务器,其网络设置如图 6-7 所示。首先检查管理系统中的网络拓扑,以确信所有的网络设备都是 up 并运行着。然后,由于从用户机器到服务器有几条可能的路由,需要找出正在使用哪一个。因此,故障管理可以使用 ipRouteDest、ipRouteNextHop 和 ipRouteIfIndex 来查询用户机器,请求到服务器的下一站。假设是通过接口"serial2"到达路由器 A。然后请求路由器 A 同样的信息,假设获知路由器 A 是通过接口"Ethernet3"经由路由器 B 发送数据向服务器前进的,最后发现路由器 B 通过"TokenRing1"直接发送数据给服务器。通过这一过程,获知用户机器确实有一个到达服务器的有效路由。

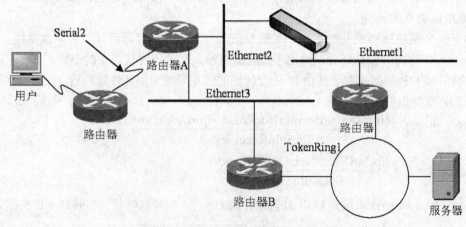

图 6-7 用户机器与服务期间的网络设置

其他可以解决上面问题的 IP 组对象是 ipNetMediaTable 表中的对象,如图 6-8 和表 6-9 所示,这些对象告知 IP 地址到另一路由地址的映射。一个常见的例子是地址解析协议 ARP 表,它映射 IP 地址到 MAC 地址。

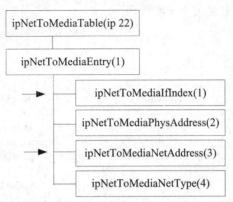

箭头所指为表对象ipNetToMediaTable的索引对象

图 6-8 ipNetToMediaTable 中被管对象标识符子树

表 6-9　　　　　　　　　　ipNetToMediaTable 中的被管对象

Object	OID	Syntax	Access	Description
ipNetToMediaEntry	ipNetToMediaTable 1	SEQUENCE	NA	对应一个特定的IP地址到物理地址的转换
ipNetToMediaIfIndex	ipNetToMediaEntry 1	INTEGER	RW	唯一指定本地接口的索引值
ipNetToMediaPhysAddress	ipNetToMediaEntry 2	PhysAddress	RW	物理地址
ipNetToMediaNetAddress	ipNetToMediaEntry 3	NetworkAddress	RW	对应的网络地址
ipNetToMediaType	ipNetToMediaEntry 4	INTEGER	RW	映像类型 other(1),invalid(2), dynamic(3),static(4)

要解决图 6-7 中的问题,接着可查询路由器 B 的 ipNetToMediaTable 中每一行的 ipNetToMediaIfIndex、ipNetToMediaPhysAddres 和 ipNetToMediaNetAddress。可能表中的某一行确实含有关于服务器的一项,是在接口 TokenRing1 中,现在就知道了路由器 B 确实已和服务器通信了。

下一步可以要求服务器的管理者看一看系统的硬件或软件最近是否改变了。结果获知服务器的令牌环接口今天早晨被改变了,路由器 B 中的 ipNetToMediaTable 是过期的,其 IP 地址到令牌环 MAC 地址映射是对已经不存在的老接口板。因此,可以通过消除路由器 B 的 ARP 缓存修复该问题。下一次路由器 B 需要和服务器联系时,路由器 B 可发送一个 ARP,找出服务器的 IP 地址和新的令牌环 MAC 地址之间的正确转换。

4. 用于计费管理的 ip 组对象

ipOutRequests 和 ipInDelivers 可用于计费管理,它们分别告知一个实体已经发送或接收的 IP 分组的总数。

6.2.4　icmp 组

ICMP 是一个为 IP 设备携带错误和控制信息的协议,实体必须处理接收到的每个 ICMP

分组,这样做可能会负面地影响实体的整体性能。icmp 组包含关于实体的 ICMP 信息的对象,如图 6-9 和表 6-10 所示,主要用于性能管理。

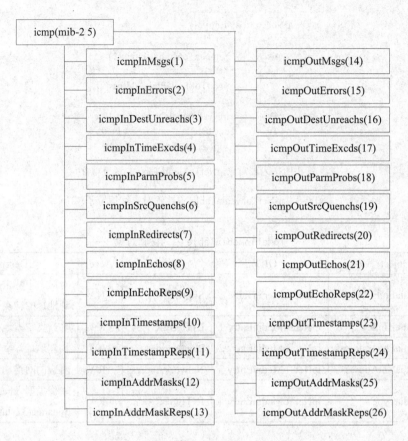

图 6-9 icmp 组被管对象标识符子树

表 6-10   icmp 组中的被管对象

Object	ODI	Syntax	Access	Description
icmpInMsgs	icmp 1	Counter	RO	输入 ICMP 消息的个数
icmpInErrors	icmp 2	Counter	RO	输入有错的 ICMP 消息个数
icmpInDestUnreachs	icmp 3	Counter	RO	目的不可达消息的输入个数
icmpInTimeExcds	icmp 4	Counter	RO	超时消息的输入个数
icmpInParmProbs	icmp 5	Counter	RO	参数有问题的消息的输入个数
icmpInSrcQuenchs	icmp 6	Counter	RO	源停止消息的输入个数
icmpInRedirects	icmp 7	Counter	RO	重定向消息的输入个数
icmpInEchos	icmp 8	Counter	RO	Echo 消息的输入个数
icmpInEchoReps	icmp 9	Counter	RO	EchoReply 消息的输入个数
icmpInTimestamps	icmp 10	Counter	RO	Timestamp 消息的输入个数
icmpInTimestampReps	icmp 11	Counter	RO	TimestampReply 消息的输入个数

续表

Object	ODI	Syntax	Access	Description
icmpInAddrMasks	icmp 12	Counter	RO	地址掩码请求消息的输入个数
icmpInAddrMaskReps	icmp 13	Counter	RO	地址掩码响应消息的输入个数
icmpOutMsgs	icmp 14	Counter	RO	输出 ICMP 消息的个数
icmpOutErrors	icmp 15	Counter	RO	输出有错的 ICMP 消息个数
icmpOutDestUnreachs	icmp 16	Counter	RO	目的不可达消息的输出个数
icmpOutTimeExcds	icmp 17	Counter	RO	超时消息的输出个数
icmpOutParmProbs	icmp 18	Counter	RO	参数有问题的消息的输出个数
icmpOutSrcQuenchs	icmp 19	Counter	RO	源停止消息的输出个数
icmpOutRedirects	icmp 20	Counter	RO	重定向消息的输出个数
icmpOutEchos	icmp 21	Counter	RO	Echo 消息的输出个数
icmpOutEchoReps	icmp 22	Counter	RO	EchoReply 消息的输出个数
icmpOutTimestamps	icmp 23	Counter	RO	Timestamp 消息的输出个数
icmpOutTimestampReps	icmp 24	Counter	RO	TimestampReply 消息的输出个数
icmpOutAddrMasks	icmp 25	Counter	RO	地址掩码请求消息的输出个数
icmpOutAddrMaskReps	icmp 26	Counter	RO	地址掩码响应消息的输出个数

对于计算接收和发送的 ICMP 分组的百分率，必须首先获得实体接收和发送的分组的总数，这可以通过找出每个接口的输入分组和输出分组的总数完成，然后用 icmpInMsgs 和 icmpOutMsgs 去除以该和从而获得接收和发送 ICMP 分组的百分率。通过多次查询该对象，可以找出 ICMP 分组进入和离开实体的速率。一个实体正在接收或发送大量的 ICMP 分组并不一定意味着存在一个性能问题，但是拥有这些统计可能有助于解决将来的相关问题。

icmp 组对象也可以显示每个不同的 ICMP 分组类型的数目。知道了 icmpInEchos、icmpOutEchos、icmpInEchoReps 和 icmpOutEchoReps 的速率，可以分离出如大量 ICMP Echo 分组引起的一些性能问题。一个实体发送大量的 icmpInScrQuenchs 可能暗示着网络来路上的拥挤，发送大量的 icmpOutScrQuenchs 可能意味着实体用尽了资源。如果一个实体正在发送或接收到大量的 IP 错误，可以使用 icmpInErrors 和 icmpOutErrors 确定是否是 ICMP 分组导致了问题。

6.2.5 tcp 组

TCP 是一个在应用之间提供可靠连接的传输协议，其实现可以增强对流量控制、网络拥塞、丢失段重传等问题的处理。tcp 组对象如图 6-10 和表 6-11 所示，可以用于配置、性能、计费和安全管理。

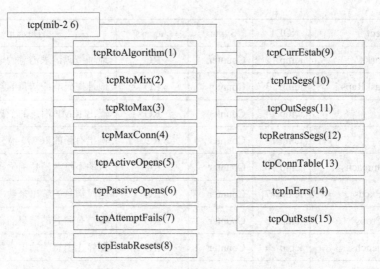

图 6-10 tcp 组被管对象标识符子树

表 6-11 tcp 组中的被管对象

Object	ODI	Syntax	Access	Description
tcpRtoAlgorithm	tcp 1	INTEGER	RO	TCP 重传时间策略
tcpRtoMix	tcp 2	INTEGER	RO	最小的 TCP 重传超时
tcpRtoMax	tcp 3	INTEGER	RO	最大的 TCP 重传超时
tcpMaxConn	tcp 4	INTEGER	RO	允许的最大 TCP 连接数
tcpActiveOpens	tcp 5	Counter	RO	实体已经支持的主动打开的数量
tcpPassiveOpens	tcp 6	Counter	RO	实体已经支持的被动打开的数量
tcpAttemptFails	tcp 7	Counter	RO	已经发生的试连失败的次数
tcpEstabResets	tcp 8	Counter	RO	已经发生的复位的次数
tcpCurrEstab	tcp 9	Cauge	RO	当前的 TCP 连接数
tcpInSegs	tcp 10	Counter	RO	TCP 段的输入数
tcpOutSegs	tcp 11	Counter	RO	TCP 段的输出数
tcpRetransSegs	tcp 12	Counter	RO	重传 TCP 段的总数
tcpConnTable	tcp 13	SEQUENCE OF TcpConnEntry	NA	包含 TCP 各个连接的信息（参见图 6-11 和表 6-12）
tcpInErrs	tcp 14	Counter	RO	收到的有错的 TCP 段的总数
tcpOutRsts	tcp 15	Counter	RO	发出的含有 RST 标志的 TCP 段数

1. 用于配置管理的 tcp 组对象

对象 tcpRtoAlgorithm、tcpRtoMin、tcpRtoMax、tcpMaxConn 和 tcpCurrEstab 可用于配置管理。

TCP 重传策略和相关的时间配置会很大地影响使用该协议进行传输的应用的性能，不同的系统使用不同的重传方案可能会导致网络拥塞或不公平的带宽分配。通过查询

tcpRtoAlgorithm、tcpRtoMax 和 tcpRtoMin，可以获知 TCP 的当前配置在系统的网络环境中工作的是否令人满意。这些对象提供了有用的信息，但是修改它们需要一些工作或许是不可能的。在有些系统中，修改 TCP 重传时间需要重新建立操作系统，TCP 重传策略是设备操作系统的一个组成部分，不能被修改。

tcpRtoAlgorithm 说明计算重传时间的算法，其值可取：
- Other(1)：不属于以下 3 种类型的其他算法；
- Constant(2)：重传超时值为常数；
- Rsre(3)：根据通信情况动态地计算超时值；
- Vanj(4)：由 Van Jacobson 发明的一种动态算法。

一个系统存在的 TCP 连接数也会影响系统的性能。通过 tcpMaxConn 可以配置一个网络使其能够处理必要的数目的远程 TCP 连接。如果所有可能的 TCP 连接还不能满足用户要求，则可能需要另外一个系统了，或者通过扩展增加资源以允许更多的 TCP 连接。tcpCurrEstab 中的当前连接数会影响决定需要的 TCP 连接总数。

2. 用于性能管理的 tcp 组对象

对象 tcpAttemptFails、tcpEstabResets、tcpRetransSegs、tcpInErrs、tcpOutRsts、tcpInSegs 和 tcpOutSegs 可用于性能管理。

一个建立 TCP 连接的请求失败的原因有多种，如目的系统不存在或网络有故障，知道建立连接被拒绝的次数有助于衡量网络的可靠性。同样，再重置状态下 TCP 结束许多已建立会话的情况也可能导致网络的不稳定。tcpAttemptFails 和 tcpEstabResets 可以帮助度量网络的拒绝率。

tcpRetransSegs 给出了系统重新发送的 TCP 段的个数。TCP 段的重传并不直接反映性能问题，但是重传次数的增加可告知实体为了保证可靠性是否不得不发送数据的多个拷贝。

如果系统收到了错误的 TCP 段，tcpInErrs 的值将增加，这可能是由于源系统段封装错误、网络设备转发段错误、或其他原因引起。在多数情况下，该对象的值不会单独增加，而是由于系统中一些其他错误引起的结果。

tcpOutRsts 给出了实体试图重置一个连接的次数，这可能是由于网络的不稳定、用户请求或资源问题引起的。

让应用在不同的时间查询 tcpInSegs 和 tcpOutSegs 的值，可以检测 TCP 段进入和离开实体的速度。该速度可能影响实体或依赖于 TCP 进行传输的应用的性能。

3. 用于计费管理的 tcp 组对象

对象 tcpActiveOpens、tcpPassiveOpens、tcpInSegs、tcpOutSegs 和 tcpConnTable 可用于计费管理。

为了评估网络资源的当前使用情况，一个组织可能想要知道到达和来自一个系统的 TCP 连接数，tcpActiveOpens 和 tcpPassiveOpens 分别给出了一个系统发起的连接次数和被请求建立的连接次数。tcpInSegs 和 tcpOutSegs 分别对进入和离开一个实体的 TCP 段计数，这对段计费是非常重要的。

tcpConnTable 中的被管对象如图 6-11 和表 6-12 所示，给出了当前 TCP 连接状态、本地 TCP 端口和地址、远程 TCP 端口和地址，这些值对应于实体中的 TCP 的当前状态并可能随时改变。其中，表对象 tcpConnTable 的索引对象为 tcpConnLocalAddress、tcpConnLocalPort、tcpConnRemAddress 和 tcpConnRemPort。tcpConnState 值的编码和类型如表 6-13 所示。

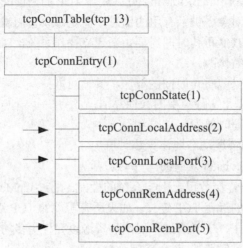

箭头所指为表对象tcpConnTable的索引对象

图 6-11　tcpConnTable 中被管对象标识符子树

表 6-12　　　　　　　　　　tcpConnTable 中的被管对象

Object	ODI	Syntax	Access	Description
tcpConnEntry	tcpConnTable 1	SEQUENCE	NA	一个特定的 TCP 连接表目
tcpConnState	tcpConnEntry 1	INTEGER	RW	TCP 连接状态
tcpConnLocalAddress	tcpConnEntry 2	IPAddress	RO	本地 IP 地址
tcpConnLocalPort	tcpConnEntry 3	INTEGER	RO	本地 TCP 端口
tcpConnRemAddress	tcpConnEntry 4	IPAddress	RO	远程 IP 地址
tcpConnRemPort	tcpConnEntry 5	INTEGER	RO	远程 TCP 端口

表 6-13　　　　　　　　　　tcpConnState 的编码和类型

编　　码	类　　型
1	closed
2	listen
3	synSent
4	synReceived
5	established
6	finWait1
7	finWait2
8	closeWait
9	lastAck
10	closing
11	timeWait
12	deleteTCB

通过让计费管理应用查询对象 tcpConnRemAddress，可以确定一个 TCP 连接的当前远程系统地址，如果应用每隔一定时间对一个实体查询一次该值，系统管理者就可以确定哪一个远程系统使用了它们的资源，使用了多久，应用然后可以对那些拥有远程系统并使用了本地实体的用户产生使用本地实体的账单。

tcpConnTable 还包含关于每个当前 TCP 连接的源和目的 TCP 端口信息。许多流行的 TCP 使用精心设计的端口，跟踪哪个应用正在建立或接收到 TCP 连接。一个远程登录应用如 Telnet 和文件传输应用如 FTP 的端口号不同，该数据对于由于计费目的要确定一个 TCP 连接到达或来自一个实体的原因时是有用的。

4. 安全管理

利用 tcpConnTable 表中的数据，可以跟踪那些试图与本地系统建立连接的远程系统，通过分析连接的特点，可以检测是否存在外来入侵。查询的间隔会很大影响检测结果，一个入侵可能在中断连接前只需要几秒钟就能获得它的信息，如果在这几秒钟没有对表进行查询，将失去对该入侵的所有记录。

6.2.6 udp 组

UDP 是一个无连接的传输协议，不能保证可靠性，由此 udp 组包含的对象数有限，如图 6-12 和表 6-14 所示。

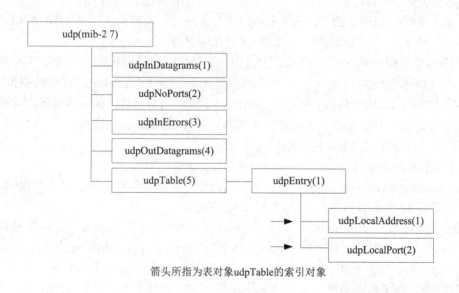

箭头所指为表对象udpTable的索引对象

图 6-12　udp 组对象标识符子树

表 6-14　　　　　　　　　　udp 组中的被管对象

Object	ODI	Syntax	Access	Description
udpInDatagram	udp 1	Counter	RO	UDP 数据报的输入数
udpNoPorts	udp 2	Counter	RO	没有发送到有效端口的 UDP 数据报的个数
udpInErrors	udp 3	Counter	RO	接收到的有错误的 UDP 数据报的个数

续表

Object	ODI	Syntax	Access	Description
udpOutDatagrams	udp 4	Counter	RO	UDP 数据报的输出数
udpTable	udp 5	SEQUENCE OF udpEntry	NA	包含 UDP 的用户信息
udpEntry	udpTable 1	SEQUENCE	NA	某个当前 UDP 用户的信息
udpLocalAddress	udpEntry 1	IpAddress	RO	UDP 用户的本地 IP 地址
udpLocalPort	udpEntry 2	INTEGER	RO	UDP 用户的本地端口号

1. 用于配置管理的 udp 组对象

监视可用的网络服务可以归入配置管理的领域。通过检测 udpTable，可以确定实体的应用设置是否正确。例如，如果知道一个实体有一个在已知 UDP 端口提供远程打印的应用，可以使用 udpTable 确认该配置信息。

2. 用于性能管理的 udp 组对象

处理 UDP 数据报会影响实体的性能，不断地查询 udpInDatagrams 和 udpOutDatagrams 会产生数据报的输入和输出速率。

当一个实体接收到未知应用的数据报时，udpNoPorts 会对其计数。如果这些数据报的速率非常大，可能会引起实体的性能问题。例如，当网络上有一个 IP 广播时，每个 IP 设备都会捡起广播分组并把它传递给 UDP，只有那些运行了相应应用而且有合适的 UDP 端口正在监听的系统接收到分组，其他的都在 udpNoPorts 对象中报告该分组。

一个 UDP 数据报可能由于很多原因产生错误，包括软件或连接错误或设备故障，udpInErrors 可告知网络上的特定错误。一个系统接收到很多被计为 udpInErrors 的数据报时，可能会引起应用接收信息的低性能。例如，SNMP 使用 UDP 进行传输，如果网络管理系统在从远程系统接收 SNMP 数据报遇到了麻烦时，且本地 udpInErrors 计数增加，则暗示着包含 SNMP 消息的数据报没有成功地跨越网络。

3. 用于计费管理的 udp 组对象

使用 udpInDatagrams 和 udpOutDatagrams 可确定一个实体接收和发送了多少 UDP 数据报，由此获知对 UDP 的需求和在实体中有关它们的应用。

udpTable 包含 udpLocalAddress 和 udpLocalPort 两个对象，它们分别给出了收听端口的本地 IP 地址和端口号。然而，由于 UDP 不是一个基于连接的协议，udpTable 的内容在应用监听一个端口时是有效的，利用它可以监视一个实体提供了哪些网络服务的手段。

4. 用于安全管理的 udp 组对象

使用安全管理应用可查询 udpTable 信息检测未授权访问以保证实体没有运行一个使用 UDP 的不安全应用。假设一个组织决定应用 Find-Employee-Salary 只在一个特定机器上运行，在一个特定的端口上收听查找雇员工资的请求，安全管理工具可以检查所有系统的 udpTable 以查出是否该本地端口正在收听，从而控制到敏感信息的访问。

6.2.7 egp 组

EGP 是一个可告诉 IP 网络设备其他 IP 网络可到达性的外部网关协议，负责自治系统间的路由。egp 组对象如图 6-13 和表 6-15 所示，适合于配置、性能和故障管理。

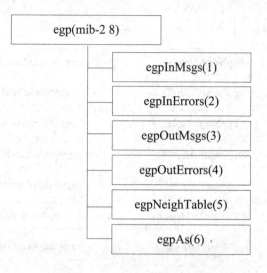

图 6-13　egp 组被管对象标识符子树

表 6-15　　　　　　　　　　　**egp 组中的被管对象**

Object	ODI	Syntax	Access	描　　述
egpInMsgs	egp 1	Counter	RO	EGP 消息的接收个数
egpInErrors	egp 2	Counter	RO	错误的 EGP 消息的接收个数
egpOutMsgs	egp 3	Counter	RO	EGP 消息的发送个数
egpOutErrors	egp 4	Counter	RO	由于错误没有发送的消息的个数
egpNeighTable	egp 5	SEQUENCE OF EgpNeighEntry	NA	相邻网关的 EGP 表（参见表 6-16）
egpAs	egp 6	INTEGER	RO	本地 EGP 自治系统编号

1. 用于配置管理的 egp 组对象

对象 egpAs 和 egpNeighTable 中部分对象可用于配置管理。EGP 邻居表 egpNeighTable 中，通过一个 EGP 邻居的状态可以看到路由信息是如何被注入一个自治系统的，如图 6-14 和表 6-16 所示。

egpAs 给出了本地 EGP 实体的自治系统数，其他对象 egpNeighState、egpNeighAddr、egpNeighAs、egpNeighIntervalHello、egpNeighIntervalPoll、egpNeighMode 告知关于一个特定 egp 邻居的配置。配置管理可以查询该信息，从而不断告知 EGP 的设置和进入或离开当前自治系统的路由信息。

应用 egpNeighEventTrigger 可以启动或停止一个 EGP 邻居的通信，该对象使得能够控制系统中的 EGP 进程。设置该对象并不启动实体中的 EGP，而是重新启动和一个已存在邻居的通信。

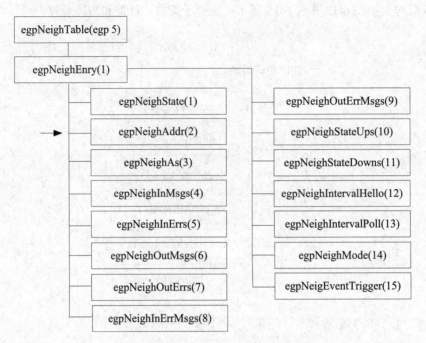

箭头所指为表对象egpNeighTable的索引对象

图 6-14　egpNeighTable 中的被管对象标识符子树

表 6-16　　　　　　　　　　egpNeighTable 中的被管对象

Object	ODI	Syntax	Description
egpNeighEntry	egpNeighTable 1	SEQUENCE	一个特定的邻居表目
egpNeighState	egpNeighEntry 1	INTEGER	每个 EGP 邻居的状态
egpNeighAddr	egpNeighEntry 2	IPAddress	邻居 IP 地址
egpNeighAs	egpNeighEntry 3	INTEGER	邻居所在的自治系统编号
egpNeighInMsgs	egpNeighEntry 4	Counter	从邻居接收的正确报文数
egpNeighInErrs	egpNeighEntry 5	Counter	从邻居接收的出错报文数
egpNeighOutMsgs	egpNeighEntry 6	Counter	发送给邻居的报文数
egpNeighOutErrs	egpNeighEntry 7	Counter	发送给邻居的出错的报文数
egpNeighInErrMsgs	egpNeighEntry 8	Counter	接收的带有 EGP 定义的错误的报文数
egpNeighOutErrMsgs	egpNeighEntry 9	Counter	发送的带有 EGP 定义的错误的报文数
egpNeighStateUps	egpNeighEntry 10	Counter	邻居转变为 UP 状态的次数
egpNeighStateDowns	egpNeighEntry 11	Counter	邻居从 UP 状态转变为其他状态的次数
egpNeighIntervalHello	egpNeighEntry 12	TimeTicks	重传 Hello 命令的时间间隔
egpNeighIntervalPoll	egpNeighEntry 13	TimeTicks	重传 Poll 命令的时间间隔
egpNeighMode	egpNeighEntry 14	INTEGER	轮询模式　　active(1),passive(2)
egpNeighEventTrigger	egpNeighEntry 15	INTEGER	由操作员提供的启动和停止操作 start(1),stop(2)

2. 用于性能管理的 egp 组对象

对象 egpInMsgs、egpInErrors、egpOutMsgs、egpOutErrors 和 egpNeighTable 中部分对象可用于性能管理。

通过 egpInMsgs 和 egpOutMsgs 可以计算 EGP 消息进入和离开实体的速率。通常该速率不大，但是在 EGP 邻居之间的网络不稳定会使速率升高，这时处理 EGP 消息可能消耗太多资源，引起实体的低性能。

egpInErrors 和 egpOutErrors 的增加和实体发送和接收消息数目的增加是一致的。如果一个消息接收错误，没有发送有效响应，源 EGP 邻居可能重传消息。当实体由于资源闲置不能发送有效的 EGP 消息时，egpOutErrors 将增大。因此，当 egpInMsgs 的速率接近于 egpOutErrors 的速率时，实体可能在建立和发送 EGP 消息上遭到了困难，实体缺乏资源如内存不够或处理能力低会导致该现象。

当 EGP 正在引起实体或相连串行连接的性能问题时，要求分离出产生问题的邻居，此时，使用 egpNeighInMsgs、egpNeighInErrs、egpNeighOutMsgs 和 egpNeighOutErrs 可以计算出与每个邻居的输入、输出消息和错误的速率，从而找出产生问题的邻居。

通过检查 egpNeighInErrMsgs 和 egpNeighOutErrMsgs 的增加速率，可确定何时 EGP 邻居在接收和发送合法 EGP 错误消息，这些错误消息速率的增加可能意味着一个错误配置或给邻居 EGP 带来性能的改变。

3. 用于故障管理的 egp 组对象

对象 egpNeighState、egpNeighStateUps 和 egpNeighStateDowns 用于故障管理。

故障管理可以使用 egpNeighState 来找到 EGP 邻居的当前状态，其值的编码和类型如表 6-17 所示。

表 6-17　　　　　　　　　　egpNeighState 的编码和类型

编码	类型
1	idle
2	acquisition
3	down
4	up
5	cease

如果一个邻居运行正常，那么它应该不断地发送关于网络的可达性信息到本地 EGP 进程。知道一个邻居何时进入运行状态，可以告知可能进入自治系统的新路由信息，同样，知道一个邻居何时进入停机状态，可帮助解决路由问题。当一个邻居进入停机状态时，实体将发送一个陷阱消息。

6.2.8　transmission 组

transimission 组给出关于位于系统接口之下的特定媒体的信息。前面介绍的 interfaces 组包含各种接口通用的信息，而 transmission 组则提供与子网类型有关的专用信息。下面介绍一个以太网的例子，如图 6-15 和表 6-18 所示。

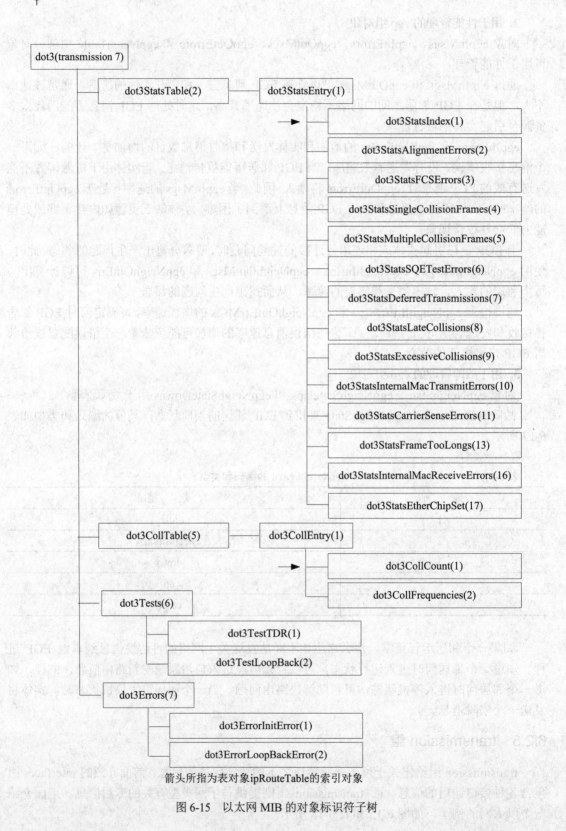

箭头所指为表对象ipRouteTable的索引对象

图 6-15　以太网 MIB 的对象标识符子树

表 6-18　　　　　　　　　　　　　　　以太网 MIB 的对象

Object	ODI	Syntax	Access	Description
dot3	transmission 7	OBJECT IDENTIFIER	NA	以太网 MIB
dot3StatsTable	dot3 2	SEQUENCE OF	NA	IEEE802.3 统计表
dot3StatsEntry	dot3StatsTable 1	SEQUENCE	NA	对应一个特定以太网接口
dot3StatsIndex	dot3StatsEntry 1	INTEGER	RO	索引，同 interfaces 组索引
dot3StatsAlignmentErrors	dot3StatsEntry 2	Counter	RO	接收的非整数个字节的帧数
dot3StatsFCSErrors	dot3StatsEntry 3	Counter	RO	接收的 FCS 校验出错的帧数
dot3StatsSingleCollisionFrames	dot3StatsEntry 4	Counter	RO	仅一次冲突而发送成功的帧数
dot3StatsMultipleCollisionFrames	dot3StatsEntry 5	Counter	RO	经过多次冲突而发送成功的帧数
dot3StatsSQETestErrors	dot3StatsEntry 6	Counter	RO	SQE 测试错误报文产生的次数
dot3StatsDeferredTransmissions	dot3StatsEntry 7	Counter	RO	被延迟发送的帧数
dot3StatsLateCollisions	dot3StatsEntry 8	Counter	RO	发送 512 比特后检测到冲突的次数
dot3StatsExcessiveCollision	dot3StatsEntry 9	Counter	RO	由于过多冲突而发送失败的次数
dot3StatsInternalMacTransmitErrors	dot3StatsEntry 10	Counter	RO	由于内部 MAC 错误而发送失败的次数
dot3StatsCarrierSenseErrors	dot3StatsEntry 11	Counter	RO	载波监听条件丢失的次数
dot3StatsFrameTooLongs	dot3StatsEntry 13	Counter	RO	接收的超长帧数
dot3StatsInternalMacReceiveErrors	dot3StatsEntry 16	Counter	RO	由于内部 MAC 错误而接受失败的帧数
dot3StatsEtherChipSet	dot3StatsEntry 17	OBJECT IDENTIFIER	RO	接口使用的芯片
dot3CollTable	dot3 5	SEQUENCE OF	NA	有关接口冲突直方图的表
dot3CollEntry	dot3CollTable 1	SEQUENCE	NA	冲突表项
dot3CollCount	dot3CollEntry 1	INTEGER(1..16)	NA	16 种不同的冲突次数

续表

Object	ODI	Syntax	Access	Description
dot3CollFrequencies	dot3CollEntry 2	Counter	RO	对应每种冲突次数而成功传送的帧数
dot3Tests	dot3 6	OBJECT IDENDIFIER	RO	对接口的一组测试
dot3TestTDR	dot3Test 1	OBJECT IDENDIFIER	RO	TDR(Time Domain Reflectometry)测试
dot3testLoopBack	dot3Test 2	OBJECT IDENDIFIER	RO	环路测试
dot3Errors	dot3 7	OBJECT IDENDIFIER	RO	测试期间出现的错误
dot3ErrorInitError	dot3Errors 1	OBJECT IDENDIFIER	RO	测试期间芯片不能初始化
dot3ErrorLoopBackError	dot3Errors 2	OBJECT IDENDIFIER	RO	在环路中接收的数据不正确

6.2.9 MIB-2 的局限性

设计 MIB-2 的目标之一是方便管理实体的实现，因而只包括基本的网络管理需要的对象，这样就限制了有些管理功能的实现。

如图 6-16 所示的是一种普通的配置功能，但是它却得不到 MIB-2 的支持。假定网络通信已经相当繁忙，大部分通信是访问服务器，使得路由器 1 和子网 N_2 的负载接近饱和。突然

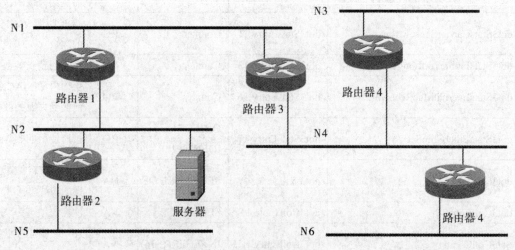

图 6-16 网络配置的例子

之间网络负载又有增加，使得路由器 1 和 N_2 通信过载。解决这个问题的方法至少有两种思路：如果能确定是由于 N_3 和 N_6 上的系统之间通信增加引起的，则可以在 N_3 和 N_6 之间插入一个网桥或路由器；或者能确定是由其他系统对服务器的访问增加引起的，则可以购置另外一台服务器，放置在其他子网上构成分布式系统。

MIB-2 却不能解决这个问题。如果检查 TCP 组的变量，只能知道某个 TCP 实体建立的连接数量，而不能知道在 TCP 连接上的通信量，而这正是需要的信息。MIB-2 的其他组也不提供一对系统之间的通信量信息，因此无法确定上述哪种方法更合理。

6.3 MIB-2 在网络安全中的应用

作为目前最流行的网络管理协议，SNMP 从 v1 到 v3（后面第 7~9 章介绍），其安全性依次得到增强，与此同时，用来支持新版本的 MIB 数量也越来越多，其中，并不是所有的网络设备都能够支持这些 MIB。

尽管 MIB-2 只包含了基本的网络管理需要的对象，限制了某些管理功能的实现，但是也正是因为它的"基本"，大部分的网络设备都能够支持 MIB-2。如何利用这有限的信息资源来解决整个网络的安全问题，是网络管理的一个瓶颈。

本节就探讨如何利用最常见的 MIB-2 开展多层次网络监控，从而及时发现网络入侵，并采取相应的措施消除安全隐患。

6.3.1 非法路由的检测

数据包的发送者很容易将一个源地址替换成另外一个源地址，以欺骗接收者，使接收者认为信息是从可信的一方发出的；路由信息也可能被意外行为更改，通过假冒路由器和发送错误的路由信息，冒充者能很容易地连接到网络中的某个用户；IP 包为测试的目的设置了一个选项——IP Source Routing，该选项可以直接指明到达节点的路由，从而使攻击者可以采用源路由选择欺骗的方法进行非法连接。为了处理上述情况，把 IP 包的源地址和整个传送过程中经过的路由都考虑在内，此方法称为"记录路由法"。基于记录路由法的原理，对网络中关键设备（存有敏感信息的设备和网关设备）的 MIB-2 进行轮询，定时检查 MIB 中的路由信息，及时发现非法路由。

MIB-2 的 IP 组有一个表对象 ipRouteTable，它维护着设备的 IP 路由表，ipRouteTable 的主要对象成员可以参看表 6-7，ipRouteTable 是按 ipRouteDest 索引的路由表。安全检测模块通过定时轮询 ipRouteTable 表，检查表中每一条记录的目的 IP 地址（ipRouteDest）和下一个路段的 IP 地址（ipRouteNextHop）。若两个对象的值和数据库中合法的路由信息（路由器 IP 和网关 IP）不匹配，说明网络的信息正向一个未经授权的 IP 传输，可认为该路由为非法路由。

6.3.2 源 IP 地址欺骗的检测

TCP/IP 协议将 IP 地址作为网络节点的唯一标识，而节点的 IP 地址又不是完全固定的，因此攻击者可以在一定范围内直接修改节点的 IP 地址，冒充某个可信节点进行攻击，这种攻击方法被称为源 IP 地址欺骗。目前没有任何一个防火墙能够防止外部主机进行 IP 欺骗，除非查看包进入的接口。为了检测源 IP 地址欺骗，这里提出了一种基于 MIB-2 的简单易行的方法。

以太网数据帧的报头包括数据帧的发送者和目的地的地址信息,即 MAC 地址。MAC 地址是用于区分网络设备的唯一标志,通过读取 MIB-2 中设备的 MAC 地址可以防止 IP 欺骗。

在图 6-17 中,一个 100Base-T 以太网交换机连接了几台主机,网络管理站的数据库中存储着这几台主机的 MAC 地址。此时有一台外部主机冒充 202.114.41.30 访问 IP 为 202.114.41.65 的设备。安全检测模块定时轮询关键节点 202.114.41.65 的 MIB-2 中表 ipNetToMediaTable (1.3.6.1.2.1.4.22),得到该表的结果如表 6-19 所示。通过与数据库中的 MAC 地址比较,发现 IP 与 202.114.41.30 设备的 MAC 地址不符,说明该设备进行了 IP 欺骗,为非法设备。

数据库中的MAC地址	IP地址
0800.2069.A93C	202.114.41.65
0800.5A75.A8EB	202.114.41.55
0800.0975.A8EB	202.114.41.30

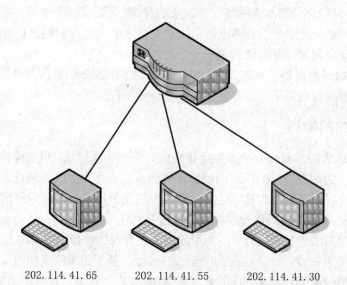

图 6-17 源 IP 地址欺骗

表 6-19　　　　　　　设备 MIB-2 中表 ipNetToMediaTable 的值

ipNetToMediaIfIndex	ipNetToMediaPhysAddress	ipNetToMediaNetAddress	ipNetToMediaType
2	0800.5A75.A8EB	202.114.41.55	dynamic(3)
2	0260.8C35.3903	202.114.41.30	dynamic(3)

6.3.3 非法 TCP 连接的检测

非法 TCP 连接是指网络中的关键设备与一个未经授权的 IP 设备之间有 TCP 连接。安全检测模块查询或定时轮询关键设备的 MIB-2 中的 tcpConnTable 表 (1.3.6.1.2.1.6.13.1),检查表中 tcpConnState 状态为 established 或 timeWait 的表项,将这些表项的远端 IP 地址

（tcpConnRemAddress）和管理站数据库中的授权 IP 进行比较，如有未经授权的 IP，则此连接为非法 TCP 连接。安全检测模块将该连接的相关信息写入数据库，并通知给网络管理员。

6.3.4 非法 TCP/UDP 端口使用的检测

目前选择服务和协议有两种模式：全部拒绝模式和全部允许模式。全部拒绝模式比全部允许模式更安全，其原理是：先拒绝所有类型的服务和协议，然后有选择地一个接一个启动需要的服务。这两种模式都是通过识别和过滤 TCP 和 UDP 的源和目的端口号实现的。

当一个网络确定了支持的服务类型以后，网络中设备所允许使用的本地 TCP 和 UDP 端口号就相应地确定下来。因此通过对网络中设备本地 TCP 和 UDP 端口号的监控就可以及时地发现网络的安全隐患，避免网络黑客利用端口扫描器进行攻击。

利用 MIB-2 可以很容易地实现端口的监控。网络管理系统的安全检测模块定时轮询关键设备的 MIB-2。对于 TCP 端口的监控是通过访问 MIB-2 的 TCP 组的 tcpConnTable 表实现的，其 OID 为：1.3.6.1.2.1.6.13。检查表中每一条记录的 tcpconnLocalPort（1.3.6.1.2.1.6.13.1.3）的值，将其与数据库中网络允许使用的端口号（服务）进行匹配，若没有找到匹配的值，说明网络不提供这种服务，该 TCP 端口为非法端口。表 6-20 为某一时刻取得的某交换机 MIB-2 中表 tcpConnTable 的值。由表 6-20 可知，此交换机的 23 端口的 TELNET 服务和 80 端口的 HTTP 服务处于监听状态，同时 TELNET 服务正被设备 202.114.41.65 使用，HTTP 服务正被 202.114.41.30 使用。若网络不允许 TELNET 服务，则端口 23 为非法 TCP 端口。

表 6-20　　　　　　交换机 MIB-2 中表 tcpConnTable 的值

tcpConnState	tcpConnLocalAddress	tcpConnLocalPort	tcpConnRemAddress	tcpConnRemPort
listen(2)	0.0.0.0	23	0.0.0.0	0
listen(2)	0.0.0.0	80	0.0.0.0	0
established(5)	202.114.41.3	23	202.114.41.65	3061
established(5)	202.114.41.3	80	202.114.41.30	4073

对于 UDP 端口的监控是通过访问 MIB-2 的 UDP 组的 udpTable 表实现的，其原理与 TCP 端口相同。

6.3.5 DoS 攻击的检测

拒绝服务攻击（denial of service，DoS）是一种简单的破坏性攻击，通常攻击者利用 TCP/IP 协议中的某个弱点，或者系统存在的某些漏洞，对目标系统发起大规模的攻击，消耗网络带宽或系统资源，致使攻击目标无法对合法用户提供正常的服务。常见的 DoS 攻击有：同步洪流（TCP SYN Flood）、死亡之 PING（Ping of Death）、Land 攻击、Smurf 攻击、Teardrop.c 攻击等。

1. TCP SYN 攻击检测

TCP SYN 攻击是通过仅完成两次握手，将被攻击主机的连接队列填满，使之拒绝为合法的用户提供 TCP 服。对于这种 DoS 的检测，可以定时取主机 MIB-2 中 tcpConnTable 表的值，若发现在很短的时间内 tcpConnTable 表的条目数迅速增加，且对象 tcpConnRemAddress

（1.3.6.1.2.1.6.13.1.4）的值为一些随机的 IP 地址，则可以断定该主机正受到 TCP SYN 攻击。此时应该立即报告网络管理员，以便管理员及时处理。

2. Smurf 攻击检测

Smurf 攻击始于作恶者向广播地址发送大量欺骗性的 ICMP Echo 请求，位于该 IP 网络中的大多数主机都会用 ICMP Echo 应答来回复 ICMPEcho 请求，从而使网络通信量大量增加，导致网络瘫痪。利用 MIB-2 能很容易地检测出 Smurf 攻击，网络管理站定时检查关键设备的 ICMP 组（1.3.6.1.2.1.5），通过对 ICMP 组中几个管理对象值的分析，便可得知设备是否受 Smurf 攻击。ICMP 组中相关的几个管理对象如表 6-21 所示。

表 6-21　　　　　　　　ICMP 组中与 smurf 攻击相关的对象

Object	OID	Syntax	Access	Desception
icmpInEchos	icmp 8	Counter	RO	Echo 消息的输入个数
icmpOutEchosReps	icmp 22	Counter	RO	EchoReply 消息的输出个数
icmpInSrcQunchs	icmp 6	Counter	RO	源停止消息的输入个数
icmpOutSrcQunchs	icmp 19	Counter	RO	源停止消息的输出个数

用 α_x 和 α_y 分别表示 x 和 y 时刻的 icmpInEchos 值，β_x 和 β_y 分别表示 x 和 y 时刻的 icmpOutEchoReps 值，γ_x 和 γ_y 分别表示 x 和 y 时刻的 icmpInSrcQuenchs 值，φ_x 和 φ_y 分别表示 x 和 y 时刻的 icmpOutSrcQuenchs 值。α 和 β 分别为单位时间内接收和发送的 ICMP Echo 消息数，γ 和 φ 分别为单位时间内接收和发送的 ICMP Source Quench 消息数，它们可表示为：

$$\alpha = \frac{\alpha_y - \alpha_x}{y - x},\ \beta = \frac{\beta_y - \beta_x}{y - x}$$

$$\gamma = \frac{\gamma_y - \gamma_x}{y - x},\ \varphi = \frac{\varphi_y - \varphi_x}{y - x}$$

显然当 α 和 β 过大时，说明系统很可能受到 Smurf 攻击。同时 γ 和 φ 也是决策的依据，一般情况下，当 γ 过大时，可能暗示着网络来路上的拥挤；当 φ 过大时，可能意味着设备用尽了资源。

6.3.6　交换机端口非法使用的检测

在高保密的网络中，保证不存在非法使用的交换机端口是网络安全的重要手段之一，对交换机端口非法使用情况进行检测的方法主要有以下几种：

（1）利用交换机各端口操作状态检测交换机端口非法使用。通过读取交换机各端口 MIB-2 对象.iso.org.dod.internet.mgmt.mib-2.interfaces.ifable.ifEntry.ifOperStatus 的值，可以直接确定交换机各端口的当前状态（1 为 up，2 为 down，3 为 test），与数据库中的值进行比较即可确定非法使用端口。

（2）利用交换机各端口的流量检测交换机端口非法使用。定期读取 MIB-2 的接口组交换机各端口的流量信息，如果在某一时刻交换机某端口的流量发生了变化，则说明该端口连有活动的设备，通过这种方法也可以发现端口的非法使用。

在上述两种方法中，都是以轮询的方法监视交换机各端口状态，虽然结果准确，但是其缺点也很明显，那就是实时性差，耗费系统资源。

还有一种方法是利用 Trap 信息（将在第七章介绍）检测交换机端口非法使用。通过不断监听 Trap 信息，当发现有 Trap 信息到达时，分析是否有交换机的端口连接通断（up，down）信息，如果是，则判断是否为正常的改变，如果是正常的开关机或经过授权的操作，则是合法的，否则是非法的，发出报警。该方法是以事件驱动的方式确定是否存在端口的非法使用，因此其实时性较好。另外，由于不需要定期轮询，所以效率较高，耗费系统资源较少。其缺点是容易产生由于 Trap 信息丢失而导致的安全漏洞。

习　　题

1. 相对 MIB-1，MIB-2 做了哪方面的修改？
2. MIB-2 中包括哪些组？
3. 通过 MIB 库中的哪个对象可以知道系统运行的时间？
4. 如果某主机的对象 sysServices 的值为 68，则该主机提供了哪些协议层服务？
5. 如果在某个时刻 x 查询 MIB，得到 sysUpTime=1000，ipForwDatagrams=20009，在另一个时刻 y 查询 MIB，得到 sysUpTime=1200，ipForwDatagrams=30801，求 IP 转发速率。
6. 对象 ifOperStatus 和 ifAdminStatus 的值分别为 1 和 2，这说明什么？
7. 如何计算接口的输入错误率、输出错误率、丢弃的输入包率和输出包率？
8. 如何知道 ifTable 表中的条目数？
9. 如果某路由器的表对象 ipRouteTable 和 ipNetToMediaTable 部分内容如表 6-22 和表 6-23 所示。当收到一个目的地址为 131.108.2.20 的数据包时，该包将从哪个接口转发？该接口的物理地址是多少？如果该路由器运行 RIP 协议，则该包离目的地还有几跳？

表 6-22　　　　　　　　　　　ipRouteTable

ipRouteDest	ipRouteIfIndex	ipRouteMetric1	ipRouteMask	……
131.108.1.0	2	1	255.255.255.0	……
131.108.2.0	1	2	255.255.255.0	……
131.108.20.0	2	0	255.255.255.0	……

表 6-23　　　　　　　　　　　ipNetToMediaTable

ipNetToMediaIfIndex	ipNetToMediaPhysAddress	……
1	00-00-0C-11-12-AB	……
2	AB-12-12-10-11-23	……
3	AA-00-04-23-11-C2	……

10. 如表 6-22 所示，该表中各个列对象的对象标识符为多少？各个实例的对象标识符各

为什么？

11．如何计算 IP 数据包的输入错误率、输出错误率、输入速率和转发速率？

12．如何计算 ICMP 分组的发送率和接收率？

13．通过哪些对象可以知道输入的 Echo 消息个数、输入的 EchoReply 消息个数和输入的超时消息个数？

14．如何计算 TCP 段的输入速率和输出速率？

15．请用 ASN.1 定义表对象 udpTable。

16．如何计算 UDP 包的输入速率和输出速率？

17．请画出 MIB-2 中 EGP 组中的 egpNeighTable 被管对象及其所包含的被管对象的对象标识符子树。

18．如何计算设备和某个邻居之间 EGP 消息的输入速率、输出速率、输入错误率和输出错误率？

19．MIB-2 的局限性是什么?你认为应该怎样对其进行扩充？

20．常见的 DoS 攻击有哪些？举例说明如何利用 MIB-2 对象提供的信息对攻击进行检测。

21．如何使用 MIB-2 对象提供的信息检测交换机端口的非法使用？各种检测方法的优点和缺点有哪些？

第 7 章　SNMPv1

SNMP 是专门设计用来管理网络设备（服务器、工作站、路由器、交换机及 HUB 等）的一种标准协议，它是一种应用层协议。SNMP 使网络管理员能够管理网络运行，发现并解决网络问题以及规划网络发展。通过 SNMP 接收循环消息（及事件报告）使网络管理系统获知网络出现问题。

目前 SNMP 有 3 种版本 SNMPv1、SNMPv2、SNMPv3。本章将介绍 SNMPv1 基本信息。

SNMPv1 是一种简单的请求/响应协议。管理站发出一个请求，代理则返回一个响应。这一过程的实现是通过使用四种协议操作中的其中任一种完成的。这四种操作分别是 Get、GetNext、Set 和 Trap。管理站通过 Get 操作，从 SNMP 代理处得到一个甚至更多的对象值。如果代理处不能提供数据列表中所有的对象值，它也就不提供任何值。管理站通过 GetNext 操作请求代理从数据表或数据矩阵中取出下一个对象的值。管理站通过 Set 操作向 SNMP 代理发送命令，要求对对象值重新配置。SNMP 代理通过 Trap 操作对发生的某特定事件发出通知。

7.1　SNMPv1 协议数据单元

7.1.1　SNMPv1 协议数据单元的种类

SNMP 规定了下述 5 种协议数据单元 PDU，用来在管理进程和代理之间的交换。

（1）GetRequest 操作：从代理进程处提取一个或多个参数值。

（2）GetNextRequest 操作：从代理进程处提取紧跟当前参数值的下一个参数值。

（3）SetRequest 操作：设置代理进程的一个或多个参数值。

（4）GetResponse 操作：返回的一个或多个参数值。这个操作是由代理进程发出的，它是前面三种操作的响应操作。

（5）Trap 操作：代理进程主动发出的报文，通知管理进程有某些事情发生。

前面的 3 种操作是由管理进程向代理进程发出的，后面的 2 个操作是代理进程发给管理进程的，为了简化起见，前面 3 个操作今后叫做 Get、GetNext 和 Set 操作。

图 7-1 描述了 SNMP 的这 5 种报文操作。请注意，在代理进程端是用熟知端口 161 来接收 Get、GetNext 或 Set 报文，而在管理进程端是用熟知端口 162 来接收 Trap 报文或 GetResponse 报文。

SNMP 管理员使用 GetRequest 从拥有 SNMP 代理的网络设备中检索信息，SNMP 代理以 GetResponse 消息响应 GetRequest。可以交换的信息很多，如系统的名字，系统自启动后正常运行的时间，系统中的网络接口数，等等。

GetRequest 和 GetNextRequest 结合起来使用可以获得一个表中的对象。GetRequest 取回一个特定对象；而使用 GetNextRequest 则是请求表中的下一个对象。

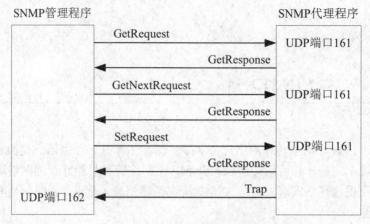

图 7-1　SNMP 的 5 种报文操作

使用 SetRequest 可以对一个设备中的参数进行远程配置。Set-Request 可以设置设备的名字，关掉一个端口或清除一个地址解析表中的项。

Trap 即 SNMP 陷阱，是 SNMP 代理发送给管理站的非请求消息。这些消息告知管理站本设备发生了一个特定事件，如端口失败，掉电重启等，管理站可相应地作出处理。

7.1.2　SNMPv1 协议数据单元的具体格式

图 7-2 是封装成 UDP 数据报的 5 种操作的 SNMP 报文格式。可见一个 SNMP 报文共由三个部分组成，即公共 SNMP 首部、Get/Set 首部、Trap 首部、变量绑定。

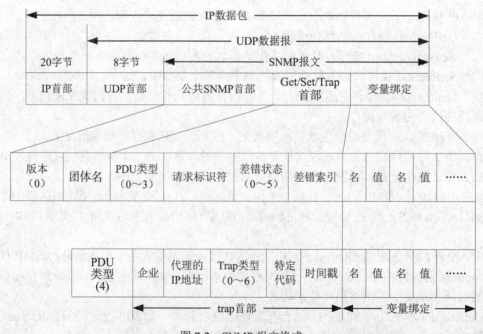

图 7-2　SNMP 报文格式

1. 公共 SNMP 首部

公共 SNMP 共以下 3 个字段：

（1）版本：写入版本字段的是版本号减 1，对于 SNMP（即 SNMPv1）则应写入 0。

（2）团体（community）：团体就是一个字符串，作为管理进程和代理进程之间的明文口令，常用的是 6 个字符"public"。代理进程允许客户进程用只读团体名对变量进行读操作，用读写团体名对变量进行读和写的操作。

（3）PDU 类型：根据 PDU 的类型，填入 0~4 中的一个数字，其对应关系如表 7-1 所示。

表 7-1　　　　　　　　　　　PDU 类型

PDU 类型	名　　称
0	GetRequest
1	GetNextRequest
2	GetResponse
3	SetRequest
4	Trap

2. Get/Set 首部

请求标识符（request ID）：这是由管理进程设置的一个整数值。代理进程在发送 GetResponse 报文时也要返回此请求标识符。管理进程可同时向许多代理发出 Get 报文，这些报文都使用 UDP 传送，先发送的有可能后到达。请求标识符的作用在于其使得管理进程能够识别返回的响应报文对应于哪一个请求报文。

差错状态（error status）：由代理进程回答时填入 0~5 中的一个数字，如表 7-2 所示。

表 7-2　　　　　　　　　　　差错状态描述

差错状态	名　字	说　　明
0	noError	一切正常
1	tooBig	代理无法将回答装入到一个 SNMP 报文之中
2	noSuchName	操作指明了一个不存在的变量
3	badValue	一个 Set 操作指明了一个无效值或无效语法
4	readOnly	管理进程试图修改一个只读变量
5	genErr	某些其他的差错

差错索引（error index）：当出现 noSuchName、badValue 或 readOnly 的差错时，由代理进程在回答时设置的一个整数，它指明有差错的变量在变量列表中的偏移。

3. Trap 首部

企业（enterprise）：填入 Trap 报文的网络设备的对象标识符。此对象标识符在对象命名树上的 enterprise 结点{1.3.6.1.4.1}下面的一棵子树上。

Trap 类型：此字段正式的名称是 generic-Trap，共分为表 7-3 中的 6 种。

表 7-3　　　　　　　　　　Trap 类型字段

Trap 类型	名　字	说　明
0	coldStart	代理进行了初始化
1	warmStart	代理进行了重新初始化
2	linkDown	一个接口从工作状态变为故障状态
3	linkUp	一个接口从故障状态变为工作状态
4	authenticationFailure	从 SNMP 管理进程接收到具有一个无效团体的报文
5	egpNeighborLoss	一个 EGP 相邻路由器变为故障状态
6	enterpriseSpecific	代理自定义的事件，需要用后面的"特定代码"来指明

当使用上述类型 2、3、5 时，在报文后面变量部分的第一个变量应标识响应的接口。

特定代码（specific-code）：指明代理自定义的代码（若 Trap 类型为 6），否则为 0。

时间戳（timestamp）：指明自代理进程初始化到 Trap 报告的事件发生所经历的时间，单位为 10ms。例如时间戳为 1910 表明在代理初始化后 19100ms 发生了该事件。

4. 变量绑定（variable-bindings）

在 SNMP 中，可以将多个同类操作（Get、Set、Trap）放在一个消息中。如果管理站希望得到一个代理处的一组标量对象的值，它可以发送一个消息请求所有的值，并通过获取一个应答得到所有的值。这样可以大大减少网络管理的通信负担。

为了实现多对象交换，所有的 SNMP 的 PDU 都包含了一个变量绑定字段。这个字段由对象实例的一个参考序列及这些对象的值构成。某些 PDU 只需给出对象实例的名字，如 Get 操作。对于这样的 PDU，接收协议实体将忽略变量绑定字段中的值。

7.1.3　报文应答序列

SNMP 报文在管理者和代理之间传送，其中报文 GetRequest，GetNextRequest 和 SetRequest 由管理者发出，代理以 GetResponse 响应，Trap 报文由代理发给管理者，不需应答。所有报文发送和应答序列如图 7-3 所示。

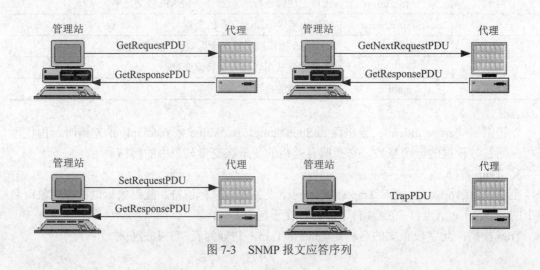

图 7-3　SNMP 报文应答序列

请求报文与应答之间是根据请求标识进行对应的。通常，管理者可以连续发送多个请求报文，然后等待代理返回的应答报文。如果在规定的时间内收到应答，则按照请求标识进行配对，即应答报文必须与请求报文有相同的请求标识。

当代理接收到 SNMP 报文时，它将执行下述操作，以确定是否处理该报文。

（1）检查译码，判断该报文是否能被分析。如果不能，则该报文被丢弃。

（2）查看 SNMP 版本号是否是该代理可以识别的 SNMP。如果不是，则报文被丢弃。

（3）传递团体名、报文的 PDU 部分以及源和目的传输地址给鉴别服务。如果鉴别失败，则该报文被丢弃。

（4）检查该 PDU 是否可以被分析。如果不能，则该报文将被丢弃。

当代理接收到一个 Get、Get-Next 或 Set 请求时，它将试图获取或修改在变量绑定表中指定的对象，并给该请求的发送者发送一个响应，响应的格式如图 7-4 所示。

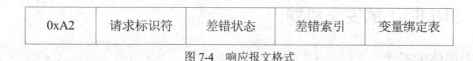

图 7-4　响应报文格式

- 0xA2：首字节的值为 16 进制的 A2，指示该 SNMP 是一个 GetResponse。
- 请求标识符（requid）：与源请求使用的值相同。
- 差错状态：指示该代理是否能成功处理该请求。
- 差错索引：如果它不为 0，则指示第一个变量在错误请求中的位置。这个值只有对于 noSuchName，badValue，readOnly 和 genErr 错误是非 0 的。第一个变量从位置 1 开始。
- 变量绑定表：一个变量列表，每个变量包含一个对象标识符和一个值。

代理将使用如下逻辑来处理 Get 和 GetNext 请求，对于 Get 请求，如果一个对象在指定团体名下不可用（对于 GetNext 请求来说，如果下一个对象不存在），则将发出一个具有 noSuchName 错误状态的 GetResponse，并且在差错索引字段设置该对象在变量绑定表中位置；如果生成的 PDU 太大，则将发出一个具有 tooBig 差错状态的 GetResponse；如果由于任何其他原因而不能获取一个值，则将发出一个具有 genErr 差错状态的 GetResponse，并且在差错索引字段设置该对象在变量绑定表中位置。

代理将使用如下逻辑来处理 Set 请求：如果一个对象在指定团体名下不可用，则将发出一个具有 noSuchName 差错状态的 GetResponse，并且在差错索引字段设置该对象在变量绑定表中位置；如果生成的 PDU 太大，则将发出一个具有 tooBig 差错状态的 GetResponse；如果由于任何其他原因而不能设置一个对象，则将发出一个具有 GetErr 差错状态的 GetResponse，并且在差错索引字段设置该对象在变量绑定表中位置。

7.1.4　SNMP 报文的发送和接收过程

当一个 SNMP 协议实体（PE）发送一个报文时执行以下过程：

（1）按照 ASN.1 的格式构造 PDU，交给认证进程；

（2）将构成的 PDU、源和目的传送地址以及一个团体名传给认证服务。认证服务完成所要求的变换，例如进行加密或加入认证码，然后将结果返回；

(3) 通过检查，相关的版本号、团体名、PDU 组装成报文；

(4) 经过 BER 编码，交传输实体发送出去。

当一个 SNMP 协议实体（PE）接收一个报文时执行以下过程：

(1) 按照 BER 编码恢复 ASN.1 报文；

(2) 进行消息的基本句法检查，丢弃非法消息；

(3) 检查版本号，丢弃版本号不匹配的消息；

(4) SNMP 协议实体将用户名、消息的 PDU 部分以及源和目的传输地址传给认证服务。如果认证失败，认证服务通知 SNMP 协议实体，由它产生一个 Trap 并丢弃这个消息；如果认证成功，认证服务返回 SNMP 格式的 PDU；

(5) 协议实体进行 PDU 的基本句法检查，如果非法，丢弃该 PDU，否则利用团体名选择对应的 SNMP 访问策略，对 PDU 进行相应处理。

7.2 SNMPv1 的安全机制

7.2.1 团体的概念

SNMP 网络管理是一种分布式应用，这种应用的特点是管理站和被管理站之间的关系可以是一对多的关系，即一个管理站可以管理多个代理，从而管理多个被管理设备。只有属于同一团体的管理站和被管理站才能互相作用，发送给不同团体的报文被忽略。

SNMP 的团体是一个代理和多个管理站之间的认证和访问控制关系。

7.2.2 简单的团体名认证

SNMPv1 不支持加密和授权，通过包含在 SNMP 中的团体名提供简单的认证，其作用类似口令，SNMP 代理检查消息中的团体名字段的值，符合预定值时接收和处理该消息。从管理站发送到代理的报文（Get，Set）都有一个团体名，就像口令字一样。团体（community）是基本的安全机制，用于实现 SNMP 网络管理员访问 SNMP 管理代理时的身份验证。团体名（Community name）是管理代理的口令，管理员被允许访问数据对象的前提就是网络管理员知道网络代理的口令。如果把配置管理代理成可以执行 Trap 命令，当网络管理员用一个错误的团体名查询管理代理时，系统就发送一个 authenticationFailure Trap 报文。

依据 SNMPv1 协议规定，大多数网络产品出厂时设定的只读操作的团体名缺省值为"Public"，读写操作的团体名缺省值为"Private"，许多情况下，网络管理人员从未修改过该值。

团体名作为唯一的 SNMP 认证手段，也是薄弱环节之一。例如利用知名的缺省值"Public"或"Private"以及空白团体名常常能获取设备的访问权，或利用嵌入 SNMPv1 消息的团体名在网上以明码传输，及利用 Sniff 软件获取团体名。此外，还有些攻击可以绕过这一认证。

由于 SNMP 主要采用 UDP 传输，很容易进行 IP 源地址假冒，所以，仅仅使用访问控制列表有时也不足以防范。

大多数 SNMP 设备接收来自网络广播地址的 SNMP 消息，攻击者甚至可以不必知道目标设备的 IP 地址，通过发送广播 SNMP 数据包达到目的。

7.2.3 SNMPv1 可采用的访问策略

通过定义团体，代理者将对它的 MIB 的访问限定在了一组被选择的管理站中。使用多个团体，代理者可以为不同的管理站提供不同的 MIB 访问控制。访问控制包含以下两方面的含义：

- SNMP MIB 视图:MIB 中对象的一个子集。可以为每个团体定义不同的 MIB 视图（View）。视图中的对象子集可以不在 MIB 的一个子树之内。
- SNMP 访问模式: 只读权限和读写权限，即集合{read-only,read-write}的一个元素。为每个团体定义一个访问模式。

在定义 MIB 数据对象时，访问控制信息确定了可作用于该数据对象的操作种类。

MIB 视图和访问模式的结合被称为 SNMP 团体轮廓（profile）。即，一个团体轮廓由代理者处 MIB 的一个子集加上一个访问模式构成。SNMP 访问模式统一地被用于 MIB 视图中的所有对象。因此，如果选择了 READ-ONLY 访问模式，则管理站对视图中的所有对象都只能进行 read-only 操作。

事实上，在一个团体轮廓之内，存在两个独立的访问限制——MIB 对象定义中的访问限制和 SNMP 访问模式。这两个访问限制在实际应用中必须得到协调。表 7-4 给出了这两个访问限制的协调规则。注意，对象被定义为 write-only，SNMP 也可以对其进行 read 操作。

在实际应用中，一个团体轮廓要与代理者定义的某个团体联系起来，便构成了 SNMP 的访问策略（access policy）。即 SNMP 的访问策略指出一个团体中的 MIB 视图及其访问模式。

表 7-4　MIB 对象定义中的 ACCESS 限制与 SNMP 访问模式的关系

MIB 对象定义中的 ACCESS 限制	SNMP 访问模式	
	READ-ONLY	READ-WRITE
read-only	Get 和 Trap 操作有效	
read-write	Get 和 Trap 操作有效	Get，Set 和 Trap 操作有效
write-only	Get 和 Trap 操作有效，但操作值与具体实现有关	Get，Set 和 Trap 操作有效，但操作值与具体实现有关
not-accessible	无效	

7.2.4 委托代理服务

团体的概念对支持委托代理服务也是有用的。如前所述，在 SNMP 中，委托代理是指为其他设备提供管理通信服务的代理者。对于每个托管设备，委托代理系统维护一个对它的访问策略，以此使委托代理系统知道哪些 MIB 对象可以被用于管理托管设备和能够用何种模式对它们进行访问。

7.3 SNMPv1 的操作

7.3.1 检索简单对象

使用 GetRequest 操作，如果变量绑定表中包含多个变量，一次可以检索多个标量对象的值。

GetResponse 操作具有原子性。如果请求对象的值可以得到，则给予应答；反之，返回下列错误之一：

（1）变量绑定表中的一个对象无法与 MIB 中的任何对象标识符匹配，或要检索的对象是一个数据块（子树和表），没有对象实例生成。返回的 GetResponsePDU 中错误状态字段为 noSuchName。

（2）由于上下层协议限制，响应实体可以提供所要检索的值，但变量太多，一个响应 PDU 装不下，tooBig。

（3）由于其他原因响应实体至少不能提供一个对象的值，返回 genError。

例如，参考图 7-5，假设网络管理站希望从某个代理者处提取 system 组中的简单对象 sysDescr 和 sysObjectID，则它可以发出一个查询 PDU。

GetRequest(sysDescr.0, sysObjectID.0)

图 7-5　system 组

在图 7-5 中，带×的对象的操作权限为 READ-ONLY，不带×的对象的操作权限为 READ-WRITE（下同）。

本小节借助 AdventNet SNMP Utilities 软件中的 MibBrowser 组件来实现这里的 GetRequest 请求和 GetNextRequest 请求进行查询。

如图 7-6 所示，AdventNet SNMP Utilities 是 AdventNet 公司出品的一款基于 SNMP 的跨平台网络管理应用程序的集合。这一套应用程序的集合既可用来操作被管设备上的相关对象，也可用于接收代理发送的陷阱信息以及完成 SNMP 消息的解码，还可用于对 SNMPv3 代理进行安全与访问控制方面的配置。MibBrowser 组件就是 AdventNet SNMP Utilities 提供的应用程序之一，利用它可以加载和浏览 MIB，并执行所有 SNMP 相关操作，如 Get、Set、GetNext 等。

其中本例中的"Public"为访问代理的团体名。

我们提交查询的简单对象为 .iso.org.dod.internet.mgmt.mib-2.system.sysDescr.0 和 .iso.org.dod.internet.mgmt.mib-2.system.sysObjectID.0（见图中右下方的文本框）。

注意：这里提交对象时，对象 OID 也可以简化为 system.sysDescr.0 和 system.sysObjectID.0。后面类似，在本节例子中，我们并没有作此简化。

返回的结果为：

sysDescr.0:-->EchoLife HG520s

sysObjectID.0:-->.iso.org.dod.internet.private.enterprises.1.2.3.4.5

"EchoLife HG520s"即是对被管设备的文字描述。

".iso.org.dod.internet.private.enterprises.1.2.3.4.5"则是网管子系统中电信设备供应商 NxNetworks 的标识。

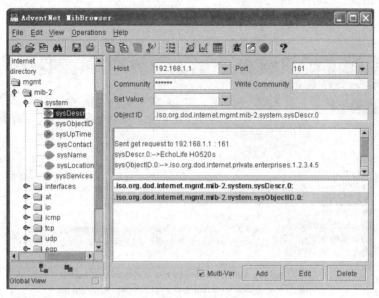

图 7-6 Get 查询实例

在被查询的对象中，只要有一个对象不被支持，则代理者将返回一个含有错误码 NoSuchName 的 GetResponse PDU，而不返回任何其他值，如图 7-7 所示，第二个查询对象不存在，则其返回错误，并指明了错误状态和索引。错误状态（Error Indication in response）为：There is no such variable name in this mib。错误索引（Errindex）为：2。

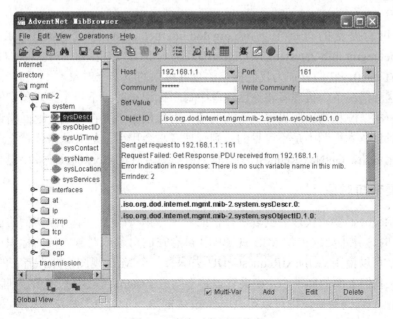

图 7-7 查询对象返回信息

由上面对 GetRequest 操作的介绍，如果为了得到 system 组内所有可用的对象值，管理站必须对组内的 7 个被管对象分别发出 7 个 GetRequest PDU。

下面考虑应用 GetNextRequest 操作来查询 system 组中相关对象的值。

我们使用 MibBrowser 查询结果如图 7-8 所示。

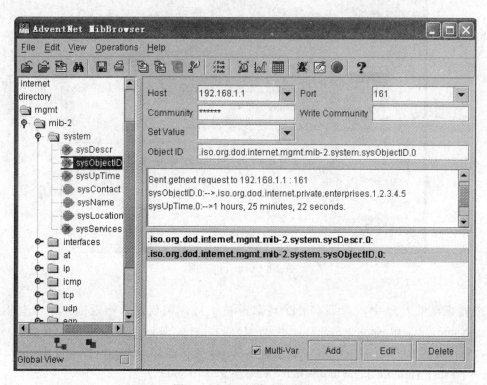

图 7-8　GetNext 查询的实例

这里，我们提交的查询值为 .iso.org.dod.internet.mgmt.mib-2.system.sysDescr.0 和 .iso.org.dod.internet.mgmt.mib-2.system.sysObjectID.0 。返回的结果为 system.sysObjectID.0 和 system.sysUpTime.0，它们分别为我们提交的查询对象的下一个对象。

可见在这种情况下，代理者将返回清单中每个标识符的"下一个"对象实例的值。

这与前面的情况相同。假设提交查询的某个对象根本不存在，则会返回错误，如果提交查询的某个对象在本视图中是不可见的，则代理者将会用后面的对象来代替它进行查询。

通过对比可知，GetNextRequest 在提取一组对象值时比 GetRequest 效率更高，更灵活。

7.3.2　检索未知对象

GetNextRequest 要求代理者提取所提供的对象标识符的下一个对象实例的值，因此，发送这类 PDU 时，并不要求提供 MIB 视图中实际存在的对象或对象实例的标识符。利用这一特点，管理站可以使用 GetNextRequest PDU 去探查一个 MIB 视图，并弄清它的结构。

例如，在我们上面的例子中，如果管理站不知道 system 组有哪些变量，则管理站可发出一个对 system 的查询命令，则可以得到 system 中的第一个对象。如图 7-9 所示。

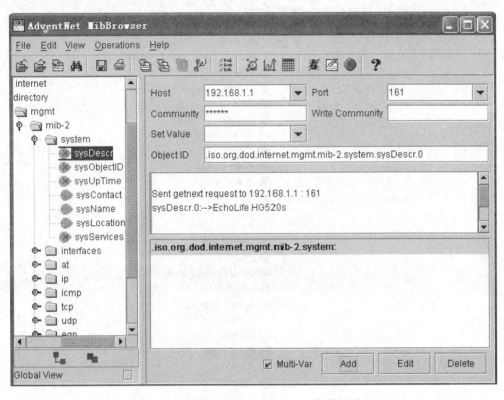

图 7-9　利用 GetNext 查询未知对象的例子

管理站因此便知道了在这个 MIB 视图中第一个被支持的对象是 sysDescr，并且知道了它的当前值，同样，管理站可以继续得到其他管理对象。

7.3.3　检索表对象

对于"先列后行"次序的表格，只要采用前面的简单查询程序一步一步地进行操作，就可以遍历整个表格。

例如，对于 UDP 监听表，只要从询问代理进程 udpTable 的下一个变量开始就可以了。由于 udpTable 不是叶子对象，我们不能指定一个实例，但是 GetNextRequest 操作依然能够返回表格中的下一个对象。然后就可以以返回的结果为基础进行下一步的操作，代理进程也会以"先列后行"的次序返回下一个变量，这样就可以遍历整个表格。

那管理进程如何知道已经到达表格的最后一行呢？既然 GetNextRequest 操作返回结果中包含表格中的下一个变量的值和名称，当返回的结果是超出表格之外的下一个变量时，管理进程就可以发现变量的名称发生了较大的变化。这样就可以判断出已经到达表格的最后一行。例如在对 UDP 监听表进行查询时，当返回的是 snmpInPkts 变量的时候就代表已经到了 UDP 监听表的最后一个变量了。

考虑图 7-10，下面举例分析。

图 7-10 interface 中的对象

我们发出如下命令来检索 ifNumber 的值，查询如图 7-11 所示。

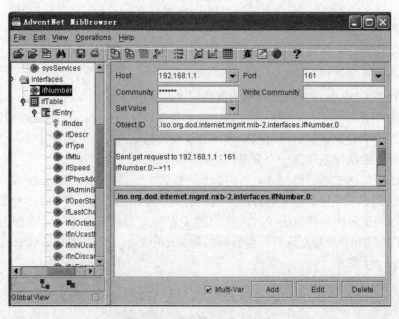

图 7-11 查询 ifNumber 的值

得到应答为：

ifNumber.0:-->11

这样我们知道有 11 个接口。如果希望进一步知道每个接口的数据速率，则可以对 ifTable.ifEntry.ifSpeed 对象进行检索，如图 7-12 所示该对象为 ifEntry 表的第 5 个元素：1.3.6.1.2.1.2.2.1.5.1。最后的 1 是索引项 ifSpeed 的值。得到的响应是：

ifSpeed.1:-->100000000

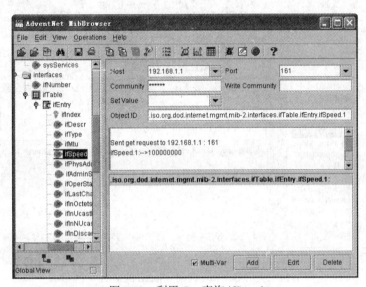

图 7-12 利用 Get 查询 ifSpeed

说明第一个接口的数据速率是 100Mb/s。如果利用 GetNext 继续查询，如图 7-13 所示。得到的是第二个接口的数据速率：

ifSpeed.2:-->10000000

说明第二个接口的数据速率是 10Mb/s。

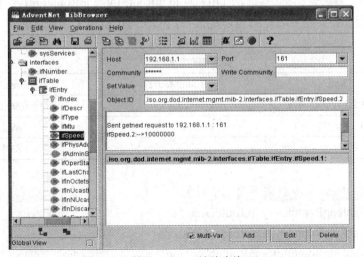

图 7-13 利用 GetNext 继续查询 ifSpeed

现在我们利用 GetNext 查询 ifSpeed 的下一个元素，即第 11 个元素的下一个元素：.iso.org.dod.internet.mgmt.mib-2.interfaces.ifTable.ifEntry.ifPhysAddress.11

其查询及返回结果如图 7-14 所示。

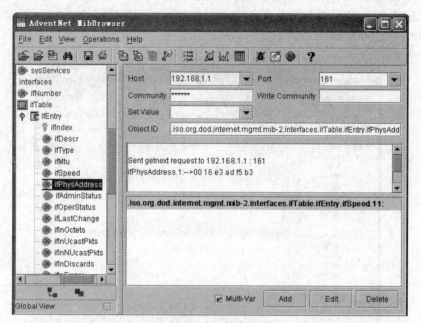

图 7-14 利用 GetNext 查询 ifSpeed 的最后一个元素

我们发现，现在返回为：

ifPhysAddress.1:-->00 16 e3 ad f5 b3

该返回元素 ifPhysAddress 已经不在 ifSpeed 之内，这就说明 ifSpeed 的列已经遍历完毕，且下一个对象为 ifPhysAddress。

如果继续查询，则可以将剩下的所有元素全部检索出来。

【例 7.1】 考虑表 7-5，该表的 OID 为 ip.ipRouteTable.ipRouteEntry。假定管理站不知道该表的行数而想检索整个表，则可以连续使用 GetNext 命令来达到目的：

表 7-5 检索表对象的例子

ipRouteDest	ipRouteMetric1	ipRouteNextHop
9.1.2.3	3	99.0.0.3
10.0.0.51	5	89.1.1.42
10.0.0.99	3	89.1.1.42

首先使用 GetNext 命令查询下面三个对象：

ip.ipRouteTable.ipRouteEntry.ipRouteDest，

ip.ipRouteTable.ipRouteEntry.ipRouteMetric1，

ip.ipRouteTable.ipRouteEntry.ipRouteNextHop。

得到响应：

ipRouteDest.9.1.2.3=9.1.2.3，

ipRouteMetric1.9.1.2.3=3，

ipRouteNextHop.9.1.2.3=99.0.0.3

以上是第一行的值，据此可以利用 GetNext 继续查询这三个对象：

(ipRouteDest.9.1.2.3，ipRouteMetric1.9.1.2.3，ipRouteNextHop.9.1.2.3)

得到的响应为第二行：

ipRouteDest.10.0.0.51=10.0.0.51，

ipRouteMetric1.10.0.0.51=5，

ipRouteNextHop.10.0.0.51=89.1.1.42

继续检索得到第三行：

ipRouteDest.10.0.0.99=10.0.0.99，

ipRouteMetric1.10.0.0.99=5，

ipRouteNextHop.10.0.0.99=89.1.1.42

当再次利用 GetNext 继续查询：

ipRouteDest.10.0.0.99，ipRouteMetric1.10.0.0.99，ipRouteNextHop. 10.0.0.99

之后，得到响应：

ipRouteIfIndex.9.1.2.3=65539，

ipRouteMetric2. 9.1.2.3= −1，

ipRouteType=3

这样我们知道该表只有 3 行，因为第四次检索的结果已经检索出该表目标检索列之外的对象。

7.3.4 表的更新和删除

SNMP 实体应网络管理站应用程序的请求发出 SetRequest PDU。它与 GetRequest PDU 具有相同的交换模式和相同的格式。但是，SetRequest 是被用于写对象值而不是读。因而，变量绑定清单中既包含对象实例标识符，也包含每个对象实例将被赋予的值。

SetRequest PDU 的 SNMP 接收实体用包含相同 request-id 的 GetResponse PDU 进行应答。SetRequest 操作是原子操作：要么变量绑定中的所有变量都被更新，要么一个都不被更新。如果应答实体能够更新变量绑定中的所有变量，则 GetResponse PDU 中包含提供给各个变量的值的变量绑定字段。只要有一个变量值不能成功地设置，则无变量值返回，也无变量值被更新。在 GetRequest 操作中可能返回的错误 noSuchName、tooBig 和 genErr 也是 SetRequest 可能返回的错误。另外一个可能返回的错误是 badValue，只要 SetRequest 中有一个变量名和变量值不一致的问题，就会返回这个错误。所谓不一致可能是类型的问题，也可能是长度的问题，还可能是提供的实际的值有问题。

【例 7.2】 考虑表 7-5，如果希望改变 ipRouteMetric1 的第一个值，则可以发出命令：

SetRequest(ipRouteMetric1.9.1.2.3=9)

得到的应答是：

GetResponse(ipRouteMetric1.9.1.2.3=9)

这样，就将该对象的值从 3 改变成 9。

利用 SetRequest 不仅可以对叶子对象实例进行值的更新，也可以利用变量绑定字段进行表格的行增加和行删除操作。删除一行只需把一个对象的值设为 invalid，返回响应确认之。

【例 7.3】 如果想增加一行，则可以发送下列命令：
SetRequest(ipRouteDest.11.3.3.12=11.3.3.12，ipRouteMetric1.11.3.3.12=9，
　　　　　ipRouteNextHop.11.3.3.12=91.0.0.5)

代理收到这个请求之后，可以进行如下处理：

代理可以拒绝这个命令。因为对象标识符 ipRouteDest.11.3.3.12 不存在，所以返回错误状态 noSuchName。

代理可以接受这个命令，并企图生成一个新的对象实例，但是发现被赋予的值不适当，因而返回错误状态 badValue。

代理可以接受这个命令，生成一个新行，使表增加到 4 行，并返回下面的应答：
GetResponse(ipRouteDest.11.3.3.12=11.3.3.12，ipRouteMetric1.11.3.3.12=9，
　　　　　ipRouteNextHop.11.3.3.12=91.0.0.5)

【例 7.4】 假定原来是 3 行的表，现在发出下面的命令：
SetRequest(ipRouteDest.11.3.3.12=11.3.3.12)

对于这个命令，代理可以采用两种处理方法：

由于变量 ipRouteDest 是索引项，所以代理可以增加一个表行，对于没有指定值的变量赋予默认值。

代理拒绝这个操作。如果要生成新行，必须提供一行中的所有变量的值。

具体采用哪种方法则在实现时决定。

【例 7.5】 如果要删除表中的行，则可以把一个对象的值置为 invalid：
SetRequest(ipRouteType.7.3.5.3=invalid)

得到的响应说明表行确已删除。
GetResponseipRouteType.7.3.5.3=invalid)

这种删除是物理的还是逻辑的，又是由实现决定的。在 MIB-2 中，只有两种表可以删除：ipRouteTable 包含 ipRouteType，可取值 invalid；ipNetToMediaTable 包含 ipNetToMediaType，可取值 invalid。

除此之外，SetRequest 还可被用于完成某种动作。SNMP 没有提供一种命令代理者完成某种动作的机制，它的全部能力就是在一个 MIB 视图内 Get 和 Set 对象值。但是利用 Set 的功能可以间接地发布完成某种动作的命令。某个对象可以代表某个命令，当它被设置为特定值时，就执行特定的动作。例如代理者可以设一个初始值为 0 的对象 reBoot，如果管理站将这个对象值置 1，则代理者系统被重新启动，reBoot 的值也被重新置 0。

7.3.5　陷阱操作

陷阱（Trap）也称为陷入，是由代理向管理站发出的异步事件报告，不需要应答报文。SNMPv1 规定了以下 7 种陷阱条件：

（1）coldStart：发送实体重新初始化，代理配置已改变，通常由于系统失效引起；

（2）warmStart：发送实体重新初始化，代理配置没有改变，正常重新启动引起；

（3）linkDown：链路失效通知，变量绑定表的第一项指明对应接口表的索引变量及其值；

（4）linkUp：链路启动通知变量绑定表的第一项指明对应接口表的索引变量及其值；

（5）authenticationFailure：发送实体收到一个没有通过认证的报文；

（6）egpNeighborLoss：相邻的外部路由器失效或关机；

（7）enterpriseSpecific：设备制造商定义的陷阱条件，在特殊陷阱字段指明具体的陷阱类型。

7.4 snmp 组

为了得到统计信息，RFC1158 在 MIB-1 的基础上增加 snmp 组，该组含有 30 个实体，在 RFC1213 减少为 28 个。如图 7-15 和表 7-6 所示。

在只支持 SNMP 站管理功能或只支持 SNMP 代理功能的实现中，有些对象是没有值的。除了最后一个对象，这一组的其他对象都是只读的计数器。对象 snmpEnableAuthenTrap 可以由管理站设置，它指示是否允许代理产生"认证失效"陷阱，这种设置优先于代理自己的配置。这样就提供了一种可以排除所有认证失效陷阱的手段。

图 7-15 snmp 组中的对象

表 7-6　　　　　　　　　　　snmp 组中的被管对象

Object	OID	Syntax	Access	Description
snmpInPkts	snmp 1	Counter	RO	snmp 模块接收到的分组数
snmpOutPkts	snmp 2	Counter	RO	snmp 模块接发送出去的分组数
snmpInBadVersions	snmp 3	Counter	RO	snmp 模块收到的使用不支持的 snmp 版本的分组数
snmpInBadCommunityNames	snmp 4	Counter	RO	snmp 模块收到的使用未知共同体的分组数
snmpInBadCommunityUses	snmp 5	Counter	RO	snmp 模块收到的共同名与操作不匹配的分组数
snmpInASNParseErrs	snmp 6	Counter	RO	snmp 模块收到的 ASN 或 BER 解码错误的分组数
snmpInTooBigs	snmp 8	Counter	RO	snmp 模块收到的状态为 TooBig 的分组数
snmpInNoSuchNames	snmp 9	Counter	RO	snmp 模块收到的状态为 NoSuchName 的分组数
snmpInBadValues	snmp 10	Counter	RO	snmp 模块收到的状态为 BadValue 的分组数
snmpInReadOnlys	snmp 11	Counter	RO	snmp 模块收到的状态为 ReadOnly 的分组数
snmpInGenErrs	snmp 12	Counter	RO	snmp 模块收到的状态为 genErr 的分组数
snmpInTotalReqVars	snmp 13	Counter	RO	被成功读取的 Object 数，包括 Get 和 GetNext 操作
snmpInTotalSetVars	snmp 14	Counter	RO	被 Set 操作成功设置的 Object 数
snmpInGetRequest	snmp 15	Counter	RO	snmp 模块接收并处理的 GetRequest 分组数
snmpInGetNext	snmp 16	Counter	RO	snmp 模块接收并处理的 GetNextRequest 分组数
snmpInSetRequest	snmp 17	Counter	RO	snmp 模块接收并处理的 SetRequest 分组数
snmpIngetReponse	snmp 18	Counter	RO	snmp 模块接收并处理的 GetResponse 分组数
snmpInTraps	snmp 19	Counter	RO	snmp 模块接收并处理的 Trap 数
snmpOutTooBigs	snmp 20	Counter	RO	snmp 模块发送的状态为 TooBig 的分组数
snmpOutNoSuchNames	snmp 21	Counter	RO	snmp 模块发送的状态为 NosuchName 的分组数
snmpOutBadValues	snmp 22	Counter	RO	snmp 模块发送的状态为 BadValue 的分组数
snmpOutGenErrs	snmp 24	Counter	RO	snmp 模块发送的状态为 genErr 的分组数
snmpOutGetRequest	snmp 25	Counter	RO	snmp 模块发出的 GetRequest 分组数
snmpOutGetNexts	snmp 26	Counter	RO	snmp 模块发出的 GetNextRequest 分组数
snmpOutSetRequests	snmp 27	Counter	RO	snmp 模块发出的 SetRequest 分组数
snmpOutGetReponses	snmp 28	Counter	RO	snmp 模块发出的 GetResponse 分组数
snmpOutTraps	snmp 29	Counter	RO	snmp 模块发出的 Trap 数
snmpEnableAuthenTraps	snmp 30	Integer	RW	标示是否允许代理程序产生认证失败陷阱，这个值将覆盖所有的认证陷阱配置信息。1.启用；2.禁止。

这里除了 snmpEnableAuthenTraps 之外的所有实体都采用了计数器类型。SNMP 组的实现方式是强制性的。图 7-16 是对一台 Windows XP 主机的 snmp 组进行查询之后的结果。

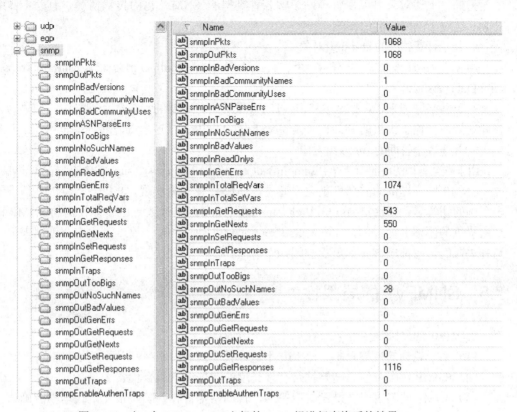

图 7-16　对一台 Windows XP 主机的 snmp 组进行查询后的结果

1. 用于配置管理的 snmp 组对象

snmp 组中唯一具有读写属性的对象是 snmpEnableAuthenTraps(30)。通过将该对象设置为 enable 或 disable，管理系统可以指定一个实体是否发送 Trap 报文。

2. 用于故障管理的 snmp 组对象

用于故障管理的对象有 10 个：snmpInASNParseErrs(6)、snmpInTooBigs(8)、snmpInNoSuchNames(9)、snmpInBadValues(10)、snmpInReadOnlys(11)、snmpInGenErrs(12)、snmpOutTooBigs(20)、snmpOutNoSuchNames(21)、snmpOutBadValues(22)、snmpOutGenErrs(24)。

这些对象给出了各种 SNMP 错误的统计数目。产生错误的原因大多数是 SNMP 的管理者和管理代理的配置有问题，从而导致实体不能正确处理 SNMP 数据包。

3. 用于性能管理的 snmp 组对象

用于性能管理的对象有 14 个：snmpInPkts(1)、snmpOutPkts(2)、snmpInTotalReqVars(13)、snmpInTotalSetVars(14)、snmpInGetRequest(15)、snmpInGetNext(16)、snmpInSetRequest(17)、snmpIngetReponse(18)、snmpInTraps(19)、snmpOutGetRequest(25)、snmpOutGetNexts(26)、snmpOutSetRequests(27)、snmpOutGetReponses(28)、snmpOutTraps(29)。

利用这些对象可计算 SNMP 包的输入和输出率，可以知道系统使用了多少资源来处理 SNMP。

SNMP 包的输入率＝$(snmpInPkts_y - snmpInPkts_x)/(y - x)$

SNMP 包的输出率＝$(snmpOutPkts_y - snmpOutPkts_x)/(y - x)$

另外，上述对象可以使管理站了解各种类型的 SNMP 包的传输情况，有助于详细分析 SNMP 包对于网络性能的影响。

4. 用于计费管理的 snmp 组对象

用于计费管理的对象有 4 个：snmpInPkts(1)、snmpOutPkts(2)、snmpInTraps(19)、snmpOutTraps (29)。

对于网络管理来说，控制 SNMP 包的数量是十分必要的。在一个网络中，如果为了增加管理功能，传输了大量的 SNMP 数据包，反而会因为占了过多的宽带而降低网络的性能。

5. 用于安全管理的 snmp 组对象

用于安全管理的对象有 2 个：snmpInBadCommunityNames(4)、snmpInBadCommunityUses(5)。

SNMP 协议提供的安全机制主要通过 SNMP 团体名来实现。如果一个 SNMP 请求没有给出正确的团体名，则通过 snmpInBadCommunityNames 来计数。当实体收到的 SNMP 请求不是所提供的团体名允许的，snmpInBadCommunityUses 对其计数。对于安全管理来说，上面两种失败的访问都应该受到重视，因为有可能存在着非法入侵者。

7.5 SNMPv1 的局限性

SNMPv1 的局限性主要表现在以下几个方面：

（1）由于轮询的性能限制，SNMP 不适合管理很大的网络；

（2）SNMP 每个分组只能够携带有限长度的数据，不适合检索大量数据；

（3）SNMP 的陷阱报文是没有应答的，管理站是否收到陷阱报文，代理不能确认；

（4）SNMP 只提供简单的团体认证，安全措施不够；

（5）SNMP 并不直接支持向被管理设备发送命令，其是通过代理的某个对象值间接地触发某一个事件，这种方法不灵活，控制能力有限；

（6）SNMP 的管理信息库 MIB-2 支持的管理对象有限，不能完成复杂的管理功能；

（7）SNMP 不支持管理站之间的通信，这一点在分布式网络中是很需要的；

（8）SNMPv1 定义太多的管理对象类，管理者必须明白许多的管理对象类的准确含义；

（9）SNMPv1 不支持如创建、删除等类型的操作，要完成这些操作，必须用 Set 操作间接触发。

习 题

1．SNMPv1 规定了哪些协议数据单元 PDU？它们各有什么作用？

2．SNMP 使用 UDP 传送报文，为什么不使用 TCP？

3．当代理接收到 SNMP 报文时，它将进行哪些处理？

4．描述 SNMP 报文的发送和接收过程。

5．什么是团体名验证？SNMPv1 的安全机制存在哪些缺陷？

6．什么是委托代理服务？它有什么作用？

7．举例说明在 SNMPv1 的操作中，如何对简单对象进行检索？

8．举例说明在 SNMPv1 的操作中，如何对表对象进行检索？它与检索简单对象操作有什么不同？

9. 现有某管理站，欲检索一被管设备的 MIB 中表 ipAddrTable 的所有对象实例的值。
（1）管理站是采用 GetRequest 还是 GetNextRequest 构造查询的 SNMP 报文？
（2）假设 ipAddrTable 有 R 行，管理站发出和接收的 SNMP 报文总共最少为多少条？
（3）假设 ipAddrTable 有 R 行，在整个检索过程中，管理站发出和接收的所有 SNMP 报文里，变量绑定的个数总共最少为多少个？

10. 举例说明在 SNMPv1 的操作中，如何对表对象进行更新和删除？

11. 什么是陷阱操作？SNMPv1 规定了哪些陷阱条件？

12. SNMPv1 存在哪些局限性？根据你自己的理解，你觉得如何改进？

第 8 章　SNMPv2

8.1　SNMP 的演变

SNMP 是目前 TCP/IP 网络中应用最广泛的网络管理协议，是网络管理事实上的标准。它不仅包括网络管理协议本身，而且代表采用 SNMP 协议的网络管理框架。

SNMP 经历了从 v1 到 v3 的发展历程：

SNMPv1 管理模型包括 4 个关键元素：管理站、管理代理、管理信息库（MIB）、管理协议。

与 SNMPv1 单纯的集中式管理模式不同，SNMPv2 支持分布式/分层式的网络管理结构，在 SNMPv2 管理模型中有些系统可以同时具有管理站和管理代理的功能，SNMPv2 定义了两个 MIB 库，一个相当于 SNMPv1 的 MIB-II，另一个是 Manager-to-Manager（M2M） MIB，提供对分布式管理结构的支持。

SNMPv3 可运用于多种操作环境，具有多种安全处理模块，有极好的安全性和管理功能，弥补了前两个版本在安全方面的不足。

8.1.1　SNMPv2 标准的开发

简单性是 SNMP 标准取得成功的主要原因。因为在大型的、多厂商产品构成的复杂网络中，管理协议的明晰是至关重要的，但同时这又是 SNMP 的缺陷所在——为了使协议简单易行，SNMP 简化了不少功能，例如：

（1）没有提供成批存取机制，对大块数据进行存取效率很低。

（2）没有提供足够的安全机制，安全性很差。

（3）只在 TCP/IP 协议上运行，不支持别的网络协议。

（4）没有提供 manager 与 manager 之间通信的机制，只适合集中式管理，而不利于进行分布式管理。

（5）只适于监测网络设备，不适于监测网络本身。

针对这些问题，对它的改进工作一直在进行。

SNMP 最重要的进展是远程网络监控（RMON）能力的开发与安全功能的完善。RMON 为网络管理者提供了监控整个子网而不仅是单独设备的能力。1991 年 11 月发布的远程网络监视协议（RMON）定义了一组支持远程监视功能的管理对象，利用这些对象使 SNMP 的代理不仅能提供代理设备的有关信息，同时还可以收集关于代理设备所在广播网络的流量统计，使管理站获得单个子网整体活动的情况，在 RMON 的设计中允许网络管理站限制和停止一个监视器的轮询操作，这在一定程度上减少了 SNMP 轮询机制带来的网络拥塞。

当 SNMP 被用于复杂的大型网络时，它在安全方面的缺点就极为明显。为了弥补这些不足，1992 年 7 月，四名 SNMP 的关键人物提出了称为 S-SNMP 的安全 SNMP 版本，S-SNMP 主要提供了数据完整性检验、数据起源认证、数据保密性等安全机制，但是 S-SNMP 并没有改进 SNMP 在功能和效率方面的不足。几乎与此同时有人又提出了另外一种协议 SMP（Simple Management Protocol）。这个协议由 8 个文件组成（非 RFC），它对 SNMP 的扩充表现在以下几个方面：

（1）适用范围：SMP 可以管理任意资源，不仅是网络资源，还可用于应用管理、系统管理，可实现管理站之间的通信，也提供了更明确更灵活的描述框架，可以描述一致性要求和实现能力。在 SMP 中管理信息的扩展性得到了增强。

（2）复杂程度、速度和效率：保持了 SNMP 的简单性，更容易实现，并提供了数据块传送能力，因而速度和效率更高。

（3）安全设施：结合了 S-SNMP 提供的安全功能。

（4）兼容性：可以运行在 TCP/IP 网络上，也适合 OSI 系统和运行其他通信协议的网络。

在对 S-SNMP 和 SMP 讨论的过程中，Internet 研究人员达成了如下的共识：必须扩展 SNMP 的功能，并增强其安全设施，使用户和制造商尽快地从原来的 SNMP 过渡到第二代 SNMP，于是 S-SNMP 被放弃，决定以 SMP 为基础开发 SNMP 第二版，即 SNMPv2。IETF 组织了两个工作组。一个负责协议功能和管理信息库的扩展，另一个负责 SNMP 的安全方面，1992 年 10 月正式开始工作。这两个组的工作进展非常之快，功能组的工作在 1992 年 12 月完成，安全组在 1993 年完成。1993 年，IETF 发布了 SNMPv2 系列协议，SNMPv2 吸取了 SNMPsec 以及 RMON 在安全性能和功能上的经验，同时针对 SNMPv1 在管理大型网络上的不足，对 SNMP 进行了一系列的扩充，主要具有以下特点：加强了数据定义语言，扩展了数据类型；增加了集合处理功能，可以实现大量数据的同时传输，提高了效率和性能；丰富了故障处理能力，支持分布式网络管理；增加了基于 SNMPsec 安全机制的安全特性。但不幸的是，经过几年试用，没有得到厂商和用户的积极响应，并且也发现自身还存在一些严重缺陷。SNMP 在安全方面的改进并没有得到各方面的支持，各设备提供商基本弃用了它的安全机制转而在 SNMPv2 体系中加入自定义的安全特性，逐渐形成了 SNMPv2u 及 SNMPv2*两个版本的竞争局面，为统一标准，IETF 不得不在 1996 年对 SNMPv2 进行修订，发布了 SNMPv2c，在这组修订新文档中，SNMPv2 的大部分特性被保留，但在安全机制方面则完全倒退回到 SNMPv1 时代，其保留了 SNMPv1 的报文封装格式，因而叫做基于团体名的 SNMP（Community-base SNMP），简称 SNMPv2c。

8.1.2 SNMPv2 的新功能

在 1996 年正式发布的 SNMPv2 中，安全特性被删除。这样，SNMPv2 对 SNMPv1 的改进程度便受到了很大的削弱。

总的来说，SNMPv2 的改进主要有以下 3 个方面：

（1）增加了 manager 和 manager 之间的信息交换机制，从而支持分布式管理结构。由中间（intermediate）manager 来分担主 manager 的任务，增加了远地站点的局部自主性。

（2）改进了管理信息结构；例如提供了一次取回大量数据的能力，效率大大提高。

（3）增强了管理信息通信协议的能力。可在多种网络协议上运行，如 OSI、Appletalk 和 IPX 等，适用多协议网络环境（但它的缺省网络协议仍是 UDP）。

SNMPv1 采用的是集中式网络管理模式。网络管理站的角色由一个主机担当。其他设备

（包括代理软件和 MIB）都由管理站监控。随着网络规模和业务负荷的增加，这种集中式的系统已经不再适应需要。管理站的负担太重，并且来自各个代理者的报告在网上产生大量的业务量。而 SNMPv2 不仅可以采用集中式的模式，也可以采用分布式模式。在分布式模式下，可以有多个顶层管理站，被称为管理服务器。每个管理服务器可以直接管理代理者。同时，管理服务器也可以委托中间管理者担当管理者角色监控一部分代理者。对于管理服务器，中间管理器又以代理者的身份提供信息和接受控制。这种体系结构分散了处理负担，减小了网络的业务量。

一些站点可以既充当 manager 又充当 agent，同时扮演两个角色。作为 agent，它们接受更高一级管理站的请求命令，这些请求命令中一部分与 agent 本地的数据有关，这时直接应答即可；另一部分则与远地 agent 上的数据有关。这时 agent 就以 manager 的身份向远地 agent 请求数据，再将应答传给更高一级的管理站。在后一种情况下，它们起的是 proxy（代理）的作用。

SNMPv2 的管理信息结构（SMI）在几个方面对 SNMPv1 的 SMI 进行了扩充。定义对象的宏中包含了一些新的数据类型。最引人注目的变化是提供了对表中的行进行删除或建立操作的规范。新定义的 SNMPv2 MIB 包含有关 SNMPv2 协议操作的基本流量信息和有关 SNMPv2 管理者和代理者的配置信息。

在通信协议操作方面，SNMPv2 改进了 SNMPv1 的 Trap 通告方式，一种不同的事件格式被设计来替代 SNMP v1 的 Trap 事件格式。最引人注目的变化是增加了两个新的 PDU：GetBulkRequest 和 InformRequest。前者使管理者能够有效地提取大块的数据，后者使管理者能够向其他管理者发送 Trap 信息。

8.2 SNMPv2 管理信息结构

SNMPv2 SMI，即 SMIv2，是对 SNMPv1 SMI 的改进，SMIv2 为被管理对象和 MIB 提供了更详尽的规范和文档。

SMIv2 主要包含了以下几个部分：
（1）对象定义；
（2）模块定义；
（3）通知定义；
（4）概念表。

8.2.1 对象定义

与 SNMPv1 一样，SNMPv2 也是用 OBJECT-TYPE 宏定义被管对象，表示管理对象的语法和语义，但是 SNMPv2 的 OBJECT-TYPE 增加了新的内容。图 8-1（a）和（b）分别给出了 OBJECT-TYPE 宏在 SMIv1 和 SMIv2 中的框架，其全文定义可以分别查阅 RFC1212 与 RFC2578。

在对象定义上，SNMPv2 与 SNMPv1 的区别主要在于下述几个方面。

1. 数据类型

SNMPv2 中使用 3 种 ASN.1 基本数据类型和 8 种自定义类型。

```
OBJECT-TYPE MACRO ::=                          OBJECT-TYPE MACRO ::=
BEGIN                                          BEGIN
  TYPE NOTATION ::=                              TYPE NOTATION ::=
        "SYNTAX" type(ObjectSyntax)                   "SYNTAX" type(ObjectSyntax)
        "ACCESS" Access                               UnitsPart
        "STATUS" Status                               "MAX-ACCESS " Access
        DescrPart                                     "STATUS" Status
        ReferPart                                     "DESCRIPTION " Text
        IndexPart                                     ReferPart
        DefValPart                                    IndexPart
  VALUE NOTATION ::=                                  DefValPart
        value (VALUE ObjectName)                 VALUE NOTATION ::=
END                                                   value (VALUE ObjectName)
                                               END
      (a)SMIv1中OBJECT-TYPE宏的框架                    (b)SMIv2中OBJECT-TYPE宏的框架
```

图 8-1　OBJECT-TYPE 宏在 SMIv1 和 SMIv2 中的框架

基本数据类型包括：

（1）Integer：$-2^{31} \sim 2^{31}$ 的整数取值信息，包括边界值。

（2）Octet String：字符串，长度 0～65535。

（3）Object Identifier：对象唯一标识符，由整数序列组成，称为子标识符。该序列从左到右表示对象在 MIB 树形结构中的位置。

自定义类型包括：

（1）Integer32：与 Integer 一样。

（2）IpAddress：使用 IP 规范格式的 32 位地址。

（3）Counter32：可增不可减的非负整数。范围最大到 $2^{32}-1$。SNMPv2 规范没有确定"初始"值，单个计数器的一次取值没有信息内容，只有计数器的两次读数之差才有意义。

（4）Gauge32：可增可减的非负整数。最大值到 $2^{32}-1$。如果到达最大值，则锁定在最大值上，只到重置为止。

（5）Unsigned32：代表 0 到 $2^{32}-1$ 之间的整数。

（6）TimeTicks：用于记时的非负整数，模为 2^{32}，两个时间点之间按百分之一秒计算。使用时，该对象的 Description 需要给出涉及的两个时间的参考点，不然 TimeTicks 类型无法取值。

（7）Opaque：为了向后兼容 SNMPv1。

（8）Counter64：可增不可减的非负整数。最大值为 $2^{64}-1$。当计数器到达最大值后，重新从 0 开始计数。

Gauge32 在 SNMPv1 中只描述了取值可以达到最大值，并锁定在最大值，没有描述是否可以下降，是否为锁定。SNMPv2 中做了规定：Gauge32 代表非负整数，其取值可增可减，但不会超过最大值。任何时候，在取模后的信息大于或等于最大值时，都保持最大值，如果取模的信息随后下降到了最大值以下，取值也随着下降。

表 8-1 给出了 SNMPv1 和 SNMPv2 支持的数据类型，可以对比一下两个版本在支持数据类型上的不同。

表 8-1　　　　　　　　　　SNMPv1 和 SNMPv2 支持的数据类型

数据类型	SNMPv1	SNMPv2
Integer	√	√
Unsigned32		√
Counter32	√	√
Counter64		√
Gauge32	√	√
TimeTicks	√	√
Octet String	√	√
IpAddress	√	√
Object Identifier	√	√

2. UnitsPart

增加了 UNITS 子句（可选择的），用文字说明与对象有关的单位数据类型。当对象表示一种度量手段时这个子句非常有用。比如时间是以天为单位，则变量单位为 day 或 month、second 等。

这里引用 UCD-SNMP-TUTORIAL-MIB（加州大学 Davis 分校 ucd-snmp 项目组的一个 MIB 示例文档）中的一个例子：

ustSSSecondsSinceChanged OBJECT-TYPE
  SYNTAX   TimeTicks
  UNITS   "1/100th Seconds"
  MAX-ACCESS read-only
  STATUS   current
  DESCRIPTION
    "This object indicates the number of 1/100th seconds since the ustSSSimpleString object has changed. If it is has never been modified, it will be the time passed since the start of the agent."
  ::= { ustScalarSet 2 }

在例子中，UNITS 子句指明了对象的值是以 1/100 秒为单位的。

3. MAX–ACCESS 子句

MAX-ACCESS 子句取代 ACCESS 子句，前缀 MAX 强调了这是访问权限的最大等级，SMIv2 支持的访问级别与 SMIv1 相比，少了 write-only，多了 read-create、accessible-for-Notify。前者表示读访问、写访问以及创建访问；后者表示对象只能通过通告来访问。

4. STATUS 子句

指明对象的状态。新标准去掉了 optional 和 mandatory，增加了一个新状态：Current（现行的），表示对象在当前标准中可用。这样，新标准中，Status 子句可以取值为 Current、obsolete（作废的）和 deprecated（可取消的）中的一个。

这里引用 D1907（SNMPv2 MIB）中的一个例子如下：

sysUpTime OBJECT-TYPE

SYNTAX   TimeTicks
MAX-ACCESS   read-only
STATUS   current
DESCRIPTION
           "The time (in hundredths of a second) since the network management portion of the system was last re-initialized."
::= { system 3 }

8.2.2 模块定义

SNMPv2 定义了信息管理模块。所谓模块就是具有相互关系的一组任务。SMIv2 包含以下 3 种信息模块：

（1）MIB 模块：包含一组有关的管理对象的定义。MIB 模块用到了 OBJECT-IDENTITY 宏和 MODULE-IDENTITY 宏。

OBJECT-IDENTITY 宏更多地用来代替 MIB 文件中辅助节点的定义，类型以及值符号定义意义直观，宏描述如下：

OBJECT-IDENTITY   MACRO ::=
BEGIN
    TYPE NOTATION ::=
                    "STATUS" Status
                    "DESCRIPTION" Text
                    ReferPart
    VALUE NOTATION ::=
                    value(VALUE OBJECT IDENTIFIER)
    Status ::=
                    "current"|"deprecated"|"obsolete"
    ReferPart ::=
                    "REFERENCE" Text|empty
    Text ::= value(IA5String)
END

这里引用 SNMP-FRAMEWORK-MIB 中的一个例子做简单说明：
snmpAuthProtocols OBJECT-IDENTITY
    STATUS   current
    DESCRIPTION
            "Registration point for standards-track authentication protocols used in SNMP Management Frameworks."
    ::= { snmpFrameworkAdmin 1 }

这里 snmpAuthProtocols 定义了一个辅助节点，相当于一个组，用来定义标准的鉴别协议。新的标准鉴别协议将定义在这个节点的下面。

MODULE-IDENTITY 宏用来描述一个模块的更新历史，所属组织以及通信联络等信息。LAST-UPDATED 描述了该模块最近一次被修订的日期，ORGANIZATION 描述了制订模块的组织，CONTACT-INFO 是通信联络信息，宏描述如下：
```
MODULE-IDENTITY    MACRO ::=
BEGIN
    TYPE NOTATION ::=
                    "LAST-UPDATED" value(Update ExtUTCTime)
                    "ORGANIZATION" Text
                    "CONTACT-INFO" Text
                    "DESCRIPTION" Text
                    RevisionPart
    VALUE NOTATION ::=
                    value(VALUE OBJECT IDENTIFIER)
    RevisionPart ::=
                    Revisions|empty
    Revisions ::=
                    Revision|Revisions Revision
    Revision ::=
                    "REVISION" value(Update ExtUTCTime)
                    "DESCRIPTION" Text
    -- a character string as defined in section 3.1.1
    Text ::= value(IA5String)
END
```
这里引用 ATM-MIB 中的例子做简单说明：
```
atmMIB MODULE-IDENTITY
    LAST-UPDATED    "9406072245Z"
    ORGANIZATION    "IETF AToM MIB Working Group"
    CONTACT-INFO
                    " Masuma Ahmed
                    Postal:   Bellcore
                    331 Newman Springs Road
                    Red Bank, NJ 07701
                    US
                    Tel:      +1 908 758 2515
                    Fax:      +1 908 758 4131
                    E-mail:   mxa@mail.bellcore.com
                    Kaj Tesink
                    Postal:   Bellcore
                    331 Newman Springs Road
                    Red Bank, NJ 07701
                    US
                    Tel:      +1 908 758 5254
```

```
                Fax:      +1 908 758 4196
                E-mail:   kaj@cc.bellcore.com"
        DESCRIPTION
                "This is the MIB Module for ATM and AAL5-related
                objects for managing ATM interfaces, ATM virtual
                links, ATM cross-connects, AAL5 entities, and
                and AAL5 connections."
        ::= { mib-2 37 }
```

这样的定义是为 atmMIB 模块在 OID 树中注册了一个顶端节点的同时，以更规范的形式，给出该模块一些附带信息。如果没有这样的宏定义，下面的语句所起的作用是一样的：

atmMIB OBJECT-IDENTIFIER ::= { mib-2 37 }

（2）MIB 一致性声明模块：使用 OBJECT-GROUP、NOTIFICATION-GROUP 和 MODULE-COMPLIANCE 宏说明有关管理对象实现方面的最小要求。

（3）代理能力说明模块：用 AGENT-CAPABILITIES 宏说明代理实体应该实现的能力。

有关 OBJECT-GROUP、NOTIFICATION-GROUP、MODULE-COMPLIANCE 和 AGENT-CAPABILITIES 宏的详细内容，请参看 8.3.5 节。

8.2.3　通知定义

SNMPv2 提供了通知类型的宏定义 NOTIFICATION-TYPE，用于定义异常条件出现时 SNMPv2 实体发送的信息。任选的 OBJECT 子句定义了包含通知实例中 MIB 对象序列。下面就分别给出 NOTIFICATION-TYPE 宏定义的框架和一种异常的定义实例。

1. NOTIFICATION–TYPE 宏定义

```
NOTIFICATION-TYPE MACRO ::=
BEGIN
    TYPE NOTATION ::=
                ObjectsPart
                "STATUS" Status
                "DESCRIPTION" Text
                ReferPart
    VALUE NOTATION ::=
                value(VALUE NotificationName)
    ObjectsPart ::=
                "OBJECTS" "{" Objects "}"
                | empty
    Objects ::=
                Object
                | Objects "," Object
    Object ::=
                value(ObjectName)
    Status ::=
```

```
                "current"
              | "deprecated"
              | "obsolete"
    ReferPart ::=
                "REFERENCE" Text
              | empty
    Text ::= value(IA5String)
END
```

其中，ObjectsPart 是可选项子句，定义每个通告实例所包含的 MIB 对象排序后的顺序，这些对象的取值存放在 PDU 的 variable-bindings 中传送到管理站。一般用于向管理站提供具体的警报相关数据和信息。ReferPart 也是可选项子句，用来描述参考信息。

2. 定义实例

```
linkup NOTIFICATION-TYPE
        OBJECT {ifIndex,ifAdminStatus,ifOperStatus}
        STATUS   current
        DESCRIPTION
          "A linkUp trap signifies that the SNMPv2 entity,
          acting in an agent role,has detected that the
          ifOperStatus object for one of its communication
          linkup has transitioned out of the down state."
          ::={snmpTraps 4}
```

在这个例子中，定义了一个通知消息 linkup，其通告实例中所包含的 MIB 对象依次为 ifIndex、ifAdminStatus、ifOperStatus。

8.2.4 概念表

1. 表的定义

与 SNMPv1 一样，SNMPv2 的管理操作只能作用于标量对象，复杂的信息要用表来表示。按照 SNMPv2 规范，表是行的序列，而行是列对象的序列。SNMPv2 把表分为以下两类：

（1）禁止删除和生成行的表：这种表的最高访问级别是 read-write。在很多情况下这种表由代理控制，表中只包含 read-only 型的对象。

（2）允许删除和生成行的表：这种表开始时可能没有行，有管理站生成和删除行。行数可由管理站或代理改变。

在 SNMPv2 表的定义中必须含有 INDEX 或 AUGMENTS 子句,但是只能有一个。INDEX 子句定义了一个基本概念行，而 INDEX 子句中的索引对象确定了一个概念行实例。与 SNMPv1 不同，SNMPv2 的 INDEX 子句中增加了任选的 IMPLIED 修饰符。

AUGMENTS 子句的作用是表示概念行的扩展。在扩展表中，AUGMENTS 子句中的变量叫做基本概念行，包含 AUGMENTS 子句的对象叫做概念行扩展，AUGMENTS 子句的引入实质是在已定义的表对象的基础上通过增加列对象来定义新表，这样就不需要重新建立已有的行定义。这样扩展的新表与全部重新定义的新表的作用完全一样，当然也可以再次扩展，形成更大的新表。

下面给出一个使用 AUGMENTS 子句扩展的表 moreTable。
moreTable OBJECT-TYPE
  SYNTAX   SEQUENCE OF MoreEntry
  MAX-ACCESS not-accessible
  STATUS   current
  DESCRIPTION
    "……"
  ::={B}
moreEntry OBJECT-TYPE
  SYNTAX   MoreEntry
  MAX-ACCESS not-accessible
  STATUS   current
  DESCRIPTION
    "……"
  AUGMENTS {petEntry}
  ::={moreTable 1}
MoreEntry::= SEQUENCE {
      nameOfVet OCTET STRING,
      dateOfLastVisit DateAndTime}
nameOfVet OBJECT-TYPE
  SYNTAX   OCTET STRING
  MAX-ACCESS read-only
  STATUS   current
  ::={MoreEntry 1}
dateOfLastVisit OBJECT-TYPE
  SYNTAX   DateAndTime
  MAX-ACCESS read-only
  STATUS   current
  ::={MoreEntry 2}
在 moreTable 表的定义中涉及了另外一个表 petTable，其定义如下：
petTable OBJECT-TYPE
  SYNTAX   SEQUENCE OF PetEntry
  MAX-ACCESS not-accessible
  STATUS   current
  DESCRIPTION
    "……"
  ::={A}
petEntry OBJECT-TYPE
  SYNTAX   PetEntry
  MAX-ACCESS not-accessible

```
        STATUS          current
DESCRIPTION
                "……"
        INDEX    {petType, petIndex}
        ::={petTable 1}
PetEntry   SEQUENCE{
        petType             OCTET STRING,
        petIndex            INTEGER,
        petCharacteristic1  INTEGER,
        petCharacteristic2  INTEGER}
ptType OBJECT-TYPE
        ……
        ::={petEntry 1}
petIndex OBJECT-TYPE
        ……
        ::={petEntry 2}
petCharacteristic1 OBJECT-TYPE
        ……
        ::={petEntry 3}
petCharacteristic2 OBJECT-TYPE
        ……
        ::={petEntry 4}
```

2. 表的操作

行的创建和删除是 SMIv2 主要的新特点。在一个表中创建行有两种方法。第一种是创建行并激活它,这样创建的行可以立刻使用。第二种方法是先创建行,以后再激活它。这就意味着我们需要知道行的状态是否可用。

有关行状态的信息是通过引入一个叫做状态列的新列 RowStatus 来完成的。行具有 6 种状态,如表 8-2 所示。其中管理器使用第一种和最后三种状态(1、4、5 和 6)在代理上创建和删除行。代理使用前三种状态(1、2 或 3)给管理器发送响应。

表 8-2   RowStatus 文法约定

状态	状态号	说明
active	1	行存在且可用
notInService	2	暂时不允许对行进行操作
notReady	3	行不具备所有必需的列元素
createAndGo	4	在一步之内创建并马上激活一个行
createAndWait	5	行正在创建,暂不能投入使用
destory	6	和 EntrStatus 中的 Invalid 一样,将行删除

MAX-ACCESS 子句经扩展包含了 status 对象的"read-create"（包括读、写和创建）的权限。它是 read-write 的父集。如果存在一个状态列的对象，那么相同行的其他列对象都不能有最大的 read-write 权限。但是它可以有 read-only（只读）和 not-accessible（不能访问）的最大权限。如果行的索引对象也是一个列对象（不总是），那么它叫做辅助对象并且它的最大权限设置成 not-accessible。

请记住：一个表可以有一个以上索引对象来定义概念上的行。

现在，我们来描述一下创建和删除操作过程。

（1）行的创建。

创建行的方法有两种：CreateAndGo 和 CreateAndWait。一种是管理站通过事务处理一次性地产生和激活概念行；另一种是管理站通过与代理协商，合作生成概念行。

CreateAndGo 生成行的步骤：

① 选择实例标识符。针对不同的索引对象可以使用不同的方法选择实例标识符。

可以采用四种方法：根据语义由管理站选择标识符；管理站选择没有使用的标识符；由 MIB 模块提供一个或一组对象，辅助管理站确定一个未用标识符；管理站选择一个随机数作为标识符。

② 用 get 操作检查概念行中各列的情况：

a. 如果返回一个值说明其他管理站已经产生了该列，返回第①步；

b. 如果返回 noSuchInstance，说明代理实现了该列的对象类型，如果该列的访问特性是"read-write"，则管理站必须用 set 显示赋值。如该列有缺省值，则可赋值或不赋值；

c. 如果返回 noSuchObject，则该列不支持操作（该列的对象类型没有实现或者该列对象在 MIB 视阈中是不可访问的），管理站不能用 set 生成该列对象的值。

③ 确定列要求后，管理站发出相应的 set 操作，并置状态列为"CreateAndGo"，然后代理根据 set 提供的信息，完成操作，并自动置状态列为"active"。如果代理不能完成操作，则返回"inconsistentValue"，管理站根据返回的信息确定是否重发 set 操作。

注意：这种创建概念行的方法仅限于那些对象能装入单个 SET 和 Response PDU 的表，另外，该方法管理站不能自动知道默认值。

CreateAndWait 生成行的步骤：

① 选择实例标识符。与 CreateAndGo 中生成步骤一样。

② 管理站与代理协商生成行，管理站用 set 命令置状态列为 CreateAndWait：

a. 如果代理返回 wrongValue，则只能用第(1)种方法；

b. 如果代理返回 noError,而状态列为 notReady 或者是 notInService，则可进行下一步操作；

③ 管理站用 get 操作查询各列情况：

a. 代理返回一个值，表示提供默认值，如果该列是读创建，则可用 set 进行赋值；

b. 代理返回是 noSuchInstance，则不提供默认值，该列管理站可以访问，如果该列是读创建，则可用 set 进行赋值；

c. 代理返回 noSuchObject，该列管理站不能访问，则不能用 set 操作赋值；

注意：如果状态列的值是 notReady，表示该行由于某些值缺少而不能被激活。则管理站应该首先处理其值为 noSuchInstance 的列，这一步完成后，状态列变成 notInService，再执行第④步。状态列为 notInService，表示该行中全部"read-create"对象都有默认值。

④ 激活概念行，用 set 操作置状态列为 active：
a. 如果代理有足够的信息使得概念行可用，则返回 noError；
b. 如果代理没有足够的信息使得概念行可用，则返回 notInService。
（2）概念行的挂起。
当概念行处于 active 状态时，如果管理站希望概念行脱离服务，以便于进行修改，可以通过 set 命令使得概念行变为挂起状态（即将状态列置为 notInService）。
（3）概念行的删除。
管理站通过 set 命令将概念列置为 destroy，可以删除概念行。

8.3 SNMPv2 管理信息库

每个 Internet 标准 MIB 文档都将前面文档标记为过时的。但是带有标记"{mgmt version-number }"为前缀的对象，表示在改版后没有发生变化。

新版本可以做到：
（1）宣布老的对象类型过时，但不删除它们的名字；
（2）通过添加非集合对象类型到列表（list）中对象类型而扩展一个对象类型的定义；
（3）要么就索性定义新的对象。

新版本不能在未改变对象名字的情况下改变对象的语义。这样就确保了相同的名字在不同的版本下会有相同的语义，在实现起来就比较方便。

例如，在 MIB-2 中，所有的对象定义都含有前缀：{ mgmt 1 }。

因此，MIB-2 继承了 MIB-1 的所有对象，并且 MIB-2 是在 MIB-1 的基础上进行开发的，定义了新的对象，是 MIB-1 的一个超集。

在 TCP/IP 网络管理的建议标准中，提出了多个相互独立的 MIB，其中包含为 Internet 的网络管理而开发的 MIB-2。鉴于它在说明标准 MIB 的结构、作用和定义方法等方面的重要性和代表性，这里对其进行比较深入的讨论。

mib-2 组被分为以下分组：
- system：关于系统的总体信息；
- interface：系统到子网接口的信息；
- at（address translation）：描述 internet 到 subnet 的地址映射；
- ip：关于系统中 IP 的实现和运行信息；
- icmp：关于系统中 ICMP 的实现和运行信息；
- tcp：关于系统中 TCP 的实现和运行信息；
- udp：关于系统中 UDP 的实现和运行信息；
- egp：关于系统中 EGP 的实现和运行信息；
- dot3（transmission）：有关每个系统接口的传输模式和访问协议的信息；
- snmp：关于系统中 SNMP 的实现和运行信息。

对 SNMPv2 来说，为了将 MIB-2 转化为符合 SMIv2，进行了一些改动，产生了两个与之相关的 MIB。

一个是 SNMPv2 MIB（RFC3418），其定义了描述 SNMPv2 实体行为的对象。它由以下三个组组成：

（1）system 组：对 MIB-2 system 组的扩展。
（2）snmp 组：对 MIB-2 snmp 组的改进。
（3）MIB 对象组：对象的集合。

这些对象处理 SNMPv2 Trap PDU，并允许几个合作 SNMPv2 实体都执行一个管理站任务来调整它们对 SNMPv2 Set 操作和使用。

第二个是使用 RFC1573 对 MIB-2 中的 interface 组进行了改进，采用 SMIv2 定义，还增加了四个新的表：ifXTable（扩展表），ifStackTable（堆栈表），ifTextTable（测试表），ifRcvAddress（接收地址表）。

另外，为了与底层的传输，RFC3417 中定义了 snmpv2tm MIB。为了支持分布式管理，在 RFC1451 中定义的 Manager-to-Manager（M2M）MIB。

8.3.1 system 组的改变

system 组提供有关被管系统的总体信息。表 8-3 列出了 MIB-2 中该组各个对象的名称、句法、访问权限和对象描述。

表 8-3　　　　　　　　　　　　system 组中的对象

Object	Syntax	Access	Description
sysDescr	DisplayString(SIZE(0 … 255))	RO	对实体的描述，如硬件、操作系统等
sysObjectID	OBJECT IDENTIFIER	RO	实体中包含的网络管理子系统的厂商标识
sysUpTime	TimeTicks	RO	系统的网络管理部分本次启动以来的时间
sysContact	DisplayString(SIZE(0 … 255))	RW	该被管节点负责人的标识和联系信息
sysName	DisplayString(SIZE(0 … 255))	RW	该被管节点被赋予的名称
sysLocation	DisplayString(SIZE(0 … 255))	RW	该节点的物理地点
sysService	INERGER(0 … 127)	RO	指出该节点所提供的服务的集合，7 个 bit 对应 7 层服务

系统组 SNMPv2 的 system 组是 MIB-2 系统组的扩展。和 SNMPv1 一样，SNMPv2 有 7 个实体或者对象，但其增加了与对象资源（Object Resource）有关的一个标量对象 sysORLastChange 和一个表对象 sysORTable。

所谓对象资源：是由代理实体使用和控制的，可以由管理站动态配置的系统资源。图 8-2 描述了修订后的 system 组。

增加的这些实体在 RFC1907 中具体定义如下：
sysORLastChange OBJECT-TYPE
　　SYNTAX　　　TimeStamp
　　MAX-ACCESS read-only
　　STATUS　　　current
　　DESCRIPTION
　　　　"The value of sysUpTime at the time of the most recent
　　　　change in state or value of any instance of sysORID."
　　::= { system 8 }

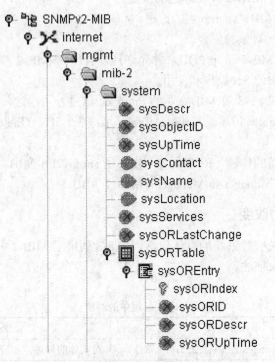

图 8-2　SNMPv2 修订后的 system 组

可见，标量对象 sysORLastChange 记录着对象资源表中描述对象实例改变状态的时间。sysORTable 对象的相关定义如下：

sysORTable OBJECT-TYPE
　　SYNTAX　　　SEQUENCE OF SysOREntry
　　MAX-ACCESS　not-accessible
　　STATUS　　　current
　　DESCRIPTION
　　　　"The (conceptual) table listing the capabilities of the
　　　　local SNMPv2 entity acting in an agent role with respect to
　　　　various MIB modules.　SNMPv2 entities having dynamically-
　　　　configurable support of MIB modules will have a
　　　　dynamically-varying number of conceptual rows."
　　::= { system 9 }

从上面的定义可以得知，sysORTable 对象是一个特殊的表，其中列出了由代理控制的系统资源。管理者可以通过代理对这些资源进行配置。

sysOREntry OBJECT-TYPE
　　SYNTAX　　　SysOREntry
　　MAX-ACCESS　not-accessible
　　STATUS　　　current
　　DESCRIPTION

"An entry (conceptual row) in the sysORTable."
    INDEX   { sysORIndex }
    ::= { sysORTable 1 }

sysOREntry 是 sysORTable 中的一个条目，其对象标识符为 sysORTable 1。SysOREntry 和 SysORTable 对象都是在 SysOREntry 类型基础上构建的。sysOREntry 及 SysOREntry 定义如下：

SysOREntry ::= SEQUENCE {
    sysORIndex   INTEGER，
    sysORID   OBJECT IDENTIFIER，
    sysORDescr   DisplayString，
    sysORUpTime   TimeStamp
}

由 sysOREntry 的定义可知，其是由 sysORIndex、sysORID、sysORDescr 和 sysORUpTime 四个对象构成的列表类型，这四个对象作为表中的一行，分别定义了一个资源模块所在行的行索引号、OBJECT IDENTIFIER、对象描述信息以及自本行的对象上一次被例示以来总共经过的时间。这四个对象的具体定义如下：

sysORIndex OBJECT-TYPE
    SYNTAX   INTEGER (1..2147483647)
    MAX-ACCESS not-accessible
    STATUS   current
    DESCRIPTION
        "The auxiliary variable used for identifying instances of
        the columnar objects in the sysORTable."
    ::= { sysOREntry 1 }

sysORIndex 是行索引，同时它也是 sysORTable 表的索引。其对象标识符为 sysOREntry 1。

sysORID OBJECT-TYPE
    SYNTAX   OBJECT IDENTIFIER
    MAX-ACCESS read-only
    STATUS   current
    DESCRIPTION
        "An authoritative identification of a capabilities statement
        with respect to various MIB modules supported by the local
        SNMPv2 entity acting in an agent role."
    ::= { sysOREntry 2 }

sysORID 为 MIB 中为该资源模块定义的唯一的资源对象的对象标识符（OBJECT IDENTIFIER）。其对象标识符为 sysOREntry 2。

sysORDescr OBJECT-TYPE
    SYNTAX   DisplayString

MAX-ACCESS read-only
STATUS   current
DESCRIPTION
"A textual description of the capabilities identified by the
corresponding instance of sysORID."
::= { sysOREntry 3 }

sysORDescr 为资源模块的文字说明。其对象标识符为 sysOREntry 3。

sysORUpTime OBJECT-TYPE
SYNTAX   TimeStamp
MAX-ACCESS read-only
STATUS   current
DESCRIPTION
"The value of sysUpTime at the time this conceptual row was
last instanciated."
::= { sysOREntry 4 }

sysORUpTime 是自本行的对象上一次被例示以来总共经过的时间。其对象标识符为 sysOREntry 4。表 8-4 列出了 sysORTable 对象内容的描述。

表 8-4   sysORTable 表内容

Object	Syntax	Access	Description
sysORIndex	INTRGER	not-accessible	唯一确定一个具体的可动态配置的对象资源
sysORID	OBJECT IDENTIFIER	read-only	类似于 MIB-2 中的 sysObjectID，表示这个实体的 ID
sysORDescr	DisplayString	read-only	对象资源的文字描述
sysORUpTime	TimeStamp	read-only	这个行最近开始作用时 sysUpTime 的值

8.3.2　snmp 组的重定义

snmp 组中记录着关于系统中 SNMP 的实现和运行信息。前面 7.4 节介绍过，SNMPv1 的 snmp 组共有 28 个实体。SNMPv2 的 snmp 组是由 MIB-2 的对应组改造而成，其增加了一些新的对象，但新的 snmp 组对象少了，其删除了对排错作用不大的许多变量。

简化之后的 snmp 组只有 8 个实体：6 个老的实体（1，3，4，5，6，30）和两个新的（31 和 32）。

新增加的两个实体在 RFC1907 中定义如下：
snmp   OBJECT IDENTIFIER ::= { mib-2 11 }
……
snmpSilentDrops OBJECT-TYPE
SYNTAX   Counter32

MAX-ACCESS read-only
STATUS   current
DESCRIPTION

"The total number of GetRequest-PDUs，GetNextRequest-PDUs，GetBulkRequest-PDUs，SetRequest-PDUs，and InformRequest-PDUs delivered to the SNMP entity which were silently dropped because the size of a reply containing an alternate Response-PDU with an empty variable-bindings field was greater than either a local constraint or the maximum message size associated with the originator of the request."

::= { snmp 31 }

在接收到所有五种类型的 PDU 中,有一些报文会因为 VarBind 或最大消息长度出现异常而被悄悄丢弃,snmpSilentDrops 记录了这些丢弃报文的个数。

snmpProxyDrops OBJECT-TYPE
SYNTAX   Counter32
MAX-ACCESS read-only
STATUS   current
DESCRIPTION

"The total number of GetRequest-PDUs，GetNextRequest-PDUs，GetBulkRequest-PDUs，SetRequest-PDUs，and InformRequest-PDUs delivered to the SNMP entity which were silently dropped because the transmission of the (possibly translated) message to a proxy target failed in a manner (other than a time-out) such that no Response-PDU could be returned."

::= { snmp 32 }

在接收到所有五种类型的 PDU 中,有一些报文会因为在传送给代理目标的时候出现失败无法得到响应从而被悄悄丢弃,snmpProxyDrops 记录了这些丢弃报文的个数。

8.3.3　MIB 对象组

MIB 对象组(snmpMIBObjects)与管理对象的控制有关,它分为三个模块:snmpTrap 组、snmpTraps 模块和 snmpSet 组。snmpMIBObjects 组的结构如图 8-3 所示。

1. snmpTrap 组

第一个子组是 snmpTrap 组,它由 snmpTrapOID 和 snmpTrapEnterprise 组成,这两个对象都与捕获相关。snmpTrapOID 是当前发送的捕获或者通告的对象标识符,对象 snmpTrapOID 的取值作为每个 SNMPv2-Trap PDU 和 InformRequest PDU 的第二个 variable-binding 出现。snmpTrapEnterprise 是与当前发送事件相关的对象标识符,当 SNMPv2 代理服务器代理把 RFC1157 Trap PDU 映射成 SNMPv2-Trap PDU 时,snmpTrapEnterprise 对象的取值作为最后一个 variable-binding 出现。

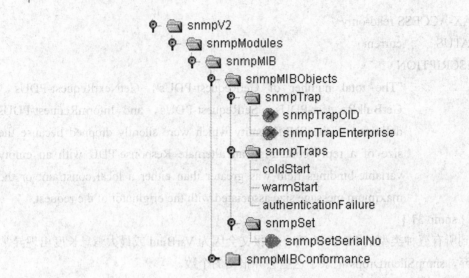

图 8-3 snmpMIBObjects 组的结构

snmpTrap 组在 RFC3418 中定义如下：
snmpTrap   OBJECT IDENTIFIER ::= { snmpMIBObjects 4 }
    snmpTrapOID OBJECT-TYPE
        SYNTAX   OBJECT IDENTIFIER
        MAX-ACCESS   accessible-for-notify
        STATUS   current
        DESCRIPTION
                "The authoritative identification of the notification   currently being
                sent. This variable occurs as the second varbind in every
                SNMPv2-Trap-PDU and InformRequest-PDU."
        ::= { snmpTrap 1 }
--   ::= { snmpTrap 2 }   this OID is obsolete
    snmpTrapEnterprise OBJECT-TYPE
        SYNTAX   OBJECT IDENTIFIER
        MAX-ACCESS accessible-for-notify
        STATUS   current
        DESCRIPTION
                "The authoritative identification of the enterprise associated with the
                trap currently being sent. When an SNMP proxy agent is mapping
                an RFC1157 Trap-PDU into a SNMPv2-Trap-PDU，this variable
                occurs as the last varbind."
        ::= { snmpTrap 3 }
--   ::= { snmpTrap 4 }   this OID is obsolete

2. snmpTraps 组

snmpTraps 组中包括一些众所周知的陷入实体。其在 RFC3418 中定义如下：

```
snmpTraps     OBJECT IDENTIFIER ::= { snmpMIBObjects 5 }
coldStart NOTIFICATION-TYPE
      STATUS   current
      DESCRIPTION
            "A coldStart trap signifies that the SNMP entity,
            supporting a notification originator application, is
            reinitializing itself and that its configuration may
            have been altered."
      ::= { snmpTraps 1 }
```
上面是 coldStart 实体的定义。
```
warmStart NOTIFICATION-TYPE
      STATUS   current
      DESCRIPTION
            "A warmStart trap signifies that the SNMP entity,
            supporting a notification originator application,
            is reinitializing itself such that its configuration
            is unaltered."
      ::= { snmpTraps 2 }
```
上面是 warmStart 实体的定义。
```
authenticationFailure NOTIFICATION-TYPE
      STATUS   current
      DESCRIPTION
            "An authenticationFailure trap signifies that the SNMP entity has received
            a  protocol  message  that  is  not  properly  authenticated.  While  all
            implementations of SNMP entities MAY be capable of generating this
            trap, the snmpEnableAuthenTraps object indicates whether this trap will
            be generated."
      ::= { snmpTraps 5 }
```
上面是 authenticationFailure 实体的定义。

在 snmpTraps 模块中定义了 6 个陷阱实体：coldStart、warmStart、linkDown、linkUp、authenticationFailure 和 egpNeighborLoss。上面定义了其中三个。另外，linkDown 和 linkUp 在 RFC2863 定义，它们的 OBJECT INDENTIFER 分别为 snmpTraps 3，snmpTraps 4；egpNeighborLoss 在 RFC 1213 定义，其 OBJECT INDENTIFER 为 snmpTraps 6。

3. snmpSet 组

第三个子组是 snmpSet 组，它只有 snmpSerialNo 一个对象。其在 RFC3418 中定义如下：
```
-- the set group
--
-- a collection of objects which allow several cooperating
-- command generator applications to coordinate their use of the
-- set operation.
```

```
snmpSet            OBJECT IDENTIFIER ::= { snmpMIBObjects 6 }
snmpSetSerialNo OBJECT-TYPE
    SYNTAX      TestAndIncr
    MAX-ACCESS read-write
    STATUS      current
    DESCRIPTION
        "An advisory lock used to allow several cooperating command generator
        applications to coordinate their use of the SNMP set operation.This object
        is used for coarse-grain coordination.To achieve fine-grain coordination,
        one or more similar objects might be defined within each MIB group,  as
        appropriate."
    ::= { snmpSet 1 }
```

由定义可知，snmpSet 组，它只有 snmpSerialNo 一个对象，其用于解决 Set 操作中可能出现的问题：一个管理站向同一 MIB 对象发送多个，需保证顺序执行；多个管理站对 MIB 的并发操作可能破坏数据库的一致性和精确性。

管理站执行 Set 操作之前，先使用 Get 操作获取 snmpSerialNo 的值，然后将 snmpSerialNo 对象和值一起绑定在 variable-bindings 中，代理收到请求后，如果 snmpSerialNo 值和代理中的值能匹配上，则进行 Set 操作，并将其值加 1，这样，后继的重复操作就因为 snmpSetSerialNo 不匹配而不能操作成功。如果匹配不成功，则直接返回 inconsistentValue 错误而导致请求失败。如果两个合法的 Set 操作都送到了代理，则第一个因为 snmpSetSerialNo 值正确而成功，另一个失败，有效地避免了冲突。

8.3.4 interfaces 组

interfaces 组包含实体物理接口的一般信息，包括配置信息和各接口中所发生的事件的统计信息。

1. interfaces 组的不足和改进

RFC1573 指出了原先 MIB-2 中的 interface 组存在的不足之处，并对 MIB-2 中的 interface 组进行了改进：采用 SMIv2 定义，增加了四个新的表 ifXTable（接口扩展表）、ifStackTable（接口堆栈表）、fTextTable（接口测试表）、ifRcvAddress（接口接收地址表）。

原来的接口组的功能和不足之处在于：

（1）接口编号：MIB-2 接口组定义变量 ifNumber 作为接口编号，是常数，这对于允许动态增加/删除网络接口的协议是不适合的。

（2）接口子层：有时需要区分网络层下面的各个子层，而 MIB-2 没有提供这个功能。

（3）虚电路问题：对应一个网络接口可能有多个虚电路。

（4）不同传输特性的接口：MIB-2 接口表只适用于分组传输协议，不适应面向字符、比特等的协议。

其改进部分主要为：

（1）重新规定 ifIndex 不代表一个接口，而是用于区分接口子层；

（2）不再限制 ifIndex 的取值必须在 1 到 ifNumber 之间；

（3）允许动态地增加和删除网络接口；

(4) 废除了用处不大的变量。如：ifNUcastPkts，ifOutNUcastPkts，ifOutQLen。

RFC1573 对 interfaces 组增加了 4 个新表：

(1) 接口扩展表（ifXTable）：包含各种接口对象的信息。

(2) 接口堆栈表（ifStackTable）：说明接口表中属于同一物理接口的各个行之间的关系，指明哪些子层运行于哪些子层上。

(3) 接口测试表（ifTestTable）：作用是由管理站指示代理系统测试接口的故障。该表的一个行代表一个接口测试。

(4) 接口接收地址表（ifRcvAddressTable）：包含每个接口对应的各种地址（广播地址、组地址和单地址）。

2. 接口扩展表（ifXTable）

该表中保存了各种接口对象的信息，对 ifTable 进行了扩展，提供了 ifTable 之外的附加信息。

在 RFC1573 中，该表被定义如下：

```
ifXTable         OBJECT-TYPE
    SYNTAX       SEQUENCE OF IfXEntry
    MAX-ACCESS   not-accessible
    STATUS       current
    DESCRIPTION
            "A list of interface entries.   The number of entries
             is given by the value of ifNumber.   This table
             contains additional objects for the interface table."
    ::= { ifMIBObjects 1 }


ifXEntry        OBJECT-TYPE
    SYNTAX      IfXEntry
    MAX-ACCESS  not-accessible
    STATUS      current
    DESCRIPTION
            "An entry containing additional managementinformation applicable
             to a particular interface."
    AUGMENTS    { ifEntry }
    ::= { ifXTable 1 }
```

由上可知，ifXTable 是以 IfXEntry 类型为基础构建的表格，ifXTable 也是一个 IfXEntry 类型的对象。IfXEntry 定义如下：

```
IfXEntry ::=
    SEQUENCE {
        ifName                  DisplayString,
        ifInMulticastPkts       Counter32,
        ifInBroadcastPkts       Counter32,
        ifOutMulticastPkts      Counter32,
```

```
        ifOutBroadcastPkts              Counter32,
        ifHCInOctets                    Counter64,
        ifHCInUcastPkts                 Counter64,
        ifHCInMulticastPkts             Counter64,
        ifHCInBroadcastPkts             Counter64,
        ifHCOutOctets                   Counter64,
        ifHCOutUcastPkts                Counter64,
        ifHCOutMulticastPkts            Counter64,
        ifHCOutBroadcastPkts            Counter64,
        ifLinkUpDownTrapEnable          INTEGER,
        ifHighSpeed                     Gauge32,
        ifPromiscuousMode               TruthValue,
        ifConnectorPresent              TruthValue
    }
```

可见，在接口扩展表 ifXTable 中，每行包括以上一系列对象。它们的具体含义如表 8-5 所示。

表 8-5　　　　　　　　　　　接口扩展表

实　　体	OID	简　要　说　明
IfName	ifXEntry 1	接口的文本名称
ifInMulticastPkts	ifXEntry 2	本层传给高层多播包数量
ifInBroadcastPkts	ifXEntry 3	本层传给高层广播包数量
ifOutMulticastPkts	ifXEntry 4	高层请求本层发送的多播包数量
ifOutBroadcastPkts	ifXEntry 5	高层请求本层发送的广播包数量
ifHCInOctets	ifXEntry 6	本接口收到的八位组数量
ifHCInUcastPkts	ifXEntry 7	本层传给高层非广播和多播的包数量
ifHCInMulticastPkts	ifXEntry 8	本层传给高层多播包数量
ifHCInBroadcastPkts	ifXEntry 9	本层传给高层广播包数量
ifHCOutOctets	ifXEntry 10	本接口发送的八位组数量
ifHCOutUcastPkts	ifXEntry 11	高层请求本层发送的非广播和多播的包数量
ifHCOutMulticastPkts	ifXEntry 12	高层请求本层发送的多播包数量
ifHCOutBroadcastPkts	ifXEntry 13	高层请求本层发送的广播包数量
ifLinkUpDownTrapEnable	ifXEntry 14	是否产生 linkup 和 linkdown 告警。Enable(1)，Disable(2)
ifHighSpeed	ifXEntry 15	本接口的带宽
ifPromiscuousMode	ifXEntry 16	混杂模式标记，取值为 true(1)时表示接口接收所有传输到该媒质上的帧/数据包；false 时表示只接收发往该地址的帧/数据包，不考虑广播和多播数据
ifConnectorPresent	ifXEntry 17	接口的目前连通状态

ifInMulticastPkts、ifInBroadcastPkts、ifOutMulticastPkts、ifOutBroadcastPkts 用于对接口接收到的多播和广播数据进行计数，它们取代了 ifTable 中的 ifInNUcastPkts 和 ifOutNUcastPkts。

8 个 counter64 类型的 HC 计数器称为"高容量"计数器，是 ifTable 中相应计数器的 64 位版本，意义相同。如果一个接口的数据速率相当高，则代理就使用这些高容量的计数器进行计数。

3. 接口堆栈表 ifStackTable

ifStackTable 显示 ifTable 中由同一接口所支持的多行之间的关系，表明哪些子层之间的运行期存在依赖关系。ifStackTable 中的每一项都定义了 ifTalbe 中两个条目之间的关系。

在 RFC1573 中，该表被定义如下：

```
ifStackTable    OBJECT-TYPE
    SYNTAX          SEQUENCE OF IfStackEntry
    MAX-ACCESS      not-accessible
    STATUS          current
    DESCRIPTION
        "The table containing information on the relationships between the
        multiple sub-layers of network interfaces.In particular, it contains
        information on which sub layers run 'on top of' which other sub-layers.
        Each sub-layer corresponds to a conceptual row in the ifTable."
    ::= { ifMIBObjects 2 }

ifStackEntry    OBJECT-TYPE
    SYNTAX          IfStackEntry
    MAX-ACCESS      not-accessible
    STATUS          current
    DESCRIPTION
        "Information on a particular relationship between two
        sub-layers, specifying that one sub-layer runs on
        'top' of the other sub-layer. Each sub-layer
        corresponds to a conceptual row in the ifTable."
    INDEX { ifStackHigherLayer, ifStackLowerLayer }
    ::= { ifStackTable 1 }
```

由上可知，ifStackTable 是以 IfStackEntry 类型为基础构建的表格，ifStackEntry 也是一个 IfStackEntry 类型的对象。IfXEntry 定义如下：

```
IfStackEntry ::=
    SEQUENCE {
        ifStackHigherLayer      Integer32,
        ifStackLowerLayer       Integer32,
        ifStackStatus           RowStatus
    }
```

IfStackEntry 由三个对象组成。ifStackHigherLayer 为高层子层的 ifIndex 值。而

ifStackLowerLayer 为低层子层的 ifIndex 值，如表 8-6 所示。

表 8-6　　　　　　　　　　　IfStackEntry

实　体	OID	简　要　说　明
ifStackHigherLayer	ifStackEntry 1	高层子层的 ifIndex 值
ifStackLowerLayer	ifStackEntry 2	低层子层的 ifIndex 值
ifStackStatus	ifStackEntry 3	两个子层之间的关联状况

4. 接口测试表 ifTestTable

该表的作用是由管理站指示代理系统测试接口的故障。该表的一个行代表一个接口测试。

该表代替了以前的 ifExtnsTestTable。

在 RFC1573 中，该表被定义如下：

  ifTestTable　　OBJECT-TYPE
    SYNTAX　　　　SEQUENCE OF IfTestEntry
    MAX-ACCESS　　not-accessible
    STATUS　　　　current
    DESCRIPTION
      ……（此处省略）
    ::= { ifMIBObjects 3 }

  ifTestEntry OBJECT-TYPE
    SYNTAX　　　　IfTestEntry
    MAX-ACCESS　　not-accessible
    STATUS　　　　current
    DESCRIPTION
      "An entry containing objects for invoking tests on an
      interface."
    AUGMENTS　　{ ifEntry }
    ::= { ifTestTable 1 }

由上可知，ifTestTable 是以 IfTestTable 类型为基础构建的表格，ifTestTable 也是一个 IfTestTable 类型的对象。IfTestTable 定义如下：

  IfTestEntry ::=
    SEQUENCE {
      ifTestId　　　　　TestAndIncr，
      ifTestStatus　　　INTEGER，
      ifTestType　　　　AutonomousType，
      ifTestResult　　　INTEGER，
      ifTestCode　　　　OBJECT IDENTIFIER，

ifTestOwner   OwnerString
}

IfTestEntry 由六个对象组成。其具体信息如表 8-7 所示。

表 8-7　　　　　　　　　　　　IfTestEntry

实　　体	OID	简　要　说　明
ifTestId	ifTestEntry 1	目前接口测试对象的对象标识符
ifTestStatus	ifTestEntry 2	表示某些管理站当前是否对在该接口请求调用一个测试的条目拥有所属权，取值为 notInUse(1)和 inUse(2)
ifTestType	ifTestEntry 3	测试类型
ifTestResult	ifTestEntry 4	最近请求的测试结果。none(1)(无测试请求)、success(2)、inProgress(3)、unAbleToRun(5)（因为系统的状态不能执行)、aborted(6)、failed(7)
ifTestCode	ifTestEntry 5	测试结果返回代码
ifTestOwner	ifTestEntry 6	测试所有者

ifTestTable 中的每一行都提供了以下三个性能：

（1）使管理站能够通过设置 ifTestType 的取值，在接口上执行特定的测试。该取值设定成功后，代理立即运行该测试。

（2）使管理站能通过获取 ifTestResult 和 IfTestCode 的取值获得测试结果。在代理运行测试结束后，代理将测试的结果保存在这两个对象实例中。

（3）提供了一种机制确保每次只有一个管理站成功地调用了一个测试，通过对象 ifTestID 和 IfTestStatus 实现这种机制。

5. 接收地址表 ifRcvAddressTable

该表对所有的能够接受多个地址数据包/帧的接口类型都是强制性的。该表代替了 ifExtnsRcvAddr，两表的唯一不同在于该表能够使用 RowStatus 文本约定。

在 RFC1573 中，该表被定义如下：

```
ifRcvAddressTable   OBJECT-TYPE
    SYNTAX          SEQUENCE OF IfRcvAddressEntry
    MAX-ACCESS      not-accessible
    STATUS          current
    DESCRIPTION
                    …….（省略）
    ::= { ifMIBObjects 4 }
ifRcvAddressEntry   OBJECT-TYPE
    SYNTAX          IfRcvAddressEntry
    MAX-ACCESS      not-accessible
    STATUS          current
```

DESCRIPTION
"A list of objects identifying an address for which
the system will accept packets/frames on the
particular interface identified by the index value
ifIndex."
INDEX   { ifIndex,   ifRcvAddressAddress }
::= { ifRcvAddressTable 1 }

由上可知，ifRcvAddressTable 是以 IfRcvAddressTable 类型为基础构建的表格，它包含了每个接口对应的各种地址（广播地址、组地址和单地址）的一个入口。ifRcvAddressTable 也是一个 IfRcvAddressTable 类型的对象。IfRcvAddressTable 定义如下：

IfRcvAddressEntry ::=
　　SEQUENCE {
　　　　ifRcvAddressAddress　　PhysAddress,
　　　　ifRcvAddressStatus　　　RowStatus,
　　　　ifRcvAddressType　　　　INTEGER
　　}

IfRcvAddressEntry 由三个对象组成。这些对象的解释如表 8-8 所示。

表 8-8　　　　　　　　　　　　　IfRcvAddressEntry

实体	OID	简要说明
ifRcvAddressAddress	ifRcvAddressEntry 1	具体的单播、多播或广播地址，系统把这些地址识别为目标地址，用于捕获数据包
ifRcvAddressStatus	ifRcvAddressEntry 2	用来标记该行，以便于创建和删除
ifRcvAddressType	ifRcvAddressEntry 3	表明地址是 other (1)、volatile (2)、nonvolatile (3)。nonvolatile 地址在系统重启之后仍然存在，而 volatile 地址将丢失。标明 other 的地址表明在表中得不到这种信息。

IfRcvAddressType 取值为 nonVolatile(3)，则说明该行有效，并且在下次系统重新启动后不会被删除；取值为 volatile(2)，则说明该行有效，但在下次系统重新启动后会被删除；取值为 other(1)，则说明该行有效，但是并没有明确表明下次系统重新启动后是否会被删除。

8.3.5　MIB 一致性声明

RFC1904 定义了 SNMPv2 关于实现网络管理标准的一致性声明。当一个产品的实现符合最小特征集合的时候，可以认为他遵循了一个特殊的标准。在 8.2.2 节中曾经提到，SMIv2 的模块定义中，包含了 3 种信息模块：MIB 模块、MIB 一致性声明模块和代理能力说明模块。其中，MIB 模块已经在 8.2.2 节中予以详细介绍。在上面了解了 SNMPv2 管理信息库的相关内容后，本节就将对 MIB 一致性声明模块和代理能力说明模块涉及的一致性声明问题进行介绍。

MIB 一致性声明模块使用 OBJECT-GROUP、NOTIFICATION-GROUP 和 MODULE-COMPLIANCE 宏说明有关管理对象实现方面的最小要求。代理能力说明模块用 AGENT-CAPABILITIES 宏说明代理实体应该实现的能力。

SNMPv2 服从的最小需求叫做模块服从，由 ASN.1 宏 MODULE-COMPLIANCE 定义。它详细说明了应该实现的最小 MIB 模块或者模块子集。在代理中实现的 MIB 模块通过另外一个 ASN.1 模块 AGENT-CAPABILITIES（代理能力）详细说明。为了便于定义模块服从和代理能力，对象和陷阱已经结合成组，成为 MIB 模块的子集。对象组由 ASN.1 宏 OBJECT-GROUP 定义，陷阱组由宏 NOTIFICATION-GROUP 定义。

1. OBJECT–GROUP 宏映射

为了一致性的目的，把相关的被管理对象定义成一个集合是很有用的。OBJECT-GROUP 宏用来定义这样的每一个相关对象集合。应该注意的是，从概念上说，OBJECT-GROUP 的宏扩展发生在实现阶段而不是运行阶段。

为了"操作"一个对象，针对管理协议的检索操作，担任代理角色的 SNMPv2 实体必须返回一个有意义的精确数值。与此类似，如果对象是可写的，那么要响应管理协议的设置操作，SNMPv2 实体必须有能力且有意义的改变下面的被管理实体。如果担任代理角色的 SNMPv2 实体不能操作一个对象，管理协议为 SNMPv2 实体提供了一个返回异常或错误，例如 noSuchObject。在任何情况下，SNMPv2 实体都不应该返回一个没有进行操作的对象的数值——必须返回一个相应的异常或错误。

在 RFC1904 中，OBJECT-GROUP 宏定义如下：

```
OBJECT-GROUP MACRO ::=
BEGIN
    TYPE NOTATION ::=
                ObjectsPart
                "STATUS" Status
                "DESCRIPTION" Text
                ReferPart
    VALUE NOTATION ::=
                value(VALUE OBJECT IDENTIFIER)
    ObjectsPart ::=
                "OBJECTS" "{" Objects "}"
    Objects ::=
                Object| Objects "," Object
    Object ::=
                value(Name ObjectName)
    Status ::=
                "current"| "deprecated"| "obsolete"
    ReferPart ::=
                "REFERENCE" Text| empty
    -- 使用 NVT ASCII 字符集
    Text ::= """" string """"
```

END

下面对该定义中的相关子句解释说明如下：

OBJECTS 子句用来命名包括在一致性组中的所有对象，该子句必须出现。有 OBJECT-GROUP 宏出现时，每一个被命名的对象必须定义在同一个信息模块中，并且必须有一个 MAX-ACCESS 子句，其值为"accessible-for-notify"、"read-only"、"read-write"或者"read-create"。

每一个定义在信息模块中对象，如果具有一个 MAX-ACCESS 子句而不是"not-accessible"，那么至少应该有一个对象组包括该对象。这避免了把一个新对象加入到信息模块中而忘记把其加入到一个组中时常犯的错误。

STATUS 子句表明了本定义是当前状态还是历史状态，该子句必须出现。

"current"和"obsolete"值本身说明的很清楚。"deprecated"值表明该定义是可取消的，但是操作者可能希望支持这个组与旧的操作协同工作。

DESCRIPTION 子句是组的文本定义，描述了与其他组的所有关系，该子句是必须出现的。注意，一般的遵循需求不应该在该子句中说明。然而，本组与其他组的实现关系可以定义在该子句中。

REFERENCE 子句包括一个组的文本交叉引用，该组定义在其他的信息模块中，这个子句不一定要出现。当分离一个其他组织生成的 MIB 模块时是很有用的。

OBJECT-GROUP 宏调用的一个值是组名，它是一个 OBJECT IDENTIFIER，即一个被管理分配的名字。

下面是一个 OBJECT-GROUP（SNMPv2 snmp 组）的例子。

SNMP Group 的描述如下：

snmpGroup OBJECT-GROUP
  OBJECTS { snmpInPkts，
     snmpInBadVersions，
     snmpInASNParseErrs，
     snmpBadOperations，
     snmpSilentDrops，
     snmpProxyDrops，
     snmpEnableAuthenTraps }
  STATUS current
  DESCRIPTION
    "A collection of objects providing basic instrumentation and control of an
    SNMPv2 entity."
  ::= { snmpMIBGroups 8 }

根据这种调用，一致性组名字为{ snmpMIBGroups 8 }，它包括 7 个对象。

2. NOTIFICATION–GROUP 宏映射

为了一致性的目的，定义一个通知集合是有用的。NOTIFICATION-GROUP 宏就是为这一目的服务的。应该注意的是，从概念上讲 NOTIFICATION-GROUP 宏扩展发生在实现阶段而不是在运行阶段。

在 RFC1904 中，NOTIFICATION-GROUP 宏定义如下：

```
NOTIFICATION-GROUP MACRO ::=
BEGIN
    TYPE NOTATION ::=
                    NotificationsPart
                    "STATUS" Status
                    "DESCRIPTION" Text
                    ReferPart
    VALUE NOTATION ::=
                    value(VALUE OBJECT IDENTIFIER)
    NotificationsPart ::=
                    "NOTIFICATIONS" "{" Notifications "}"
    Notifications ::=
                    Notification| Notifications ","  Notification
    Notification ::=
                    value(Name NotificationName)
    Status ::=
                    "current"| "deprecated"| "obsolete"
    ReferPart ::=
                    "REFERENCE" Text| empty
    -- 使用 NVT ASCII 字符集
Text ::= """" string """"
END
```

下面对该定义中的相关子句解释说明如下：

NOTIFICATIONS 子句用来命名一致性组中包括的每一个通知，该子句必须出现。当出现 NOTIFACATION-GROUP 宏时，每一个命名的通知必须定义在相同的信息模块中。

STATUS 子句表明了本定义是当前状态还是历史状态，该子句必须出现。

"current"和"obsolete"值本身说明的很清楚。"deprecated"值表明该定义是可取消的，但是操作者可能希望支持这个组与旧的操作协同工作。

DESCRIPTION 子句是组的文本定义，描述了与其他组的所有关系，该子句是必须出现的。注意，一般的遵循需求不应该在该子句中说明。然而，本组与其他组的实现关系可以定义在该子句中。

REFERENCE 子句包括一个组的文本交叉引用，该组定义在其他的信息模块中，这个子句不一定要出现。当分离一个其他组织生成的 MIB 模块时是很有用的。

NOTIFICATION-GROUP 宏调用的一个值是组名，它是一个 OBJECT IDENTIFIER，即一个被管理分配的名字。

下面是一个 Notifications Group(SNMPv2 Basic Notifications 组)的例子。

SNMP Basic Notifications Group 的描述如下：

```
snmpBasicNotificationsGroup NOTIFICATION-GROUP
    NOTIFICATIONS { coldStart,   authenticationFailure }
    STATUS           current
```

DESCRIPTION
"The two notifications which an SNMPv2 entity is required to implement."
::= { snmpMIBGroups 7 }

根据这种调用，一致性组的名字为{ snmpMIBGroups 1 }，它包括两个通知。

3. MODULE-COMPLIANCE 宏映射

MODULE-COMPLIANCE 宏根据一个或多个 MIB 模块的实现，用来传达需求的最小集合。应该注意的是，从概念上讲，MODULE-COMPLIANCE 宏扩展发生在实现阶段而不是运行阶段。

对所有"标准"MIB 模块的一种需求是还要定义一种相应的 MODULE-COMPLIANCE 规范，可以在相同的信息模块中定义，也可以在一个相伴的信息模块中定义。

在 RFC1904 中，MODULE-COMPLIANCE 宏定义如下：

```
MODULE-COMPLIANCE MACRO ::=
BEGIN
    TYPE NOTATION ::=
                    "STATUS" Status
                    "DESCRIPTION" Text
                    ReferPart
                    ModulePart
    VALUE NOTATION ::=
                    value(VALUE OBJECT IDENTIFIER)
    Status ::=
                    "current"| "deprecated"| "obsolete"
    ReferPart ::=
                    "REFERENCE" Text| empty
    ModulePart ::=
                    Modules| empty
    Modules ::=
                    Module| Modules Module
    Module ::=
                    -- name of module --
                    "MODULE" ModuleName
                    MandatoryPart
                    CompliancePart
    ModuleName ::=
                    module reference ModuleIdentifier| empty
                    -- must not be empty unless contained in MIB Module
    ModuleIdentifier ::=
                    value(ModuleID OBJECT IDENTIFIER) | empty
    MandatoryPart ::=
```

```
                    "MANDATORY-GROUPS" "{" Groups "}"| empty
    Groups ::=
                    Group| Groups ","  Group
    Group ::=
                    value(Group OBJECT IDENTIFIER)
    CompliancePart ::=
                    Compliances| empty
    Compliances ::=
                    Compliance| Compliances Compliance
    Compliance ::=
                    ComplianceGroup| Object
    ComplianceGroup ::=
                    "GROUP" value(Name OBJECT IDENTIFIER)
                    "DESCRIPTION" Text
    Object ::=
                    "OBJECT" value(Name ObjectName)
                    SyntaxPart
                    WriteSyntaxPart
                    AccessPart
                    "DESCRIPTION" Text
    -- 必须是对象 SYNTAX 子句的精确描述
    SyntaxPart ::=
                    "SYNTAX" type(SYNTAX) | empty
    -- 必须是对象 SYNTAX 子句的精确描述
    WriteSyntaxPart ::=
                    "WRITE-SYNTAX" type(WriteSYNTAX) | empty
    AccessPart ::=
                    "MIN-ACCESS" Access| empty
    Access ::=
                    "not-accessible"| "accessible-for-notify"| "read-only"
                    | "read-write"| "read-create"
    -- 使用 NVT ASCII 字符集
    Text ::= """" string """"
END
```

下面对该定义中的相关子句解释说明如下：

STATUS 子句表明了本定义是当前状态还是历史状态，该子句必须出现。

"current"和"obsolete"值本身说明的很清楚。"deprecated"值表明该定义是可取消的，但是操作者可能希望支持这个组与旧的操作协同工作。

DESCRIPTION 子句包括本遵循说明的文本定义，并且应该包括与本说明关联的以 ASN.1 注释形式通信的任何信息，该子句是必须出现的。

REFERENCE 子句包括一个组的文本交叉引用，该组定义在其他的信息模块中，这个子句不一定要出现。

MODULE 子句被重复的用来命名每一个 MIB 模块，以规范这些模块所遵循的需求，该子句必须出现。每一个 MIB 模块由其模块名命名，作为可选项，有时也带上它的 OBJECT IDENTIFIER。当 MODULE-COMPLIANCE 调用发生在一个 MIB 模块内部，并且指向的是围绕的这个 MIB 模块时，可以省略模块名。

MANDATORY-GROUP 子句命名一个或多个对象或通知组，它们位于一个相应的 MIB 模块中，该模块是无条件强制实现的。这个子句没有必要出现。如果一个担任代理角色的 SNMPv2 实体声明遵循这个 MIB 模块，那么它必须实现每一个一致性组列出的所有对象和通知。也就是说，如果 SNMPv2 实体在响应管理协议的获取操作时，返回了一个 noSuchObject 异常，而这个对象位于 MIB 视图的任意强制性一致组中；或者 SNMPv2 实体在合适的情况下不能产生任意一致性组中列出的所有通知，那么该 SNMPv2 实体就不是这个 MIB 模块的一致性执行实体。

GROUP 子句用来重复的命名每一个对象和通知组，这些组有条件的强制遵循 MIB 模块或者无条件的可选择性遵循该 MIB 模块。GROUP 子句没有必要出现。在 GROUP 组中命名的一个组绝对不能出现在相应的 MANDATORY-GROUPS 子句中。

有条件强制性组包括那些只有实现特定协议或实现另外的一个组时才是强制的组。

GROUP 子句的 DESCRIPTION 说明了在什么条件下这个组才是有条件强制性的组。

即没有在 MANDATORY-GROUPS 子句中命名，没有在 GROUP 子句中命名的组对 MIB 模块来说是无条件可选择性的。

OBJECT 子句用来重复的命名每一个 MIB 对象，根据 MIB 模块的定义，这些对象遵循一种精确的必要条件。OBJECT 子句没有必要出现。MIB 对象必须出现在一个一致性组中，该组由 MANDATORY-GROUP 子句或者 GROUP 子句命名。

根据定义，OBJECT 子句中说明的每一个对象后面跟随一个 MODULE 子句，该子句命名了定义该对象的信息模块。因此，使用一个 IMPORTS 语句来说明从哪里引入的这些对象在信息模块中是多余的、没有必要的。

SYNTAX 子句用来为相应 OBJECT 子句中命名的对象提供精确的 SYNTAX，该子句没有必要出现。注意，如果同时出现了该子句和 WRITE-SYNTAX 子句，那么，只有当读取 OBJECT 子句中命名的对象的实例时，才应用该子句。

当写在相应 OBJECT 子句中命名的对象的实例时，WRITE-SYNTAX 子句提供该对象的精确 SYNTAX，该子句不是必要的。

MIN-ACCESS 子句用来定义在相应 OBJECT 子句中命名的对象的最低级别访问权，该子句没有必要出现。如果省略了该子句，那么最低级别访问与 OBJECT-TYPE 宏调用中确定的最高级别访问相同。如果该子句出现，那么它绝对不能设置比 OBJECT-TYPE 宏调用中确定的访问级别还要高的级别。

特定类型对象的访问级别与它们的语法定义紧密一致。这些类型包括：概念表和行、辅助对象、以及语法为 Counter32，Counter64（也有可能是文本惯例的特殊类型）的对象。对于这些对象，不应该出现 MIN-ACCESS 子句。

如果一种操作提供的访问级别高于或等于 MODULE-COMPLIANCE 宏中定义的最低访问且低于或等于 OBJECT-TYPE 宏中定义的最高访问，则该操作是规范的。

使用每一个 GROUP 或 OBJECT 子句时，必须出现 DESCRIPTION 子句。对于一个 OBJECT 子句，它包括一个精确定义的遵循需求的文本描述。对于一个 GROUP 子句，它包括的是条件文本描述，这些条件确定了组在什么时候是有条件强制的，在什么时候是无条件可选的。

MODULE-COMPLIANCE 宏的调用值是一个 OBJECT IDENTIFIER。因此，当指向包括在该宏调用中的遵循声明时，这个只可能是命令式分配的。

下面是一个 MODULE-COMPLIANCE（xyzMIBCompliance）的例子。

包括在 XYZv2-MIB（假设的一个 MIB）中的遵循声明可能为：

xyzMIBCompliance MODULE-COMPLIANCE
  STATUS current
  DESCRIPTION
    "The compliance statement for XYZv2 entities which implement
    the XYZv2 MIB."
  MODULE -- compliance to the containing MIB module
    MANDATORY-GROUPS { xyzSystemGroup,
      xyzStatsGroup, xyzTrapGroup,
      xyzSetGroup,
      xyzBasicNotificationsGroup }
  GROUP xyzV1Group
  DESCRIPTION
    "The xyzV1 group is mandatory only for those
    XYZv2 entities which also implement XYZv1."
 ::= { xyzMIBCompliances 1 }

根据这种调用，要生成名为{ xyzMIBCompliances 1 }的遵循声明的队列，系统必须实现 XYZv2-MIB 的 xyzSystemGroup、xyzStatsGroup、xyzTrapGroup、xyzSetGroup 对象一致性组以及 xyzBasicNotificationsGroup 通知组。进一步说，如果 XYZv2 实体也操作 XYZv1，那么它必须支持 XYZv1Group 组，如果没有生成遵循声明。

4. AGENT–CAPABILITIES 宏映射

AGENT-CAPABILITIES 宏用来表达担任代理角色的某个 SNMPv2 实体的性能集合。应该注意的是，从概念上讲，AGENT-CAPABILITIES 宏扩展发生在实现阶段而不是运行阶段。

当书写一个 MIB 模块时，把它分成几个一致性组单元。如果担任代理角色的 SNMPv2 实体声明要操作一个组，那么它必须操作这个组中的所有对象。当然，无论什么原因，SNMPv2 实体都可以只操作 MIB 模块中的某些组的子集。此外，一些 MIB 对象的定义遗弃了某些定义特征，这些特征用来判断操作者。

实际经验证明，需要根据一个或多个 MIB 模块简洁的描述一个代理的性能。

AGENT-CAPABILITIES 宏允许代理执行者描述其根据 MIB 组声明的所支持的准确级别，还允许其把这种描述和 sysORID 的一个实例值绑定。有其特殊的是，一些对象可能具有受限制的或有争议的语法或访问级别。

如果管理站的执行者受到了 AGENT-CAPABILITIESA 调用，那么该执行者能建立管理应用程序，当与一个特殊的代理通信时，这些应用程序可以自我优化。例如，管理者可以维护调用它们的数据库。当一个管理站与一个代理交互时，它从代理检索到 sysORID 所有实例的值。基于这一点，建议数据库定位每一条与 sysORID 检索值匹配的入口。使用定位的入口，管理应用程序现在就可以相应的优化自己的行为。

注意，AGENT-CAPABILITIES 宏根据 MIB 模块中 OBJECT-TYPE 和 NOTIFICATION-TYPE 宏做详细的说明或变化，而不是根据遵循声明中的 MODULE-COMPLIANCE 宏。

在 RFC1904 中，MODULE-COMPLIANCE 宏定义如下：

```
AGENT-CAPABILITIES MACRO ::=
BEGIN
    TYPE NOTATION ::=
"PRODUCT-RELEASE" Text
"STATUS" Status
"DESCRIPTION" Text
ReferPart
                ModulePart
    VALUE NOTATION ::=
                value(VALUE OBJECT IDENTIFIER)
    Status ::=
                "current"| "obsolete"
    ReferPart ::=
                "REFERENCE" Text| empty
    ModulePart ::=
                Modules| empty
    Modules ::=
                Module| Modules Module
    Module ::=
                -- name of module --
                "SUPPORTS" ModuleName
                "INCLUDES" "{" Groups "}"
                VariationPart
    ModuleName ::=
                identifier ModuleIdentifier
    ModuleIdentifier ::=
                value(ModuleID OBJECT IDENTIFIER) | empty
    Groups ::=
                Group| Groups ", " Group
    Group ::=
                value(Name OBJECT IDENTIFIER)
    VariationPart ::=
                Variations| empty
    Variations ::=
```

```
                    Variation| Variations Variation
Variation ::=
                    ObjectVariation| NotificationVariation
NotificationVariation ::=
                    "VARIATION" value(Name NotificationName)
                    AccessPart
                    "DESCRIPTION" Text
ObjectVariation ::=
                    "VARIATION" value(Name ObjectName)
                    SyntaxPart
                    WriteSyntaxPart
                    AccessPart
                    CreationPart
                    DefValPart
"DESCRIPTION" Text
    -- 必须是对象 SYNTAX 子句的精确描述
SyntaxPart ::=
                    "SYNTAX" type(SYNTAX)| empty
    -- 必须是对象 SYNTAX 子句的精确描述
WriteSyntaxPart ::=
                    "WRITE-SYNTAX" type(WriteSYNTAX)
                        | empty
AccessPart ::=
                    "ACCESS" Access| empty
Access ::=
                        "not-implemented"
                        -- only "not-implemented" for notifications
                        -- following is for backward-compatibility only
                        |"accessible-for-notify"|"read-only"
                        | "read-write"| "read-create"| "write-only"
CreationPart ::=
                    "CREATION-REQUIRES" "{" Cells "}"| empty
        Cells ::=
                    Cell| Cells "，" Cell
        Cell ::=
                    value(Cell ObjectName)
DefValPart ::=
                    "DEFVAL" "{" value(Defval ObjectSyntax) "}"| empty
    -- 使用 NVT ASCII 字符集
Text ::= """" string """"
```

END

PRODUCT-RELEASE 子句包括产品发布的文本描述，该版本包括了这个性能集合。PRODUCT-RELEASE 子句是必须出现的。

STATUS 子句说明了这个定义是当前状态（"current"）还是历史状态（"obsolete"），该子句是必须出现的。

DESCRIPTION 子句包括了对这个性能集合的文本描述，是必须出现的。

REFERENCE 子句包括了一个性能声明的文本交叉引用，该声明定义在其他的信息模块中。该子句没有必要出现。

SUPPORTS 子句重复的用来命名每一个 MIB 模块，对这些模块，代理声明了全部或部分操作。SUPPORTS 子句没有必要出现。每一个 MIB 模块由其模块名命名，作为选择，还可以带上它的 OBJECT IDENTIFIER。

INCLUDES 子句用来命名每一个与 SUPPORTS 子句关联的 MIB 组，代理对此 MIB 组声明了操作。当使用 SUPPORTS 子句时必须出现 INCLUDES 子句。

VARIATION 子句用来重复的命名代理在某些变动中或以更精确形式操作的对象或通知，这些操作是根据 OBJECT-TYPE 或 NOTIFICATION-TYPE 宏的相应引用作出的。VARIATION 子句没有必要出现。

注意，变动的概念是指对一般操作进行了限制，也就是说，如果一个对象的变动依赖于其他对象的值，那么应该在合适的 DESCRIPTION 子句中进行标注。

按照定义，在 VARIATION 子句中规定的每个对象都跟随着一个 SUPPORTS 子句，该子句命名了定义这个对象的信息模块。因此，使用一个 IMPORTS 语句来说明从哪里引入的这些对象在信息模块中是多余的、没有必要的。

SYNTAX 子句为相应 VARIATION 子句中命名的对象提供了精确的 SYNATX，该子句没有必要出现。注意，如果同时出现了该子句和 WRITE-SNYTAX 子句，那么只有当读取相应 VARIATION 子句中命名的对象实例时，才运用该子句。

当写对象实例时，WRITE-SYNTAX 子句为在相应 VARIATION 子句中命名的对象提供精确语法。WRITE-SYNTAX 子句没有必要出现。

ACCESS 子句说明了代理为相应 VARIATION 子句中命名的对象或通知提供了低于最大访问级别的访问级别。该子句没有必要出现。

唯一适用于通知的值为"not-implemented"。

值"not-implemented"表明代理不操作这个对象或通知，在可能数值的排序中，等同于"not-accessible"。

值"write-only"单独提供了向后兼容的能力，不应该用来定义新的对象类型。在可能数值的排序中，"write-only"小于"not-accessible"。

CREATION-REQUIRES 子句用来命名一个概念行的柱状对象，在代理允许行柱状对象的实例被设置为'active'前，必须通过管理协议的设置操作，明确的为这些对象赋值。

CREATTION-REQUIRES 子句没有必要出现。（参考 RowStatus 的定义。）

如果概念行没有一个状态栏，那么没有必要出现的 CREATION-REQUIRES 子句用来命名概念行的柱状对象，在代理创建行中对象的实例前，必须通过管理协议的设置操作，明确为这些柱状对象赋值。

除非在相应 VARIATION 子句中命名的对象是一个概念行（也就是说，该对象具有一个解析成 SQUENCE 包含柱状对象的语法），否则，这个子句绝对不能出现。在这个子句中命名的对象通常指向在概念行的柱状对象。然而，也可以说明与概念行无关的对象。

在 CREATION-REQUIRES 子句中命名的概念行的所有对象以及概念行的所有柱状对象必须具有"read-create"的访问级别。

DEFVAL 子句为相应 VARIATION 子句中命名的对象提供一个精确的 DEFVAL 值，该子句没有必要出现。该子句的语义与 OBJECT-TYPE 宏的 DEFVAL 子句是一致的。

当使用 VARIATION 子句时，必须出现 DESCRIPTION 子句，它包括对对象或通知的变动或精确实现的文本描述。

AGENT-CAPABILITES 的宏调用值是一个 OBJECT IDENTIFIER，它命名了对这个性能声明有效的 sysORID 的值。

下面是一个 AGENT-CAPABILITES（exampleAgent）的例子。

考虑一下代理的性能声明是如何描述的：

```
exampleAgent AGENT-CAPABILITIES
     PRODUCT-RELEASE        "ACME Agent release 1.1 for 4BSD"
     STATUS                 current
     DESCRIPTION            "ACME agent for 4BSD"
     SUPPORTS               SNMPv2-MIB
        INCLUDES            { systemGroup,  snmpGroup,  snmpSetGroup,
                              snmpBasicNotificationsGroup }
        VARIATION           coldStart
           DESCRIPTION      "A coldStart trap is generated on all
                             reboots."
     SUPPORTS               IF-MIB
        INCLUDES            { ifGeneralGroup,  ifPacketGroup }
        VARIATION           ifAdminStatus
           SYNTAX           INTEGER { up(1),  down(2) }
           DESCRIPTION      "Unable to set test mode on 4BSD"
        VARIATION           ifOperStatus
           SYNTAX           INTEGER { up(1),  down(2) }
           DESCRIPTION      "Information limited on 4BSD"
     SUPPORTS               IP-MIB
        INCLUDES            { ipGroup,  icmpGroup }
        VARIATION           ipDefaultTTL
           SYNTAX           INTEGER (255..255)
           DESCRIPTION      "Hard-wired on 4BSD"
        VARIATION           ipInAddrErrors
           ACCESS           not-implemented
           DESCRIPTION      "Information not available on 4BSD"
        VARIATION           ipNetToMediaEntry
           CREATION-REQUIRES { ipNetToMediaPhysAddress }
```

```
                DESCRIPTION     "Address mappings on 4BSD require
                                both protocol and media addresses"
        SUPPORTS                TCP-MIB
            INCLUDES            { tcpGroup }
            VARIATION           tcpConnState
                ACCESS          read-only
                DESCRIPTION     "Unable to set this on 4BSD"
        SUPPORTS                UDP-MIB
            INCLUDES            { udpGroup }
        SUPPORTS                EVAL-MIB
            INCLUDES            { functionsGroup, expressionsGroup }
            VARIATION           exprEntry
            CREATION-REQUIRES   { evalString }
                DESCRIPTION     "Conceptual row creation supported"
        ::= { acmeAgents 1 }
```

根据这种调用，一个 sysORID 值为 { acmeAgents 1 } 的代理支持六个 MIB 模块。SNMPv2 MIB 支持五个一致性组。

8.3.6 Host Resources MIB

为了能对主机进行管理，在 MIB 库中增加了 Host Resources MIB，称为 host。host 又包含了 7 个组，定义了对主机管理有用的一系列对象，这些对象对安全管理也具有一定作用。

```
host              OBJECT IDENTIFIER::={mib-2   25}
hrSystem          OBJECT IDENTIFIER::={host    1}
hrStorage         OBJECT IDENTIFIER::={host    2}
hrDevice          OBJECT IDENTIFIER::={host    3}
hrSWRun           OBJECT IDENTIFIER::={host    4}
hrSWRunPerf       OBJECT IDENTIFIER::={host    5}
hrSWInstalled     OBJECT IDENTIFIER::={host    6}
hrMIBAdminInfo    OBJECT IDENTIFIER::={host    7}
```

组中对象如表 8-9 至表 8-14 所示。

表 8-9　　　　　　　　　　　　　hrSystem 组

Object	ODI	Syntax	Access	Description
hrSystemUpTime	hrSystem 1	Timeticks	RO	主机最近一次启动后运行的时间
hrSystemDate	hrSystem 2	DateAndTime	RW	主机的本地日期和时间
hrSystemInitialLoadDevice	hrSystem 3	Integer32	RW	hrDeviceEntry 的索引
hrSystemInitialLoadParameters	hrSystem 4	InternationalDisplayString	RW	加载设备的参数

第8章 SNMPv2

续表

Object	ODI	Syntax	Access	Description
hrSystemNumUsers	hrSystem 5	Gauge32	RO	存储了状态信息的会话数目
hrSystemProcesses	hrSystem 6	Gauge32	RO	目前运行的进程数
hrSystemMaxProcesses	hrSystem 7	Integer32	RO	系统支持的最多进程数

表 8-10　　hrStorage 组

Object	ODI	Syntax	Access	Description
hrStorageTypes	hrStorage 1	OBJECT IDENTIFIER	RO	存储类型
hrMemorySize	hrStorage 2	KBytes	RO	内存容量
hrStorageTable	hrStorage 3	SEQUENCE OF HrStorageEntry	NA	主机逻辑存储区表
hrStorageEntry	hrStorageTable 1	HrStorageEntry	NA	主机逻辑存储区条目
hrStorageIndex	hrStorageEntry 1	Integer32	RO	分配给每个逻辑存储区的唯一值
hrStorageType	hrStorageEntry 2	AutonomousType	RO	存储类型
hrStorageDescr	hrStorageEntry 3	DisplayString	RO	类型描述
hrStorageAllocationUnits	hrStorageEntry 4	Integer32	RO	存储区大小的单位
HrStorageSize	hrStorageEntry 5	Integer32	RW	存储区的大小
hrStorageUsed	hrStorageEntry 6	Integer32	RO	存储区已用的大小
hrStorageAllocationFailures	hrStorageEntry 7	Counter32	RO	请求分配存储区失败的次数

表 8-11　　hrDevice 组

Object	ODI	Syntax	Access	Description
hrDeviceTypes	hrDevice 1	OBJECT IDENTIFIER	RO	设备类型
hrDeviceTable	hrDevice 2	SEQUENCE OF HrDeviceEntry	NA	主机设备表
hrDeviceEntry	hrDeviceTable 1	HrDeviceEntry	NA	主机设备条目
hrDeviceIndex	hrDeviceEntry 1	Integer32	RO	分配给每个设备的唯一值
hrDeviceType	hrDeviceEntry 2	AutonomousType	RO	设备类型
hrDeviceDescr	hrDeviceEntry 3	DisplayString	RO	设备描述
hrDeviceID	hrDeviceEntry 4	ProductID	RO	设备的产品 ID
hrDeviceStatus	hrDeviceEntry 5	Integer	RO	设备状态
hrDeviceErrors	hrDeviceEntry 6	Counter32	RO	检查到的设备次数

续表

Object	ODI	Syntax	Access	Description
hrProcessorTable	hrDevice 3	SEQUENCE OF HrProcessorEntry	NA	主机进程表
hrProcessorEntry	hrProcessorTable 1	HrProces sorEntry	NA	主机进程条目
hrProcessorFrwID	hrProcessorEntry 1	Product ID	RO	进程相关的固件的产品ID
hrProcessorLoad	hrProcessorEntry 2	Integer32	RO	进程平均运行率
hrNetworkTable	hrDevice 4	SEQUENCE OF HrNetworkEntry	NA	主机网络设备表
hrNetworkEntry	hrNetworkTable 1	HrNetworkEntry	NA	主机网络设备条目
hrNetworkIfIndex	hrNetworkEntry 1	InterfaceIndexOrZero	RO	网络设备索引值
hrPrinterTable	hrDevice 5	SEQUENCE OF HrPrinterEntry	NA	主机本地打印机表
hrPrinterEntry	hrPrinterTable 1	HrPrinterEntry	NA	主机本地打印机条目
hrPrinterStatus	hrPrinterEntry 1	Integer	RO	打印机状态
hrPrinterDetectedErrorState	hrPrinterEntry 2	OCTET STRING	RO	打印机检测到的错误
hrDiskStorageTable	hrDevice 6	SEQUENCE OF HrDiskStorageEntry	NA	磁盘存储设备表
hrDiskStorageEntry	hrDiskStorageTable 1	HrDiskStorageEntry	NA	磁盘存储设备条目
hrDiskStorageAccess	hrDiskStorageEntry 1	Integer	RO	磁盘存储设备访问方式
hrDiskStorageMedia	hrDiskStorageEntry 2	Integer	RO	介质类型
hrDiskStorageRemoveble	hrDiskStorageEntry 3	TruthValue	RO	介质是否能移走
hrDiskStorageCapacity	hrDiskStorageEntry 4	Kbytes	RO	存储容量
hrPartitionTable	hrDevice 7	SEQUENCE OF HrPartitionEntry	NA	磁盘分区表
hrPartitionEntry	hrPartitionTable 1	HrPartitionEntry	NA	磁盘分区条目
hrPartitionIndex	hrPartitionEntry 1	Integer32	RO	分配给每个分区的唯一值
hrPartitionLabel	hrPartitionEntry 2	InternationalDisplayString	RO	分区标签
hrPartitionID	hrPartitionEntry 3	OCTET STRING	RO	分区描述
hrPartitionSize	hrPartitionEntry 4	Kbytes	RO	分区大小
hrPartitionFSIndex	hrPartitionEntry 5	Integer32	RO	分区上加载的文件系统索引

续表

Object	ODI	Syntax	Access	Description
hrFSTypes	hrDevice 9	OBJECT IDENTIFIER	RO	文件系统类型
hrFSTable	hrDevice 8	SEQUENCE OF HrFSEntry	NA	文件系统表
hrFSEntry	hrFSTable 1	HrFSEntry	NA	文件系统条目
hrFSIndex	hrFSEntry 1	Integer32	RO	每个文件系统的唯一值
hrFSMountPoint	hrFSEntry 2	InternationalDisplayString	RO	文件系统根目录名
hrFSRemoteMountPoint	hrFSEntry 3	InternationalDisplayString	RO	远程文件系统所在服务器
hrFSType	hrFSEntry 4	AutonomousType	RO	文件系统类型
hrFSAccess	hrFSEntry 5	Integer	RO	文件系统访问方式
hrFSBootable	hrFSEntry 6	TruthValue	RO	文件系统是否可引导
hrFSStorageIndex	hrFSEntry 7	Integer32	RO	与文件系统相关的 hrStorageEntry 的索引
hrFSLastFullBackupDate	hrFSEntry 8	DateAndTime	RW	最近一次完全备份的日期
hrFSLastPartialBackupDate	hrFSEntry 9	DateAndTime	RW	最近一次部分备份的日期

表 8-12 hrSWRun 组

Object	ODI	Syntax	Access	Description
hrSWOSIndex	hrSWRun 1	Integer32	RO	hrSWRunTable 中主操作系统的值
hrSWRunTable	hrSWRun 2	SEQUENCE OF hrSWRunEntry	NA	运行软件表
hrSWRunEntry	hrSWRunTable 1	hrSWRunEntry	NA	运行软件条目
hrSWRunIndex	hrSWRunEntry 1	Integer32	RO	分配给运行软件的唯一值
Name	hrSWRunEntry 2	InternationalDisplayString	RO	运行软件的文本描述
hrSWRunID	hrSWRunEntry 3	ProductID	RO	运行软件的产品 ID
hrSWRunPath	hrSWRunEntry 4	InternationalDisplayString	RO	运行软件的路径
hrSWRunParameters	hrSWRunEntry 5	InternationalDisplayString	RO	软件加载时的参数的描述
hrSWRunType	hrSWRunEntry 6	INTEGER	RO	运行软件类型
hrSWRunStatus	hrSWRunEntry 7	INTEGER	RW	运行软件的状态
hrSWRunPerfTable				

表 8-13　hrSWRunPerf 组

Object	ODI	Syntax	Access	Description
hrSWRunPerfTable	hrSWRunPerf 1	SEQUENCE OF hrSWRunPerfEntry	NA	运行软件性能表
hrSWRunPerfEntry	hrSWRunPerfTable 1	hrSWRunPerfEntry	NA	运行软件性能条目
hrSWRunPerfCPU	hrSWRunPerfEntry 1	Integer32	RO	进程消耗的 CPU 时间
hrSWRunPerfMem	hrSWRunPerfEntry 2	KBytes	RO	分配给进程的内存容量

表 8-14　hrSWInstalled 组

Object	ODI	Syntax	Access	Description
hrSWInstalledLastChange	hrSWInstalled 1	TimeTicks	RO	hrSWInstalledTable 最近一次修改时 SysUpTime 的值
hrSWInstalledUpdateTime	hrSWInstalled 2	TimeTicks	RO	hrSWInstalledTable 完全更新时 SysUpTime 的值
hrSWInstalledTable	hrSWInstalled 2	SEQUENCE OF HrSWInstalledEntry	NA	安装软件表
hrSWInstalledEntry	hrSWInstalledTable 1	HrSWInstalledEntry	NA	安装软件条目
hrSWInstalledIndex	hrSWInstalledEntry 1	Integer32	RO	分配给安装软件的唯一值
hrSWInstalledName	hrSWInstalledEntry 2	InternationalDisplayString	RO	安装软件的文本描述
hrSWInstalledID	hrSWInstalledEntry 3	ProductID	RO	安装软件的产品 ID
hrSWInstalledType	hrSWInstalledEntry 4	INTEGER	RO	软件类型
hrSWInstalledDate	hrSWInstalledEntry 5	DateAndTime	RO	最近一次更新的时间

8.4　SNMPv2 协议和操作

8.4.1　SNMPv2 消息

与 SNMPv1 相同，SNMPv2 以包含协议数据单元（PDU）的消息的形式交换信息。外部的消息结构中包含一个用于认证的团体名。

SNMPv2 确定的消息结构如下：

```
Message ::= SEQUENCE {
        version       INTEGER { version (1) },    -- SNMPv2 的版本号为 1
        community     OCTET STRING,               -- 团体名
        data          ANY                         -- SNMPv2 PDU
```

}

7.2 节中对于团体名、团体轮廓和访问策略的讨论同样适用于 SNMPv2。

SNMPv2 消息的发送和接收过程与 7.1.4 节中描述的 SNMPv1 消息的发送和接收过程相同。

8.4.2 PDU 格式

在 SNMPv2 消息中可以传送 7 类 PDU。表 8-15 列出了这些 PDU，同时指出了对 SNMPv1 也有效的 PDU。图 8-4 描述了 SNMPv2 PDU 的一般格式。

表 8-15　　　　　　　　　　SNMP 协议数据单元

PDU	描　　述	SNMPv1	SNMPv2
Get	管理者通过代理者获得每个对象的值	√	√
GetNext	管理者通过代理者获得每个对象的下一个值	√	√
GetBulk	管理者通过代理者获得每个对象的多重后继的值		√
Set	管理者通过代理者为每个对象设置值	√	√
Trap	代理者向管理者传送随机信息	√	√
Inform	管理者向代理者传送随机信息		√
Response	代理者对管理者的请求进行应答	√	√

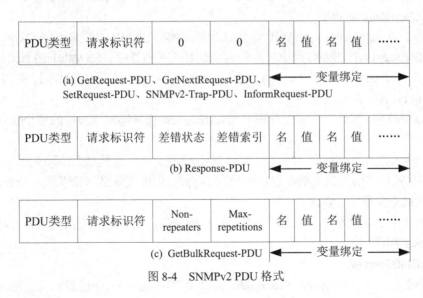

图 8-4　SNMPv2 PDU 格式

值得注意的是，GetRequest、GetNextRequest、SetRequest、SNMPv2-Trap、InformReques 5 种 PDU 具有完全相同的格式，并且也可以看作是 error-status 和 error-index 两个字段被置零的 Response PDU 的格式。这样设计的目的是为了减少 SNMPv2 实体需要处理的 PDU 格式种类。

1. GetRequest PDU

SNMPv2 的 GetRequest PDU 的语法和语义都与 SNMPv1 的 GetRequest PDU 相同，差别

是对应答的处理。SNMPv1 的 GetRequest 是原子操作：要么所有的值都返回，要么一个也不返回，而 SNMPv2 能够部分地对 GetRequest 操作进行应答。即使有些变量值提供不出来，变量绑定字段也要包含在应答的 GetResponse PDU 之中。如果某个变量有意外情况（noSuchObject，noSuchInstance，endOfMibView），则在变量绑定字段中是这个变量名与一个代表意外情况的错误代码而不是变量值配对。

在 SNMPv2 中，按照以下规则处理 GetRequest 变量绑定字段中的每个变量来构造应答 PDU。

（1）如果 OBJECT IDENTIFIER 前缀与该请求在代理者处所能访问的变量的前缀都不匹配，则它的值字段被设置为 noSuchObject；

（2）否则，如果变量名与该请求在代理者处所能访问的变量的名称都不匹配，则它的值字段被设置为 noSuchInstance；

（3）否则，值字段被设置为变量值。

（4）如果由于其他原因导致变量名处理过程的失败，则无法返回变量值。这时，应答实体将返回一个 error-status 字段值为 genErr，并在 error-index 字段中指出问题的变量的应答 PDU。

（5）如果生成的应答 PDU 中的消息尺寸过大，超过了指定的最大限度，则生成的 PDU 被丢弃，并用一个 error-status 字段值为 tooBig，error-index 字段值为 0，变量绑定字段为空的新的 PDU 应答。

允许部分应答是对 GetRequest 的重要改进。在 SNMPv1 中，只要有一个变量值取不回来，所有的变量值就都不能返回。在这种情况下，发出操作请求的管理者往往只能将命令拆分为多条只取单个变量值的命令。相比之下，SNMPv2 的操作效率得到了很大提高。

2. GetNextRequest PDU

SNMPv2 的 GetNextRequest PDU 的语法和语义都与 SNMPv1 的 GetNextRequest PDU 相同。与 GetRequestPDU 相同，两个版本的差别是对应答的处理。SNMPv1 的 GetNextRequest 是原子操作：要么所有的值都返回，要么一个也不返回，而 SNMPv2 能够部分地对 GetNextRequest 操作进行应答。

在 SNMPv2 中，按照以下规则处理 GetNextRequest 变量绑定字段中的每个变量来构造应答 PDU。

（1）确定被指名的变量下一个变量，将该变量名和它的值成对地放入结果变量绑定字段中；

（2）如果被指定的变量之后不存在变量，则将被指定的变量名和错误代码 endOfMibView 成对地放入结果变量绑定字段中。

（3）如果由于其他原因导致变量名处理过程的失败，或者是产生的结果太大，处理过程与 GetRequest 相同。

3. GetBulkRequest

SNMPv2 的一个主要改进是 GetBulkRequest PDU。这个 PDU 的目的是尽量减少查询大量管理信息时所进行的协议交换次数。GetBulkRequest PDU 允许 SNMPv2 管理者请求得到在给定的条件下尽可能大的应答。

GetBulkRequest 操作利用与 GetNextRequest 相同的选择原则，即总是顺序选择下一个对象。不同的是，利用 GetBulkRequest，可以选择多个后继对象。

GetBulkRequest 操作的基本工作过程如下：GetBulkRequest 在变量绑定字段中放入一个（N+R）个变量名的清单。对于前 N 个变量名，查询方式与 GetNextRequest 相同。即，对清单中的每个变量名，返回它的下一个变量名和它的值，如果没有后继变量，则返回原变量名和一个 endOfMibView 的值。

GetBulkRequest PDU 有两个其他 PDU 所没有的字段，non-repeaters 和 max-repetitions。

non-repeaters 字段指出只返回一个后继变量的变量数。max-repetitions 字段指出其他的变量应返回的最大的后继变量数。为了说明算法，我们定义：

  L = 变量绑定字段中的变量名数量

  N = 只返回一个后继变量的变量名数

  R = 返回多个后继变量的变量名数

  M = 最大返回的后继变量数

  在上述变量之间存在以下关系：

  N = MAX [MIN(non-reperters，L)，0]

  M = MAX [max-repetitions，0]

  R = L−N

如果 N 大于 0，则前 N 个变量与 GetNextRequest 一样被应答。如果 R 大于 0 并且 M 大于 0，则对应后面的 R 个变量，返回 M 个后继变量。即对于每个变量：
- 获得给定变量的后继变量的值；
- 获得下一个后继变量的值；
- 反复执行上一步，直至获得 M 个对象实例。

如果在上面的过程中的某一点，已经没有后继变量，则返回 endOfMibView 值，在变量名处，返回最后一个后继变量，如果没有后继变量，则返回请求中的变量名。

利用这个规则，能够产生的 name-value 对的数量是 N+(M×R)。后面的(M×R)对在应答 PDU 中的顺序可描述为：

    for i : = 1 to M do

     for r : = 1 to R do

      retrieve i-th successor of (N+r)-th variable

即，返回的后继变量是一行一行的，而不是先返回第一个变量的所有后继变量，再返回第二个变量的所有后继变量，等等。

GetBulkRequest 操作解除了 SNMP 的一个主要限制，即不能有效地检索大块数据。此外，利用这个功能可以减小管理应用程序的规模。管理应用程序自身不需要关心组装在一起的请求的细节。不需要执行一个试验过程来确认请求 PDU 中的 name-value 对的最佳数量。并且，即使 GetBulkRequest 发出的请求过大，代理者也会尽量多地返回数据而不是简单地返回一个 tooBig 的错误消息。为了获得缺少的数据，管理者只需简单地重发请求，而不必将原来的请求改装为小的请求序列。

  4. SetRequest

SetRequest PDU 由管理者发出，用来请求改变一个或多个对象的值。接收实体用一个包含相同 request-id 的 Response PDU 应答。与 SNMPv1 相同，SetRequest 操作是原子操作，即或者更新所有被指名的变量，或者所有的都不更新。如果接收实体能够为被指名的所有变量设置新值，则 Response PDU 返回与 SetRequest 相同的变量绑定字段。只要有一个变量值没设置成功，就不更新任何值。

SetRequest 的变量绑定分两个阶段处理。在第一阶段，确认每个绑定对。如果所有的绑定对都被确认,则进入第二阶段——改变每个变量。即每个变量的 set 操作都在第二阶段进行。

在第一阶段中,对每个绑定对进行以下确认,直至所有的都成功或遇到一个失败。失败的原因有:不可访问(noAccess)、无法建立或修改(notWritable)、数据类型不一致(wrongType)、长度不一致(wrongLength)、ASN.1 编码不一致、变量值有问题(wrongValue)、变量不存在且无法建立(noCreation)等。如果任意一个变量遇到以上情况,则返回一个在 error-status 字段给出上述错误代码,在 error-index 字段给出有问题的变量的序号的应答 PDU。与 SNMPv1 相比,提供了更多的错误代码。为管理站更容易地确定失败的原因提供了方便。

如果在确认阶段没有遇到问题,则进入第二阶段——更新在变量绑定字段中被指名的所有的变量。不存在的变量需要建立,存在的变量被赋予新值。只要遇到任何失败,则所有的更新都被撤销,并则返回一个 error-status 字段值为 commitFailed 的应答 PDU。

5. SNMPv2 Trap

SNMPv2 Trap PDU 由一个代理者实体在发现异常事件时产生并发给管理站。与 SNMPv1 相同,它用于向管理站提供一个异步的通报以便报告重要事件。但它的格式与 SNMPv1 不同,与 GetRequest、GetNextRequest、GetBulkRequest、SetRequest 和 InformRequest PDU 拥有相同的格式。变量绑定字段用于容纳与陷阱消息有关的信息。Trap PDU 是一个非认证消息,不要求接收实体应答。

6. InformRequest

InformRequest PDU 由一个管理者角色的 SNMPv2 实体应它的应用的要求发给另一个管理者角色的 SNMPv2 实体,请求后者向某个应用提供管理信息。与 SNMPv2 Trap PDU 类似,变量绑定字段被用于传送相关的信息。

收到 InformRequest 的实体首先检查承载应答 PDU 的消息尺寸,如果消息尺寸超过限度,用一个含有 tooBig 错误代码的 Response PDU 应答。否则,接收实体将 PDU 中的内容转到信息的目的地(某个应用),同时对发出 InformRequest 的管理者用 error-status 字段值为 noError 的 Response PDU 进行应答。

8.5 SNMPv2 安全协议

8.5.1 计算机网络的安全需求

计算机网络需要以下 3 个方面的安全:
- 保密性:计算机中的信息只能由授权了访问权限的用户读取;
- 数据完整性:计算机中的信息资源只能被授权用户修改;
- 可利用性:具有访问权限的用户在需要时可以利用计算机系统中的信息资源。

8.5.2 对网络管理系统安全的威胁

对网络管理系统安全的威胁主要有以下几种:
(1)信息篡改(modification)。

SNMPv2 标准中,允许管理站(manager)修改 agent 上的一些被管理对象的值。破坏者可能会将传输中的报文加以改变,改成非法值,进行破坏。因此,协议应该能够验证收到的报文是否在传输过程中被修改过。

(2) 冒充（masquerade）。

SNMPv2 标准中虽然有访问控制能力，但这主要是从报文的发送者来判断的。那些没有访问权的用户可能会冒充别的合法用户进行破坏活动。因此，协议应该能够验证报文发送者的真实性，判断是否有人冒充。

(3) 报文流的改变（message stream modification）。

由于 SNMPv2 标准是基于无连接传输服务的，报文的延迟、重发以及报文流顺序的改变都是可能发生的。某些破坏者可能会故意将报文延迟、重发，或改变报文流的顺序，以达到破坏的目的。因此，协议应该能够防止报文的传输时间过长，以给破坏者留下机会。

(4) 报文内容的窃取（disclosure）。

破坏者可能会截获传输中的报文，窃取它的内容。特别在创建新的 SNMPv2 Party 时，必须保证它的内容不被窃取，因为以后关于这个 Party 的所有操作都依赖于它。因此，协议应该能够对报文的内容进行加密，保证它不被窃听者获取。

SNMPv2 对 SNMPv1 的一个大的改进，就是增强了安全机制。在网络管理中，可以采用数据加密、认证、数字签名和消息摘要等安全机制来加强系统的安全性。针对上述安全性问题，SNMPv2 中增加了验证（Authentication）机制、加密（Privacy）机制，以及时间同步机制来保证通信的安全。

8.5.3　SNMP 的安全协议

SNMPv2 的安全协议和 S-SNMP 定义的内容非常相似，最主要的区别表现在：

(1) SNMPv2 没有采用 S-SNMP 中定义的报文按序投递机制。

(2) 为简化时钟同步机制，SNMPv2 在认证报文中同时包括了主体和目标 party 的时钟。

(3) 为便于访问控制，SNMPv2 在报文头中包括了一个上下文参数。

那么，为什么要采取上述手段呢？这是因为：

(1) 按序投递机制会加重报文的大量重传，增加了网络负担，降低了网络管理的功能，而在设置（set 命令）报文时，只需采用一个 SetSerialNo 对象即可。

(2) 当发送报文时，同时包括发送方 party 和接收方 party 的时钟值，在报文接收时，认证主要依赖于报文到达的时间在时序上和源 party 的时间戳相比是否吻合。

(3) 引入上下文的动机是为了阐明涉及管理信息访问的实体之间的关系，并减少代理的存储和处理需要。

8.5.4　SNMPv2 加密报文格式

考虑了各种安全功能以后，SNMPv2PDU 有了更复杂的结构，建议的安全协议如图 8-5 所示。

可以看出在原来的 PDU 前面加上了加密和认证信息，下面解释各个字段的含义。

SNMP 加密报文由以下两部分组成：

(1) privDst：指向目标参加者的对象标志符，即报文的接收者，这一部分必须是明文。

(2) privData（SnmpAuthMsg）：经过加密的报文，接受者需解密后才可以阅读。

被加密的报文为 SnmpAuthMsg，包含下列内容：

autoInfo：认证信息，有消息摘要 authDigest，以及接收方和发送方的时间戳即 authDstTimestamp 和 authSrcTimestamp 组成；

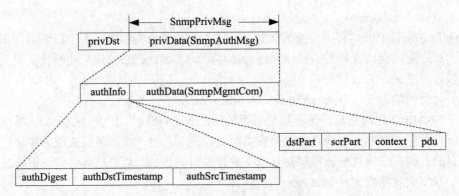

图 8-5　SNMPv2 加密报文格式

authData（SnmpMgmtCom）：即经过认证的管理消息，包含目标参加者 dstParty、源参加者 srcParty、上下文 context，以及协议数据单元 pdu 等 4 部分。

8.5.5　加密报文的发送和接收

需要加密和认证的 SNMPv2 报文的发送过程如图 8-6 所示。

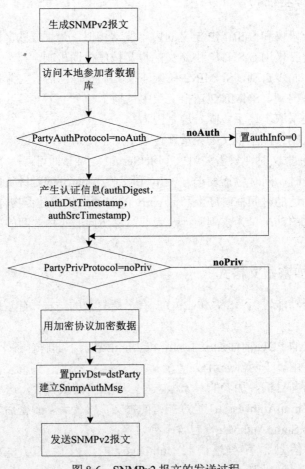

图 8-6　SNMPv2 报文的发送过程

发送实体首先构造管理通信消息 SnmpMgmtCom，这需要查找本地数据库，发现合法的参加者和上下文。然后，如果需要认证协议，则在 SnmpMgmtCom 前面加上认证信息 authInfo，构成认证报文 SnmpAuthMsg，否则将 authInfo 置为长度为 0 的字节串（OCTET STRING）。例如若参加者的认证协议为 v2md5AuthProtocol，则由本地实体按照 MD5 算法计算产生 16Byte 的消息摘要，作为认证信息中的 authDigest。第三步是检查目标参加者的私有协议，如果需要加密，则采用指定的加密协议对 SnmpAuthMsg 加密，生成 privData（SnmpAuthMsg）。最后置 privDst=dstParty，组成完整的 SNMPv2 报文，并经过 BER 编码发送出去。

SNMPv2 安全报文的接受过程如图 8-7 所示。目标方实体接收到 SnmpPrivMsg 后首先检查报文格式。如果这一检查通过，则查找本地数据库，发现需要的验证信息。根据本地数据库的记录，可能需要使用私有协议对报文解密，对认证码进行验证，检查源方参与者的访问特权和上下文是否符合要求等。一旦这些检查全部通过，就可以执行协议请求的操作了。

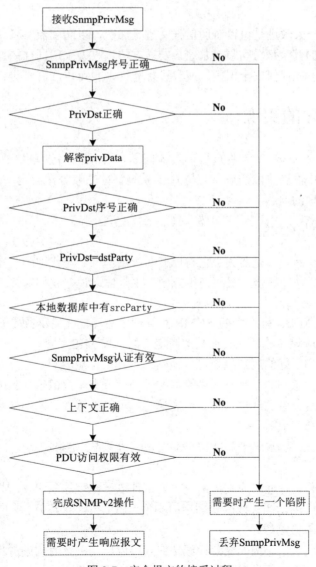

图 8-7　安全报文的接受过程

每条 SNMPv2 的报文都由一些域构成。

如果发送方、接收方的两个 Party 都采用了验证（authentication）机制，它就包含与验证有关的信息；否则它为空（取 NULL）。

验证的过程如下：发送方和接收方的 Party 都分别有一个验证用的密钥（secrekey）和一个验证用的算法。报文发送前，发送方先将密钥值填入图中 digest 域，作为报文的前缀。然后根据验证算法，对报文中 digest 域以后（包括 digest 域）的报文数据进行计算，计算出一个摘要值（digest），再用摘要值取代密钥，填入报文中的 digest 域。接收方收到报文后，先将报文中的摘要值取出来，暂存在一个位置，然后用发送方的密钥放入报文中的 digest。将这两个摘要值进行比较，如果一样，就证明发送方确实是 srcParty 域中所指明的那个 Party，报文是合法的；如果不一样，接收方断定发送方非法。验证机制可以防止非法用户"冒充"某个合法 Party 来进行破坏。

authInfo 域中包含两个时间戳（time stamp），用于发送方与接收方之间的同步，以防止报文被截获和重发。

SNMPv2 的另一大改进是可以对通信报文进行加密，以防止监听者窃取报文内容。除了 privDst 域外，报文的其余部分可以被加密。发送方与接收方采用同样的加密算法（如 DES）。

通信报文可以不加任何安全保护，或只进行验证，也可以二者都进行。

8.6 SNMPv2 的实现

本节讨论有关 SNMPv2 实现的几个具体问题，包括网络管理站的功能，轮询频率，SNMPv2 标准关于传输层映像的规定，与 OSI 系统管理的兼容性问题，以及在 TCP/IP 网络上实现 OSI 系统管理的问题。

8.6.1 网络管理站的功能

在选择站管理产品时首先要关心它与标准的一致程度，与代理的互操作性，当然更要关心其用户界面，既要功能齐全，又要使用方便。更具体地说，我们对管理站应提出以下选择的标准：

- 支持扩展的 MIB。强有力的 SNMP 对管理信息库的支持必须是开放的。特别对于管理站来说，应该能够装入其他制造商定义的扩展 MIB。
- 图形用户接口。好的用户接口可以使网络管理工作更容易、更有效。通常要求管理站具有图形用户接口，而且对网络管理的不同部分有不同的窗口。例如能够显示网络拓扑结构，显示设备的地理位置和状态信息，可以计算并显示通信统计数据图表，具有各种辅助计算工具等。
- 自动发现机制。要求管理站能够自动发现代理系统，能够自动建立图标并绘制出连接图形。
- 可编程的事件。管理站应支持用户定义事件以及出现这些事件时执行的动作。例如路由器失效时应闪动图标或改变图标的颜色，显示错误状态信息，向管理员发送电子邮件并启动故障检测程序等。
- 高级网络控制功能。例如配置管理站使其可以自动关闭有问题的集线器，自动地分离出活动过度频繁的网段等。这样的功能要使用 Set 操作。由于 SNMP 欠缺安全性，很多产品不支持 Set 操作，因而这种要求很难满足。
- 面向对象的管理模型。SNMP 其实不是面向对象的系统，但很多产品是面向对象的系统，也能支持 SNMP。
- 用户定义的图标。此标准可以方便用户为自己的网络设备定义有表现力的图标。

8.6.2 轮询频率

SNMP 定义的陷阱类型是很少的，虽然可以补充设备专用的陷阱类型，但专用的陷阱往往不能被其他制造商的管理站所理解，因此管理站主要靠轮询收集信息。轮询的频率对管理的性能影响很大。如果管理站在启动时轮询所有代理，以后只是等待代理发来的陷阱，则就很难掌握网络的最新动态，例如不能及时了解网络中出现的拥挤。

我们需要一种能提高网络管理性能的轮询策略，以决定合适的轮询频率。通常轮询频率与网络的规模和代理的多少有关。而网络管理性能还取决于管理站的处理速度、子网数据速率、网络拥挤程度等其他诸多因素，因此很难给出准确的判断规则。为了使问题简化，我们假定管理站一次只能与一个代理作用，轮询只采用 Get 请求/响应这种简单形式，而且管理站全部时间都用来轮询，于是我们有下面的不等式：

$$N \leqslant \frac{T}{\Delta}$$

其中：N 为被轮询的代理数；T 为轮询间隔；Δ 为单个轮询需要的时间。

Δ 与下列因素有关：
- 管理站生成一个请求报文的时间；
- 从管理站到代理的网络延迟；
- 代理处理一个请求报文的时间；
- 代理产生一个响应报文的时间；
- 从代理到管理站的网络延迟；
- 管理站处理一个响应报文的时间；
- 为了得到需要的管理信息，交换请求/响应报文的数量。

例如，有一个 LAN，每 15 分钟轮询所有被管理设备一次，管理报文的处理时间是 50 ms，网络延迟为 1 ms（每个分组 1000 字节），没有产生明显的网络拥挤，Δ 大约是 0.202 s，则：

$$N \leqslant \frac{T}{\Delta} = 15 \times \frac{60}{0.202} \approx 4500$$

即管理站最多可支持 4500 个设备。

这个计算关系到 4 个参数：代理数目、报文处理时间、网络延迟和轮询间隔。如果能估计出 3 个参数，就可计算出第 4 个。因此，我们可以根据网络配置和代理数量确定最小轮询间隔，或者根据网络配置和轮询间隔计算出管理站可支持的代理设备数。最后，当然还要考虑轮询给网络增加的负载。

8.6.3 传输层映像

SNMP 是应用层协议，通过传输层服务访问通信网络。SNMP 规定可以采用 5 种传输层服务（定义在 RFC3417 中）。可利用的 5 种传输服务如下：
- UDP：用户数据报协议

- CLNS：OSI 面线非连接的传输服务
- CONS：OSI 面线连接的传输服务
- DDP：AppleTalk 的 DDP 传输服务
- IPX：Novell 公司的网间网分组交换协议

规范中说明优先考虑使用 UDP 映射。规范对于 BER 的使用提出了如下限制：

- 长度字段进行编码时，只能使用确定的格式，禁止使用不确定的格式
- 任何可能的时候，都使用基本格式对取值字段进行编码
- 序列化一个 BITS 结构时，所有的位都要传输

8.6.4 与 OSI 的兼容性

为了使得 SNMPv2 与 OSI 系统互操作，可以使用 RFC1006 在 TCP/IP 网络之上模拟 ISO 的 TP0 传输服务。通过 RFC1006，OSI 的电子邮件、系统管理等应用程序都可以运行在 TCP/IP 网络上。TP0 是最简单的面向连接的传输协议，只提供连接的建立和释放，不支持错误检测，也不支持 QoS。

RFC1006 对 TP0 有所增强，主要是在连接建立阶段交换少量数据，支持加急投送服务，特长协议数据单元。

8.6.5 TCP/IP 网络中的系统管理

SNMP 的管理信息库 MIB 主要是根据协议分组的，并没有按照 OSI 的系统管理功能域分类。虽然实现 SNMP 协议的网络管理产品都有自己的使用方法，但是在应用管理对象功能方面并没有统一的分类标准。本书在介绍 MIB-2 时对各种管理对象的应用也有所提示，这也只是根据通常的应用经验提出的。没有统一的标准会引起一些混乱。

MIB 对象驻在各种代理系统中，这些对象中的数据应报告给需要有关信息的系统管理功能实体，同时协议或设备专用的管理信息也应该归属于相应的系统管理功能域。如何合理地分布各种管理对象，以有利于系统功能的视线，是设计网络管理应用时止的认证考虑的重要问题。

一般说来，不是每个代理都要实现所有的 MIB 对象，但是各种联网设备中的代理程序应该提供这种设备需要的管理对象，例如路由器专用的管理信息库。委托代理是一种十分灵活的管理机制，如果可能，以委托代理实现专用网络设备的管理信息收集和系统管理功能应该是最好的选择。

习　题

1. 网络管理面临哪些安全威胁？
2. 在表的定义中，AUGMENTS 子句的作用是什么？
3. 在表的定义中，分为哪几种？各有什么区别？
4. 解释 GetBulkRequest 操作的具体工作原理。
5. 描述 SNMPv2 加密报文的发送和接收过程。
6. 和 SNMPv1 相比，SNMPv2 协议和操作有哪些改变？
7. MIB-2 的扩展具体包括哪些方面？

8．网络管理中，具体可以采用哪些安全机制来加强系统的安全性？

9．在 SNMPv1 中，interfaces 组存在哪些不足？SNMPv2 对其做了哪些改进？

10．SMIv2 中，如何进行行的创建和删除？

11．现有某管理站，欲采集一被管设备的 ifTable 表中某些对象实例的值，如图 8-8 所示，打勾的即是管理站需要采集的对象实例，共 27 个。

ifIndex	ifDescr	ifType	ifMtu	ifSpeed	ifPhysAddress	ifInOctets	……
1	√		√	√			
2		√	√	√			
3	√		√	√	√		
4			√	√		√	
5	√	√					
6	√	√	√	√		√	
7		√		√	√	√	
……							

图 8-8　管理站所采集的对象实例

管理站有以下两种采集方案：

（1）采用 GetRequest-PDU 构造采集报文，将所有对象实例的 OID 逐一加入变量绑定表，接收含有相应对象实例信息的 Response-PDU；

（2）采用 GetBulkRequest-PDU 构造采集报文，仅将有采集需要的列对象的 OID 加入变量绑定表，接收含有冗余变量信息的 Response-PDU。

试问，采用哪种方案的网络利用率高（不考虑报文的头部，只考虑发送和接收过程中，网络中传送的变量绑定的个数)？

第 9 章　SNMPv3

SNMPv2 因为项目时间紧迫，而在安全性方面没有达成一致意见，所以在最终形式中没有包括安全性。安全性要求在 SNMPv2 中就被迫切地提出来，这是因为 SNMP 消息在网络上传输面临着诸如修改信息、伪装、修改信息流以及泄密等安全性问题。针对这些问题，提出了 SNMP 的安全性要求。SNMPv1 并没有考虑安全性的问题，SNMPv2 又因为计划时间的紧迫以及没有就安全模型达成一致，而没有包含安全方面的规范，直到 1999 年 4 月发布的 SNMPv3 新标准（草案），才包含了全面的安全性技术。SNMPv3 定义了一种框架，用来把安全性整合到 SNMPv1 或 SNMPv2 的整体功能中。SNMPv3 只是一个安全规范，没有定义其他新的 SNMP 功能，只为 SNMPv1 和 SNMPv2 提供安全方面的功能。

9.1 SNMPv3 概述

9.1.1 SNMPv3 工作组

SNMPv3 工作组授权准备下一代 SNMP 建议。工作组的目标是为下一代 SNMP 核心功能的标准提出一系列必要的文档。这个在下一代 SNMP 中最关键的需求是：安全性与管理，使得在基于 SNMP 管理事物的安全性能可用于希望使用 SNMPv3 管理网络的用户。这些组成网络的系统和这些系统中的应用包括管理器对代理，代理对管理器，管理器对管理器之间的传输。

在工作组得到授权许多年以前，有许多旨在安全性一体化和改进 SNMP 的活动。它们包括：
- "SNMP 安全性" 约 1991—1992[RFC1351～RFC1353]；
- "SMP" 约 1992—1993；
- "基于用户的 SNMPv2" 约 1993—1995[RFC1441～RFC1452]。

每一项改进集合了商业等级，产业力度的安全性能包括认证，私有，授权，基于视图的访问控制和管理，包括远程配置。

这些改进最终促进了 SNMPv2 管理框架的发展，在 RFC1901-1908 中详细记录。然而，RFC 文档中记述的框架结构没有基于其本身的安全性和管理的参考标准；然而，它与多种安全性与管理框架相联系，它们包括：
- "基于团体的 SNMPv2"（SNMPv2c）[RFC1901～1908]；
- "基于使用者的 SNMPv2"（SNMPv2u）[RFC1909～1910]；
- "SNMPv2*"。

IETF 认可 SNMPv2c，但并不认可 SNMPv2u 和 SNMPv2 的安全性与管理。顾问组提出专用 SNMP 的发展建议，集中 SNMPv2u 和 SNMPv2 的概念与技巧的基础上，SNMPv3 工作

组具有提出下一代 SNMP 专有系列规范的授权。

为此，工作组宪章包括如下目标：
- 适应广泛的需要不同管理需要的操作环境；
- 实现 SNMPv3 以前多种版本间方便的转换；
- 实现方便的设置与维护；

1998 年 1 月发表了 5 个文件，作为安全和高层管理的建议。这 5 个文件是：

RFC2271 描述了 SNMP 管理框架的体系结构；

RFC2272 简单网络管理协议的报文处理和调度；

RFC2273 SNMPv3 应用程序；

RFC2274 SNMPv3 基于用户的安全模型；

RFC2275 SNMPv3 基于视图的访问控制模型。

后来在此基础上又进行了修订，终于在 1999 年 4 月公布了一组文件，作为 SNMPv3 的新标准草案：

RFC2570 Internet 标准网络管理框架第 3 版引论；

RFC2571 SNMP 管理框架的体系结构描述（标准草案，代替 RFC2271）；

RFC2572 简单网络管理协议的报文处理和调度系统（标准草案，代替 RFC2272）；

RFC2573 SNMPv3 应用程序（标准草案，代替 RFC2273）；

RFC2574 SNMPv3 基于用户的安全模型（USM）（标准草案，代替 RFC2274）；

RFC2575 SNMPv3 基于视图的访问控制模型（VACM）（标准草案，代替 RFC2275）；

RFC2576 SNMP 第 1、2、3 版的共存问题（标准建议，代替 RFC2089）。

另外，对 SNMPv2 的管理信息结构（SMIv2）的有关文件也进行了修订，作为正式标准公布：

RFC2578 管理信息结构第 2 版（SMIv2）（正式标准 STD0058，代替 RFC1902）；

RFC2579 对于 SMIv2 的文本约定（正式标准 STD0058，代替 RFC1903）；

RFC2580 对于 SMIv2 的一致性说明（正式标准 STD0058，代替 RFC1904）。

2002 年 12 月，目前所使用的最新标准公布：

RFC3411 SNMP 管理框架的体系结构描述（正式标准 STD0062，代替 RFC2571）；

RFC3412 SNMP 消息处理和发送（正式标准 STD0062，代替 RFC2572）；

RFC3413 SNMPv3 应用程序（正式标准 STD0062，代替 RFC2573）；

RFC3414 SNMPv3 基于用户的安全模型（USM）（正式标准 STD0062，代替 RFC2574）；

RFC3415 SNMPv3 基于视图的访问控制模型（VACM）（正式标准 STD0062，代替 RFC2575）。

同时，对 SNMPv2 中的协议操作、传输映射、MIB 进行了修订，作为正式标准公布：

RFC3416 SNMPv2 协议操作（正式标准 STD0062，代替 RFC1905）；

RFC3417 SNMPv2 传输映射（正式标准 STD0062，代替 RFC1906）；

RFC3418 SNMPv2 MIB（正式标准 STD0062，代替 RFC1907）。

SNMPv3 不仅在 SNMPv2c 的基础上增加了安全和高层管理功能，而且能和以前的标准（SNMPv1 和 SNMPv2）兼容，也便于以后扩充新的模块，从而形成了统一的 SNMP 新标准。

SNMPv3 工作组的最初工作集中在安全性和管理，主要包括：
- 认证和私有；

- 授权和基于视图的访问控制；
- 上述基于标准的远程配置。

SNMPv3 工作组不想重蹈覆辙，但却重新使用 SNMPv2 起草的标准文档，例如，使用 RFC1902 到 RFC1908 的部分设计除上述关注的问题。

然而，SNMPv3 工作组的主要贡献在于倾尽全力阐述了在整个过程中安全性的缺少与管理不足，并在此过程中创造了更加优化的管理机制。他们提供了基于模块体系结构的设计，强调分层结构的进化性能。最终使 SNMPv3 比 SNMPv2 具有额外的安全性与管理性能。因此，工作组成功地完成了其特定的目标，不但得到 IETF 的承认，而且完善了其安全性和原理功能。

9.1.2 SNMPv3 的体系结构

RFC3411 定义的 SNMPv3 体系结构，体现了模块化的设计思想，可以简单地实现功能的增加和修改。其特点包括：

（1）适应性强：适用于多种操作环境，既可以管理最简单的网络，实现基本的管理功能，又能够提供强大的网络管理功能，满足复杂网络的管理需求。

（2）扩充性好：可以根据需要增加模块。

（3）安全性好：具有多种安全处理模块。

按照这个框架，在现有的 SNMP 系统消息一级上加装相应框架中的子系统，就可以实现加装安全控制的功能。同时，此框架对设计和构建新的 SNMP 系统有很好的指导意义。

框架中认为，一个 SNMP 管理系统应该包含以下几点：

（1）由若干包含 SNMP 实体的节点组成。

（2）在这些实体中，至少有一个实体包含命令产生者，和/或通报接收者的应用（对应以往的管理者），多个实体包含能够访问管理设备的命令和通报产生者应用（对应以往的代理者）。

（3）实体间用管理通信协议传递管理信息。

执行命令生成者和通报接收者应用的 SNMP 实体监测和控制被管元素。被管元素是指主机、路由器、终端服务器等设备。这些被管元素的监测和控制通过对它们的管理信息的访问实现。

在实现方面，对 SNMP 的体系结构会有以下不同的要求：

（1）具有命令应答者和/或通报生成者应用的实体（最小的 SNMP）。

（2）具有代管转发者应用的 SNMP 实体。

（3）具有命令产生者和/或通报接收者应用的命令行驱动的 SNMP 实体。

（4）具有命令生成者和/或通报接收者应用，并具有命令应答和/或通报产生者应用的 SNMP 实体（以往称为 SNMP 中间层管理者或双重角色实体）。

（5）具有命令生成者和/或通报接收者，及为管理潜在的非常大量被管节点可能的其他应用的 SNMP 实体（以往称为网络管理站）。

为了能够统一满足以上要求，SNMPv3 定义了一个可进化的体系结构框架。9.2~9.6 节将对整个体系结构的内容进行详细介绍。

9.2 SNMP 实体

SNMP 实体是体系结构的一个实现。比如，一个管理站是一个实体，一个代理是一个实体，一个代理和管理站二合一的应用也是一个实体。如图 9-1 所示，每个 SNMP 实体都包含一个 SNMP 引擎、一个或多个应用。

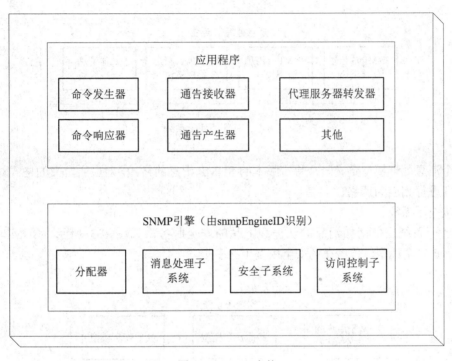

图 9-1　SNMP 实体

9.2.1 SNMP 引擎

SNMP 引擎为发送和接收消息、认证和加密消息、控制对被管对象的访问提供服务。SNMP 引擎与包含它的 SNMP 实体之间存在一对一的联系。引擎包含以下几部分：

- 分配器（Dispatcher）；
- 消息处理子系统（Message Processing Subsystem）；
- 安全子系统（Security Subsystem）；
- 访问控制子系统（Access Control Subsystem）。

在一个管理域中，每个引擎都有一个唯一的和明确的标识符 snmpEngingID。由于引擎和实体之间一一对应，因此 snmpEngingID 也能在管理域中唯一地、明确地标识实体。但是，在不同的管理域中，SNMP 的实体可能会有相同的 snmpEngineID。

1. 分配器

一个引擎中只有一个分配器，但能够同时支持多个版本的 SNMP 消息。它的功能包括：

（1）向网络发送或从网络接收 SNMP 消息；

（2）确定 SNMP 消息的版本，与相应的消息处理模型相互作用；
（3）为 SNMP 应用提供抽象接口，用以向应用传递 PDU；
（4）为 SNMP 应用提供抽象接口，用以允许它们向远程 SNMP 实体发送 PDU。

2. 消息处理子系统

消息处理子系统负责按照预定的格式准备要发送的报文，或者从接收的报文中提取数据。如图 9-2 所示，消息处理子系统潜在地包含多个消息处理模型。

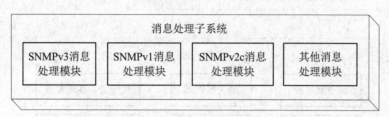

图 9-2　消息处理子系统

每个消息处理模型定义一个特定版本的 SNMP 消息的格式，对应所定义的格式对准备和抽取处理进行相应的调整。

3. 安全子系统

安全子系统提供诸如消息的认证和隐私的安全服务。如图 9-3 所示，SNMPv3 采用 User-Based 安全模型，但潜在的安全模型可有多个。

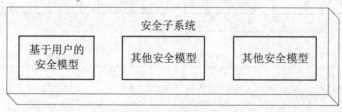

图 9-3　安全子系统

安全模型要指出它所防范的威胁，服务的目标和为提供安全服务所采用的安全协议，如认证和隐私。

安全协议指出为提供安全服务所采用的机制、过程和 MIB 对象。

4. 访问控制子系统

访问控制子系统通过一个或多个访问控制模型提供认证服务。如图 9-4 所示，View-Based 访问控制模型是 SNMPv3 所建议的。

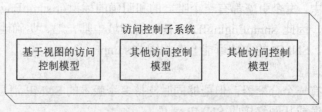

图 9-4　访问控制子系统

访问控制模型定义一个特定的访问决策函数，用以支持访问权的认定决策。

9.2.2 应用程序

如图 9-1 所示，SNMPv3 的应用程序分为以下 5 种：
- 命令发生器：建立 SNMP Read/Write 请求，并且处理这些情况的响应（用于管理站）。
- 命令响应器：接收 SNMP Read/Write 请求，对管理数据进行访问，并按照协议规定的操作产生响应报文，返回给读/写命令的发送者（用于代理）。
- 通告产生器：监控系统中出现的特殊事件，产生通知类报文，并且要有一种机制，以决定向何处发送报文，使用什么 SNMP 版本和安全参数等（用于代理）。
- 通告接收器：监听通知报文，并对确定型通知产生响应（用于管理站）。
- 代理服务器转发器：在 SNMP 实体之间转发报文（用于代理服务器）。

下面给出管理站和代理的组成。

1. SNMP 管理站

一个 SNMP 实体包含一个或多个命令生成器，以及通知接收器，这种实体传统上叫做 SNMP 管理站，如图 9-5 所示。

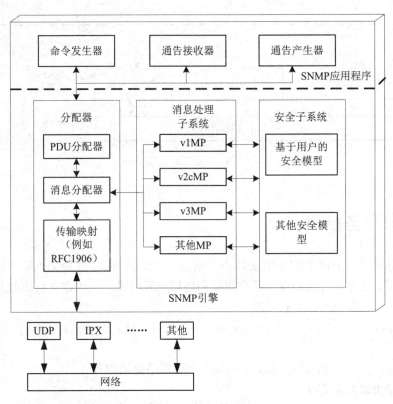

图 9-5　SNMP 管理站

2. SNMP 代理

一个 SNMP 实体包含一个或多个命令代理响应器，以及通知发送器，这种实体传统上叫做 SNMP 代理，如图 9-6 所示。

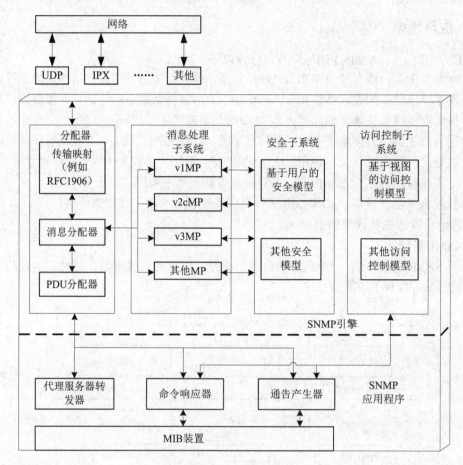

图 9-6　SNMP 代理

9.3　抽象服务接口

抽象服务接口用来描述 SNMP 实体中子系统间的概念接口，并用来规范和描述子系统间的调用与接口。抽象服务接口由一系列原语和数据元素组成。原语定义系统服务，数据则在服务被调用时作为参数用来交换数据。

9.3.1　分配器

分配器通过自身的 PDU 分配器为 SNMP 应用程序提供服务。

1. 产生输出请求或通知

PDU 分配器为应用程序提供了 sendPdu 原语，用来向其他实体发送一个 SNMP 请求或通知。返回码：statusInformation（成功：sendPduHandle；失败：errorIndication）。表 9-1 列出了与 sendPdiu 原语相关的参数。

表 9-1　　　　　　　　　　　　　　sendPdu 相关参数

参　数	状态	说　明
transportDomain	IN	使用的传输域
transportAddress	IN	使用的传输地址
messageProcessingModel	IN	SNMP 版本
securityModel	IN	使用的安全模型
securityName	IN	代表要素
securityLevel	IN	要求的安全级别
contextEngineID	IN	实体中的数据
contextName	IN	上下文中的数据
pduVersion	IN	PDU 版本
PDU	IN	SNMP PDU
expectResponse	IN	需要应答

2. 处理输入请求或通告

PDU 分配器提供 processPdu 原语来传递一个输入 SNMP PDU 到一个应用程序。表 9-2 列出了与 processPdu 原语相关的参数。

表 9-2　　　　　　　　　　　　　　processPdu 相关参数

参　数	状态	说　明
messageProcessingModel	IN	一般为 SNMP 版本
securityModel	IN	使用的安全模式
securityName	IN	代表要素
securityLevel	IN	要求的安全级别
contextEngineID	IN	实体中的数据
contextName	IN	上下文中的数据
pduVersion	IN	PDU 版本
PDU	IN	SNMP PDU
maxSizeResponseScopedPDU	IN	Response PDU 的最大范围
stateReference	IN	定位状态信息

3. 生成输出应答

returnResponsePdu 原语是一个应用程序返回一个应答 PDU 给 PDU 分配器。表 9-3 列出了与 returnResponsePdu 原语相关的参数。

表9-3　returnResponsePdu 相关参数

参　　数	状态	说　　明
messageProcessingModel	IN	一般为 SNMP 版本
securityModel	IN	使用的安全模式
securityName	IN	代表要素
securityLevel	IN	要求的安全级别
contextEngineID	IN	实体中的数据
contextName	IN	上下文中的数据
pduVersion	IN	PDU 版本
PDU	IN	SNMP PDU
maxSizeResponseScopedPDU	IN	Response PDU 的最大范围
stateReference	IN	定位状态信息
statusInformation	IN	成功或 errorIndication，发生错误时是 oid/value 的错误计数器

4. 处理输入的应答数据

PDU 分配器提供 processResponsePdu 原语向其他应用程序转发输入的应答 PDU。表 9-4 列出了与 processResponsePdu 原语相关的参数。

表9-4　processResponsePdu 相关参数

参　　数	状态	说　　明
messageProcessingModel	IN	一般为 SNMP 版本
securityModel	IN	使用的安全模式
securityName	IN	代表要素
securityLevel	IN	要求的安全级别
contextEngineID	IN	实体中的数据
contextName	IN	上下文中的数据
pduVersion	IN	PDU 版本
PDU	IN	SNMP PDU
statusInformation	IN	成功或 errorIndication
sendPduHandle	IN	sendPDU 句柄

5. 为处理 PDU 注册职责

应用程序可以在一个特定的 contextEngineID 上的 PDU 分配器上注册或解除注册指定的 pduType 处理职责。可以使用的 pduTypes 由消息处理模块提供。返回码：statusInformation，成功或 errorIndication。

registerContextEngineID 原语用来为具体的 contextEngineID 和 pduTypes 注册。表 9-5 列出了与 registerContextEngineID 原语相关的参数。

表 9-5　registerContextEngineID 相关参数

参　　数	状态	说　　明
contextEngineID	IN	向这个实体注册
pduType	IN	注册的 pdu 类型

unregisterContextEngineID 原语用来为一个具体的 contextEngineID 和 pduTypes 取消注册。表 9-6 列出了与 unregisterContextEngineID 原语相关的参数。

表 9-6　unregisterContextEngineID 相关参数

参　　数	状态	说　　明
contextEngineID	IN	向这个实体注册
pduType	IN	注册的 pdu 类型

9.3.2　消息处理子系统

分配器和一个消息处理模块就可以处理一个指定版本的 SNMP 消息。

1. 准备输出的请求和通告消息

prepareOutgoingMessage 原语为消息处理子系统准备输出的 SNMP 请求或通告的消息。返回码：statusInformation，成功或 errorIndication（失败）。表 9-7 列出了与 prepareOutgoingMessage 原语相关的参数。

表 9-7　prepareOutgoingMessage 相关参数

参　　数	状态	说　　明
transportDomain	IN	使用的传输域
transportAddress	IN	使用的传输地址
messageProcessingModel	IN	SNMP 版本
securityModel	IN	使用的安全模型
securityName	IN	代表要素
securityLevel	IN	要求的安全级别
contextEngineID	IN	实体中的数据
contextName	IN	上下文中的数据
pduVersion	IN	PDU 版本
PDU	IN	SNMP PDU
expectResponse	IN	需要应答
sendPduHandler	IN	句柄，匹配输入的应答
destTransportDomain	OUT	目标传输域
destTransportAddress	OUT	目标传输地址
outgoingMessage	OUT	发送的消息
outgoingMessageLength	OUT	长度

2. 准备一个输出 SNMP 应答消息

prepareResponseMessage 原语用于准备一个 SNMP 应答消息。返回码：result，成功或失败。表 9-8 列出了与 prepareResponseMessage 原语相关的参数。

表 9-8　　　　　　　　　　prepareResponseMessage 相关参数

参　　数	状态	说　　明
messageProcessingModel	IN	SNMP 版本
securityModel	IN	使用的安全模型
securityName	IN	代表要素
securityLevel	IN	要求的安全级别
contextEngineID	IN	实体中的数据
contextName	IN	上下文中的数据
pduVersion	IN	PDU 版本
PDU	IN	SNMP PDU
maxSizeResponseScopedPDU	IN	应答包的最大长度
stateReference	IN	定位状态信息
statusInformation	IN	成功或 errorIndication
destTransportDomain	OUT	目标传输域
destTransportAddress	OUT	目标传输地址
outgoingMessage	OUT	发送的消息
outgoingMessageLength	OUT	长度

3. 从一个输入消息准备数据元素

prepareDataElement 原语用于从一个输入消息准备数据元素。返回码：result，成功或失败。表 9-9 列出了与 prepareDataElement 原语相关的参数。

表 9-9　　　　　　　　　　prepareDataElement 相关参数

参　　数	状态	说　　明
transportDomain	IN	原始传输域
transportAddress	IN	原始传输地址
wholeMsg	IN	从网络上接收到的整个消息
wholeMsgLength	IN	上个字段的数据长度
messageProcessingModel	OUT	SNMP 版本
securityModel	OUT	使用的安全模型
securityName	OUT	代表要素
securityLevel	OUT	要求的安全级别
contextEngineID	OUT	实体中的数据
contextName	OUT	上下文中的数据
pduVersion	OUT	PDU 版本

续表

参　　数	状态	说　　明
PDU	OUT	SNMP PDU
pduType	OUT	SNMP PDU 类型
sendPduHandle	OUT	匹配请求的句柄
maxSizeResponseScopedPDU	OUT	应答包的最大长度
statusInformation	OUT	成功或 errorIndication
stateReference	OUT	定位状态信息

9.3.3　安全控制子系统

安全子系统负责 SNMPv3 所有的安全功能。消息管理子系统是安全子系统一个非常典型的客户端。

1. 产生一个请求或通告消息

generateRequestMsg 原语用于产生一个请求或通告信息。返回码：statusInformation，成功或 errorIndication（失败）。表 9-10 列出了与 generateRequestMsg 原语相关的参数。

表 9-10　　　　　　　　　　　generateRequestMsg 相关参数

参　　数	状态	说　　明
messageProcessingModel	IN	SNMP 版本
globalData	IN	管理数据消息头
maxMessageSize	IN	发送消息的实体端最大消息长度
securityModel	IN	使用的安全模型
securityEngineID	IN	鉴别的 SNMP 实体
securityName	IN	代表要素
securityLevel	IN	要求的安全级别
contextEngineID	IN	实体中的数据
scopedPDU	IN	消息
securityParameters	OUT	由安全模式决定的参数
wholeMsg	OUT	消息体
wholemsgLength	OUT	消息体长度

2. 处理输入消息

processIncomingMsg 原语用于处理输入消息。返回码：statusInformation，成功或 errorIndication（失败）。表 9-11 列出了与 processIncomingMsg 原语相关的参数。

表 9-11　　　　　　　　　processIncomingMsg 相关参数

参　　数	状态	说　　明
messageProcessingModel	IN	SNMP 版本
maxMessageSize	IN	发送消息的实体端最大消息长度
securityParameters	IN	由安全模式决定的参数
securityModel	IN	使用的安全模型
securityLevel	IN	要求的安全级别
wholeMsg	IN	消息体
wholemsgLength	IN	消息体长度
securityEngineID	OUT	要素的标识
securityName	OUT	要素的标识
scopedPDU	OUT	消息
maxSizeResponseScopedPDU	OUT	应答包最大长度
securityStateReference	OUT	应答使用的安全状态信息引用

3. 产生一个应答消息

generateResponseMsg 原语用于产生一个应答消息。返回码：statusInformation，成功或 errorIndication（失败）。表 9-12 列出了与 generateResponseMsg 原语相关的参数。

表 9-12　　　　　　　　　generateResponseMsg 相关参数

参　　数	状态	说　　明
messageProcessingModel	IN	SNMP 版本
globalData	IN	管理数据消息头
maxMessageSize	IN	发送消息的实体端最大消息长度
securityModel	IN	使用的安全模型
securityEngineID	IN	鉴别的 SNMP 实体
securityName	IN	代表要素
securityLevel	IN	要求的安全级别
scopedPDU	IN	消息
securityStateReference	OUT	应答使用的安全状态信息引用
securityParameters	OUT	由安全模式决定的参数
wholeMsg	OUT	消息体
wholemsgLength	OUT	消息体长度

9.3.4　访问控制子系统

访问控制子系统控制要素对本地 SNMP 系统的访问。应用程序是访问控制子系统一个典型的客户。isAccessAllowed 原语是访问控制子系统的一个主要原语，要素调用 isAccessAllowed 可以知道一个请求是否被允许。返回码：statusInformation，成功或

errorIndication（失败）。表 9-13 列出了与 isAccessAllowed 原语相关的参数。

表 9-13　　　　　　　　　　isAccessAllowed 相关参数

对　　象	状态	说　　明
securityModel	IN	使用的安全模式
securityName	IN	想要访问资源的要素
securityLevel	IN	安全级别
viewType	IN	读、写或通告视图
contextName	IN	包含 variableName 的上下文
variableName	IN	管理对象的 oid

9.4　SNMP 框架 MIB

SNMP 框架定义了 SNMP 构架的一组管理对象，用来管理和查询 SNMPv3 实体的框架信息。管理信息的结构如图 9-7 所示。

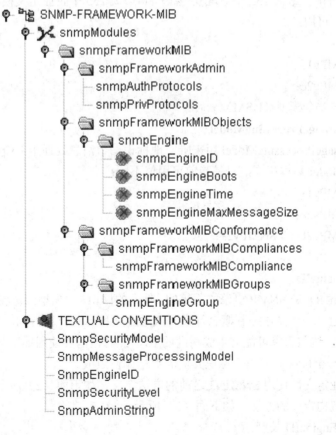

图 9-7　SNMPv3 框架 MIB

9.4.1 SNMPv3 正文约定

当描述 MIB 模块时，经常利用缩写的语义来表述一系列具有相似特性的对象。这样利用基本数据类型定义一种新的数据类型。每种数据类型另起一个新名，指定一个更加严格的基本类别。这些新定义的类别就是正文约定，更有利于人们阅读 MIB 模块和更利于潜在的智能管理。这就是 STD0058、RFC2579、SMIv2 的正文约定的目的所在，定义一种 MIB 模块语言的结构 TEXTUAL-CONVENTION，用来定义新的类型，并且用来指定对所有 MIB 都适用的正文约定。

1. SnmpSecurityModel

SnmpSecurityModel 用来唯一地标识 SNMP 管理架构中的安全子系统中的安全模型。其取值如下：

- 空值保留；
- 1~255 为 IANA 所保留，用做标准的安全模型；
- 大于 255 的值分配给企业的安全模型使用。

一个企业安全模型值使用如下方法定义：

- enterpriseID×256 + 企业内部安全模型号。

如，enterpriseID 为 2 的企业定义的第 3 个安全模式，值应该为 515。

这个方案分配了最大 255 个标准安全模型和最大 255 个企业定义模型。目前，共有如下 4 个值（0~3）可用：

- 0：any；
- 1：SNMPv1；
- 2：SNMPv2c；
- 3：用户安全模型（USM）。

2. SnmpMessageProcessingModel

SnmpMessageProcessingModel 用来唯一地标识一个消息处理子系统中的模型，其规格与 SnmpSecurityModel 基本相同，只是当前可用值不同：

- 0：SNMPv1；
- 1：SNMPv2c；
- 2：SNMPv2U 和 SNMPv2*；
- 3：SNMPv3。

3. SnmpEngineID

SnmpEngineID 是 SNMP 引擎的不等的、唯一的标识。此类型的值不能全部为 0、"00H"、Null。值可以通过一个操作控制概念行设置或通过某种算法计算得到。如果一个系统上有多个 SNMP 引擎，这些引擎可能会生成相同的 ID，此时，需要使用如下算法：

（1）最高一个位（bit）用来标识其他的数据如何组成。

- 0：企业定义，使用 SNMPv3 之前的方法定义，如下面（2）所示；
- 1：本架构定义的方法，如下面（3）所示。

（2）snmpEngineID 长度为 12 个字节。

- 前四个字节设为生产代理的企业的标识（private.enterprises 下的企业标识，由 IANA

分配）的二进制编码，如：华为公司的标识为{ enterprises 2011 }，那么前四个字节应该是：'000007DB' H；
- 其他 8 个字节使用一个或更多的企业自定义方法定义。这些方法应该设计成最大可能地避免管理域中代理的引擎 ID 相同。例如，可以使用 SNMP 实体某个网络接口的 IP 地址，或者 MAC 地址，在地址后面随机地增补随机数。如果多个方法定义，推荐首个字节用来指出使用的方法。

（3）字节串长度。
- 前 4 个字节与（2）定义相同，如华为公司，前四个字节为：'000007DB' H，另外，第一个位应该置为 1，则使用这种编码方法的正确值应该为：'800007DB' H；
- 第 5 个字节标识其他字节的格式，取值为：
    - 0：保留；
    - 1：IPv4 地址（4 字节）；
    - 2：IPv6 地址（16 字节）；
    - 3：MAC 地址（6 字节）；
    - 4：文本，管理指定，最长 27 字节；
    - 5：字节流，管理指定，最长 27 字节；
    - 6~127：保留，未用；
    - 127~255：企业自定义，最长 27 字节。

4. SnmpSecurityLevel

SnmpSecurityLevel 标识安全级别，当前可用值包括：
- noAuthNoPriv：不鉴别，不加密；
- authNoPriv：鉴别，但不加密；
- authPriv：鉴别且加密。

它们的安全级别显而易见。

5. SnmpAdminString

SnmpAdminString 是一个字节串，它包含管理信息，更适合阅读。

9.4.2 管理标识

管理框架为 SNMPv3 MIB 定义了两个主要的组：
- snmpAuthProtocols 组：用于定义标准的鉴别协议，新的标准鉴别协议将定义在这下面；
- snmpPrivProtocols 组：用于定义标准的加密协议，新的标准加密协议将定义在这下面。

9.4.3 管理对象

1. snmpEngine 组

表 9-14 列出了框架组中 snmpEngine 组的管理对象。

表 9-14　　　　　　　　　　　　　　snmpEngine 组对象

Object	OID	Syntax	Access	Description
snmpEngineID	snmpEngine 1	snmpEngineID	RO	引擎 ID
snmpEngineBoots	snmpEngine 2	Integer	RO	引擎重新初始化的次数
snmpEngineTime	snmpEngine 3	Integer	RO	上次重启到现在的秒数
snmpEngineMaxMessageSize	snmpEngine 4	Integer	RO	引擎支持的最大消息长度

2. snmpEngineGroup 一致性定义

snmpEngineGroup，定义了 SNMP 引擎用到的 4 个管理信息。其定义如下：

```
-- units of conformance
snmpEngineGroup OBJECT-GROUP
    OBJECTS {
              snmpEngineID,
              snmpEngineBoots,
              snmpEngineTime,
              snmpEngineMaxMessageSize
            }
    STATUS        current
    DESCRIPTION "A collection of objects for identifying and
                 determining the configuration and current timeliness
                 values of an SNMP engine.
                "
    ::= { snmpFrameworkMIBGroups 1 }

END
```

9.5　SNMPv3 应用程序

RFC3413 定义了在一般条件下，在产生 PDU 用来传输或者处理流入 PDU 时，每种类型的应用所遵循的过程。在任何情况下，这种过程都通过调度原语，按照和调度器的相互作用来定义，RFC3413 中的描述细致而且条理清楚，在此只做出简要的说明。

9.5.1　指令发生器

指令发生器使用 sendPdu 和 processResponsePDU 调度器原语。sendPdu 为调度器提供了目标地址、安全参数和要发送的实际 PDU 消息。调度器然后调用消息处理模型，而消息处理模型又调用安全模型来准备一个消息。调度器把好的消息移交给传输层（如，UDP）用来传输。如果消息准备失败，则调度器返回的原语取值为 sendPdu 时表示出错。如果消息准备成功，调度器赋给该 PDU 一个 sendPduHandle 标识符并返回该取值给指令发生器，作为 sendPdu 的返回原语取值，指令发生器存储 sendPduHandle 以便随后的响应 PDU 能和原来的请求相匹配。

调度器利用 processResponsePdu 原语把每一个注入的响应 PDU 都交给正确的指令发生器应用。指令发生器要执行下面的步骤：

（1）指令发生器检查 processResponsePdu 原语中的参数，并把所接收到的 messageProcessingModel、securityModel、secirutyName、contextEngineID、contextName、和 pduVersion 的取值与在相应 requestPDU 中的取值相比较（使用 sendPduHancle 来识别请求 PDU）。如果不是所有的这些参数都匹配，则告丢弃该响应。如果 statusInformation 表示请求失败，则会有一个依赖于实现的动作发生，例如重发请求或者通知该要素。

（2）指令发生器检查响应 PDU 的内容。指令发生器提取出 operation type、request-id、error-status、error-index 和 variable-bindings。如果 request-id 和原来请求中的取值不相等，则丢弃该响应。

如果（1）和（2）都成功，则指令发生器执行一个依赖于实现的动作。

9.5.2 指令应答器

指令应答器要用到 4 种调度原语（registerContextEngineID、unregisterContextEngineID、processPdu、returnResponsePdu）和一个访问控制子系统的原语（isAccessAllowed）。

为了处理上下文引擎中特定类型的 PDU，应答器使用 registerContextEngineID 原语和一个 SNMP 引擎联系起来。一旦指令应答器完成注册，在所有接收到的消息中如果包含有已注册的 contextEngineID 和 pduType（get 或 set）的组合，都将被送到已经注册的支持这种组合的指令应答器中。指令应答器也能够使用 unregisterContextEngineID 来取消和 SNMP 引擎的联系。

调度器使用 processPdu 原语把流入的每一个请求 PDU 都递交给正确的指令应答器。指令应答器要执行下面的步骤：

（1）指令应答器检查 request PDU 的内容。PDU type 必须和前面已注册过的类型中的一种相匹配。

（2）相应的操作类型被识别出来后，将根据 contextName 指定的 MIB 视图进行访问。能访问的视图由 securityLevel、securityModel、contextName、securityName 和 PDU type 决定（PDU type 指 get 或 set，它们可能有不同的视图）。一个实际的对象实现是否在相关的 MIB 视图中，取决于 isAccessAllowed 接口。

（3）如果允许访问，则指令应答器执行管理操作并准备一个 response PDU。如果访问失败，则指令应答器准备一个合适的 response PDU 来通知失败。

（4）指令应答器调用调度器，用 returnResponsePDU 原语来发送该 response PDU。

9.5.3 通告发生器

通告发生器应用也遵循指令发生器应用中用到的一般过程。如果要发送一个 Inform PDU，则要使用到 sendPDU 和 processResponsePdu 原语，使用方式和指令发生器应用中的一样。如果要发送一个 Trap PDU，则只用到 sendPdu 原语。

（1）一个适当的过滤机制被允许去决定是否通告应该被发送到管理目标。如果这个过滤机制决定这个通告不应该发送，处理过程继续下一个管理目标。

（2）适当的 Variable-bindings 集合从相关的 MIB 视图中的 MIB 机制中获取。相关的 MIB

视图由 securityLevel、securityModel、contextName、securityName 决定。决定是否一个实际的对象实例包含在相关的 MIB 视图中，使用 isAccessAllowed 接口，使用前面描述过的相同的习惯，除了 viewType 指出是一个通告类型操作。如果 isAccessAllowed 返回的 statusInformation 没有 accessAllowed，通告将不被发送到管理目标。

（3）通告的 NOTIFICATION-TYPE 对象标识（变量绑定里名字为 snmpTrapOID.0 的对象的值）被 isAccessAllowed 检查，使用跟上一步操作相同的参数。如果 isAccessAllowed 返回的 statusInformation 没有指出 accessAllowed，通告将不被发送。

（4）一个 PDU 使用一个本身唯一的 request-id（请求标识符）值构造，PDU type（PDU 类型）由实现决定，error-status（错误状态）和 error-index（错误索引）为 0。

（5）如果通告是非确认型，使用 sendPdu 接口发送。expectResponse 参数指示不需要确认。

（6）如果通告是确认型，使用 sendPdu 接口发送。expectResponse 参数指示需要确认。

另外，需要确认的通告的应答，应该从 processResponsePdu 抽象服务接口收到。

9.5.4 通告接收器

通告接收器遵循指令应答器中一般过程的一个子集。要接收 Inform 或 Trap PDU，通告接收器必须先注册。两种类型的 PDU 都通过 sendPdu 原语来接收。对于 Inform PDU，则使用 returnResponsePdu 来进行响应。

当一个非确认通告传到通告接收器时，首先取出 SNMP 操作类型、request-id（请求标识符）、error-status（错误状态）、error-index（错误索引）和 variable-bindings（变量绑定），剩下的步骤依赖于具体的实现。

当一个需要确认的通告收到时，首先，取出 PDU type、request-id、error-status、error-index、variable-bindings。然后，使用 request-id、variable-bindings、取值为 0 的 error-status、取值为 0 的 error-index 构造一个应答 PDU。最后，调用分配器的 returnResponsePdu 接口发送应答 PDU。

9.5.5 代理服务器

代理服务器转发器应用程序使用调度原语来转发 SNMP 消息。代理服务器应用处理下面 4 种基本类型的消息：

（1）包含从指令发生器应用程序中得到的请求消息：代理服务器转发器确定目标 SNMP 引擎，或者是一个比较近或者是下游的引擎，并发送合适的 request PDU。

（2）包含从通告发生器应用程序中得到的请求消息：代理服务器转发器确定哪一个 SNMP 引擎应用接收通告，并发送合适的 notification PDU。

（3）包含一个 response 类型的 PDU 的消息：代理服务器转发器确定哪一个是先前转发的请求或通告，如果有的话，与这个响应匹配，并发送合适的 response PDU。

（4）包含一个 report 指示的消息：report PDU 是 SNMPv3 中引擎到引擎的通信，代理服务器转发器确定哪一个是先前转发的请求或通告，如果有的话，与这个 report 指示相匹配，并把 Report 指示转回给请求或通告的引发者。

9.6 SNMPv3 应用程序 MIB

RFC3413 定义了 3 种 MIB 来支持 SNMPv3 应用程序：管理目标 MIB、通告 MIB 和代理服务器 MIB。下面依次对这 3 种 MIB 进行介绍。

9.6.1 管理目标 MIB

一些类型的应用程序（如：通告产生器和代理服务器）需要一种机制知道请求发送到哪里和相关的发送参数，所以提供了管理目标 MIB 实现这种机制。管理目标 MIB 包括了以下两种类型的信息：

（1）目标信息：包括一个传输域和一个传输地址，这种组合也称为传输端点。对应到 SNMP-TARGET-MIB 中的 snmpTargetAddrTable。

（2）SNMP 消息参数：由消息的处理模型、安全模型、安全级别和安全名字组成。对应到 SNMP-TARGET-MIB 中的 snmpTargetParamsTable。

图 9-8 列出了应用程序管理目标 MIB 的结构。

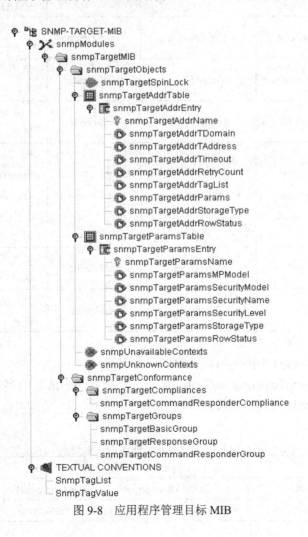

图 9-8 应用程序管理目标 MIB

1. 目标地址表 snmpTargetAddrTable

目标地址表 snmpTargetAddrTable 是在 SNMP 消息产生中用到的传输地址的表。表 9-15 列出了 snmpTargetAddrTable 的被管对象。

表 9-15　　　　　　　　　　snmpTargetAddrTable 的被管对象

Object	Syntax	Access	Description
snmpTargetAddrName	SnmpAdminString	not-accessible	本地的、任意但唯一的标识符，用来标识该表
snmpTargetAddrTDomain	TDomain	read-create	目标地址的传输类型，例如，UDP
snmpTargetAddrTAddress	TAddress	read-create	传输地址。例如传输类型是 UDP，则是一个 6 字节的取值，前 4 个字节是目标的 IP 地址，最后 2 个字节包含一个 UDP 端口编号
snmpTargetAddrTimeOut	TimeInterval	read-create	和传输地址通信时期望的最大全程时间
snmpTargetAddrRetryCount	Integer32	read-create	当不能接收到消息的响应时，重试的默认次数
snmpTargetAddrTagList	SnmpTagList	read-create	标记取值的列表，将在后面解释
snmpTargetAddrParams	SnmpAdminString	read-create	标识符，用来识别 snmpTargetParamsTable 中的行，该行（可能为多行）包含产生要发往该传输地址的消息时用到的参数
snmpTargetAddrStorageType	StorageType	read-create	该行的存储类型，永久还是临时
snmpTargetAddrStatus	RowStatus	read-create	该行的状态，用于控制行的创建

2. 目标参数表 snmpTargetParamsTable

目标参数表 snmpTargetParamsTable 包含用于产生一个消息的参数。表 9-16 列出了 snmpTargetParamsTable 的被管对象。

表 9-16　　　　　　　　　　snmpTargetParamsTable 的被管对象

Object	Syntax	Access	Description
snmpTargetParamsName	SnmpAdminString	not-accessible	目标名称
snmpTargetParamsMPModel	SnmpMessageProcessingModel	read-create	消息处理模式

续表

Object	Syntax	Access	Description
snmpTargetParamsSecurityModel	SnmpSecurityModel	read-create	对端安全模型
snmpTargetParamsSecurityName	SnmpAdminString	read-create	对端安全名称
snmpTargetParamsSecurityLevel	SnmpSecurityLevel	read-create	对端安全级别
snmpTargetParamsStorageType	StorageType	read-create	对端存在类型
snmpTargetParamsRowStatus	RowStatus	read-create	概念行列

9.6.2 通告 MIB

SNMP-NOTIFICATION-MIB 包含了远程配置，SNMP 实体用来产生通告参数的对象和一个组 snmpNotifyObjectsGroup，该组由 3 个表组成。下面就将详细介绍这 3 个表。图 9-9 列出了通告 MIB 的结构。

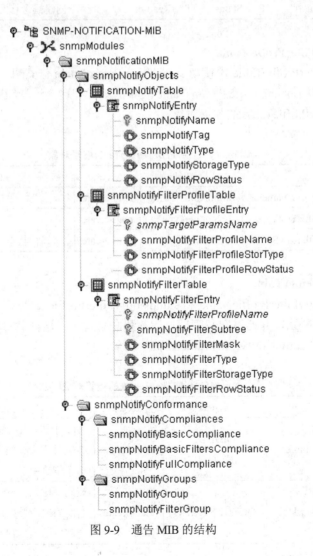

图 9-9 通告 MIB 的结构

1. snmpNotifyTable

snmpNotifyTable 存放通告管理目标,即通告的接收者。表 9-17 列出了 snmpNotifyTable 的被管对象。

表 9-17　　　　　　　　　　snmpNotifyTable 的被管对象

Object	Syntax	Access	Description
snmpNotifyName	SnmpAdminString	not-accessible	行的名字,主索引
snmpNotifyTag	SnmpTagValue	Read-create	本字段将包含一个 Tag 值,用来从 snmpTargetAddrTable 中选择行。snmpTargetAddrTable 中 tag 值与此 Tag 相同的行都要被选中。如果本域没有值,将不选择 snmpTargetAddrTable 行
snmpNotifyType	Integer	Read-create	trap(1)或 inform(2)
snmpNotifyStorageType	StorageType	Read-create	行的存储方式
snmpNotifyRowStatus	RowStatus	Read-create	用于创建概念行

2. snmpNotifyFilterProfileTable

snmpNotifyFilterProfileTable 表使用 snmpTargetParamName 作索引,和 snmpTargetParamsTable 联系起来,表示 snmpTargetParamsTable 表中的某行和这个过滤策略相关。表 9-18 列出了 snmpNotifyFilterProfileTable 的被管对象。

表 9-18　　　　　　　　snmpNotifyFilterProfileTable 的被管对象

Object	Syntax	Access	Description
snmpNotifyFilterProfileName	SnmpAdminString	read-create	策略名称,索引
snmpNotifyFilterProfileStorType	StorageType	read-create	行存储方式
snmpNotifyFilterProfileRowStatus	RowStatus	read-create	行状态,用来创建概念行

3. snmpNotifyFilterTable

使用 snmpNotifyFilterProfileName 和 snmpNotifyFilterProfileTable 联系起来,表示一个过滤和一个过滤策略联系,并通过它和管理目标参数联系起来,这样就可以实现一个过滤功能了。表 9-19 列出了 snmpNotifyFilterTable 的被管对象。

表 9-19　　　　　　　　　snmpNotifyFilterTable 的被管对象

Object	Syntax	Access	Description
snmpNotifyFilterSubtree	OBJECT IDENTIFIER	read-create	MIB 子树,当生成 snmpNotifyFilterMask 实例时定义一个子树是包括还是排除在这个策略中
snmpNotifyFilterMask	OCTET STRING	read-create	掩码,限定了 snmpNotifyFilterSubtree 的匹配情况。1 表示精确匹配,0 表示符,全部包括。跟 TCP/IP 中的子网掩码类似

续表

Object	Syntax	Access	Description
snmpNotifyFilterType	Integer	read-create	指示 snmpNotifyFilterSubtree 的包含方式。included（1）,excluded（2）
snmpNotifyFilterStorageType	StorageType	read-create	行的存储方式
snmpNotifyFilterRowStatus	RowStatus	read-create	行状态，用来创建概念行

9.6.3 代理服务器 MIB

SNMP 代理服务器 MIB 包含的对象用于远程配置 SNMP 实体的代理服务器转发操作所需要的参数。图 9-10 列出了代理服务器 MIB 的结构。

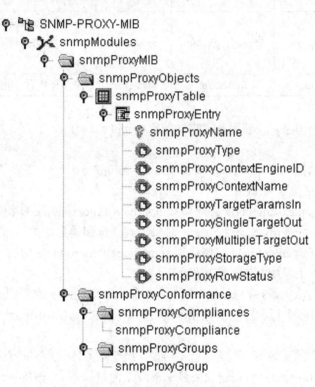

图 9-10 代理服务器 MIB 的结构

MIB 包括一个 snmpProxyObjectsGroup 组，由一个表 snmpProxyTable 组成。该表的每一个条目都包含了一系列代理服务器转发器所要用到的转发参数。表 9-20 列出了 snmpProxyTable 的被管对象。

表 9-20　　　　　　　　　　　　snmpProxyTable 的被管对象

Object	Syntax	Access	Description
snmpProxyName	SnmpAdminString	not-accessible	本地化的、唯一的代理服务器实体标识
snmpProxyType	Integer	read-create	read（1）,write（2）,trap（3）,inform（4）
snmpProxyContextEngineID	SnmpEngineID	read-create	contextEngineID
snmpProxeContextName	SnmpAdminString	read-create	contestName
snmpProxyTargetParamsIn	SnmpAdminString	read-create	对应 snmpTargetParamTable 中的一行。该行决定 snmpProxyTable 中哪一行用来转发接收到的消息
snmpProxySingleTargetOut	SnmpAdminString	read-create	对应 snmpTargetAddrTable 中的一行，该行的 snmpTargetAddrName 等于本对象。本对象只用在选择一个单独的目标时使用
snmpProxyMultipleTargetOut	SnmpTagValue	read-create	从 snmpTargetAddrTable 中选择一系列 tag 和本对象相等的行。选择多行时使用
snmpProxyRowStatus	RowStatus	read-create	概念行状态，用来操作概念行

对于输入的请求消息，代理服务器需要选定 snmpProxyTable 中合适的条目。所选定的条目如下：

（1）如果消息包括 Get、GetNext 或 GetBulk、snmpProxyType 必须是 read（1）；如果消息包括 set，类型就必须是 write（2）。

（2）消息中的 contextEngineID 必须和 snmpProxyContextEngineID 相等。

（3）如果支持 snmpProxyContextName 对象，就必须和消息中的 contextName 相等。

（4）snmpProxyTargetParamsIn 实例标识 snmpTargetParamsTable 中的一行。该行中的消息安全参数必须和输入消息中相应的字段匹配。

如果没有行满足这些条件，就不应该转发该消息，代理服务器就可能采取一些依赖于实现的动作。有可能有多个行和这些条件相匹配，如果这样，则使用 snmpProxyName 在字典顺序中最小的匹配行。

如果选定了一个匹配条目，则消息就被转发。代理服务器使用 snmpTargetAddrTable 表中由 snmpProxySingleTargetOut 所识别的条目来得到该消息以及 snmpTargetParamsTable 中相关行的目标地址、timeout 和 retry 的值，从而来构造安全相关的参数。

对于输入的通告消息，代理服务转发器按如下的方式从 snmpProxyTable 中选择合适的条目：

（1）如果消息包括 Trap，snmpProxyType 必须是 trap（3）。如果消息包括 Inform，类型就必须是 inform（4）。

（2）消息中的 contextEngineID 必须和 snmpProxyContextEngineID 相等。

（3）如果支持 snmpProxyContextName 对象，就必须和消息中的 contextName 相等。

（4）snmpProxyTargetParamsIn 实例标识 snmpTargetParamsTable 中的一行。该行中的消息安全参数必须和输入消息中相应的字段匹配。

如果没有行满足这些条件，就不应该转发该消息，代理服务器就可能采取一些依赖于实现的动作。如果有一个或多个匹配条目，则选定所有的匹配条目。每一个选定条目中的 snmpProxyMutipleTargetOut 标记取值组成了标记取值的集合。每一个这样的条目都发送输出消息所需要的传输参数，它也提供一个到 snmpTargetParamsTable 的索引来得到产生消息所需要的安全参数。

因此，一个正确配置的 snmpProxyTable 使代理服务转发器能够接收输入消息，确定每个消息的目标，并为输出消息构造安全参数。

9.7　SNMPv3 消息格式

图 9-11 说明了 SNMPv3 的消息格式。

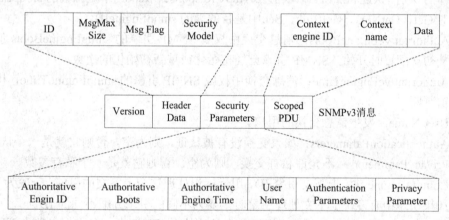

图 9-11　SNMPv3 的消息格式

下面，逐一解释各项具体内容：
- Version：给出版本号，对于 SNMPv3 值为 2。
- ID：用在不同实体间去匹配请求和应答数据。并且用于在不同的处理子系统匹配使用。msgID 的值生成的算法应该避免和任何输出的消息重复。这个策略用来防止重发攻击。一个可能的实现就是使用 snmpEngineBoots 的值的低位做为 msgID 的高位，使用一个增长的整数做为其余的低位值。请注意：request-id 为 snmp 应用程序来标识 PDU，而 msgID 为实体用来标识携带 PDU 的消息。引擎需要标识解码错误的 PDU，这时 request-id 是解不出来的，因而需要 msgID。没有要求 msgID 和 request-id 值需要一致。一个应答消息使用 msgID 来标识这是哪个请求的应答。另一方面，msgID 用来给引擎识别无连接数据报可能产生的重复数据报。
- VMsgMaxSize：指示发送方支持的最大的消息体长度，最小取值 484。应答方需要遵守这个值，不然消息无法处理。生成一个消息的时候，生成消息的引擎应该设置这个值。

- Msg Flags：提供了几个位来标识消息的管理过程。左 1 位：authFlag，鉴别标志；左 2 位：privFlag，加密标志；左 3 位：reportableFlag，报告标志。如 authFlag=xxxxxxx1，privFlag=xxxxxx1x，reortableFlag=xxxxx1xx。其余位保留。如，xxxxxx00 意味着 noAuthNoPriv，既不鉴别，也不加密；xxxxxx01 意味着 authNoPriv，鉴别但不加密；xxxxxx11 意味着 authPriv，鉴别且加密。reportableFlag 指示是否必须发送一个 report（除却 trap 的其他操作），仅用在消息的 PDU 部分不能解密，比如，无效的压缩密钥。如果解密成功，则根据 PDU 的类型引擎就知道是否需要发送报告了。reportableFlag 为 1 时，必须向消息的产生者发送一个 report，反之，不必发送 report。一个不需要确认的操作（trap），此值永远为 0。如果 reportableFlag 被设置错误，比如一个 Trap 的此标志被设置为 1，且 PDU 解包成功，知道这是一个 Trap 类型时，将 reportableFlag 当 0 对待。
- Security Model：SNMPv3 支持多个安全模型同时工作，msgSecurityModel 标识哪一个模型发送方当前使用，接收方需要使用相同的模型来处理消息。
- AuthoritativeEngineID：消息交换中权威 SNMP 引擎的 snmpEngineID，用于 SNMP 实体的识别、认证和加密。该取值在 Trap、Response、Report 中是源端的 snmpEngineID，对 Get、GetNext、GetBulk、Set 中是目的端的 snmpEngineID。
- AuthoritativeEngineBoots：消息交换中权威 SNMP 引擎的 snmpEngineBoots 值。表示从初次配置时开始，SNMP 引擎已经初始化或重新初始化的次数。
- AuthoritativeEngineTime：消息交换中权威 SNMP 引擎的 snmpEngineTime，用于时间窗判断。
- User Name：发生信息交换的用户。
- AuthenticationParameters：如果交换没有被认证，则为空。否则它就是一个认证参数。
- PrivacyParameters：不允许私有交换，则为空。否则它就是一个私有参数。
- Context engine ID：上下文引擎 ID，用于标识处理这个上下文的引擎。一般为引擎 ID，如果引擎中有多个上下文处理引擎时，要为不同的引擎分配不同的 ID。
- Context name：上下文名字，标识一个具体的上下文请求。名字在引擎内不同，在引擎间可以重复。
- PDU（Protocol Data Unit）：SNMPv3 中的 PDU 类型与 SNMPv2 中的相同。

9.8 基于用户的安全模型

尽管 SNMP 是一种强有力的网管协议，但老协议最薄弱的环节就是其安全性。一些协议内容潜在地为那些顽强的黑客提供了方便。在技术飞速发展的今天，协议分析仪的普遍使用，使黑客能依靠 SNMP 得到网络拓扑结构和配置的详细信息。更令人不安的是，在执行 Set 操作时，若在传输的过程中截取通信字串，就能控制对远程 SNMP 设备的管理权。

SNMPv3 不仅将传送的信息加密了，而且能让接收方验证用户的申请，对每个申请进行复杂而详细的访问控制检查，以及用数字签名来保证信息的完整性。它还能让管理者自定义一些保护方式的不同结合，例如，完全不作安全检查、进行身份验证或进行加密身份验证。还可以在 SNMP 代理或管理站上加任意多的访问控制规则。

所有这些级别的安全检查措施在 10 年前根本不符合当时的硬件条件，而现在的网管基础设备有了足够多的内存和足够快的 CPU，不仅满足 SNMP 的各种安全性的要求，而且支持全功能的网管服务。

由于 SNMPv3 规范要求提供身份验证和访问控制的标准组件，所以 RFC3414、RFC3415 建议使用 USM（基于用户的安全模型）和 VACM（基于视图的访问控制模型）作为参考。这样既允许制造商支持当今的安全 SNMP，同时也为将来新的安全标准留下后门（如公用密钥系统等），从而保护投资，不危及当前的协议规范。

SNMPv3 规范中提出了 USM，它为网管系统提供了全方位的安全认证和保密框架，取代了以往依赖单一文本串来验证身份的做法，以及仅仅从一个 SNMP 查询中选择访问权限的方式。USM 添加了熟悉的基于用户名、口令的验证方式，正如大多数的网络操作系统那样。

9.8.1 USM 提供的安全服务

USM 的针对性非常强，USM 的安全服务是针对各种网络安全威胁而提供的。USM 并没有针对 SNMP 的功能、协议进行改变，仅是在 SNMPv1 或者 SNMPv2 上面加装了一个安全性外壳。

1. 针对数据篡改的服务

数据完整性检查保护数据在传输过程中，没有被改变或损坏，传输顺序也没有被有意改变。

2. 针对用户欺骗的服务

数据来源鉴别能够验证数据和发送源的一致性。鉴别服务可以鉴别出：
（1）消息是否由消息体标识的用户发送的；
（2）消息是否在传输过程中被编辑；
（3）消息是否被重发；
（4）消息是否被改变发送方向。

3. 针对数据监听的服务

数据保密能够使数据在传输过程中不被窃听、不泄露。加密服务的作用为：对消息体进行加密，使得数据不能被直接阅读。

4. 针对消息流修改的服务

消息时序性限制了如果消息在一个指定的窗口外产生，则拒绝接收（因为消息重发和重新排序的情况是比较容易出现的）。

9.8.2 USM 的模块

USM 设计了 3 个模块分别实现上面提到的服务。

1. 鉴别模块

该模块主要进行数据完整性，数据来源鉴别。所谓鉴别（Authentication），是指在双方进行数据通信前，首先要能确认对方的身份，要求交易双方的身份不能假冒或伪装。通过数字签名技术使得 SNMP 实体在接收消息后确认消息是否来自授权的实体，并且消息在传输过程中未被改变的过程。身份鉴别可以防止假冒身份，保证信息的完整性，它包括数据起源与数据完整性认证。USM 使用默认的 HMAC-SHA-96 或者 HMAC-MD5-96 算法进行消息的鉴别。如果在安全强度较高的条件下，可以采用其他算法替代，如 AES 算法。

2. 时序模块

该模块主要避免消息延迟和重发，即进行合时性检查。为了防止报文被重放和故意延迟，在每一次通信中有一个 SNMP 引擎被指定为是有权威的（Authoritative，记为 AU），而通信对方则是无权威的（Non-Authoritative，记为 NA）。当 SNMP 报文要求响应时，该报文的接收者是有权威的。反之，当 SNMP 报文不要求响应时，该报文的发送者是有权威的。有权威的 SNMP 引擎维持一个时钟值，无权威的 SNMP 引擎跟踪这个时钟值，并保持与之松散同步。时钟由以下两个变量组成：

- snmpEngineBoots：SNMP 引擎重启动的次数；
- snmpEngineTime：SNMP 引擎最近一次重启动后经过的秒数。

SNMP 引擎首次安装时置这两个变量的值为 0。SNMP 引擎重启动一次，snmpEngine Boots 增值一次，同时 snmpEngineTime 被置 0 并重新开始计时。如果 snmp EngineTime 增加到了最大值 2,147,483,647，则 snmpEngineBoots 加 1，而 snmpEngineTime 回 0，就像 SNMP 引擎重新启动过一样。

另外还需要一个时间窗口来限定报文提交的最大延迟时间，这个界限通常由上层管理模块决定，延迟时间在这个界限之内的报文都是有效的。在 RFC3414 文件中，时间窗口定为 150 秒。

对于一个 SNMP 引擎，如果要把一个报文发送给有权威的 SNMP 引擎，或者要验证一个从有权威的 SNMP 引擎接收来的报文，则它首先必须"发现"有权威的 SNMP 引擎的 snmpEngineBoots 和 snmpEngineTime 值。发现过程是由无权威的 SNMP 引擎（NA）向有权威的 SNMP 引擎（AU）发送一个 Request 报文，其中：

AuthoritativeEngineID=AU 的 snmpEngineID；

AuthoritativeEngineBoots=0；

AuthoritativeEngineTime=0。

而有权威的 SNMP 引擎返回一个 Report 报文，其中：

AuthoritativeEngineID=AU 的 snmpEngineID；

AuthoritativeEngineBoots=snmpEngineBoots；

AuthoritativeEngineTime=snmpEngineTime。

于是，无权威的 SNMP 引擎把发现过程中得到的 AuthoritativeEngineBoots 和 AuthoritativeEngineTime 值存储在本地配置数据库中，分别记为 BootsL 和 TimeL。

当有权威的 SNMP 引擎收到一个认证报文时，从其中提取 AuthoritativeEngineBoots 和 AuthoritativeEngineTime 字段的新值，分别记为 BootsA 和 TimeA。如果下列条件之一成立，则认为该报文在时间窗口之外：

- BootsL 为最大值 2147483647；
- BootsA 与 BootsL 的值不同；
- TimeA 与 TimeL 的值相差大于 ±150 秒。

当无权威的 SNMP 引擎收到一个认证报文时，从其中提取 AuthoritativeEngineBoots 和 AuthoritativeEngineTime 字段的新值，分别记为 BootsA 和 TimeA。如果下列条件之一成立：

- BootsA 大于 BootsL；
- BootsA 等于 BootsL，而 TimeA 大于 TimeL。

则引起下面的重同步过程：

置 BootsL=BootsA；
置 TimeL=TimeA。
当无权威的 SNMP 引擎收到一个认证报文时，如果下列条件之一成立，则认为该报文在时间窗口之外：
- BootsL 为最大值 2147483647；
- BootsA 小于 BootsL 的值；
- BootsA 与 BootsL 的值相等，而 TimeA 小于 TimeL 的值 150 秒。

3. 加密模块

该模块主要避免消息泄露。报文加密是保护信息在传输过程中不被泄密和篡改。保密过程与身份认证类似，也需要管理站和代理共享同一密钥（privKey）来实现消息的加密和解密，privKey 由口令经 MD5 算法获得。

USM 规定了加密使用的是 DES（Data Encryption Standard，数据加密标准）的 CBC（Cipher Block Chaining，密文块链接）模式。一个 16 位的 privKey 为加密协议的输入，该 PrivKey 的前 8 个字节作为 DES 密钥。由于 DES 只需要 56 位的密钥，因此每个字节的最低有效位被忽略。对于 CBC 模式，需要一个 64 位的 IV（Initialigation Vector）初始向量。IV 由 pre-IV 和 salt 值按位异或而产生，其中 pre-IV 是由 16 位 privKey 的最后 8 位组成，salt 值是由该引擎 snmpEngineBoots 的当前取值与由本地加密协议维护的一个整数串接而成。salt 值放在 SNMPv3 消息中的 PrivacyParameters 字段中，使得接收实体能够计算出正确的 IV，再进一步对密文进行解密。这种方案按照如下方式实现：由于 salt 值在每次使用后都会改变，不同明文使用不同的 IV；只有 salt 值通过 SNMP 进行传输，因此攻击者不能确定 IV。

9.8.3　USM 抽象服务接口

鉴别和加密服务各提供两个接口，用于鉴别和反鉴别、加密与解密。其中，时序检查包含在鉴别模块中。

USM 鉴别原语包括：authenticateOutgoingMsg 和 uthenticateIncomingMsg。

USM 加密原语包括：encryptData 和 decryptData。

鉴别模块提供消息来源和完整性鉴别功能，实现针对数据篡改的服务和针对用户欺骗的服务。加密模块实现消息的防窃听功能，实现针对数据监听的服务。时序模块实现防止重发消息和重排序消息功能，实现针对消息流修改的服务。

9.8.4　USM 使用的协议

USM 中使用的鉴别和加密协议都是业界中成熟的协议，摘要算法可以保证摘要的唯一性，加密算法可以保证加密的强度。同时，为了进一步提高鉴别的可靠性，还引入了密钥。在鉴别中加入密钥部分，使得数据拦截后由于没有密钥而无法重新计算摘要。USM 是以用户为基础的，所以鉴别和加密也是针对用户的，通过 USM，可以将数据鉴别到用户一级。另一方面，没有数据来源鉴别，就不可能获得数据完整性。也就是说，如果没有数据完整性和数据来源鉴别，就没有数据机密性。所以，鉴别服务是最重要的安全服务。

1. 鉴别协议

目前共定义了两种鉴别协议，HMAC-SHA-96 和 HMAC-MD5-96。

鉴别协议的工作原理是：采用消息体中的部分数据，计算出摘要值，将摘要值和消息一起发送。接收方收到后,用消息体内相关计算摘要的数据重新计算摘要,如果跟消息内附加的摘要匹配,则消息通过鉴别,反之失败。这两种摘要算法本身都有极高的强度,可以保证鉴别的有效性。为了保证鉴别的可靠性,为每个用户提供了密码的机制,从密码生成一个特殊的与引擎相关的密钥,此密钥参与摘要的计算。用户名和密码为通信双方事先约定,保证了传输过程中不可能重新拼装数据并重新计算摘要加入到鉴别数据。

2. 加密协议

目前定义了 CBC-DES 进行数据的加密。发送方对管理操作的消息进行加密,接收方收到后进行解密。每个用户使用一个加密密码,使用这个密码生成加密密钥,然后加密数据,保证传输过程中不能被解密。用户名和密码被通信双方事先约定,不在网络上传输,DES 的加密强度可以保证监听方无法破解加密数据。

9.8.5 USM 消息处理过程

图 9-12(a)、(b) 分别给出了输入和输出消息的处理过程。

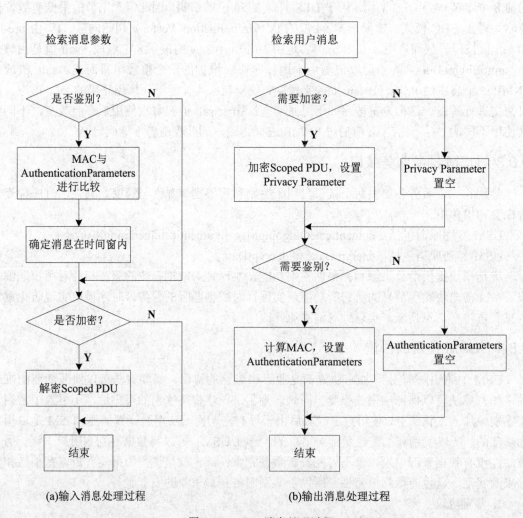

图 9-12 USM 消息处理过程

9.9 基于视图的访问控制模型

基于视图的访问控制模型（View-based Access Control Model，VACM）解决的主要问题是合法实体是否有权限去操作它在 PDU 中所要求的 MIB 对象，并将用户和特定的 MIB 视图关联起来。此外，它还可以为特定的安全模型和安全级别定义不同的 MIB 视图。在具体实现权限管理时，引入了组（group）的概念，通过设置它的属性来设置它所规定的权限。一个用户若属于一个组，那么它就拥有了这个组所规定的权限。组中应包括以下属性：安全模型、安全级别、上下文名（可选）以及读/写/通知视图名。利用安全模型和安全名作为索引找到一个记录，形成一个组名。

9.9.1 VACM 中的术语

1. SNMP 上下文（Context）

简称上下文，是 SNMP 实体可以访问的管理信息的集合。一个管理信息可以存在于多个上下文中，而一个 SNMP 实体也可以访问多个上下文。在一个管理域中，SNMP 上下文由唯一的名字 contextName 标识。

2. 组（Group）

由二元组 <securityModel, securityName> 的集合构成。属于同一组的所有安全名 securityName 在指定的安全模型 securityModel 下的访问权限相同。组的名字用 groupName 表示。

3. 安全模型（Security Model）

表示访问控制中使用的安全模型。

4. 安全级别（Security Level）

在同一组中的成员可以有不同的安全级别，即 noAuthNoPriv（无认证不保密）、authNoPriv（有认证不保密）和 authPriv（有认证要保密）。任何一个访问请求都有相应的安全级别。

5. 操作（Operation）

指对管理信息执行的操作，例如读、写和发送通知等。

6. 视图和视图系列（Views and View Families）

为了安全，我们需要把某些组的访问权限制在一个管理信息的子集中，提供这种能力的机制就是 MIB 视图。视图限定了 SNMP 上下文中管理对象类型（或管理对象实例）的一个特殊集合。例如，对于一个给定的上下文，可以有一个视图包含了该上下文中的所有对象，另外还可以有其他一些视图，分别包含上下文中管理对象的不同子集。因此，一个组的访问权限不但被限制在一个（或几个）上下文中，而且还被限定在一个指定的视图中。

由于管理对象类型是通过树结构的对象标识符（OBJECT IDENTIFIER，简称 OID）表示的，因而我们也可以把 MIB 视图定义成子树的集合，每一个子树都属于对象命名树，叫做视图子树。简单的 MIB 视图可能只包含一个视图子树，而复杂的 MIB 视图可表示为多个视图子树的组合。

虽然任何管理对象的集合都可以表示为一些视图子树的组合，然而有时可能需要大量的视图子树来表示管理对象的集合。例如有时要表示 MIB 表中的所有列对象，而大量的列对象可能出现在不同的子树中。由于列对象的格式是类似的，因而可以把它们聚合成一个结构，叫做视图树系列（ViewTreeFamily）。

视图树系列由一个对象标识符（叫做系列名）和一个比特串（叫做掩码）组成。掩码的每一位对应一个子标识符的位置，用于指明视图树系列名中的哪些子标识符属于给定的系列。对于一个管理对象实例，如果下列两个条件都成立，则该对象实例属于视图树系列：

（1）管理对象标识符（OID）至少包含了系列名包含的那些子标识符。

（2）对应于掩码为 1 的位，管理对象标识符（OID）中的子标识符必须与系列名中的对应子标识符相匹配，从最高位开始匹配。

例如，若表示系列名的对象标识符为 1.3.6.1.2.1，系列掩码为 3F（二进制为：111111），则 MIB-2 中的任何对象都属于这个视图树系列。因此说，当系列掩码为全 1 时，视图树系列与系列名代表的子树相同。

掩码是可配置的，如果它在测试中比 OID 或系列名短，隐式认为不足部分为均为 1。所以，如果一个视图树系列的掩码为空（长度为零），意味着这个掩码为全 1，对应一棵单一的 OID 子树。

再如，假设定义了一些 MIB 视图，见表 9-21。

表 9-21　　　　　　　　　　　　　MIB 视图

编 号	系列名	掩 码
A	1.3.6.1.2.1	1 1 1 1 1 1
B	1.3.6.1.2.1.1.1	1 1 1
C	1.3.6.1.2.1.2	none
D	1.3.6.1.2.1.1	1 1 0 1 0 1 1
E	1.3.6.1.2.1.2	1 1 0 1 0
F	1.3.6.1.2.1	1 1 0 1 0 1

根据如上 MIB 视图检查来自如下一些 OID，以确定这些 OID 是否属于某个 MIB 视图。由于掩码的存在，一个 OID 可能属于多个 MIB 视图，也可能不属于任何视图。

- 1.3.6.1.2.1，属于视图：A、F；
- 1.2.6.1.2.1.1，不属于任何视图；
- 1.3.6.1.3.1，属于视图：F；
- 1.3.4.1.4.1.2，属于视图：E、F；
- 1.3.6.1.2.1.1.1.0，属于视图：A、B、D、F；
- 1.3.6.1.2，不属于任何视图。

9.9.2　VACM 的 MIB

VACM MIB 主要由以下几个表组成：vacmContextTable、vacmSecurityToGroupTable、vacmAccessTable、vacmViewTreeFamilyTable。如图 9-13 所示。

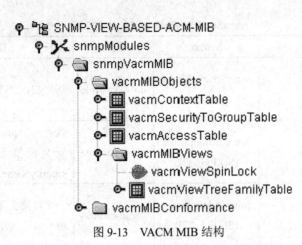

图 9-13　VACM MIB 结构

1. vacmContextTable

vacmContextTable 定义了本地可用的上下文，如图 9-14 所示。表 9-22 只有一个列对象 vacmContextName，是一个只读的字符串。

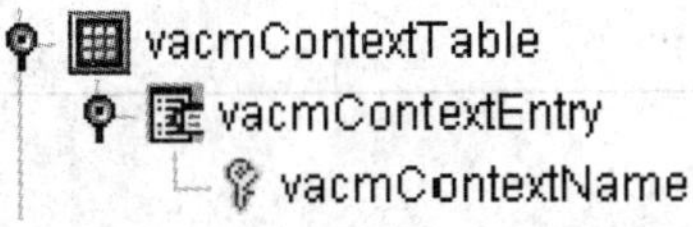

图 9-14　vacmContextTable 的结构

表 9-22　　　　　　　　　　　vacmContextTable 的对象

Object	Syntax	Access	Description
vacmContextName	SnmpAdminString (SIZE(0..32))	read-only	一个唯一的可读字符串，用于命名一个上下文。会在 vacmContextTable 中搜索 scopedPDU 里的 contextName。如未找到匹配，拒绝访问并返回 noSuchContext。反之继续访问控制检查

2. vacmSecurityToGroupTable

vacmSecurityToGroupTable 把一个二元组<securityModel, securityName>映像到一个组名 groupName，如图 9-15 所示。securityModel 和 securityName 作为表 9-23 的索引。

图 9-15　vacmSecurityToGroupTable 的结构

表 9-23　　　　　　　　　　　vacmSecurityToGroupTable 的对象

Object	Syntax	Access	Description
vacmSecurityModel	SnmpSecurityModel (1..2147483647)	not-accessible	指定 SNMPv3 安全模型，比如 USM
vacmSecurityName	SnmpAdminString (SIZE(1..32))	not-accessible	代表一个 principal 的名字，格式与安全模型无关。对于 USM，securityName 就是 userName
vacmGroupName	SnmpAdminString (SIZE(1..32))	read-create	一个可读字符串，标识该表项所属组
VacmSecurityToGroupStorageType	StorageType	read-create	行的存储方式
vacmSecurityToGroupStatus	RowStatus	read-create	行状态，用来创建概念行

3. vacmAccessTable

vacmAccessTable 将一个 groupName、上下文以及安全信息映射为一个 MIB 视图。该表规定了各个组的访问权限，如图 9-16 所示。其中的表项由一个外部对象 groupName 以及该表中的 3 个对象（vacmAccessContextPrefix、vacmAccessSecurityModel 和 vacmAccessSecurityLevel）索引。这个表包含了 3 个视图：readView、writeView 和 notifyView，分别控制读、写和通知操作的访问权限。还有一个变量 vacmAccessContextMatch，指明 vacmAccessContextPrefix 与 contextName 的匹配方式：exact（1）表示完全匹配；prefix（2）表示前缀部分匹配。如表 9-24 所示。

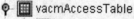

图 9-16　vacmAccessTable 的结构

表 9-24　　　　　　　　　　vacmAccessTable 的对象

Object	Syntax	Access	Description
vacmGroupName	SnmpAdminString (SIZE(1..32))	read-create	组名，有访问权限对应之
vacmAccessContextPrefix	SnmpAdminString (SIZE(0..32))	not-accessible	contextName 将与之做比较
vacmAccessSecurityModel	SnmpSecurityModel	not-accessible	为了获取这种访问权限而必须使用的 securityModel
vacmAccessSecurityLevel	SnmpSecurityLevel	not-accessible	为了获取这种访问权限而必须使用的最小 securityLevel。安全级别的顺序是：noAuthNoPriv<authNoPriv < authPriv
vacmAccessContextMatch	INTEGER {exact(1),prefix(2)}	read-create	如果设置为 exact，contextName 必须与 vacmAccessContextPrefix 精确匹配。如果设置为 prefix，contextName 只需与 vacmAccessContextPrefix 前面几个字符匹配即可
vacmAccessReadViewName	SnmpAdminString (SIZE(0..32))	read-create	读访问所用的权威 MIB viewName。如果该值为空串，表示没有任何活动视图被配置成可读的
vacmAccessWriteViewName	SnmpAdminString (SIZE(0..32))	read-create	写访问所用的权威 MIB viewName。如果该值为空串，表示没有任何活动视图被配置成可写的
vacmAccessNotifyViewName	SnmpAdminString (SIZE(0..32))	read-create	notify 访问所用的权威 MIB viewName。如果该值为空串，表示没有任何活动视图被配置成允许 notify 访问的
vacmAccessStorageType	StorageType	read-create	行的存储方式
vacmAccessStatus	RowStatus	read-create	行状态，用来创建概念行

4. vacmViewTreeFamilyTable

vacmViewTreeFamilyTable 定义是否可以为一个给定的 MIB 视图访问一个对象标识符（OID）。该表指明了用于访问控制的视图树系列，表行由变量 vacmViewTreeFamilyViewName 和 vacmViewTreeFamilySubtree 索引，如图 9-17 所示。其中的变量 vacmViewTreeFamilyType 指明对 MIB 对象的访问被允许还是被禁止：included(1)表示包含在内，即允许访问；excluded(2)表示排除在外，即禁止访问。如表 9-25 所示。

另外，VACM MIB 定义了一个旋锁 vacmViewSpinLock，当多个 SNMP Manager 通过 VACM MIB 修改该表时，就会用到 vacmViewSpinLock。

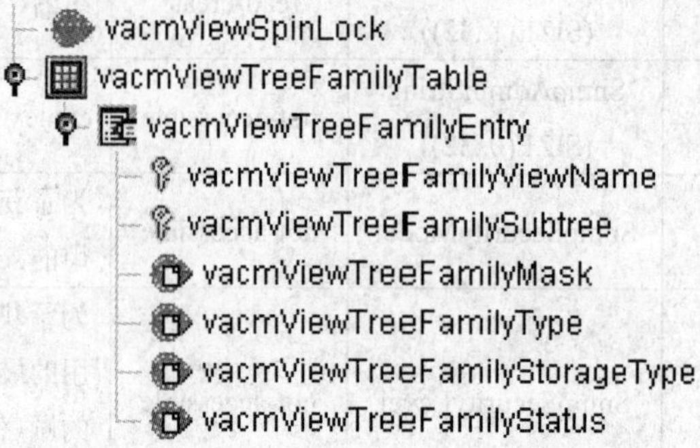

- vacmViewSpinLock
- vacmViewTreeFamilyTable
  - vacmViewTreeFamilyEntry
    - vacmViewTreeFamilyViewName
    - vacmViewTreeFamilySubtree
    - vacmViewTreeFamilyMask
    - vacmViewTreeFamilyType
    - vacmViewTreeFamilyStorageType
    - vacmViewTreeFamilyStatus

图 9-17 vacmViewTreeFamilyTable 的结构

表 9-25　　　　　　　　　　vacmViewTreeFamilyTable 的对象

Object	Syntax	Access	Description
vacmViewTreeFamilyViewName	SnmpAdminString (SIZE(1..32))	not-accessible	一个字符串，MIB 视图名
vacmViewTreeFamilySubtree	OBJECT IDENTIFIER	not-accessible	一棵 OID 子树，与 vacmViewTreeFamilyMask 一道定义一棵或多棵 MIB 视图子树
vacmViewTreeFamilyMask	OCTETSTRING (SIZE(0..16))	read-create	掩码，与 vacmViewTreeFamilySubtree 一道定义一棵或多棵 MIB 视图子树
vacmViewTreeFamilyType	INTEGER {included(1), excluded(2)}	read-create	指明 vacmViewTreeFamilySubtree 与 vacmViewTreeFamilyMask 一道定义的 MIB 视图子树是包含在 MIB view 内，还是排除在 MIB view 外
vacmViewTreeFamilyStorageType	StorageType	read-create	行的存储方式
vacmViewTreeFamilyStatus	RowStatus	read-create	行状态，用来创建概念行

9.9.3 访问控制决策过程

访问控制决策过程如图 9-18 所示，对这个过程解释如下：

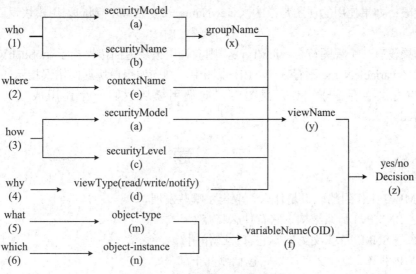

图 9-18 访问控制决策过程

（1）访问控制服务的输入由下列各项组成：
- securityModel：使用的安全模型；
- securityName：请求访问的用户名；
- securityLevel：安全级别；
- viewType：视图的类型，例如读、写和通知视图；
- contextName：包含 variableName 的上下文；
- variableName：管理对象 OID，由 object-type 和 object-instance 组成。

（2）首先把 securityModel（a）和 securityName（b）作为表 vacmSecurityToGroupTabl 的索引（a,b），找到该表中的一行，得到组名 groupName（x）。

（3）然后把 groupName（x）和 contextName（e）、securityModel（a）以及 securityLevel（c）作为表 vacmAccessTable 的索引（e, x, a, c），找出其中的一个表行。

（4）从上一步选择的表行中，根据 viewType（d）选择适当的 MIB 视图，用 viewName（y）表示。再把 viewName（y）作为表 vacmViewTreeFamilyTable 的索引，选择定义了 variableNames 的表行的集合。

（5）检查管理对象的类型和实例是否存在于得到的 MIB 视图中，从而作出访问决策（z）。

在处理访问控制请求的过程中，可能返回的状态信息如下：

（1）从表 vacmContextTable 中查找由 contextName 表示的上下文信息。如果指定的上下文信息不存在，则向调用模块返回一个错误指示 noSuchContext。

（2）通过表 vacmSecurityToGroupTable 把 securityModel 和 securityName 映像为组名 groupName。如果该表中不存在这样的组合，则向调用模块返回一个错误指示 noGroupName。

（3）在表 vacmAccessTable 中查找变量 groupName、contextName、securityModel 和 securityLevel 的组合。如果这样的组合不存在，则向调用模块返回一个错误指示 noAccessEntry。

（4）如果变量 viewType 是"read"，则用 readView 检查访问权限；如果变量 viewType 是"write"，则用 writeView 检查访问权限；如果变量 viewType 是"notify"，则用 notifyView

检查访问权限；如果使用的视图是空的（viewName 长度为 0），则向调用模块返回错误指示 noSuchView。

（5）如果没有一个视图符合 viewType，则向调用模块返回错误指示 noSuchView；如果说明的变量名 variableName 不存在于 MIB 视图中，则向调用模块返回错误指示 notInView，否则说明的变量名存在于 MIB 视图中，向调用模块返回一个调用成功的状态信息 accessAllowed。

习 题

1. SNMPv3 工作组的职责是什么？取得了哪些发展？
2. 描述 SNMPv3 体系结构，它有什么特点？
3. 什么是 SNMPv3 正文约定？它有什么作用？
4. SNMP 引擎具有什么功能？它包括哪几个部分？
5. 为下面的情况写出完整的 SNMP 引擎 ID。

（1）SNMPv1 中的一个 huawei-3com 的 hub，在第 5 个到第 8 个 8 位组中有 IPv4 地址 129.65.24.2，其他为 0。

（2）SNMPv3 中一个具有 IPv6 地址：129.65.16.48 的 Cisco 路由器接口。

6. 什么是 SNMPv3 的应用程序？分为哪几种？
7. SNMPv3 消息由哪些部分组成？
8. SNMPv3 在安全方面作了哪些改进？
9. 针对以下 4 种安全威胁情况，哪些是在 SNMPv3 中能够防护的安全威胁？哪些是不必要或无法防护的安全威胁？

（1）通过改变传输中的 SNMP 报文实施未经授权的管理操作。

（2）第三者分析管理实体之间的通信规律，从而获取管理信息。

（3）未经授权的用户冒充授权用户，企图实施管理操作。

（4）SNMP 引擎之间交换的信息被第三者偷听。

10. USM 中时序模块的工作原理是什么？这种检验不能防止哪些安全威胁？
11. VACM 中的视图是怎样定义的？在处理一个访问请求时怎样进行访问控制决策？

第10章 远程网络监视

远程网络监视RMON（Remote network MONitoring）是对SNMP标准的重要补充，是简单网络管理向互联网管理过渡的重要步骤。RMON扩充了SNMP的管理信息库MIB-2，可以提供有关互联网管理的重要信息，在不改变SNMP协议的条件下增强了网络管理的功能。从某种意义上说，RMON的定义为网络的分布式管理提供了实现的可能性。

本章首先介绍RMON的基本概念，然后对RMON1和RMON2的管理信息库进行详细的讲述，并通过具体的方案说明RMON在网络管理中的应用。

10.1 RMON的基本概念

10.1.1 RMON简介

SNMP是一种广泛使用的网络管理协议，依靠嵌入到网络设备中的代理软件来收集网络通信信息和有关网络设备的统计数据。代理不断地收集统计数据，并把这些数据记录到一个管理信息库（MIB）中。管理者通过轮询（Polling）向代理的MIB发出查询信号得到这些信息。虽然MIB计数器将统计数据的总和记录下来了，但它无法对日常通信量进行历史分析。为了能全面地查看一天的通信流量和变化率，网络管理员必须不断地轮询SNMP代理，通常每分钟就轮询一次。这样，网络管理员才可以使用SNMP信息来分析网络的运行状况，并分析出网络通信的趋势。然而，采用SNMP轮询方式有两个明显的缺点：一是没有伸缩性。在大型网络中，轮询会产生巨大的网络管理通信量，会导致通信拥挤情况的发生；二是网络管理者负担加重。在SNMP轮询中收集数据的任务是由网络管理者完成的，如果网络管理者监控了3个以上网段，则会因负载加重而不能完成任务。

RMON MIB的出现解决了该问题。IETF于1991年11月公布的RFC1271定义了RMON MIB，对SNMP轮询的弊端进行了弥补，扩充了管理信息库MIB-2，在不改变SNMP协议的条件下增强了网络管理的功能，进一步解决了SNMP在日益扩大的分布式网络中所面临的局限性。

RMON MIB的目的在于使SNMP更为有效，更为积极主动地监控远程设备。RMON MIB由一组统计数据、分析数据和诊断数据构成，利用许多供应商生产的标准工具可以显示出这些数据，因而它具有独立于供应商的远程网络分析功能。在一般情况下每个子网都需要一个监视器。这个监视器可以是一个独立的设备，该设备专门用来进行流量获取和分析。另外，该检测功能还可以由一个担负其他职责的设备来实现，比如一个工作站、服务器或者是路由器。这些监视器的主要工作就是远程监视。为了进行有效的网络管理，这些监视器需要与中央网络管理站进行通信。通常用于监视网络通信情况的设备叫网络监视器（Monitor）或称为网络分析器（Analyzer）和探测器（Probe）。远程网络监视的配置如图10-1所示。

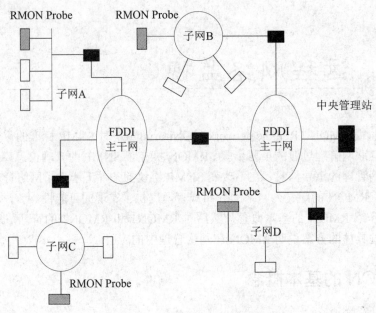

图10-1　远程网络监视的配置

监视器观察 LAN 上出现的每个信息分组，并进行统计和总结，给网络管理人员提供重要的管理数据。例如，出错统计数据、性能统计数据（每秒钟提交的分组数、分组大小和分布情况）等。监视器还能存储部分分组供以后分析用，另外，监视器还能根据分组类型进行过滤并捕获特殊的分组。在通常情况下将监视器称为 RMON 代理。

RMON 探测器和 RMON 客户机软件结合在一起在网络环境中实施 RMON。RMON 的监控功能是否有效，关键在于其探测器要具有存储统计历史数据的能力，这样无需不停地轮询就能生成一个有关网络运行状况趋势的视图。

遍布在 LAN 网段之中的 RMON 探测器能自动地工作，无论何时出现意外的网络事件，它都能上报。探测器的过滤功能使它根据用户定义的参数来捕获特定类型的数据。当一个探测器发现一个网段处于不正常状态时，它会主动与在中心的网络管理控制台的客户应用程序联系，并转发描述不正常状况的捕获信息。客户应用程序对 RMON 数据从结构上进行分析来诊断问题之所在。通过追踪网络通信量，RMON 可以帮助网络管理员确定如何给他们的网络进行最佳分段。网络管理员通过报告的意外事件，可以识别出占有大量带宽的用户，然后做出相应处理，尽可能地减少他们对其他用户的影响。

10.1.2　远程网络监视的目标

RMON 协议规范主要是对管理信息库的定义。本质上就是定义了基于 SNMP 管理控制台与远程监视器之间进行通信的标准网络监测功能和接口。从某方面来说，RMON 的功能提供了一种监测子网行为的高效方式，这种方式也降低了其他代理与管理站之间管理通信的开销。RFC1271 规范针对 RMON 给出了具体的设计目标。

（1）离线操作：在一般情况下，即使管理者并未对其进行轮询，监视器也应该连续地收集故障、性能和配置信息。当然监视器只是简单地累计统计信息时，不作进一步的分析，而是等待管理者稍后来取走累计的信息。在发生不测事件时，监视器也会试图主动去通知管理者。

（2）主动监测：如果监视器具有足够的资源，那么在不造成破坏性的结果的情况下，该监视器能够连续地运行故障诊断和记录网络性能。当网络出现一个故障事件时，该监视器应该能够将故障的发生通知管理站，同时还可提供进一步的故障诊断信息。

（3）具有问题检测和报告功能：为了检查错误和意外情况的发生，采用主动监测会消耗一定的网络资源。因此，可以用另外一种方法，监测器在分析接收到的数据的基础上，被动地识别特定的错误条件和其他条件，如网络堵塞等。这样的监测器也能够被配置为连续地检查这些条件。一旦它发现其中的一个条件发生了，它将进行记录并试图通知管理站。

（4）提供有附加值的数据：网络监视器能够对从它所属子网中采集到的特定数据进行分析，从而减轻管理者的负担。例如，监视器能够分析子网的流量，以计算出该子网中哪台主机产生的流量最大或产生的差错最多。这些数据的收集和计算由监视器来做比由远处的管理者来做更为高效。

（5）支持多管理者操作：一个互联网络可以配置多个管理站以提高可靠性或分布式实现各种不同的网络管理功能。监测器可以被配置为同时与多个管理者并发工作，为不同的管理者提供不同的信息。

值得注意的是，并非所有远程监测器都能实现上面这些目标，但是 RMON 的规范提供了支持这些目标的基础。

10.1.3　远程网络监视器的控制

远程监视器可以用一个专用设备，也可以在一个已经存在的系统上实现。为了更有效地管理远程监视器，RMON 的管理信息库还包括了支持来自管理站的扩展控制特性。这些特性可以分为两个部分：监视器的配置和操作控制，也就是说管理站将通过管理信息库来对监视器进行配置。

1. 监视器的配置

通常远程监视器都需要为数据采集作些配置，配置将指出需要采集数据的类型和格式。这种包含在 RMON 管理信息库中的监视器配置方法是：首先管理信息库也被划分为若干不同的功能组，每个组会包含一个或多个控制表和数据表。在控制表中存放着描述数据表的参数，在数据表中存放着具体的数据。控制表对于管理者而言既可读又可写，而数据表对管理者而言，则只能读不能写。因此，在进行监视器配置时，管理站通过设置适当的控制参数来配置远程监视器使其进行数据采集。设置参数是通过在控制表中增加一条新记录或更改一条旧记录来完成的。当根据控制表的内容采集出数据后，这些数据将被存放在相应的数据表中。

监视器的功能定义和实施都是以表的记录的形式实现的。例如，在一个控制表中可以包括这样的记录，该记录确定了需要采集的数据源、数据类型、采集时间等。通过对控制表中每个参数（列对象）赋予特定的值，控制表的每一条记录都定义了一项特定的数据采集功能，与该控制记录对应的将是在数据表中的若干数据记录。每个控制记录及其对应的数据记录可以通过一个互锁指针绑定起来。在控制记录结构中包括一个索引对象，利用该对象可以在一个或若干个数据表中检索到一条或若干条数据记录；而每条数据记录中也包含有类似的索引，并可通过该索引找到对应的控制表记录。

为了修改控制表中的参数，可采用先删除后插入的方法，即首先删除与该索引相关的控制记录，在删除控制表中记录的时候，也要把数据表中的相关记录一起删除。然后管理站会生成一个更改后的新控制记录，并插入到控制表中。

在许多情况下，在定义数据采集功能的控制参数和用来存放采集到的数据记录之间，存在着一对一的关系，在这种情况下，控制表和数据表可以合并成为一个表。

2. 监视器的操作控制

SNMP 在向代理发布命令时没有提供特别的机制，SNMP 是通过从管理信息库中读取特定对象的值，然后再设置该对象的值来达到发布命令和控制的目的，一个对象可用来表示一个命令。该对象如果被设定为一个特殊的数值，那么则表明将采取一个特殊的操作。在 RMON 中也继承了这种思想。事实上，在 RMON 的管理信息库中包括许多这样的对象。通常，这些对象表示状态，而如果管理站改变了这个状态则表明一个操作被执行了。

值得注意的是：如果设置某对象参数为其当前值，将不会导致操作被执行。换句话说，为了执行一个操作，必须首先知道该对象的当前值，然后修改（通常是增加）其值，并再设置回去。

3. 多管理站管理

一个 RMON 代理可能会受多个管理站的管理。而任何并行地对同一资源的访问都可能导致潜在的冲突和不可预料的结果。在共享 RMON 代理的过程中，将会遇到下列困难：

（1）对多个资源的并行请求可能会导致超出监视器所能提供资源的能力；

（2）一个管理站对监视器资源的长时间占用会导致其他管理站不能使用该监视器的其他管理功能；

（3）占用监视器资源的管理站如果崩溃，则其占用的资源将不会被释放。

为了解决上述问题，就需要一种回避和裁决的功能。这就是嵌入 RMON 的管理信息库控制表中的一种相对简单的控制特性。在每个控制表中引入一个列对象 Owner，该列对象可以指示表中特定的记录以及相关功能的所属关系。所属关系可以解决多个管理站并发地访问问题，其用法如下：

（1）管理站能认得自己所属的资源，也知道自己不再需要的资源；

（2）网络操作员可以知道管理站占有的资源，并决定是否释放这些资源；

（3）一个被授权的网络操作员可以单方面地决定是否释放其他操作员保有的资源；

（4）如果管理站经过了重启动过程，它应该首先释放不再使用的资源。

RMON 规范建议，所属标志应包括 IP 地址，管理站名，网络管理员的名字、地点和电话号码等。所属标志不能作为口令或访问控制机制使用。在 SNMP 管理框架中唯一的访问控制机制是 SNMP 视阈和团体名。如果一个可读/写的 RMON 控制表出现在某些管理站的视阈中，则这些管理站都可以进行读/写访问。但是控制表行只能由其所有者改变或删除，其他管理站只能进行读访问。当然这些约定的实施依赖于具体的产品，这些限制的实施已超出了 SNMP 和 RMON 的范围。

如果多个网络管理员访问同一个控制表，就可以通过共享来提高效率。当一个管理站希望使用一个监视器的某项特定功能时，它将首先扫描相关控制表，检查是否存在已经被其他管理站定义的该项功能或是相近功能。如果确实存在这样的功能，那么该管理站可以共享该功能，其方法就是读取和该控制表相关的数据表中的记录。然而，这些记录的原所有者（属主)有权在任意时刻修改或删除这些记录,因此,可能存在这种情况:即共享这些记录的管理站可能会发现它所期望的功能不知何时已被更改或删除。

在通常情况下,一个监视器在初始化时应该会配置一组默认的功能集。每个相关的所有者标签都被设为以 monitor 开头的字符串,与这些预定义的功能相关的资源属于监视器本身。某个管理站如果需要的话,能够以只读的方式使用这些功能,但不能更改也不能删除这些功能,除非是该监视器的管理员,而且该管理员通常也是网络的管理员。

10.1.4 RMON 的表管理

RMON 规范中表结构由控制表和数据表两部分组成,控制表定义数据表的结构,数据表用于存储数据。在 SNMPv1 的管理框架中,增加和删除表记录的过程是不明确的。这种模糊性常常使读者不知所措。RMON 规范包含一文本约定和过程化规则,在不修改、不违反 SNMP 管理框架的前提下提供了明晰而规律的行增加和行删除操作。

1. 文本约定

在 RMON 规范中增加了两种新的数据类型,以 ASN.1 表示如下:

OwnerString::=DisplayString,

EntryStatus::=INTEGER {valid(l), createRequest(2), underCreation(3), invalid(4)}

在 RFC1212 规定的管理对象宏定义中,DisplayString 已被定义为长 255 个字节的 OCTET STRING 类型,这里又给这个类型另外一个名字 OwnerString,从而赋予了新的语义。RFC1757 把这些定义叫做文本约定(textual convention),其用意是增强规范的可读性。

在 RMON 的管理信息库中,每一个读写表(控制表或数据表)都有一个指示每行属主的对象。该对象类型为 OwnerString,其值为表行所有人或创建者的名字,对象名以 Owner 结尾;RMON 的表中还有一个对象,其类型为 EntryStatus,其值可在 4 个(valid, createRequest, undeerCreation, invalid)中选择,表示行的状态,对象名以 Status 结尾。该对象用于行的生成、修改和删除。

例 10.1 给出了一个表结构的例子,说明其控制表与数据表的关系。

- rmlControlIndex:唯一地标识 rmlControlTable 中的一个控制行,该控制行定义了 rmlDataTable 中一个数据行集合。集合中的数据行由 rmlControlTable 的相应行控制。
- rmlControlParameter:这个控制参数应用于控制行控制的所有数据行。通常有多个控制参数,而这个简单的表只有一个参数。
- rmlControlOwner:该控制行的主人或所有者。
- rmlControlStatus:该控制行的状态。

数据表由 rmlDataControlIndex 和 rmlDataIndex 共同索引。rmlDataControlIndex 的值与控制行的索引值 rmlControlIndex 相同,而 rmlDataIndex 的值唯一地指定数据行集合中的某一行。图 10-2 给出了这种表的一个实例。图中的控制表有 3 行,因而定义了数据表的 3 个数据行集合。控制表第一行的所有者是 monitor,按照约定这是指代理本身。控制行和数据行集合的关系已表示在图中。

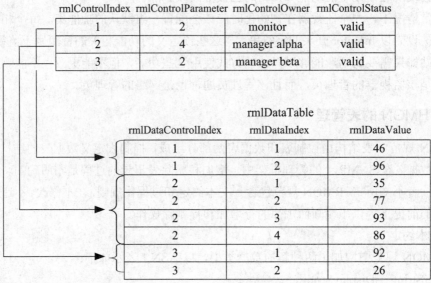

图 10-2 RMON 表的实例

【例 10.1】 RMON2 表的定义。

rmlControlTable OBJECT-TYPE
　SYNTAX　SEQUENCE OF RmlControlEntry
　ACCESS　not-accessible
　STATUS　mandatory
　DESCRIPTION
　　"A control table."
　::={exl 1}
rmlControlEntry OBJECT-TYPE
　SYNTAX　RmlControlEntry
　ACCESS　not-accessible
　STATUS　mandatory
　DESCRIPTION
　　"Defines a parameter that Control
　　a set of Data table entries. "
　　　INDEX {rmlControlIndex}
　::={rmlControlTable 1}
RmlControlEntry::= SEQUENCE{
　rmlControlIndex　　　　INTEGER,
　rmlControlParameter　　Counter
　rmlControlOwner　　　　OwnerString,
　rmlControlStatus　　　　EntryStatus}

rmlDataTable　OBJECT-TYPE
　SYNTAX　SEQUENCE OF RmlDataEntry
　ACCESS　not-accessible
　STATUS　mandatory
　DESCRIPTION
　　"A data table."
　::={exl 2}
rmlDataEntry　OBJECT-TYPE
　SYNTAX　RmlDatalEntry
　ACCESS　not-accessible
　STATUS　mandatory
　DESCRIPTION
　　"A sing data table
　　entry. "
　　　INDEX {rmlDataControlIndex, rmlDataIndex}
　::={rmlDtataTable 1}
RmlDatatEntry::= SEQUENCE{
　rmlDataControlIndex　　INTEGER,
　rmlDataIndex　　　　　INTEGER,
　rmlDataValue　　　　　Counter}

rmlControlIndex   OBJECT-TYPE
　SYNTAX   INTEGER
　ACCESS   read-only
　STATUS   mandatory
　DESCRIPTION
　　"The value of this object uniquely
　　identifies this rml Control entry."
　　　::={rmlControlEntry 1}

rmlControlParameter   OBJECT-TYPE
　SYNTAX   INTEGER
　ACCESS   read-write
　STATUS   mandatory
　DESCRIPTION
　　"The value of this object parameter
　　datatable rows associated with this entry."
　　　::={rmlControlEntry 2}

rmlControlOwner   OBJECT-TYPE
　SYNTAX   EntryStatus
　ACCESS   read-write
　STATUS   mandatory
　DESCRIPTION
　　"The entry that configured this entry."
　　　::={rmlControlEntry 3}

rmlControlStatus   OBJECT-TYPE
　SYNTAX   EntryString
　ACCESS   read-write
　STATUS   mandatory
　DESCRIPTION
　　"The status of this rml control entry."
　　　::={rmlControlEntry 4}

rmlDataControlIndex   OBJECT-TYPE
　SYNTAX   INTEGER
　ACCESS   read-only
　STATUS   mandatory
　DESCRIPTION
　　"The control set of identified by a value of
　　this index is the same control set identified
　　by the same value of rmlConterolIndex."
　　　::={rmlDataEntry 1}

rmlDataIndex   OBJECT-TYPE
　SYNTAX   INTEGER
　ACCESS   read-only
　STATUS   mandatory
　DESCRIPTION
　　"An index that uniquely identifies a
　　particular entry among all data entries
　　associated with the same rml ConterolIndex."
　　　::={rmlDataEntry 2}

rmlDataValue   OBJECT-TYPE
　SYNTAX   Counter
　ACCESS   read-only
　STATUS   mandatory
　DESCRIPTION
　　"The value reported by this entry."
　　　::={rmlDataEntry 3}

2. 增加行

管理站用 set 命令在 RMON 表中增加新行，并遵循下列规则：

（1）管理站用 SetRequest 生成一个新行，如果新行的索引值与表中其他行的索引值不冲突，则代理产生一个新行，其状态对象的值为 createRequest(2)。

（2）新行产生后，由代理把状态对象的值置为 underCreation(3)。对于管理站没有设置新值的列对象，代理可以置为默认值，或者让新行维持这种不完整、不一致状态，这取决于具体的实现。

（3）新行的状态值保持为 underCreation(3)，直到管理站产生了所有要生成的新行。这时由管理站置每一新行状态对象的值为 valid(1)。

（4）如果管理站要生成的新行已经存在，则返回一个错误。

以上算法的效果就是，在多个管理站请求产生同一概念行时，仅最先到达的请求成功，其他请求失败。另外，管理站也可以把一个已存在的行的状态对象的值由 invalid 改写为 valid，恢复旧行的作用，这等于产生了一个新行。

3. 删除行

只有行的所有者才能发出 SetRequest PDU，把行状态对象的值置为 invalid(4)，这样就删除了行。这是否意味着物理删除，取决于具体的实现。

4. 修改行

首先置行状态对象的值为 invalid(4)，然后用 SetRequest PDU 改变行中其他对象的值。图 10-3 给出了行状态的变化情况，图中的实线是管理站的作用，虚线是代理的作用。

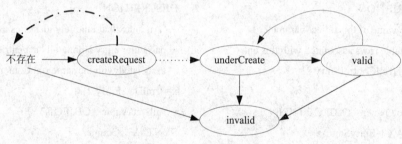

图 10-3 行状态的转换

10.1.5 RMON 的管理信息库

RMON 规范主要是给出 RMON 管理信息库的定义。RMON MIB 由一组统计数据、分析数据和诊断数据构成，RMON MIB 的功能是对通过收集"RMON MIB 功能组"的信息进行管理。最早的 RMON 管理信息库，即 RMON1，主要包括以太网的各种统计数据，共有 9 个功能组，后来又扩展到其他网络类型，在 RFC1513-1993 中加入了令牌环网统计信息。虽然 RMON1 为远程监视提供了一个行之有效的手段，但它只能存储 MAC（Media Access Control）层管理信息。从 1994 年开始对 RMON MIB 进行了扩充，使得能够监视 MAC 层之上 3~7 层的通信，这就是后来的 RMON2。目前的 RMON 管理信息结构包含 20 个功能组，如图 10-4 所示。

RMON2 标准将网络管理员对网络的监控层次提高到应用层。因此，除了能监控网络通信容量外，RMON2 还能提供有关各类应用所使用的网络带宽量的总和，这是在客户机/服务器环境中进行故障排除的重要信息。

RMON1 在网络中查找物理故障。RMON2 进行的则是更高层次的观察，它监控实际的网络使用模式。RMON1 探测器观察的是由一个路由器流向另一个路由器的数据包；而 RMON2 则深入到内部，观察的是哪一个服务器发送数据包，哪一个用户预定要接受这一个数据包，这个数据包表示何种应用。网络管理员能够使用这种信息，按照应用带宽和响应时间要求来区分用户。

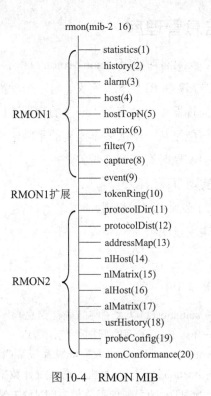

图 10-4　RMON MIB

RMON2 并没有取代 RMON1，而是它的技术补充。RMON2 在 RMON1 标准的基础上提供了一种新层次的诊断和监控功能。事实上，RMON2 能够监控所有执行 RMON1 标准的设备所发出的意外事件报警信号。

表 10-1 给出了 RMON2 是如何对 RMON1 管理解决方案进行补充的，并显示了从多个角度来解决一系列的网络管理问题。

表 10-1　　　　　　　　　　RMON1 和 RMON2 管理对比

网络管理问题	相关 OSI 层	管理标准
物理故障与利用	介质访问控制层（MAC）	RMON1
局域网网段	数据链路层	RMON1
网络互连	网络层	RMON2
应用程序的使用	应用层	RMON2

在客户机/服务器网络中，安放 RMON2 探测器能够观察整个网络中的应用层对话。因此，最好是将 RMON2 探测器放在数据中心或工作组交换机或服务器集群中的高性能服务器之中。原因很简单，因为大部分应用层通信都经过这些地方。物理故障最有可能出现在工作组层，实际上用户是从这里接入网络的。因而目前布置在工作组位置的 RMON 探测器最为有用，且使用起来最为经济有效。

10.2 RMON1 的信息管理库

RMON1 MIB 包括 9 个以太网功能组（rmon1-rmon9）和 1 个令牌环网功能组（rmon10），如图 10-5 所示，分别由 RFC1757 和 RFC1513 定义。每一个功能组都被用来存放监视器采集到的数据和统计信息。一个监视器可以具有多于一个的物理接口，因此可以同时监测多个子网。存放在每个组中的数据可能是从一个或多个监视的子网中采集而来，具体情况，依赖于该监视器对具体组的配置。但实现时有下列连带关系：

- 实现警报组时必须实现事件组；
- 实现最高 N 台主机时必须实现主机组；
- 实现捕获组时必须实现过滤组。

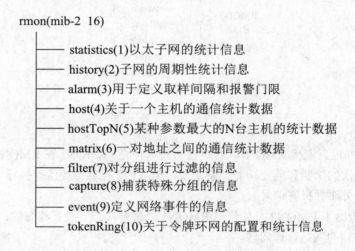

图 10-5 RMON MIB 子树

10.2.1 统计组

统计组（statistics 组）包含了每个被监测子网的基本统计信息，包含 3 个表，如图 10-6 所示。RFC1757 定义的 statistics 只包含一个表：etherStatsTable，表示一个以太子网的统计信

图10-6 统计组

息。RFC1513 在统计组中增加了两个表：tokenRingMLStatsTable 和 tokenRingPStatsTabIe。前者统计令牌环中各种 MAC 控制分组，后者统计各种数据分组。

1. EtherStatsTable 表

该表共包含 21 个对象，如图 10-7 所示。每个被监测子网在该表中都有一条记录，表示一个子网的统计信息。该表中的大部分对象是计数器，记录监视器从子网上收集到的各种不同状态的分组数。

statistics 组提供了关于子网负载的相关信息，同时由于它还包括了很多错误信息，比如 CRC 校验错信息、冲突以及超出或低于规定大小的包等错误信息，因此该组还能提供关于子网的整体运行情况信息。另外，把统计组与 MIB-2 接口组比较会发现，有些数据是重复的。但是统计组提供的信息分类更详细，而且是针对以太网设计的。

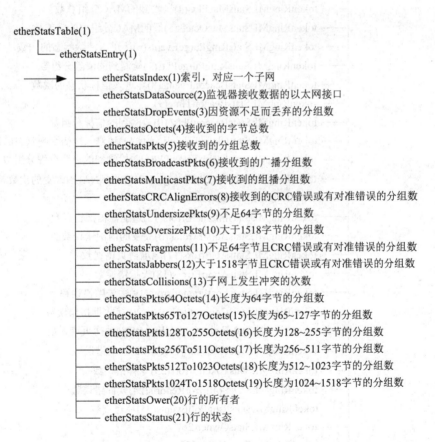

图 10-7　etherStatsTable 表包含对象

这个组的很多变量对性能管理是有用的。而变量 etherStatsDropEvents、etherStatsCRCAlignError 和 etherStatsUndersizePkts 对故障管理也有用。如果对某些出错情况要采取措施，可以对变量 etherStatsDropEvents、etherStatsCRCAlignError 或 etherStatsCollisions 分别设定门限值，超过门限后产生事件报警。

2. tokenRingMLStatsTable 与 tokenRingPStatsTable 表

这两个表提供了令牌环网的统计信息，其中绝大部分是计数器，这两个表的对象分别如图 10-8 和图 10-9 所示。

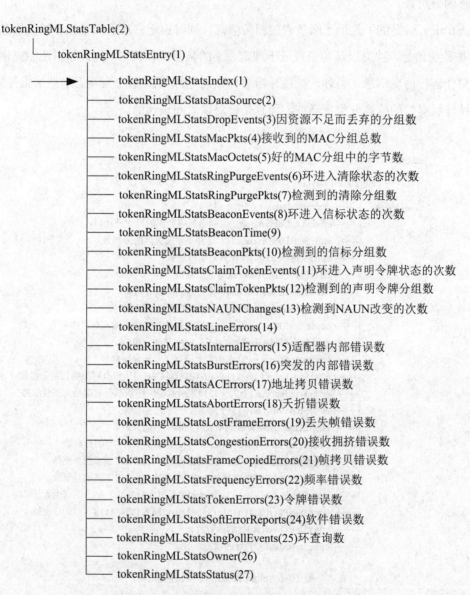

图 10-8　tokenRingMLStatsTable 表包含对象

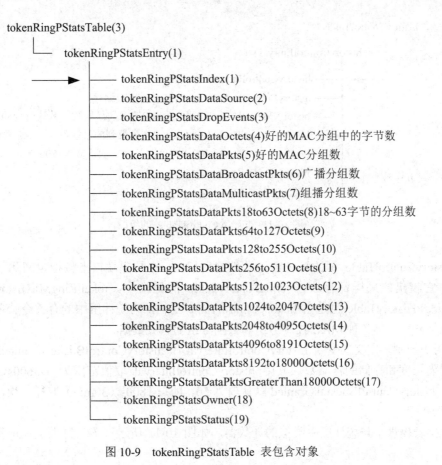

图 10-9 tokenRingPStatsTable 表包含对象

10.2.2 历史组

历史组（History 组）存储的是以固定间隔取样所获得的子网数据。它包括 4 个表：一个历史控制表（historyControlTable）和 3 个历史数据表（etherHistoryTable，tokenRingMLHistoryTable，tokenRingPHistoryTable），如图 10-10 所示。控制表用于指定端口以及采样功能的细节；数据表用于记录数据，其中 etherHistoryTable 是以太网介质特定的表。tokenRingMLHistoryTable 和 tokenRingPHistoryTable 是令牌环介质的表。历史控制表的对象结构如图 10-11 所示。

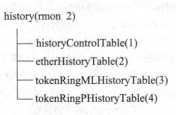

图 10-10 历史组的组成

图 10-11　historyControlTable 的组成

　　historyControlTable 中的每一条记录都定义了在一个特定端口上按指定间隔采集数据的规范，它收集的采样都存放在 etherHistoryTable 的记录中。tokenRingMLHistoryTable 和 tokenRingPHistoryTable 也是由 historyControlTable 控制，与统计组中的有关令牌环网的表类似，也是分别收集各种 MAC 控制分组和数据分组的有关数据。

　　历史控制表定义的变量 historyControlInterval 和 historyControlBucketsGranted 分别表示取样间隔长度和存储的样品数。其中 historyControlInterval 取值范围为 1-3600s，默认值为 1800s；historyControlBucketsGranted 默认值为 50，即每 1800s（30min）取样一次，并且只保留最近 50 行。

　　数据表提供了与统计组中类似的计数器，如图 10-12 所示。该表提供了关于各分组的计数信息。

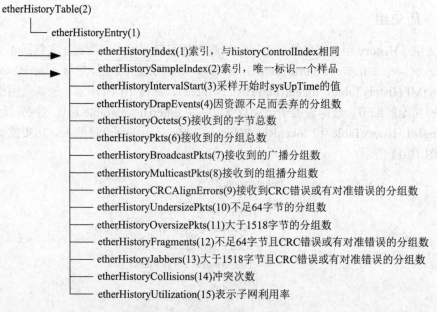

图 10-12　etherHistoryTable 的组成

控制表和数据表之间的关系，如图 10-13 所示。控制表每一行都有一个唯一的索引值，任何两行都不会有相同的 historyControlDataSource 和 historyControlInterval 的组合值。这意味着对于任何给定的子网，不止一个采样过程可以生效，即一个子网可以定义多个采样功能，但每个功能的采样区间应不同。

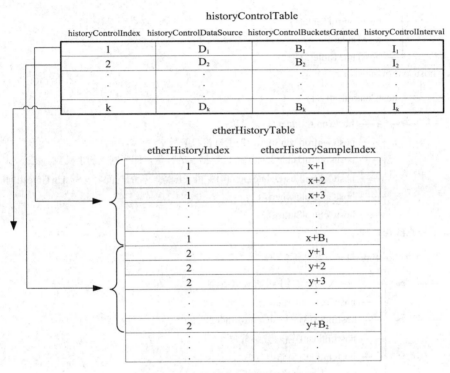

图 10-13　控制表与数据表的关系

RMON 规范建议：每个被监视的接口至少有两个控制行，一个行定义 30s 的取样周期，另一个定义 30min 的取样周期。短周期用于检测突发的通信事件，长周期用于监视接口的稳定状态。从图 10-13 中可以看出，第 i 个控制行有 B_i 个数据行与之对应，其中 B_i 为 historyControlBucketsGranted 的值。每一个数据行（也称吊桶 bucket）保存一次取样的数据，这些数据与统计表中的数据有关。例如，历史表中的数据 etherHistoryPkts 等于统计表中的数据 etherStatsPkts 在采样间隔结束时的值减去采样间隔开始时的值。采样间隔每出现一次，监视器就在历史数据表中增加一个新行，行索引 etherHistoryIndex 与对应控制行 historyControlIndex 相同，而 etherHistorySampleIndex 的值则加 1。当 etherHistorySampleIndex 的值增至与 historyControlBucketsGranted 的值相等时，这组数据行就当作循环使用的缓冲区，即当在有新行加入时，最原始的行就被删除，总是保留与 historyControlBucketsGranted 值相同的数据行个数。

10.2.3　主机组

主机组（host 组）用于收集 LAN 上特定主机的统计信息。收集新出现的主机信息，它是通过监视器观察正常分组中源和目的 MAC 地址来发现 LAN 中新出现的主机。对于发现的每个主机，都维护着一组统计数据。通常，由控制表决定该功能用于哪个网络接口（哪个子网）。host 组由控制表 hostControlTable，数据表 hostTable 和 hostTimeTable 组成，如图 10-14 所示。

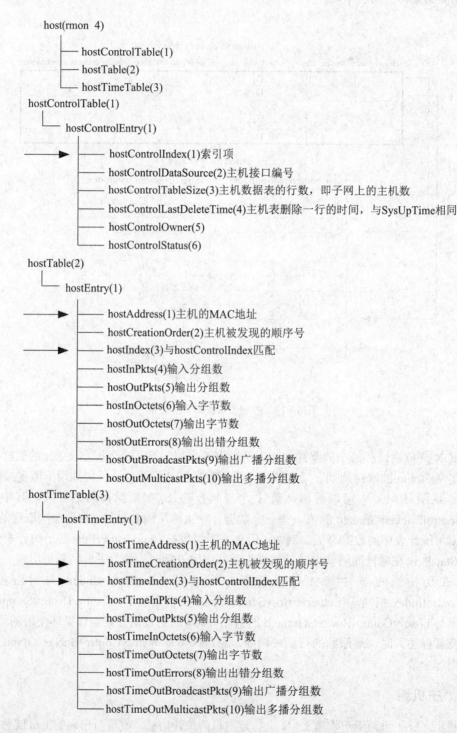

图 10-14　主机组

第 10 章 远程网络监视

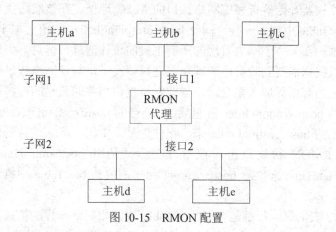

图 10-15 RMON 配置

控制表 hostContralTable 包含如下对象：

（1）hostControlIndex：唯一标识 hostControlTable 中各行的整数。控制表中的每行都对应监视器中唯一的网络接口（子网）。该整数还用于标识 hostTable 和 hostTimeTable 中相应的行。

（2）hostControlSource：标识网络接口。这是本行所定义的数据表项的数据源。

（3）hostControlTableSize：在 hostTable 中和本行相关的行数。这也是 hostTimeTable 中和该行相关的行数。监视器设定其为只读对象。

（4）hostControlLastDeleteTime：保存 sysUpTime（在 MIB-2 系统组中）的特定时刻的值，记录了最近一次从 hostTable 中的相关部分删除一条表项的时间。

hostControlTable 和数据表 hostTable 之间是直接对应关系。对于 hostControlTable 中每行所指定的网络接口，hostTable 中都包含一行记录该网络接口上发现的 MAC 地址。因而，hostTable 中的行数可以表达为：

$$N = \sum_{i=1}^{k} N_i$$

其中，N 为 hostTable 中的总行数；i 为 hostControlIndex 值；k 为 hostControlTable 的行数；N_i 为 hostControlTable 中第 i 行的 hostControlTableSize 值。例如，如图 10-15 所示的 RMON 代理和两个子网连接，在子网 1 中有 3 台主机，在子网 2 中有 2 台主机。因此上式中的各个值应该分别为 $k=2$，$N_1=3$，$N_2=2$。

hostTable 的每行保存着相应主机的统计数据。该表既可以用主机的 MAC 地址，也可以用网络接口进行索引。该表包括以下对象：

（1）hostAddress：主机的 MAC 地址。

（2）hostCreationOrder：该索引定义了为某条 hostControlEntry 捕获的主机创建时间的相对顺序。索引值介于 1 到 N_i 之间，N_i 是相应的 hostControlTableSize 的值。

（3）hostIndex：该表项所属 host 组的统计数据集合。该对象的值和用于索引表 hostControlTable 中的一行的 hostControlIndex 值相匹配。因而，在 hostTable 中和 hostIndex 值相同的所有表项包含了一个单独子网主机的统计信息。

hostTable 中其余的对象用于采集每个被发现的主机进出流量的基本信息。在 hostTable

中增加一行后，监视器开始检查相应网络接口的 MAC 地址。在该网络接口上每发现一台新的主机，就在 hostTable 中加入一行，同时 hostControlTableSize 的值递增 1。在理想情况下，监视器应该能够维护在一个子网内发现的所有主机的统计信息。但是，如果监视器发现自己缺少资源，它可以根据需要删除某些表项，在这种情况下，与该网络接口相关的行的集合构成一个循环缓冲。当有新行加入集合时，与此网络接口相关的最早的行将被删除。该网络接口的所有现存行的 hostCreationOrder 值递减 1，新行的 hostCreationOrder 值为 N_i。如果管理工作站是根据主机的 hostCreationOrder 来"记住"某个主机，那么这种变化可能会产生潜在的问题。因此，RMON 协议规范建议管理工作站利用 hostControlTable 表相应行中的 hostControlLastDeleteTime 来检测 hostCreationOrder 的值和 hostTable 中特定行之间的关联是否失效。

hostTimeTable 表的每一行都包含和 hostTable 表的相应行一样的信息，只是该表是按照创建顺序而不是主机 MAC 地址来索引。该数据表有以下两方面的重要用途：

（1）hostTimeTable 表中与给定的网络接口相关的部分可能会相当大，管理工作站可以利用它知道和每个网络接口相关的部分大小以及每行的大小事实，高效地将变量封装在 SNMP GetRequest 或 GetNextRequest PDU 中。因为每行都有一个从 1 到 hostControlSize 的唯一索引值，而且索引值是可预测的，因此，即使有多个报文分组待发送也不会产生混淆。

（2）hostTimeTable 的组织还支持管理工作站在不需要下载整个表的情况下高效地找出某个特定网络接口的新表项。

host 组的规范要求对数据有两种逻辑视图：hostTable 和 hostTimeTable，两个数据表实际上是同一个表的两个不同的逻辑视图，并不要求监视器实现两个重复的表。根据监视器上数据库管理系统的不同，有可能仅存储一次信息就可以提供两种逻辑访问数据的方法。该组信息与 MIB-2 接口组中的信息相同，但实现更方便，暂时不工作的主机并不占用监视器的资源。

10.2.4 最高 N 台主机组

最高 N 台主机组（hostTopN 组）用于维护一个子网内根据某些参数排序，列在前面的主机集合的统计信息。例如，该表可以表示在某一天中传输数据量最大的前 10 台主机的信息。

hostTopN 组的实现依赖于 host 组的实现，该组统计信息可以从 host 组的数据中取得。一个网络接口或子网中一个 host 组对象在一个采样周期内采集到的统计数据集合称为一份报告。每份报告只包含针对一个变量的结果，该变量表达了一个 host 组对象在采样周期中变化的程度。因此，报告给出了某个子网中对某个特定变量变化程度最大的主机列表。hostTopN 组是由 1 张控制表和 1 张数据表组成的，如图 10-16 所示。

对 hostTopNControlTable 包含的有关变量解释如下：

（1）hostTopNControlIndex：唯一标识 hostTopNControlTable 表中一行的整数。在控制表中的每行定义了一个网络接口的一份 top-N 报告。

（2）hostTopNHostIndex：该值匹配 hostCotrolIndex 和 hostIndex 的值。因此，该值指定了一个特定的子网。由控制表中的这行定义的 top-N 报告是为了使用 hostTable 中相应的表项。

（3）hostTopNStarTime：该 top-N 报告在上次启动时 sysUpTime 的值。

（4）hostTopNRateBase：定义了要采样的变量，为整数类型，可以取 7 种值，如下所示。通过与主机组对比，可以发现，这 7 个值实际上就是主机组中统计的 7 个变量之一。

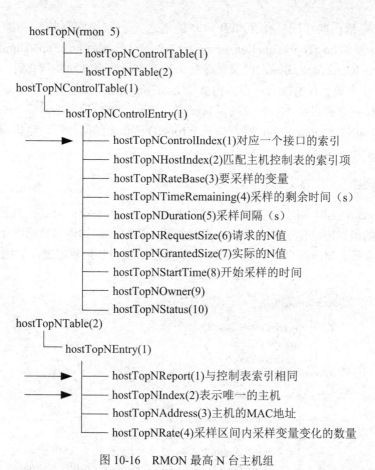

图 10-16　RMON 最高 N 台主机组

```
INTEGER {
    hostTopNInPkts(1),
    hostTopNOutPkts(2),
    hostTopNInOctets(3),
    hostTopNOutOctets(4),
    hostTopNOutErrors(5),
    hostTopNOutBroadcastPkts(6),
    hostTopNOutMulticastPkts(7),
```

对 hostTopNTable 包括的有关变量解释如下：

（1）hostTopNReport：该表项所属的报告。由该索引的特定值标识的报告和 hostTopNControlIndex 中相同值标识的报告相同。

（2）hostTopNIndex：在所有与该报告相关的数据行中唯一标识其中一行的索引。每行代表一台唯一的主机。

（3）hostTopNAddress：该主机的 MAC 地址。

（4）hostTopNRate：在采样周期内所选定变量的变化率。该变量由该报告中的 hostTopNRateBase 值来指定。实际上就是主机组中统计的 7 个变量之一。

报告准备过程如下：开始时管理站生成一个控制行，定义一个新的报告，指示监视器计算一个主机组变量在取样间隔结束和开始时的值之差。取样间隔长度（秒）存储在变量 hostTopNDuration 和 hostTopNTimeRemaining 中。在取样开始后 hostTopNDuration 保持不变，而 hostTopNTimeRemaining 递减，记录采样剩余时间。当剩余时间减到 0 时，监视器计算最后结果，产生 N 个数据行的报告。报告由变量 hostTopNIndex 索引，N 个主机以计算的变量值递减的顺序排列。报告产生后管理站以只读方式访问。如果管理站需要产生新报告，则可以把变量 hostTopNTimeRemaining 置为与 hostTopNDuration 的值一样，这样原来的报告被删除，又开始产生新的报告。

10.2.5 矩阵组

矩阵组（matrix 组）用于记录一个子网内各对主机间的流量信息。信息是以矩阵的形式存储的。这样的组织方法便于检索特定主机对的流量信息，例如可以找出哪个设备和服务器之间的通信最多等。Matrix 组由 3 张表组成：1 张控制表和 2 张数据表，如图 10-17 所示。

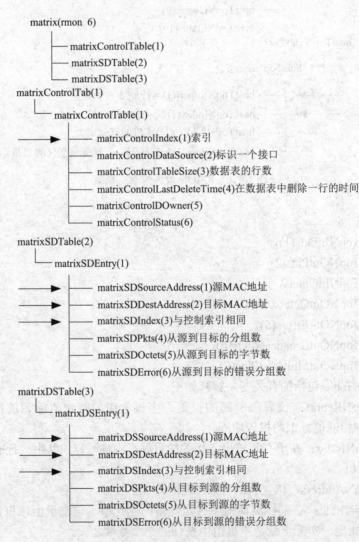

图 10-17　RMON 矩阵组

对控制表 matrixControlTable 包含的对象解释如下：

（1）matrixControlIndex：唯一标识 matrixControlTable 行的整数。在控制表中的每行定义了一种用于发现特定网络接口上是否有会话，并且将其统计信息记入两张数据表的功能。

（2）matrixControlDataSource：标识网络接口，即子网，是该行的数据源。

（3）matrixControlTableSize：matrixSDTable 表中和本行相关的行数。它也是 matrixDSTable 表中和本行相关的行数。这是由监视器设定的只读对象。

（4）matrixControlLastDeleteTime：上次在 matrixSDTable 和 matrixDSTable 中，删除与本行相关表项的时间对应的 sysUpTime（在 MIB-2 系统组中定义）值。如果该值为 0，则说明没有发生过删除操作。

数据表 matrixSDTable 用于存储从特定源主机到多台目的主机之间的流量统计信息。该表包含的对象如图 10-17 所示。

需要说明的是 matrixSDTable 表的索引顺序：matrixSDTable 依次用 matrixSDIndex，matrixSDSourceAddress（源地址），matrixSDDestAddress（目的地址）来索引。

数据表 matrixDSTable 包含同样的内容，不同的是索引顺序不同，为 matrixDSlndex，matrixDSDestAddress（目的地址），matrixDSSourceAddress（源地址）。进一步说明如下：

控制表中的每一行标识一个单独的子网。SD 表为最近在子网内交换过信息的每对主机保存两行：一行报告两主机间某一方向的流量；另一行报告另一方向的流量。同样的两行也出现在 DS 表中。因此，管理工作站很容易检索到从一台主机到所有其他主机的流量或是从其他主机到特定一台主机的流量。当监视器发现了一个会话，但是控制表定义的数据行已用完，即达到了 matrixControlTableSize 的限制时，监视器就需要删除现有的行。标准规定首先删除最近最少使用的行。

与 host 组类似，在 matrix 组中 2 张数据表实际上是以不同方式存储着相同的数据，所以允许用 1 张或 2 张表来实现。只要管理工作站的逻辑视图看到的是两张数据表就可以了。

10.2.6 警报组

警报组（alarm 组）定义了一组网络性能的门限值。如果某个变量超过门限值时，将会产生一个报警事件并报告控制台，该组必须和事件组同时实现，也就是说 alarm 组的实现依赖于 event 组的实现。

alarm 组只包含一个表 alarmTable。表中的每个记录都定义了一个特定的监视器变量、采样区间和门限值，如图 10-18 所示。

下面对其中两个重要的对象 alarmSampleType 和 alarmStartUpAlarm 说明如下：

（1）alarmSampleType：该变量有如下两种取值。

① absoluteValue(1)　表示对象采样时的值直接与门限值进行比较。

② deletaValue(2)　代表了对象在两次连续采样时间段内的差与门限值进行比较，它与变化率有关。

（2）alarmStartupAlarm：该变量的作用是指示警报是否产生，关于行生效后是否产生报警，取值有如下 3 种。

① risingAlarm(1)　该行生效后第一个采样值≥上升门限，产生警报。

② falingAlarm(2) 该行生效后第一个采样值≤下降门限，产生警报。

③ risingOrFallingAlarm(3) 该行生效后第一个采样值≥上升门限或者≤下降门限，产生警报。

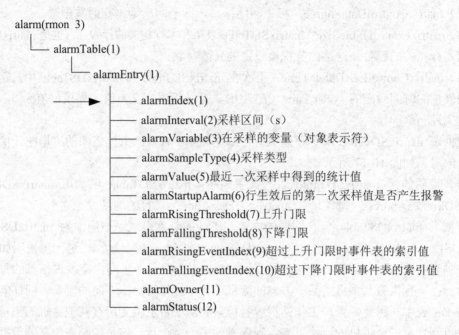

图 10-18 RMON 警报组

下面重点讨论警报组定义的报警机制，产生上升警报的规则如下：

（1）如果行生效后的第一个采样值<上升门限，而后来的一个采样值变得≥上升门限时，则产生一个上升警报。

（2）如果行生效后的第一个采样值≥上升门限，且 alarmStartupAlarm ＝1or3，则产生一个上升警报。

（3）如果行生效后的第一个采样值≥上升门限，且 alarmStartupAlarm＝2，则当采样值落回上升门限后又变得≥上升门限时则产生一个上升警报。

（4）产生一个上升警报后，除非采样值落回上升门限到达下降门限，并且又一次到达上升门限，将不再产生上升警报。

产生下降警报事件的规则正好与上述过程相反。警报机制目的是防止在门限附近波动时警报反复产生加重网络负担，我们形象地称其为 hysteresis（磁滞现象）机制。

例如，alarmStartupAlarm＝2，发出报警信号的时刻，如图 10-19 所示。

例如，alarmStartupAlarm＝1 或 3，发出报警信号的时刻，如图 10-20 所示。

当 alarmSampleType＝deleteValue(2)时为增量报警方式，对于增量报警，RMON 规范建议每个周期应采样两次，把最近两次采样值的和与门限比较，即所谓的双重采样规则。该规则目的是避免漏报超过门限的情况。

第10章 远程网络监视

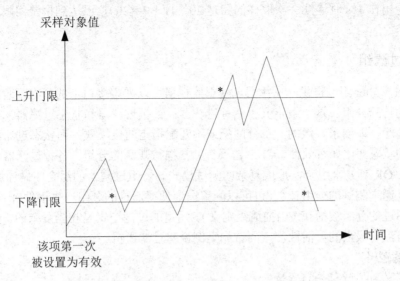

图 10-19　报警示例 1

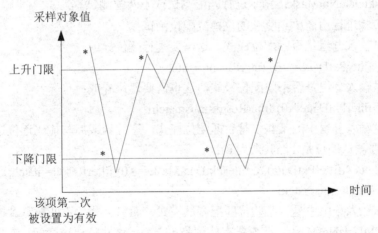

图 10-20　报警示例 2

例如，已知有如下的采样值：

时间(s)	0	10	20
观察的值	0	19	32
增量值	0	19	13

如果上升门限是 20，则不会产生报警事件。但是按双重采样规则，每 5s 观察 1 次，则有：

时间(s)	0	5	10	15	20
观察的值	0	10	19	30	32
增量值	0	10	9	11	2

可以看出在15s时连续2次取样的和是20（11+9=20），已达到报警门限，应产生一个报警事件。

10.2.7 过滤组

过滤组（filter组）提供一种手段，使得监视器可以观察接口上的分组，通过过滤选择出某种指定的特殊分组。这个组定义了两种过滤器：数据过滤器和状态过滤器。数据过滤器是按位模式匹配，即要求分组的一部分匹配或不匹配指定的位模式；而状态过滤器允许监视器按照分组的状态（比如有效性、CRC错误等）扫描待观测的分组。各种过滤器可以用逻辑运算（AND、OR等）来组合，形成复杂的测试模式。一组过滤器的组合叫做通道（channel）。可以对通过通道测试的分组计数，也可以配置通道使得通过的分组产生事件（由事件组定义），或者使得通过的分组被捕获（由捕成组定义）。通道的过滤逻辑是相当复杂的，但却给了用户在统计分组流时极大的灵活性。下面首先举例说明过滤逻辑。

1. 过滤逻辑

我们定义与测试有关的变量。
- input：被过滤的输入分组。
- filterPktData：用于测试的位模式。
- filterPktDataMask：要测试的有关位的掩码。
- filterPktDataNotMask：指示进行匹配测试或不匹配测试。

下面分步骤进行由简单到复杂的位模式配位测试：

（1）测试输入分组是否匹配位模式，这需要进行逐位异或：

if(input ^ filterPktData = =0) filterResult=match;

（2）测试输入分组是否不匹配位模式，这也需要逐位异或：

if(input ^ filterPktData !=0) filterResult=mismatch;

（3）测试输入分组中的某些位是否匹配位模式，逐位异或后与掩码逐位进行逻辑与运算(掩码中对应要测试的位是1，其余为0)：

    if((input ^ filterPktData) & filterPktDataMask = =0) filterResult=match;
else filterResult=mismatch;

（4）测试输入分组中是否某些位匹配测试模式，而另一些位不匹配测试模式。这里要用到变量 filterPktDataNotMask。该变量有些位是 0，表示这些位要求匹配；有些位为 1，表示这些位要求不匹配：

relevant_bits_different=(input ^ filterPktData) & filterPktDataMask；

if((relevant_bits_different & ~filterPktDataNotMask)= =0)

filterResult=successful_match;

作为一个例子，假定我们希望过滤出的以太网分组的目标地址为 0xA5，而源地址不是0xBB。由于以太网地址是 48 位，所以分组前 48 位是目标地址，接着 48 位是源地址，所以有关变量设置如下：

filterPktDataOffset　　　　　= 0
filterPktData　　　　　　　　= 0x0000000000A50000000000BB
    filterPktDataMask　　　　= 0xFFFFFFFFFFFFFFFFFFFFFFFF
filterPktDataNotMask　　　　= 0x000000000000FFFFFFFFFFFF

其中变量 filterPktDataOffset 表示分组中要测试部分距分组头的距离（其值为 0，表示从头开始测试）。

状态过滤逻辑是类似的。每一种错误条件是一个整数值，并且是 2 的幂。为了得到状态模式，只要把各个错误条件的值相加，这样就把状态模式转换成了位模式。例如，以太网有下面的错误条件：

0 分组大于 1518Byte
1 分组小于 64Byte
2 分组存在 CRC 错误或对准错误

如果一个分组错误状态值为 6，则它有后两种错误。

2. 通道操作

通道由一组过滤器定义，被测试的分组要通过通道中有关过滤器的检查。分组是否被通道接受，取决于通道配置中的一个变量：

channelAcceptType :: = INTEGER {acceptMatched(1), acceptFailed(2)}

如果该变量的值为 1，则分组数据和分组状态至少要与一个过滤器匹配，则分组被接受；如果该变量的值为 2，则分组数据和分组状态与每一个过滤器都不匹配，则分组被接受。对于 channelAcceptType=1 的情况，可以用图 10-21 说明。

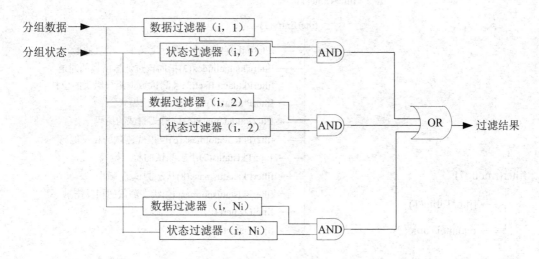

图 10-21 通道变量 channelAcceptType=1 的例子

与通道操作有关的变量是：

channelAcceptType：其值和过滤器集合决定是否接受分组；
channelMatches：（计数器）对接受的分组计数；
channelDataControl：控制通道开/关；
channelEventStatus：当分组匹配时该变量指示通道是否产生事件，是否被捕获；
channelEventIndex 产生的事件的索引。

根据这些变量的值，通道操作逻辑如下（result= =1 表示分组通过检查，result= =0 表示分组没有通过检查）：

if(((result= =1)&&(channelAcceptType= =acceptMatched))||

```
        ((result= =0)&&(channelAcceptType= =acceptFailed)))
{
    channelMatches = channelMatches+1;
    if(channelDataControl= =ON)
    {
        if((channelEventStatus!=eventFired)&&(channelEventIndex!=0))
            generateEvent();
        if(channelEventStatus= =eventReady)
            channelEventStatus=eventFired;
    }
}
```

3. 过滤组结构

filter 组由 2 张控制表组成，即 channelTable 和 filterTable，如图 10-22 所示。channelTable 的每行定义了唯一的一个通道，filterTable 定义了相关的过滤器。channelTable 的每行和 filterTable 的一行或几行相关联。filterTable 包含的对象如图 10-23 所示。

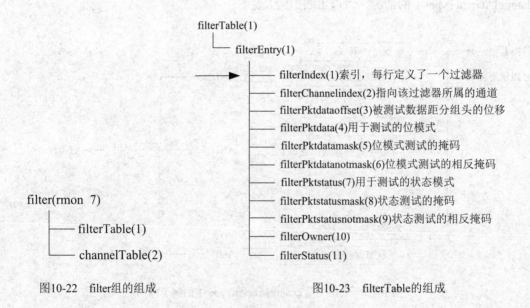

图10-22　filter组的组成　　　　　　图10-23　filterTable的组成

（1）filterIndex：唯一标识 filterTable 中一行的整数。每一行都定义了应用于一个网络接口上的每个接收到的分组的一个数据过滤器和一个状态过滤器。

（2）filterChannelIndex：标识该过滤器所属的通道。

（3）filterPktDataOffset：从每个分组的起始位置开始的偏移量，用于进行分组数据匹配。

（4）filterPktData：与输入数据进行匹配的数据。

（5）filterPktDataMask：用于匹配过程的掩码。

（6）filterPktDataNoMask：用于匹配过程掩码的反码。

（7）filterPktStatus：与输入数据进行匹配的状态。

（8）filterPktStatusMask：用于状态匹配过程的掩码。

（9）filterPktStatusNoMask：用于状态匹配过程的掩码的反码。

channelTable 包含的对象如图 10-24 所示，其解释如下：

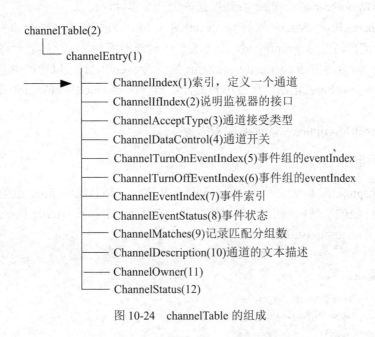

图 10-24　channelTable 的组成

（1）channelIndex：在 channelTable 中唯一标识一行的整数。每行定义一个通道。

（2）channelIfIndex：标识监视器的网络接口，即子网。在该网络接口上使用相关的过滤器将数据引入通道。该对象实例的值是一个对象标识符，标识对应该接口的 MIB-2 接口组的 IfIndex 实例。

（3）channelAcceptType：控制和该通道相关的过滤器的操作。

（4）channelDataControl：通道开关，控制通道是否工作。如果该对象的值是 on(1)，那么数据、状态和事件均通过该通道。如果该对象的值为 off(2)，那么数据、状态和事件均不通过该通道。

（5）channelTurnOnEventIndex：指向事件组的一个事件，即标识一类事件，该事件生成时把有关的 channelDataControl 变量的值从 on 变成 off。该对象的值标识一个 event 组中由 eventIndex 索引的对象。如果没有这类事件发生，也就没有这种关联关系存在。如果不产生这样的事件，那么该对象的值为 0。

（6）channelTurnOffEventIndex：指向事件组的一个事件，即标识一类事件，该事件生成时把有关的 channelDataControl 变量的值从 on 变成 off。该对象的值标识一个 event 组中由 eventIndex 索引的对象。如果没有这类事件发生，也就没有这种关联关系存在。如果不产生这样的事件，那么该对象的值为 0。

（7）channelEventIndex：指向事件组的一个事件，即标识一类事件，这类事件在相关的 channelDataControl 为 on，而且有一个分组被匹配时产生。该对象的值标识出一个 event 组中由 eventIndex 索引的对象。如果没有这类事件发生，也就没有这种关联关系存在。如果不产生这样的事件，那么该对象的值为 0。

（8）channelEventStatus：该通道的事件状态，可取下列值：

① eventRelay(1)：分组匹配时产生事件，然后对象的值变为 eventFired(2)。
② eventFired(2)：分组匹配时不产生事件。
③ eventAlwaysReady(3)：每个分组匹配产生一个事件。

当变量 channelEventStatus 的值为 eventRelay 时，如果产生了一个事件，则 channelEventStatus 的值自动变为 eventFired，就不会产生同样的事件了。这样就允许管理工作站响应事件通告后，可以再激活 channelEventStatus 的值为 eventRelay，以便产生类似的事件。

（9）channelMatches：记录匹配分组数的计数器。在 channelDataControl 设为 off 时该计数器也在更新。

（10）channelDescription：通道的文本描述。

10.2.8 捕获组

捕获组（capture 组）可以用于设置一种缓冲机制，以捕获流经 filter 组的某个通道的数据分组。capture 组的实现依赖于 filter 组的实现。它由 2 张表组成：bufferControlTable，说明缓冲功能的细节；captureBufferTable，如图 10-25 所示。

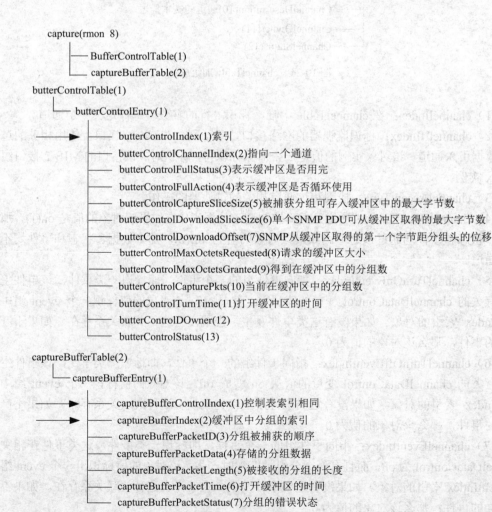

图 10-25　RMON 包捕获组

在 bufferControlTable 中的每行定义了一个缓冲区，它用于捕获和存储一个通道中的分组。该表包含如下对象：

（1）bufferControlIndex：唯一标识 bufferControlTable 中一行的整数。同样的整数也用来标识 captureBufferTable 中的相应行。

（2）bufferControlChannelIndex：标识作为该行的分组数据来源的通道。该值和标识 channelTable 表中一行的 channelIndex 值匹配。

（3）bufferControlFullStatus：表示缓冲区是否用完，可以取两个值：如果值为 spaceAvailable(1)，则缓冲区还有接收和存储新分组的空间。如果该值为 full(2)，它的意义取决于 bufferControlFullAction 的值。

（4）bufferControlFullAction：如果值为 lockWhenFull(1)，缓冲区在装满后不能再接收分组。如果值为 warpWhenFull(2)，缓冲区在装满后变为循环缓冲方式，即为接收新分组而将最早的分组删除。

（5）bufferControlCaptureSize：每个分组可存入缓冲区中的最大字节数。如果值为 0，该缓冲区会保存尽可能多的字节数，默认值为 100。

（6）bufferControlDownLoadSliceSize：缓冲区中记录的是可在一个 SNMP PDU 检索操作中返回每个分组的最大字节数。

（7）bufferControlDownLoadOffset：SNMP 从缓冲区取得的第一个字节距分组头的偏移量。

（8）bufferControlMaxOctetsRequested：请求的缓冲区大小（字节数），取值为-1 意味着申请尽可能大的缓冲区。

（9）bufferControlMaxOctetsGranted：分配的缓冲区大小（字节数）。

（10）bufferControlCapturePackets：缓冲区中当前记录的分组数。

（11）bufferControlTurnOnTime：该缓冲区第一次打开时，sysUpTime 变量的值。

数据表 captureBufferTable 的一行对应一个捕获的分组。该表包含如下对象：

（1）captureBufferControlIndex：标识与该分组相关的缓冲区，取值与 bufferControlIndex 相同。

（2）captureBufferIndex：唯一标识与同一缓冲区相关的所有分组中的某一分组的索引。其取值从 1 开始，此后每捕获一个新分组则递增 1。因此，该变量也可作为一个缓冲区中各分组的序号。

（3）captureBufferPacketID：描述在特定网络接口上接收到的分组的顺序索引。因此，该变量可以作为一个网络接口上捕获分组的序数，而与它们存储在哪个缓冲区无关。

（4）captureBufferPacketData：在本行中实际存储的分组数据。

（5）captureBufferPacketLength：接收到的分组的实际长度。

（6）captureBufferPacketTime：从起用该缓冲区到捕获当前分组所经过的时间（ms）。

（7）captureBufferPacketStatus：指示当前分组的出错状态。

10.2.9 事件组

事件组（event 组）支持事件的定义。一个事件可被 MIB 中的某个条件所触发，而一个事件也可以触发 MIB 中定义的某个操作，一个事件还可以产生记入该组日志的信息或者产生 SNMP trap 报文。event 组由一个控制表和一个数据表组成，如图 10-26 所示。控制表称为 eventTable，数据表称为 logTable。

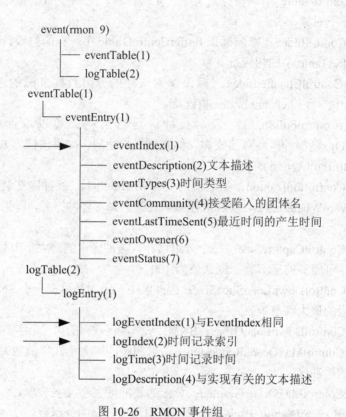

图 10-26 RMON 事件组

控制表 eventTable 包含事件的定义。表中的每行记录包含描述满足某种条件时产生事件的参数，该表包含如下对象：

（1）eventIndex：唯一标识 eventTable 中行的整数。同时还用来标识 logTable 中的相应行。

（2）eventDescription：该事件的文本描述。

（3）eventType：可以取 4 个值。值为 log(2)时，在 logTable 中将为每个事件创建一条表项；值为 snmp-trap（3）时，将为每个事件向一个或多个管理者发出 SNMP trap 消息；log-and-snmp-trap(4)表示 2 和 3 两种作用同时发生；none(1)表示非以上 3 种情况。

（4）eventCommunity：如果发出了一条 SNMP trap 消息，该对象指定管理工作站用以接收该 Trap 消息的团体名字。

（5）eventLastTimeSent：该事件表示上次生成事件时的 sysUpTime 值。

如果需要对一个事件进行记录，将在相应的 logTabIe 表中创建一些表项，表 logTable 包括如下对象：

（1）logEventIndex：标识生成该日志表项的事件。

（2）logIndex：在与同一事伴类型相关的所有事件表项中，唯一标识其中特定一条日志表项的索引。该对象的取值从 1 开始，每捕获一个新分组则递增 1。

（3）logTime：当前日志表项创建时 sysUpTime 的值。

（4）logDescription：对激活该日志表项事件的一个与实现相关的描述。

10.2.10 tokenRing 组

RFC1513 对 RMON1 MIB 进行了扩充,增加了有关 IEEE802.5 令牌环网的管理信息。首先是在统计组增加了两个表 tokenRingMLStatsTable 和 tokenRingPStatsTable,前者统计令牌环中各种 MAC 控制分组,后者统计各种混杂数据分组。这两种表中的计数器分别表示在表 10-2 和表 10-3 中。根据 RFC1757 的定义,所谓好的分组就是没有错误的具有有效长度的分组。坏的分组则是帧格式可以识别,但是含有错误,或者具有无效长度的分组。表 10-2 中的各种不同长度的数据分组都是好的数据分组。

表 10-2   tokenRingMLStatsTable 中计数器

tokenRingMLStatsDropEvents 由于缺乏资源而丢弃的分组数	tokenRingMLStatsInternalErrors 适配器内部错误数
tokenRingMLStatsMacOctets 好的 MAC 分组中的字节数	tokenRingMLStatsBurstErrors 突发的内部错误数
tokenRingMLStatsMacPkts 接收的 MAC 分组总数	tokenRingMLStatsACErrors 地址拷贝错误数
tokenRingMLStatsPurgeEvents 环进入清除状态的次数	tokenRingMLStatsAbortErrors 夭折错误数
tokenRingMLStatsPurgePkts 检测到的清除分组数	tokenRingMLStatsLostFrameErrors 丢失帧错误数
tokenRingMLStatsBeaconEvents 环进入信标状态的次数	tokenRingMLStatsPktsCongestionErrors 接收拥挤错误数
tokenRingMLStatsBeaconPkts 检测到的信标分组数	tokenRingMLStatsFrameCopiedErrors 帧拷贝错误数
tokenRingMLStatsClaimTokenEvents 环进入声明令牌状态的次数	tokenRingMLStatsFrequencyErrors 频率错误数
tokenRingMLStatsClaimTokenPkts 检测到的声明令牌分组数	tokenRingMLStatsTokenErrors 令牌错误数
tokenRingMLStatsNAUNChanges 检测到 NAUN 改变的次数	tokenRingMLStatsSoftErrorReports 软件错误数
tokenRingMLStatsLineErrors 在出错报告分组中报告的行错误数	tokenRingMLStatsRingPollEvents 环查询数

表 10-3   tokenRingPStatsTable 中计数器

tokenRingPStatsDropEvents 由于缺乏资源而丢弃的分组数	tokenRingPStatsDataPkts256to511Octets 接收 256 至 511 字节长度的非 MAC 分组数
tokenRingPStatsDataOctets 好的非 MAC 分组中的字节数	tokenRingPStatsDataPkts512to1023Octets 接收 512 至 1023 字节长度的非 MAC 分组数

续表

tokenRingPStatsDataPkts 接收的非 MAC 分组总数	tokenRingPStatsDataPkts1024to2047Octets 接收 1024 至 2047 字节长度的非 MAC 分组数
tokenRingPStatsDataBroadcastPkts 接收 LLC 广播地址的非 MAC 帧总数	tokenRingPStatsDataPkts2048to4095Octets 接收 2048 至 4095 字节长度的非 MAC 分组数
tokenRingPStatsDataMulticastPkts 接收的非 MAC 多播分组数	tokenRingPStatsDataPkts4096to8191Octets 接收 4096 至 8191 字节长度的非 MAC 分组数
tokenRingPStatsDataPkts18to63Octets 接收 18 至 63 字节长度的非 MAC 分组数	tokenRingPStatsDataPkts8192to18000Octets 接收 8192 至 18000 字节长度的非 MAC 分组数
tokenRingPStatsDataPkts64to127Octets 接收 64 至 127 字节长度的非 MAC 分组数	tokenRingPStatsDataPktsGreaterThan18000Octets 接收的 18000 字节以上的非 MAC 分组总数
tokenRingPStatsDataPkts128to255Octets 接收 128 至 255 字节长度的非 MAC 分组数	

RFC1513 还扩充了历史组,定义了两个新的历史表 tokenRingMLHistoryTable 和 tokeRingPHistoryTable,这两个表由历史组控制表 historyControlTable 控制。与统计组的两个新表类似,这两个表分别收集各种 MAC 控制分组和数据分组的有关数据。

除扩充了统计组和历史组外,还增加了一个新组:tokenRing 组,该组包含 4 个子组, 4 个子组共包含 6 个表,如图 10-27 所示。

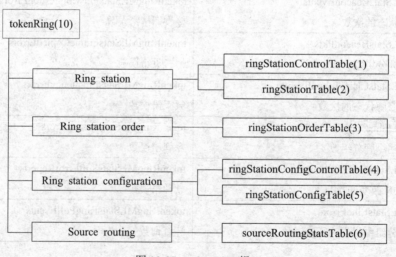

图 10-27 tokenRing 组

1. 环站组

这个组包含有关每个站的统计数据和状态信息。该组由控制表和数据表组成。环站控制表 ringStationControlTable 有下列变量:

- ringStationControlTableSize:与一个接口相连的站数,也是该表的行数。
- ringStationControlActiveStations:活动的站数。

- ringStationControlRingState：环状态。
- ringStationControlBeaconSender：最近的 Beacon 帧发送者的 MAC 地址。
- ringStationControlBeaconNAUN：在最近的 Beacon 帧中的 NAUN 的 MAC 地址。
- ringStationControlActiveMonitor：活动的监控器的 MAC 地址。
- ringStationControlOrderChanges：在同一接口的环站顺序表中增加或删除事件的次数。

环状态分以下 7 种：
- normalOperation(1)；
- ringPurgeState(2)；
- claimTokenState(3)；
- beaconFrameStreamingState(4)；
- beaconBitStreamingState(5)；
- beaconRingSignalLossState(6)；
- beaconSetRecoveryModeState(7)。

环站数据表 ringStationTable 有下列变量：
- ringStationMacAddress：本站 MAC 地址。
- ringStationLastNAUNIfIndex：最近的 NAUN 的 MAC 地址。
- ringStationStationState：站状态，指示本站是否活动。
- ringStationLastEnterTime：本站入环时的 sysUpTime 值。
- ringStationLastExitTime：本站离开环时的 sysUpTime 值。

2. 环站顺序组

这个组提供控制环站上的顺序。该组只有一个表 ringStationOrderTable，有下列变量：
- ringStationOrderIfIndex：子网接口编号。
- ringStationOrderOrderIndex：本站在环上的相对位置（从 RMON 监视器到本站的跳步计数）。
- ringStationOrderMacAddress：MAC 地址。

3. 环站配置组

这个组提供控制环站的手段。RMON 监视器可以把站从环上移去，或者向站下载配置信息。该组由控制表和数据表组成。控制表 ringStationConfigControlTable 有下列变量：
- ringStationConfigControlIfIndex：定义一个子网。
- ringStationConfigControlMacAddress：由本行控制的站的 MAC 地址。
- ringStationConfigControlRemove：整数{stable(1)removing(2)}，取值 2 时站被移出。
- ringStationConfigControlUpdateStatus：整数，取值 updating(2)时更新配置信息。

环站配置数据表 ringStationConfigTable 有下列变量：
- ringStationConfigMacAddress：本站 MAC 地址。
- ringStationConfigUpdateTime：更新配置信息时 sysUpTime 值。
- ringStationConfigLocation：本站位置。
- ringStationConfigMicrocode：本站微码版本。
- ringStationConfigGroupAddress：地址的低位 4 个字节。
- ringStationConfigFunctionAddress：本站功能地址。

4. 环站路由组

该组只有一个表 sourceRoutingStatsTable，提供源路由信息的使用情况，其中的变量如表 10-4 所示。

表 10-4　　　　　　　　　　sourceRoutingStatsTable 中的变量

sourceRoutingStatsInFrames 本地环网接收的帧数	sourceRoutingStatsLocalLLCFrames 接收的本地 LLC 帧数(无路由信息字段)
sourceRoutingStatsOutFrames 本地环网发送的帧数	sourceRoutingStats1HopFrames 接收的单跳步帧数
sourceRoutingStatsThroughFrames 经过本地环网的帧数	sourceRoutingStats2HopFrames 接收的 2 跳步帧数
sourceRoutingStatsAllRoutesBroadcastFrames 接收的全路广播帧数	sourceRoutingStats3HopFrames 接收的 3 跳步帧数
sourceRoutingStatsSingleRoutesBroadcastFrames 接收的单路广播帧数	sourceRoutingStats4HopFrames 接收的 4 跳步帧数
sourceRoutingStatsInOctets 接收的字节数	sourceRoutingStats5HopFrames 接收的 5 跳步帧数
sourceRoutingStatsOutOctets 发送的字节数	sourceRoutingStats6HopFrames 接收的 6 跳步帧数
sourceRoutingStatsThroughOctets 经过的字节数	sourceRoutingStats7HopFrames 接收的 7 跳步帧数
sourceRoutingStatsAllRoutesBroadcastOctets 全路广播帧的字节数	sourceRoutingStats8HopFrames 接收的 8 跳步帧数
sourceRoutingStatsSingleRoutesBroadcastOctets 单路广播帧的字节数	sourceRoutingStats9HopFrames 接收的 9 跳步帧数

10.3　RMON2 的信息管理库

前面介绍的 RMON MIB 只能存储 MAC 层管理信息。从 1994 年开始对 RMON MIB 进行了扩充，使得能够监视 MAC 层之上的通信。这就是后来的 RMON2，同时把前一标准叫做 RMON1。这一节介绍 RMON2 的有关内容。

10.3.1　RMON2 MIB 的组成

RMON2 监视 OSI/RM 第 3 到第 7 层的通信，能对数据链路层以上的分组进行译码。这使得监视器可以管理网络层协议，包括 IP 协议；因而能了解分组的源地址和目的地址，能知道路由器负载的来源，使得监视的范围扩大到局域网之外。监视器也能监视应用层协议，例如，电子邮件协议、文件传输协议、HTTP 协议等。这样监视器就可以记录主机应用活动的数据，可以显示各种应用活动的图表，这些对网络管理人员都是很重要的信息。

RMON2 扩充了原来的 RMON MIB，增加了 10 个新的功能组，如图 10-28 所示。下面对这些功能组进行简单介绍。

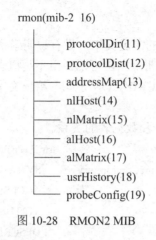

图 10-28 RMON2 MIB

（1）ProtocolDir（协议目录组）：提供各种网络协议的标准化表示方法，使得管理站可以了解监视器所在的子网上运行的是什么协议。这一点很重要，特别是当管理站和监视器来自不同制造商时是完全必要的。

（2）ProtocolDist（协议分布组）：提供每个协议产生的通信统计数据。例如，发送了多少分组、多少字节等。

（3）addressMap（地址映像组）：建立网络层地址（IP 地址）与 MAC 地址的映像关系。这些信息在发现网络设备、建立网络拓扑结构时有用。这一组可以为监视器在每一个接口上观察到的每一种协议建立一个表项，说明其网络地址和物理地址之间的对应关系。

（4）nlHost（网络层主机组）：这一组类似于 RMON1 的主机组，收集网上主机的信息，例如主机地址、发送/接收的分组/字节数等。但是与 RMON1 不同的是，这一组不是基于 MAC 地址，而是基于网络层地址发现主机。这样管理人员可以超越路由器看到子网之外的 IP 主机。

（5）nlMatrix（网络层矩阵组）：记录主机对（源/目标）之间的通信情况，收集的信息类似于 RMON1 的矩阵组，但是按网络层地址标识主机。其中的数据表分为 SD 表、DS 表和 TopN 表，与 RMON1 的对应表也是相似的。

（6）alHost（应用层主机组）：对应每个主机的每个应用协议（指第 3 层之上的协议）在 alHost 表总中有一个表项，记录有关主机发送/接收的分组/字节数等。这一组使用户可以了解每个主机上的每个应用协议的通信情况。

（7）alMatrix（应用层矩阵组）：统计一对应用层协议之间的各种通信情况，以及某种选定的参数（例如交换的分组数/字节数）最大的（TopN）一对应用层协议之间的通信情况。

（8）usrHistory（用户历史组）：按照用户定义的参数，周期地收集统计数据。这使得用户可以研究系统中的任何计数器。例如，关于路由器之间的连接情况的计数器。

（9）ProbeConfig（监视器配置组）：定义了监视器的标准参数集合，这样可以提高管理站和监视器之间的互操作性，使得管理站可以远程配置不同制造商的监视器。

（10）rmonConormance（一致性规范组）：定义了不同厂商实现 RMON2 必须达到的最小级别。

10.3.2 RMON2 新增功能

RMON2 引入了两种与对象索引有关的新功能，增强了 RMON2 的能力和灵活性。下面介绍这两种新功能。

1. 外部对象索引

在 SNMPv1 管理信息结构的宏定义中，没有说明索引对象是否必须是被索引表的列对象。在 SNMPv2 的 SMI 中，已明确指出可以使用不是概念表成员的对象作为索引项。在这种情况下，必须在概念行的 DESCRIPTION 子句中给出文字解释，说明如何使用这样的外部对象唯一地标识概念行实例。

【例 10.2】 RMON2 控制表和数据表的关系。

```
rm2ControlTable  OBJECT-TYPE                    rm2DataTable  OBJECT-TYPE
   SYNTAX   SEQUENCE OF Rm2ControlEntry            SYNTAX   SEQUENCE OF Rm2DataEntry
   ACCESS   not-accessible                         ACCESS   not-accessible
   STATUS   mandatory                              STATUS   mandatory
   DESCRIPTION                                     DESCRIPTION
     "A control table. "                             "A data table."
   ::={ex1 1}                                      ::={ex1 2}
rm2ControlEntry  OBJECT-TYPE                    rm2DataEntry  OBJECT-TYPE
   SYNTAX   Rm2ControlEntry                        SYNTAX   Rm2DataEntry
   ACCESS   not-accessible                         ACCESS   not-accessible
   STATUS   mandatory                              STATUS   mandatory
   DESCRIPTION                                     DESCRIPTION
     "Defines a parameter that Control               "A single data table entry."
      a set of data table entries ."              INDEX   {rm2ControlIndex,
   INDEX   {rm2ControlIndex}                                rm2DataIndex}
   ::={rm2ControlTable 1}                          ::={rm2DataTable 1}
Rm2ControlEntry::= SEQUENCE{                    Rm2DataEntry::= SEQUENCE{
   rm2ControlIndex       INTEGER,                  rm2DataIndex      INTEGER,
   rm2ControlParameter   Counter,                  rm2DataValue      Counter}
   rm2ControlOwner       Ownerstring,
   rm2ControlStatus      RowStatus}              rm2DataIndex  OBJECT-TYPE
rm2ControlIndex  OBJECT-TYPE                       SYNTAX   INTEGER
   SYNTAX   INTEGER                                 ACCESS   read-only
   ACCESS   read-only                               STATUS   mandatory
   STATUS   mandatory                               DESCRIPTION
   DESCRIPTION                                       "The index that uniquely identifies a
     "The unique index for this                      particular entry among all data entries
      rm2Control entry."                             associated with the same rm2ControlEntry."
   ::={rm2ControlEntry 1}                          ::= {rm2DataEntry 1}
rm2ControlParameter  OBJECT-TYPE                rm2DataValue  OBJECT-TYPE
```

SYNTAX　INTEGER

ACCESS　read-write

STATUS　mandatory

DESCRIPTION

　　"The value of this object characterizes

　　data table rows associated with this entry."

::={rm2ControlEntry 2}

rm2ControlOwner　OBJECT-TYPE

SYNTAX　OwnerString

ACCESS　read-write

STATUS　mandatory

DESCRIPTION

　　"The entry that configured this entry."

::={rm2ControlEntry 3}

rm2ControlStatus　OBJECT-TYPE

SYNTAX　RowStatus

ACCESS　read-write

STATUS　mandatory

DESCRIPTION

　　"The status of this rm2Control entry"

::={rm2ControlEntry 4}

SYNTAX　Counter

ACCESS　read-only

STATUS　mandatory

DESCRIPTION

　　"The value reported by this entry."

::={rm2DataEntry 2}

　　RMON2 采用了这种新的表结构，经常使用外部对象索引数据表，以便把数据表与对应的控制表结合起来。例 10.2 给出了这样的例子。这个例子与例 10.1 的 rm1 表是类似的，只不过改写成了 RMON2 的风格。在例 10.1 的 rm1 表中，数据表有两个索引对象。第一个索引对象 rm1DataControlIndex 只是重复了控制表的索引对象。在例 10.2 的数据表中，这个索引对象没有了，只剩下了唯一的索引对象 rm2DataIndex。但是在数据表的概念行定义中说明了两个索引 rm2ControlIndex 和 rm2DataIndex，同时在 rm2DataIndex 的描述子句中说明了索引的结构。

　　假设我们要检索第二控制行定义的第 89 个数据值，则可以给出对象实例标识 rm2DataValue.2.89。显然这样定义的数据表比 RMON1 的表少一个作为索引的列对象。另外 RMON2 的状态对象的类型为 RowStatus，而不是 EntryStatus。这是 SNMN2 的一个文本约定。

2. 时间过滤器索引

　　网络管理应用需要周期地轮询监视器，以便得到被管理对象的最新状态信息。为了提高效率，我们希望监视器每次只返回那些自上次查询以来改变了的值。SNMP1 和 SNMPv2 中都没有直接解决这个问题的方法。然而 RMON2 的设计考却给出了一种新颖的方法，在 MIB 的定义中实现了这个功能。这就是用时间过滤器进行索引。

　　RMON2 引入了一个新的文本约定：

TimeFilter::=TEXTUAL-CONVENTION

　　　STATUS　CURRENT

DESCRIPTION
"……"
SYNTAX TimeTicks

类型为 TimeFilter 的对象专门用于表索引，其类型也就是 TimeTicks。这个索引的用途是使得管理站可以从监视器取得自从某个时间以来改变过的变量，这里的时间由类型为 TimeFilter 的对象表示。为了说明时间过滤器的工作原理，先看表 fooTable 示例，如图 10-29 所示。

```
fooTable   OBJECT-TYPE
  SYNTAX   SEQUENCE OF FooEntry
  ACCESS   not-accessible
  STATUS   current
  DESCRIPTION
    "a control table."
  ::={ex 1}
fooEntry   OBJECT-TYPE
  SYNTAX   FooEntry
  ACCESS   not-accessible
  STATUS   current
  DESCRIPTION
    "One row in fooTable."
  INDEX   {fooTimeMark, fooIndex}
  ::={fooTable 1}
FooEntry::= SEQUENCE{
  fooTimeMark   TimeFilter
  fooIndex      INTEGER
  fooCounts     Counter32}

fooTimeMark   OBJECT-TYPE
  SYNTAX   TimeFilter
  ACCESS   read-only
  STATUS   current
  DESCRIPTION
    "A TimeFilter for this entry"
  ::={fooEntry 1}
fooIndex   OBJECT-TYPE
  SYNTAX   INTEGER
  ACCESS   read-only
  STATUS   current
  DESCRIPTION
    "Basic row index for this entry."
  ::={fooEntry 2}
fooCounts   OBJECT-TYPE
  SYNTAX   Counter32
  ACCESS   read-only
  STATUS   mandatory
  DESCRIPTION
    "Current count for this entry."
  ::={fooEntry 3}
```

图 10-29 时间过滤器的实例

这个表 fooTable 有 3 个列对象：fooTimeMark 是时间过滤器（TimeFilter 类型），fooIndex 是表的索引，fooCounts 是一个计数器。假设表索引仅取值 1 和 2，因而该表有两个基本行。图 10-30 给出了这个表的一个实现，分 6 个不同时刻表示出表的当前值。可以看出，监视器对每个基本行打上了该行计数器值改变时的时间戳。开始时间戳为 0，两个计数器的值都是 0。后来在 500s、900s 和 2300s 时计数器 1 的值改变，在 1100s 和 1400s 计数器 2 的值改变。如果管理站检索这个表，则发出下面的请求：

    GetRequest(fooCounts.fooTimeMark 的值.fooIndex 的值)
  if（timestamp-for-this-fooIndex≥fooTimeMark-value-in-Request）
    在应答 PDU 中返回这个实例
  else 跳过这个实例

timestamp	fooIndex	fooCounts
0	1	0
0	2	0

(a)Time=0

timestamp	fooIndex	fooCounts
500	1	1
0	2	0

(b)Time=500

timestamp	fooIndex	fooCounts
900	1	2
0	2	0

(c)Time=900

timestamp	fooIndex	fooCounts
900	1	2
1100	2	1

(d)Time=1100

timestamp	fooIndex	fooCounts
900	1	2
1400	2	2

(e)Time=1400

timestamp	fooIndex	fooCounts
2300	1	3
1400	2	2

(f)Time=2300

图 10-30　时间过滤器索引的表

下面举例说明检索过程。假设管理站每 15s 轮询 1 次监视器，nms 表示时间，分辨率为 1%s，于是有下列应答步骤：

（1）在 nms=1000 时，监视器开始工作，管理站第 1 次查询，

　　　GetRequest(sysUpTime.0，fooCounts.0.1，fooCounts.0.2)

监视器在本地时间 600 时收到查询请求，计数器 1 在 500 时已变为 1，所以应答为

　　　Response(sysUpTime.0=600，fooCounts.0.1=1，fooCounts.0.2=0)

（2）在 nms=2500 时（15s 以后），监视器第 2 次查询，欲得到自 600 以后改变的值，

　　　GetRequest(sysUpTime.0，fooCounts.600.1，fooCounts.600.2)

监视器在本地时间 2100 时收到查询请求，计数器 1 在 900 时已变为 2，计数器 2 在 1100 时变为 1，后又在 1400 时变为 2，所以应答为

　　　Response(sysUpTime.0=2100，fooCounts.600.1=2，fooCounts.600.2=2)

（3）在 nms=4000 时（15s 以后），监视器第 3 次查询，欲得到自 2100 以后改变的值，

　　　GetRequest(sysUpTime.0，fooCounts.2100.1，fooCounts.2100.2)

监视器在本地时间 3600 时收到查询请求，计数器 1 的值已变为 3，计数器 2 无变化，所以应答为

　　　Response(sysUpTime.0=3600，fooCounts.2100.1=3)

（4）在 nms=5500 时（15s 以后），监视器第 4 次查询，

　　　GetRequest(sysUpTime.0，fooCounts.3600.1，fooCounts.3600.2)

监视器在本地时间 5500 时收到查询请求，两个计数器均无变化，不返回新值

　　　Response(sysUpTime.0=5500)

可以看出，使用 TimeFilter 可以使管理站有效地过滤出最近变化的值。

10.4 RMON 在网络管理中的应用

通常网络预算的 67%都花费在日常的操作活动上。这意味着网络管理员的时间有 3/4 是放在对网络进行日常操作上面，根本没有时间去进行主动管理。RMON 自主性操作和分布式管理体系则有效地解决了这一矛盾。根据实践得出的结论：RMON 可以将一个网络管理小组的效率提高两倍以上，使网络管理小组在不增加人员的情况下所支持的用户数量和网络规模翻一番。

下面通过几个具体解决方案来说明 RMON 在网络管理中的应用，重点讲解嵌入式 RMON 和分布式 RMON 的特点，以及在 LAN 的交换环境中如何实施 RMON 方案。

10.4.1 嵌入式 RMON

依靠 RMON 主动地管理一个网络的要求是：所有的网段同时都得受到监控。依据网络的大小，在所有局域网网段使用 RMON 探测器的成本十分巨大。为此，众多厂商提出了嵌入式 RMON 的解决方案，将 RMON 嵌入到网络设施（如集线器）之中，它的效率更高、更经济。

例如，通过其代理软件，将 RMON 代理直接植入集线器管理模块中来自动监控流经集线器的网络会话，不用将单独的设备接入到连通的网段上。例如 3Com 公司的 SmartAgent 软件支持嵌入式 RMON，通过将 RMON 直接集成到共享介质集线器中，可以一次监控所有连通的局域网网段。随着网络不断地扩大，追加的集线器使网络分段更细，该嵌入式 RMON 解决方案也能相应地扩展，极大地增强了 RMON 管理的容量。

在某个共享介质中，一个站点出现故障可以影响到驻留在局域网中其他站点的运行。

当某个阈值被超过时，RMON 可以快速地确认出故障之所在，并向管理控制台报警。3Com 公司的 SmartAgent 软件增强了 RMON 的功能，从而能自动地对网络进行自我修复。使用 transcend 网管应用程序，网管员可以设置针对 SmartAgent MIB 数据的报警阈值，以及制订出一旦出现故障后要采取的相应措施。例如，通常采用关闭故障端目的方法自动解决设备方面出现的局部问题。通过 SmartAgent 自动校准功能，一个网管员可以依照最近的使用情况自动重新设置所有集线器端口。

对于高密度集线器，采用嵌入式 RMON 方案使得主动管理网络变得可行，从而减少了网络管理员的工作负荷，使他们拥有更多的时间来处理其他更重要的事情，如网络规划和安装。

通常，RMON 探测器使用的是高性能处理器，它要占用相当大的内存来以线速收集统计数据，存储累积的数据和处理主机表及对话矩阵表。对网络通信进行监控以便捕获报警信号，以及在捕获和存储前对数据包进行过滤都需要代理处理器具有更高的性能，芯片的成本变得很高，当然 RMON 解决方案的价格也就很昂贵。专用集成电路 ASIC（Application Specific Integrated Circuit）是目前一个很好的解决方案。通过 ASIC 将 RMON 的监控功能直接植入到网络的基础设施之中。ASIC 的主要功能是提高整个集线器的性能，使用 ASIC 技术的另一个好处是在不增加额外成本的情况下，就能在硬件上集成其他的先进功能。此外，基于 ASIC 的 RMON 方案可以通过 flash EPROM 软件得到升级来支持更为先进的管理功能。

10.4.2 分布式 RMON

新的交换式网络已使网络管理员能有效地将工作组、数据中心及桌面的性能最大限度地提高。但存在的问题是，这种新方法使得网络监控和管理与共享式网络相比变得更困难、更复杂。在交换式的环境中，特别是当平均每端口的价格继续下降时出现的交换式桌面环境，对远程监控数据的全面采集更加复杂，这是因为局域网网段的数量大幅度增加，必然导致网络管理工作量的提高。随着网段数量的增加及网络中各种系统的多样性，优化性能价格比的最佳途径是在网络的不同地方提供不同层次的 RMON，以此将监控和管理工作分开。

网络管理员正在寻求对其交换式网络的全面监控方法，为满足这种需求，3Com 公司开发了分布式 RMON 或叫 dRMON。dRMON 为用户采集整个网络的 RMON 数据提供了功能强大的解决方案。它建立在工业标准的基础上，以较好的性能价格比实现了在整个企业网内对交换式和共享式环境下的所有网段和设备进行实时监控。分布式 RMON 监控数据包活动，将来自多个远程局域网段的状态和运行状况统计数据综合在一起，如图 10-31 所示。这样，网络管理员就可以直接查看拓扑结构变化对全网的影响。

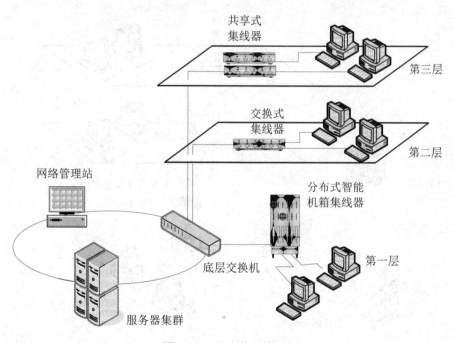

图 10-31 分布式环境 RMON

跨越工作组的分布式 RMON 利用了 RMON 的经济性的特点，原因是它吸取了嵌入式 RMON 的节约成本的特点。当机箱式集线器对多个局域网进行监控时，它向网络管理控制台提供单一的报告，从而简化了数据收集和监控过程。

共享介质集线器的嵌入式 RMON 监控 LAN 网段之间的对话，与此同时智能机箱式集线器的分布式 RMON 同时从多个网段收集 RMON 数据。

10.4.3　交换环境中的 RMON

在主干网中，物理层监控变得不太重要，原因是局部出现的故障被交换机端口隔离开来，无法扩散到主干网交换机中，那么，RMON 如何才能在交换式主干网环境中发挥功效？

一种方案是向主干网交换端口增加单独的 RMON 探测器来全面地了解网络运行状况。主干网交换机中的 RMON 探测器可以提供有关数据流、网络的总利用率和趋势分析等有用的信息。然而，这种解决方案成本很高。还有一种方案是在交换系列模块上提供一个巡回分析端口（RAP），从而均摊了在交换式环境中部署 RMON 探测器的成本。RAP 允许 RMON 探测器接收由交换机任意端口产生的通信镜像信号。由于代理软件具有发生故障立即采取相应措施的机制，当故障发生时，RAP 可以将其注意力转移到出故障的端口。RAP 还能对所有的交换机端口不断地抽样，从而可以快速地了解整个网络的运行状况，这对设备级端口监测也是一种补充。将分布在楼层中的工作组交换机中的嵌入式 RMON 与交换机的巡回分析功能结合在一起就构成一个交换环境中的 RMON 解决方案，对各交换式局域网中的所有 RMON 组给予支持，如图 10-32 所示。

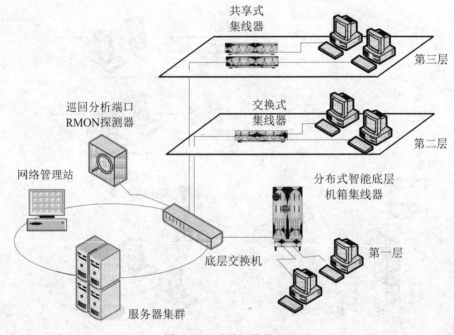

图 10-32　交换环境的 RMON

带有交换式主干网的网络可以依靠工作组的分布式 RMON，并利用巡回分析功能，就可获得一个有关通信趋势的系统的视图。在交换式环境实施 RAP 还有另外一个好处，网管员可以将专用的探测器（network general sniffer）连接到 RAP，查看的内容多于 RMON 提供的物理视图。这些探测器可以对主干网通信进行译码，从而提供有关流经主干网的通信的额外信息，例如某种应用的使用情况。RMON 可以显示一个网段的 IPX 通信量上涨了 20%，还可以识别这些通信量涉及哪些工作站。另外，带一个连接探测器的 RAP 还可以对数据包进行解码来识别哪种应用会造成通信量的增加。

习 题

1. 简述 RMON 的概念，RMON 的目的是什么？RMON 是如何工作的？
2. 什么是监视器？如何对监视器表中的记录进行操作？
3. 在多管理者共享 RMON 代理时，如何解决资源不够的问题？
4. 如何在 RMON 表中添加记录？
5. RMON1 和 RMON2 的区别和联系是什么？
6. 简述 RMON1 各个组的结构和功能。
7. RMON2 新增了哪些功能？它们的作用是什么？
8. 试根据矩阵组定义的管理对象设计一个显示网络会话的工具。
9. 试写出产生下降警报的规则。
10. 试描述警报组、过滤组、事件组和包捕获组的关系。
11. 分别叙述嵌入式 RMON、分布式 RMON 和交换式环境中的 RMON 各有什么特点。

第11章 Cisco 网络认证工程师

本章主要介绍了与 Cisco 网络认证工程师（CCNA）相关的互连网络的模型，Cisco 路由器、交换机和集线器的特点，Cisco IOS 软件的初步知识，管理广域网，配置 ISDN，使用访问表进行基本的通信量管理，默认的局域网连网，配置 VLAN、NAT 等内容。

11.1 网络互连模型

网络互连中有两个标准可以考虑：合法的和事实的。合法表示用权力或法律建立，事实意味着用实际的事实建立。TCP/IP 模型虽然没有得到官方或法律上的承认，但创建了一个事实标准。开放系统互连（Open System Interconnection，OSI）参考模型则是一个合法的标准。

11.1.1 OSI 模型

国际标准化组织（ISO）创建了 OSI 模型，并在 1984 年发布，主要目的是为解决异种网络互连时所遇到的兼容性问题。它的最大优点是将服务、接口和协议这三个概念明确地区分开来：服务说明某一层为上一层提供一些什么功能，接口说明上一层如何使用下层的服务，而协议涉及如何实现本层的服务；这样各层之间具有很强的独立性，互连网络中各实体采用什么样的协议是没有限制的，只要向上提供相同的服务并且不改变相邻层的接口就可以了。

OSI 参考模型分为 7 层，高 3 层定义了端用户如何进行互相通信；底部 4 层定义了数据是如何端到端的传输最高 3 层，也称为上层（upper layer），它们不关心网络的具体情况，这些工作是由下 4 层来完成的，OSI7 层参考模型结构如图 11-1 所示。

图 11-1　OSI 参考模型

OSI 参考模型的 7 层和各层的功能：

（1）物理层（Physical layer）：物理层是最低层，物理层的功能有两个，发送和接收位流。

（2）数据链路层（Data Link layer）：数据链路层提供数据的物理传输，并处理出错通知、网络拓扑和流量控制。

（3）网络层（Network layer）：网络层负责设备的寻址，跟踪网络中设备的位置，并决定传送数据的最佳路径，这意味着网络层必须在位于不同地区的互连设备之间传输数据流。

（4）传输层（Transport layer）：传输层将数据分段并重组为数据流。

（5）会话层（Session layer）：会话层负责建立、管理和终止表示层实体之间的会话连接。

（6）表示层（Presentation layer）：表示层因它的用途而得名：它为应用层提供数据，并负责数据转换和代码的格式化。

（7）应用层（Application layer）：OSI 模型的应用层是用户与计算机进行实际通信的地方。

11.1.2　TCP/IP 模型

TCP/IP 基于四层参考模型如图 11-2 所示。

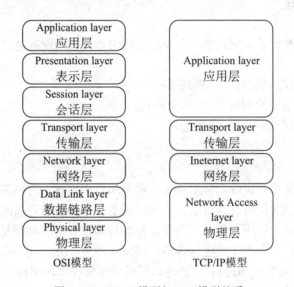

图 11-2　TCP/IP 模型与 OSI 模型关系

在 TCP/IP 参考模型中，图 11-2 去掉了 OSI 参考模型中的会话层和表示层（这两层的功能被合并到应用层实现）。同时将 OSI 参考模型中的数据链路层和物理层合并为主机到网络层。

1．网络访问层

实际上 TCP/IP 参考模型没有真正描述这一层的实现，只是要求能够提供给其上层-网络互连层一个访问接口，以便在其上传递 IP 分组。由于这一层次未被定义，所以其具体的实现方法将随着网络类型的不同而不同。

2．网络互连层

网络互连层是整个 TCP/IP 协议栈的核心。它的功能是把分组发往目标网络或主机。同时，为了尽快地发送分组，可能需要沿不同的路径同时进行分组传递。因此，分组到达的顺序和发送的顺序可能不同,这就需要上层必须对分组进行排序。网络互连层定义了分组格式和协议,即 IP 协议(Internet Protocol)。网络互连层除了需要完成路由的功能外,也可以完成将不同类型的网络(异构网)互连的任务。除此之外,网络互连层还需要完成拥塞控制的功能。

3. 传输层

在 TCP/IP 模型中,传输层的功能是使源端主机和目标端主机上的对等实体可以进行会话。在传输层定义了两种服务质量不同的协议。即:传输控制协议 TCP(transmission control protocol)和用户数据报协议 UDP(user datagram protocol)。

4. 应用层

TCP/IP 模型将 OSI 参考模型中的会话层和表示层的功能合并到应用层实现。应用层面向不同的网络应用引入了不同的应用层协议。其中,有基于 TCP 协议的,如文件传输协议(File Transfer Protocol,FTP)、虚拟终端协议(TELNET)、超文本链接协议(Hyper Text Transfer Protocol,HTTP),也有基于 UDP 协议,如 DNS TFTP。

11.2 网络设备

网络互连中的主要设备是集线器、交换机、路由器,这些设备运行在 OSI 模型的以下层中:
- OSI 模型第一层(物理层):集线器;
- OSI 模型第二层(数据链路层):交换机;
- OSI 模型第三层(网络层):路由器。

11.2.1 集线器

集线器是一种"傻瓜"设备,其本质是一种多端口中继器,它将来自网络设备的数据从一个集线器端口发送到其他所有端口上。当网络设备采用集线器连接时,连接在局域网上的设备能够收听到局域网上的所有会话。每个工作站检测报头、以判断是否应接收该报文。在局域网上,如果同时有多个工作站进行传输,将发生冲突,并且两个工作站都将在重新传输前运行后退算法(backoff algorithm)。这种运行模式被称作"冲突模式"(contention)。所有连接到集线器的设备被称作处于同一个"冲突域"(collision domain)中。

以下是集线器最为重要的特性:
- 放大信号。
- 在整个网络传播信号。
- 无需过滤。
- 无需路径判定或交换。
- 用作网络汇集点。

集线器通常用于 10Base-T 以太网或 100Base-T 网络。集线器为有线传输介质创建了一个中心连接点,它通过使单一电缆出故障而不中断整个网络来增强网络的可靠性。这些特性使得它与总线拓扑区别开来,因为总线拓扑一根电缆出故障就会中断整个网络。由于集线器仅仅是再生信号并复制到其他所有端口,所以它被认为是第一层的设备。

11.2.2 交换机

交换机是数据链路层的设备，它像网桥一样把多个物理上的 LAN 分段互连成单个更大的网络。与网桥相似，交换机也是基于 MAC 地址对通信帧进行转发和泛洪。由于交换是在硬件中执行的，所以交换机的交换速度要比网桥中用软件执行的交换快速得多。把每一个交换端口都当作一个微型网桥，则每一个交换端口就充当一个独立的网桥，从而为每一台主机提供介质的全部带宽。这种方法就叫做微分段。

微分段允许创建私有的或专用的分段，一台主机一个分段。每一台主机都可以立即获得全部带宽，而不必跟其他主机竞争可用的带宽。在全双工交换机中，由于只有一台设备连到一个交换机的端口，所以不会发生冲突。

跟网桥一样，交换机也是把广播消息转发到交换机上的所有分段。因此，交换机环境中的所有分段被认为是处于同一广播域。

交换机通常替代共享式集线器而与现存的线缆基础设施一起工作，以保证交换机安装后现存网络的中断达到最小。像网桥一样，交换机也连接 LAN 的分段。它利用一张 MAC 地址表来决定帧需要转发到哪个分段，从而减少通信量。但交换机的处理速度比网桥要高得多。

一些交换机，如高端和企业级的交换机，执行多层的功能，这意味着除了提供第 2 层功能以外，交换机也执行某些第 3 层功能。

11.2.3 路由器

路由器（Router）是一类网络互连设备，它基于第 3 层地址在网络间传递数据分组。路由器能作出决定为网络上的数据分组选择最佳传递路径，因为路由器根据网络地址转发数据。换句话说，与交换机或网桥不同，路由器知道应向哪里发送数据。

路由器工作在第 3 层，这使得它能基于网络地址而不是单独的第 2 层 MAC 地址作出决策。它也能连接不同的第 2 层技术，如以太网、令牌环网和光纤分布数据接口（FDDI）。它通常也连接异步传输模式（ATM）和串行线路。然而，由于基于第 3 层信息对分组进行路由的能力，路由器已经成为 Internet 的主要部分，它上面运行 IP 协议。

路由器的目的是检查每一个进来的分组（第 3 层数据），为它们选择穿过网络的最佳路径，然后将它们交换到适当的出口。在大型网络中，路由器是最重要的通信调节设备。实际上，路由器可以使任何种类的计算机与世界上任何地方的其他计算机进行通信。

11.2.4 基本组件及其作用

路由器和交换机基本组件包括处理器、接口和存储器。

1. 处理器

处理器即 CPU，如同在计算机中的重要性一样，CPU 也是路由器和交换机的核心部件。Cisco 路由器和交换机的处理器随着路由器型号的不同而各异，总的来说，越是高端的路由器，其处理器的处理能力越高。

2. 接口

接口（Interface）是一个重要组件。在 Cisco 路由器和交换机上，有着丰富的接口类型，如以太网、快速以太网、千兆以太网、串行、异步/同步、ATM、ISDN 等接口。这些接口在网络的互联中起着重要的作用。

对于不同的路由器系列，接口的编号通常有下述三种。

固定配置或最低端的设备，其接口的编号是用单个数字，例如 Cisco 2500 路由器上的接口编号可以是：ethernet O(以太网接口 O)，serial 1(串行接口 1)，bri 0(ISDNBRI 接口 0) 等。

中、低端的模块化路由器，其接口的编号为两个数字，中间用"／"隔开，斜杠前面是模块号，后面是模块上的接口编号。例如 Cisco 2600 路由器上的接口编号可以是：ethernet 0/1，serial 1/1，bri 0/1 等。

高端的模块化路由器，其接口的编号除两个数字的情况外，有时为 3 个数字，中间用"／"隔开，第 1 个数字是模块号，第 2 个数字是该模块上的子卡号，第 3 个数字是该子卡上的接口编号。例如 Cisco 7500 路由器上的接口编号可以是：fastethernet 0/0/1，vg-anylan 1/0/2 等。

3. 存储器

路由器中有 4 种主要的存储器，它们是 ROM、RAM、Flash 和 NVRAM。

ROM 是只读存储器，其中存储了一个基本的 IOS 软件，具有有限功能和性能，用于在加电时引导路由器启动。

RAM 是随机存取存储器，它是 IOS 软件活动的场所，作为工作存储器与处理器配合完成各种处理，运行配置（Running-config）存放在 RAM 里。RAM 中的所有内容，包括运行配置在路由器断电后都被清除。

Flash 亦称 Flash Memory，像我们用的 Flash 卡一样，可以存放文件，并且在断电后仍可以保存。在路由器中，flash 主要用于存储 IOS 映像文件。

NVRAM 是非易失随机存储器，用于存储启动配置（Startup-config）。

11.3 Cisco IOS 软件

思科网络操作系统（Cisco Internetwork Operating System）简称 Cisco IOS，它是内置在几乎所有 Cisco 路由器和交换机上的软件体系结构。路由器和交换机只有加载了 Cisco IOS 软件后才能工作。Cisco IOS 软件提供了下列的网络服务：

（1）基本的路由选择和交换功能。
（2）对联网资源可靠和安全的访问。
（3）网络的可扩展性。

11.3.1 软件基本特点

Cisco IOS 软件提供了一个基础，可以满足复杂的商业服务环境所遇到的各种网络需求。现在的商业十分依赖于从它们的网络基础结构中产生收益。Cisco IOS 软件拥有建立在国际化标准上的最广泛集合的网络特性，这些特性使 Cisco 产品与整个企业网络环境中各种不同的介质和设备协同工作。不过，最重要的是，Cisco IOS 软件使得公司可以无缝地在各种计算和网络系统之间，应付必须完成的紧急任务。

1. 可扩展性

每个公司的网络结构都应该具有一定的弹性，以满足所有的网络互联要求。Cisco IOS 软件采用了一些专有技术，但同时也采用可扩展的路由协议，坚持遵守国际标准以避免产生拥塞。这些路由协议允许采用 Cisco IOS 的网络以克服网络协议的限制及协议结构所具有的固有缺陷。此外，它具有提高带宽和资源的使用效率的特性，这包括 IOS 软件对细节报文的过滤功能，这样通过定时器和帮助者地址，可以减少冗余的协议通信以及网络的广播通信。所有这些及其他的一些特性都是以减少网络通信开销为目标的，因此它可以维持一个有效的网络结构。

2. 自适应性

公司网络的损坏是经常发生的。然而，由于基于策略的 IOS 软件路由特性具有的可靠性和自适应性，这些损坏并不经常影响到商业信息的传送。采用路由协议，每个 Cisco 路由器都可以动态地为传送的报文选取最佳路由，以避过损坏的部分。因此，网络信息可以可靠地传送。另外，Cisco 路由器还可以根据报文和服务的优先权，来对由于损坏或某些高带宽的占用所造成的带宽限制进行调整。IOS 软件的负载平衡把通讯分散到各种网络连接，从而保证了带宽并维持了网络的性能。

虚拟局域网（LAN）的概念已经为许多公司网络所实现。Cisco 路由器有能力参与这些采用模拟 LAN 的功能，并且对物理 LAN 进行扩展的虚拟 LAN 及 ATM 局域网仿真（LAN Emulation，LANE）服务。但是，这还只是被 IOS 软件所采用的众多新技术中的两个。由于 IOS 软件融入了这些新技术，因此现有网络可以不必增加新的硬件，就可以实现这些新的技术。

3. 访问支持

Cisco IOS 软件对访问的支持包括远程访问和协议转换服务，这些服务提供以下连接：
- 终端。
- 调制解调器。
- 计算机。
- 打印机。
- 工作站。

为了连接这些 LAN 和广域网（WAN）上的资源，存在着各种各样的网络配置。LAN 的终端服务支持以下连接：
- TCP/IP 支持对 IP 主机的 Telnet 和 rlogin 的连接。
- 对 IBM 主机的 TN3270 连接。
- 对 DEC 主机的 LAT 连接。

4. 管理

CiscoIOS 软件支持下列协议：
- 用于基于 IP 的网络管理系统的两种版本简单网络管理协议（SNMP）。
- 用于基于 OSI 的网络管理系统的公共管理接口协议（Common Management Interface Protocol,CMIP）/公共管理接口服务（Common Management Interface Service,CMIS）。
- 用于基于 SNA 的网络管理系统的 IBM 网络管理矢量传送。

这些管理协议是与 Cisco 路由器所支持的网络类型相关的，IOS 本身能够通过 IOS 命令接口，执行配置管理服务以及监视和诊断服务。

Cisco 公司有一套名为"Cisco Works"的网络管理工具。Cisco Work s 与 Cisco IOS 一起执行修改、配置、统计、性能和故障管理规则。

5. 安全性

Cisco IOS 软件支持许多种不同类型的安全能力，如过滤。过滤可以用于分割网络，并禁止对高度安全的服务网络的访问。

IOS 本身还有加密口令、认证、拨入访问、改变配置的请求许可以及提供统计信息和标识未授权访问的日志记录功能。

IOS 对路由器的访问支持标准的认证封装。这些封装有 RADIUS 和 TACACS＋两种，每种安全封装者要求唯一的用户标识以访问路由器。这些安全封装提供了对 IOS 命令接口功能的多级访问。

11.3.2 操作模式

和路由器交流的最普通的方法是通过 Cisco IOS 软件提供的命令行界面。每个 Cisco 路由器或交换机都具有一个控制台端口，它可以直接连接到 PC 或终端上，这样可以在键盘上输入命令和在终端屏幕上得到输出。术语"控制台"指这个键盘和屏幕，它们直接连接到路由器上。提供用户界面和解释输入的命令的 Cisco IOS 软件的那部分称为命令执行器，或 EXEC。Cisco IOS 有几种配置模式：

普通用户模式：开机直接进入普通用户模式，在该模式下我们只能查询路由器或交换机的一些基础信息，如版本号（show version）。

Router>

特权用户模式：在普通用户模式下输入 enable 命令即可进入特权用户模式，在该模式下我们可以查看路由器的配置信息和调试信息等等。

Router#

全局配置模式：在特权用户模式下输入 configure terminal 命令即可进入全局配置模式，在该模式下主要完成全局参数的配置。

Router(config)#

接口配置模式：在全局配置模式下输入 interface interface-list 即可进入接口配置模式，在该模式下主要完成接口参数的配置。

Router(config-if)#

11.3.3 基本操作

1. 常用命令

帮助　键入"？"，在 IOS 操作中，无论任何状态和位置，都可以得到系统的帮助。

进入特权命令状态　　enable
退出特权命令状态　　disable
进入设置对话状态　　setup
进入全局设置状态　　config terminal
退出全局设置状态　　end
进入端口设置状态　　interface type slot/number
进入子端口设置状态　　interface type number.subinterface[point-to-point | multipoint]
进入线路设置状态　　line type slot/number
进入路由设置状态　　router protocol
退出局部设置状态　　exit

2. 基本设置命令

全局设置　config terminal

设置访问用户及密码　username username password password
设置特权密码　enable secret password
设置路由器名　hostname name
设置静态路由　ip route destination subnet-mask next-hop
启动 IP 路由　ip routing
端口设置　interface type slot/number
设置 IP 地址　ip address address subnet-mask
激活端口　no shutdown
物理线路设置　line type number
启动登录进程　login [local|tacacs server]
设置登录密码　password password

3. 显示命令

查看版本及引导信息　show version
查看运行设置　show running-config
查看开机设置　show startup-config
显示端口信息　show interface type slot/number
显示路由信息　show ip route

4. 拷贝命令

用于 IOS 及 CONFIG 的备份和升级。
配置文件复制到 NVRAM 中去　copy running-config startup-config。
NVRAM 中的配置覆盖 DRAM 中的配置　copy startup-config running-config
NVRAM 中的配置复制到 tftp 服务器中进行备份　copy startup-config tftp
DRAM 中的配置复制到 tftp 服务器中进行备份　copy running-config tftp
tftp 中的配置文件复制到路由器的 DRAM 中　copy tftp running-config
tftp 中的配置文件复制到路由器 NVRAM 中　copy tftp startup-config
删除 NVRAM 中的所有配置，用命令 erase nvram
各命令用途如图 11-3 所示：

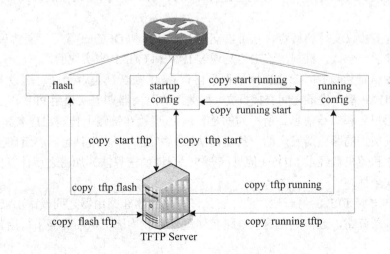

图 11-3　拷贝命令关系

5. 网络命令

登录远程主机　　telnet hostname|IP address

网络侦测　　ping hostname|IP address

路由跟踪　　traceroute hostname|IP address

11.4　广域网协议设置

广域网（WAN）连接不同的 LAN，为位于其他区域的计算机或者文件服务器提供 LAN 接入服务。WAN 主要连接类型如下：

租用线路（Leased lines）：租用线路典型指一个 point-to-point 连接或者专用连接。一个租用线路是一个从 CPE 通过一个 DCE 交换机到一个远程的 CPE 间的固定通信线路，租用线路允许不间断的并且不用进行安装步骤的数据传输。当不考虑花费时，租用线路是最好的选择。它使用同步串行线路，速度可以达到 45Mb/s。租用线路经常使用 HDLC 和 PPP 封装。

电路交换（Circuit switching）：这种连接类似电话呼叫。电路交换的最大优点是节省开支：只需要付使用时间的费用就可以了。在没有建立一个端到端的连接之前是不可以传输数据的。电路交换使用拨号 MODEM 或者 ISDN，通常用在低带宽数据传输中。

数据包交换（Packet switching）：这种 WAN 交换方法允许你和别人一起共用带宽以节省资金。数据包交换可以看作像租用线路一样的设计和像电路交换一样的花费。但是，如果经常需要传输数据，则不要考虑这种类型，应当使用租用线路。数据包交换只有在需要传输突发数据时才能好好工作。Frame Relay 和 X.25 都是数据包交换技术，速度可以从 56kb/s 到 T3（45Mb/s）。

11.4.1　PPP 设置

PPP(Point-to-Point Protocol)即点对点协议，是作为在点对点链路上进行 IP 通信的封装协议而被开发出来的。PPP 定义了 IP 地址的分配和管理、异步和面向比特的同步封装、网络协议复用、链路配置、链路质量测试、错误检测等标准，以及网络层地址协议和数据压缩协议等可选协议标准。PPP 通过可扩展的链路控制协议（LCP）和网络控制协议（NCP）来实现上述功能。

PPP 具有多协议支持的特点，它可以支持 IP、IPX 和 DECnet 等第三层协议。

PPP 提供了安全认证机制，这主要是通过 PAP 和 CHAP 来实现的。

PPP(口令认证协议)和 CHAP(挑战握手协议)被用来认证是否允许对端设备进行拨号连接。PPP 和 CHAP 都在设备之间交换报文，被拨入的路由器期望从使用 PPP 和 CHAP 的拨号发起方接收用户名和口令信息。所不同的是，PAP 直接在链路上传送用户名和口令；CHAP 通过挑战（被拨入的路由器发送的一条盘问信息）和应答来实现认证，在链路上传送的是由用户名、口令和随机数经过 MD5（信息摘要 5，一种加密算法）加密之后计算出来的值，提高了网络的安全性。

多链路 PPP 是 PPP 的另一项功能，它允许在路由器和路由器之间或路由器与拨号的 PC 机之间建立多条链路，通信量在这些链路之间进行负载均衡，从而提高了可用带宽和链路的可靠性。

1. 相关命令

设置 PPP 封装　encapsulation ppp

设置认证方法　ppp authentication {chap | chap pap | pap chap | pap} [if-needed] [list-name | default] [callin]

指定口令　username name password secret

设置 DCE 端线路速度　clockrate speed

2. 配置实例

路由器 RA 与路由器 RB 互连，具体参数与网络拓扑如图 11-4 所示。

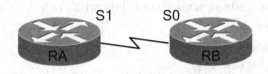

图 11-4　PPP 实例网络拓扑

（1）路由器 PPP 封装配置

在端口模式下：

RA(config-if) # encapsulation ppp　　//在路由器 A 的 S1 端口分别启动 PPP 协议。

RB(config-if) # encapsulation ppp　　//在路由器 B 的 S0 端口分别启动 PPP 协议。

（2）配置 PPP 认证使用的用户名和密码

RA(config) # username RB password cisco　　//为路由器 B 设置一个用户名和口令。

RB(config) # username RA password cisco　　//为路由器 A 设置一个用户名和口令。

（3）配置 PAP 认证

在路由器 A 的 S1、B 的 S0 端口上：

RA(config-if) #ppp authentication pap

RB(config-if) #ppp authentication pap

在 Cisco IOS 11.1 或更高的版本中，如果路由器发送(或响应)PAP 消息(或请求)，则必须在指定接口上使用 PAP 协议。

单向认证：比如 A 向 B 发出认证请求，那么只在 A 上配置即可，B 不用额外配置。

RA(config-if) #ppp pap sent - username B password cisco

双向认证：A 和 B 双方要互相认证,那么 A、B 都要配置。

RA(config-if) #ppp pap sent - username B password cisco

RB(config-if) #ppp pap sent - username A password cisco

（4）配置 CHAP 认证

在路由器 A 的 S1、B 的 S0 端口上：

RA(config-if) #ppp authentication chap

RB(config-if) #ppp authentication chap

11.4.2　ISDN 设置

综合业务数字网（Integrated Service Digital Network，ISDN）是电话网络数字化的结果，

由数字电话和数据传输服务两部分组成。可以在 ISDN 上传输声音、数据、视频等多种信息。ISDN 组件包括终端、终端适配器。网络终端设备、线路终端设备和交换终端设备等。

ISDN 提供两种类型的访问接口，即基本速率接口（Basic Rate Interface，BRI）和主要速率接口（Primary Rate Interface，PRI）。ISDN BRI 提供 2 个 B 信道和 1 个 D 信道(2B+D)。ISDN8M 的 B 信道为承载信道，其速率为 64kb/s，用于传输用户数据；D 信道的速率为 16kb/s，主要用于传输控制信息（信令）。因此通常情况下我们说 BRI 可提供 128kbit/s 的有效数据传输速率。ISDN PRI 提供了 30 个 B 信道和 1 个 D 信道（30B+D），其 B 信道和 D 信道的速率均为 64kbit/s，总速率为 2.048Mbit/s。

1. 相关命令

设置 ISDN 交换类型　　isdn switch-type switch-type1

接口设置　　interface bri 0

设置 PPP 封装　　encapsulation ppp

设置协议地址与电话号码的映射

dialer map protocol next-hop-address [name hostname] [broadcast] [dial-string]

启动 PPP 多连接　　ppp multilink

设置启动另一个 B 通道的阈值

dialer load-threshold load

显示 ISDN 有关信息

show isdn {active | history | memory | services | status [dsl | interface-type number] | timers}

2. 配置实例

路由器 RA 通过一个 ISDN Switch 与 RB 相连，具体参数及网络拓扑如图 11-5 所示。

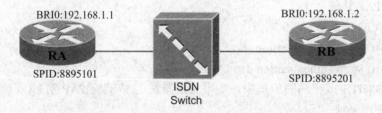

图 11-5　ISDN 实例网络拓扑

配置路由器 RA：

RA(config)#isdn switch-type basic-net3　　//配置交换机类型

RA(config)#int bri 0

RA(config-if)#ip add 192.168.1.1 255.255.255.0　　//在 BRI0 接口上配置 IP 地址

RA(config-if)#encapsulation ppp　　//路由器的 BRI0 接口封装 PPP 协议

RA(config-if)#dialer string 8895201　　//在 BRI0 接口上配置 SPID

RA(config-if)#dialer-group 1　　//当有 IP 包需要在拨号线路上传送时，引起拨号

RA(config-if)#exit

RA(config)#dialer-list 1 protocol ip permit

RA(config)#exit

配置路由器 RB：
RB(config)#isdn switch-type basic-net3
RB(config)#int bri 0
RB(config-if)#ip add 192.168.1.2 255.255.255.0
RB(config-if)#encapsulation ppp
RB(config-if)#dialer string 8895101
RB(config-if)#dialer-group 1
RB(config-if)#exit
RB(config)#dialer-list 1 protocol ip permit
RB(config)#exit

11.4.3　帧中继设置

帧中继是一种高性能的 WAN 协议，它运行在 OSI 参考模型的物理层和数据链路层。它是一种数据包交换技术，是 X.25 的简化版本。它省略了 X.25 的一些强健功能，如提供窗口技术和数据重发技术，而是依靠高层协议提供纠错功能，这是因为帧中继工作在更好的 WAN 设备上，这些设备较之 X.25 的 WAN 设备具有更可靠的连接服务和更高的可靠性，它严格地对应于 OSI 参考模型的最低二层，而 X.25 还提供第三层的服务，所以，帧中继比 X.25 具有更高的性能和更有效的传输效率。

帧中继技术提供面向连接的数据链路层的通信，在每对设备之间都存在一条定义好的通信链路，且该链路有一个链路识别码。这种服务通过帧中继虚电路实现，每个帧中继虚电路都以数据链路识别码（DLCI）标识自己。DLCI 的值一般由帧中继服务提供商指定。帧中继即支持 PVC 也支持 SVC。

帧中继本地管理接口（LMI）是对基本的帧中继标准的扩展。它是路由器和帧中继交换机之间信令标准，提供帧中继管理机制。它提供了许多管理复杂互联网络的特性，其中包括全局寻址、虚电路状态消息和多目发送等功能。

1. 相关命令

设置 Frame Relay 封装　　encapsulation frame-relay[ietf]

设置 Frame Relay LMI 类型　　frame-relay lmi-type {ansi | cisco | q933a}

设置子接口 interface interface-type interface-number.subinterface-number [multipoint|point-to-point]

映射协议地址与 DLCI　　frame-relay map protocol protocol-address dlci [broadcast]

设置 FR DLCI 编号　　frame-relay interface-dlci dlci [broadcast]

2. 配置实例

RB 为帧中继交换模式，RA 流出的数据包 DLCI 号为 102，RC 流出的 DLCI 号为 201，网络拓扑如图 11-6 所示。

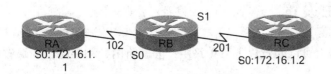

图 11-6　帧中继实例网络拓扑

配置路由器 RB：
RB(config)#frame-relay switching   //将路由器 RB 设置成帧中继交换机
RB(config)#int s0
RB(config-if)# no ip address
RB(config-if)#encapsulation frame-relay
RB(config-if)#clockrate 64000
RB(config-if)# frame-relay lmi-type cisco
RB(config-if)# frame-relay intf-type dce
RB(config-if)# frame-relay route 102 interface Serial 1 201
RB(config-if)#exit
RB(config)#int s1
RB(config-if)# no ip address
RB(config-if)#encapsulation frame-relay
RB(config-if)#clockrate 64000
RB(config-if)# frame-relay lmi-type cisco
RB(config-if)# frame-relay intf-type dce
RB(config-if)# frame-relay route 201 interface Serial 1 102
RB(config-if)#exit
配置路由器 RA：
RA(config)#int s0
RA(config-if)#ip address 172.16.1.1 255.255.255.0
RA(config-if)#encapsulation frame-relay
RA(config-if)#no shut
RA(config-if)#no frame-relay inverse-arp
RA(config-if)#frame map ip 172.16.1.2 102 cisco   //定义了 1 个帧中继到 IP 地址的映射
RA(config-if)#exit
配置路由器 RC：
RC(config)#int s0
RC(config-if)#ip address 172.16.1.2 255.255.255.0
RC(config-if)#encapsulation frame-relay
RC(config-if)#no shut
RC(config-if)#no frame-relay inverse-arp
RC(config-if)#frame map ip 172.16.1.1 201 cisco
RC(config-if)#exit

11.5　IP 路由设置

CISCO 路由器上可以配置以下三种路由：静态路由、动态路由和缺省路由。

11.5.1 静态路由

通过配置静态路由，用户可以人为地指定对某一网络访问时所要经过的路径，在网络结构比较简单，且一般到达某一网络所经过的路径唯一的情况下采用静态路由。

1. 相关命令

建立静态路由 ip route prefix mask {address | interface} [distance] [tag tag] [permanent]
Prefix：所要到达的目的网络；
Mask：子网掩码；
Address：下一个跳的 IP 地址，即相邻路由器的端口地址；
Interface：本地网络接口；
Distance：管理距离（可选）；
tag tag：tag 值（可选）；
permanent：指定此路由即使该端口关掉也不被移掉。

2. 配置实例

路由器 RB 分别与路由器 RA、RC 相连，具体参数及拓扑结构如图 11-7 所示。

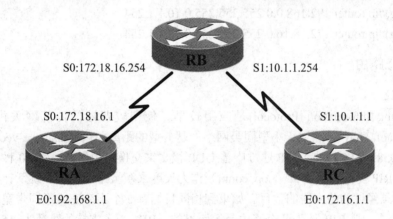

图 11-7 路由实例网络拓扑

目标：使所有网络都能够正常通信。
配置路由器 RA：
RA(config)#int s0
RA(config-if)#ip add 172.18.16.1 255.255.255.0
RA(config-if)#no shut
RA(config-if)#int e0
RA(config-if)#ip add 192.168.0.1 255.255.255.0
RA(config-if)#exit
RA(config)#ip router 10.1.1.0 255.255.255.0 172.18.16.25
RA(config)#ip router 172.16.1.0 255.255.255.0 172.18.16.25
配置路由器 RB：
RB(config)#int s0

RB(config-if)#ip add 172.18.16.254 255.255.255.0
RB (config-if)#clock rate 64000
RB(config-if)#no shut
RB(config-if)#int s1
RB(config-if)#ip add 10.1.1.254 255.255.255.0
RB(config-if)#exit
RB(config)#ip router 192.168.0.0 255.255.255.0 172.18.16.1
RB(config)#ip router 172.16.1.0 255.255.255.0 10.1.1.1
配置路由器 RC：
RC(config)#int s0
RC(config-if)#ip add 10.1.1.1 255.255.255.0
RC(config-if)#no shut
RC(config-if)#int e0
RC(config-if)#ip add 172.16.1.1 255.255.255.0
RC(config-if)#exit
RC(config)#ip router 192.168.0.0 255.255.255.0 10.1.1.254
RC(config)#ip router 172.18.16.0 255.255.255.0 10.1.1.254

11.5.2 动态路由

1. RIP 协议

RIP(Routing information Protocol)是应用较早、使用较普遍的内部网关协议(Interior Gateway Protocol，IGP)，适用于小型同类网络，是典型的距离向量（distance-vector）协议。文档见 RFC1058、RFC1723。RIP 通过广播 UDP 报文来交换路由信息，每 30 秒发送一次路由信息更新。RIP 提供跳跃计数（hop count）作为尺度来衡量路由距离，跳跃计数是一个包到达目标所必须经过的路由器的数目。如果到相同目标有 2 个不等速或不同带宽的路由器，但跳跃计数相同，则 RIP 认为两个路由是等距离的。RIP 最多支持的跳数为 15，即在源和目的网间所要经过的最多路由器的数目为 15，跳数 16 表示不可达。

（1）相关命令。
指定使用 RIP 协议   router rip
指定 RIP 版本   version {1|2}
指定与该路由器相连的网络   network network
（2）配置实例。
拓扑如图 11-7 所示。
配置路由器 RA：
RA(config)#int s0
RA(config-if)#ip add 172.18.16.1 255.255.255.0
RA(config-if)#no shut
RA(config-if)#int e0
RA(config-if)#ip add 192.168.0.1 255.255.255.0
RA(config-if)#exit

RA(config)#router rip
RA(config-router)#network 192.168.0.0
RA(config-router)#network 172.18.0.0
RA(config-router)#exit
配置路由器 RB：
RB(config)#int s0
RB(config-if)#ip add 172.18.16.254 255.255.255.0
RB (config-if)#clock rate 64000
RB(config-if)#no shut
RB(config-if)#int s1
RB(config-if)#ip add 10.1.1.254 255.255.255.255.0
RB(config-if)#exit
RB(config)#router rip
RB(config-router)#network 172.18.0.0
RB(config-router)#network 10.0.0.0
RB(config-router)#exit
配置路由器 RC：
RC(config)#int s0
RC(config-if)#ip add 10.1.1.1 255.255.255.0
RC(config-if)#no shut
RC(config-if)#int e0
RC(config-if)#ip add 172.16.1.1 255.255.255.0
RC(config-if)#exit
RC(config)#router rip
RC(config-router)#network 172.16.0.0
RC(config-router)#network 10.0.0.0
RC(config-router)#exit

2. EIGRP 协议

EIGRP(Enhance Interio Gateway Routing Protocol)是加强型的 IGRP，EIGRP 结合了距离向量（Distance Vector)和连接—状态（Link-State）的优点以加快收敛，所使用的方法是 DUAL（Diffusing Update Aigorithm），当路径更改时 DUAL 会传送变动的部分而不是整个路径表，而 Router 都有储存邻近的路径表，当路径变动时，Router 可以快速地反应，EIGRP 不会周期性地传送变动信息可以节省频宽的使用。

EIGRP 是最典型的平衡混合路由选择协议，它融合了距离矢量和链路状态两种路由选择协议的优点，使用散射更新算法（DUAL），实现了很高的路由性能。EIGRP 协议的特点如下：

- 运行 EIGRP 的路由器之间形成邻居关系，并交换路由信息。相邻路由器之间通过发送和接收 Hello 包来保持联系，维持邻居关系。Hello 包的发送间隔默认值为 5s 钟。
- 运行 EIGRP 的路由器存储所有与其相邻路由器的路由表信息，以便快速适应路由变化。

- 如果没有合适的路由存在，EIGRP 将查询其相邻的路由器，以便发现可以替换的路由。
- 采用不定期更新，即只在路由器改变计量标准或拓扑出现变化时发送部分更新信息。
- 支持可变长子网掩码 (VLSM)和不连续的子网，支持对自动路由汇总功能的设定。
- 支持多种网络层协议，除 IP 协议外，还支持 IPX、AppleTalk 等协议。
- 在运行 EIGRP 的路由器内部，有一个相邻路由器表、一个拓扑结构表和一个路由表。
- 使用 DUAL 算法，具有很好的路由收敛特性。
- 具有相同自治系统号的 EIGRP 和 IGRP 之间彼此交换路由信息。

（1）相关命令。

指定使用 RIP 协议 router eigrp autonomous-system　　//autonomous-system 可以随意建立，并非实际意义上的 autonomous-system，但运行 IGRP 的路由器要想交换路由更新信息其 autonomous-system 需相同。

指定与该路由器相连的网络 network network。

指定与该路由器相邻的节点 neighbor ip-address。

（2）配置实例。

具体参数及网络拓扑如图 11-7 所示。

配置路由器 RA：

RA(config)#int s0

RA(config-if)#ip add 172.18.16.1 255.255.255.0

RA(config-if)#no shut

RA(config-if)#int e0

RA(config-if)#ip add 192.168.0.1 255.255.255.0

RA(config-if)#exit

RA(config)#router eigrp 10

RA(config-router)#network 192.168.0.0

RA(config-router)#network 172.18.0.0

RA(config-router)#exit

配置路由器 RB：

RB(config)#int s0

RB(config-if)#ip add 172.18.16.254 255.255.255.0

RB(config-if)#no shut

RB(config-if)#int s1

RB(config-if)#ip add 10.1.1.254 255.255.255.0

RB(config-if)#exit

RB(config)#router eigrp 10

RB(config-router)#network 172.18.0.0

RB(config-router)#network 10.0.0.0

RB(config-router)#exit

配置路由器 RC：

RC(config)#int s0

RC(config-if)#ip add 10.1.1.1 255.255.255.0

RC(config-if)#no shut
RC(config-if)#int e0
RC(config-if)#ip add 172.16.1.1 255.255.255.0
RC(config-if)#exit
RC(config)#router eigrp 10
RC(config-router)#network 172.16.0.0
RC(config-router)#network 10.0.0.0
RC(config-router)#exit

3. OSPF 协议

OSPF(Open Shortest Path First)是一个内部网关协议(Interior Gateway Protocol，简称 IGP)，用于在单一自治系统(autonomous system,AS)内决策路由。与 RIP 相对，OSPF 是链路状态路由协议，而 RIP 是距离向量路由协议。链路是路由器接口的另一种说法，因此 OSPF 也称为接口状态路由协议。OSPF 通过路由器之间通告网络接口的状态来建立链路状态数据库，生成最短路径树，每个 OSPF 路由器使用这些最短路径构造路由表。

（1）相关命令。

指定使用 OSPF 协议 router ospf process-id　　// OSPF 路由进程 process-id 必须指定范围在 1~65535，多个 OSPF 进程可以在同一个路由器上配置，但最好不这样做。多个 OSPF 进程需要多个 OSPF 数据库的副本，必须运行多个最短路径算法的副本。process-id 只在路由器内部起作用，不同路由器的 process-id 可以不同。

指定与该路由器相连的网络 network address wildcard-mask area area-id　　// wildcard-mask 是子网掩码的反码，网络区域 ID area-id 在 0~4294967295 内的十进制数，也可以是带有 IP 地址格式的 x.x.x.x。当网络区域 ID 为 0 或 0.0.0.0 时为主干域。不同网络区域的路由器通过主干域学习路由信息。

指定与该路由器相邻的节点 neighbor ip-address 地址

（2）配置实例。

具体参数及网络拓扑如图 11-7 所示。

配置路由器 RA：

RA(config)#int s0
RA(config-if)#ip add 172.18.16.1 255.255.255.0
RA(config-if)#no shut
RA(config-if)#int e0
RA(config-if)#ip add 192.168.0.1 255.255.255.0
RA(config-if)#int loopback 0
RA(config-if)#ip add 1.1.1.1 255.255.255.255
RA(config-if)#exit
RA(config)#router ospf 10
RA(config-router)#router-id 1.1.1.1
RA(config-router)#network 192.168.0.0 0.0.0.255 area 0
RA(config-router)#network 172.18.0.0 0.0.0.255 area 0

RA(config-router)#exit
配置路由器 RB：
RB(config)#int s0
RB(config-if)#ip add 172.18.16.254 255.255.255.0
RB (config-if)#clock rate 64000
RB(config-if)#no shut
RB(config-if)#int s1
RB(config-if)#ip add 10.1.1.254 255.255.255.0
RA(config-if)#int loopback 0
RA(config-if)#ip add 2.2.2.2 255.255.255.255
RB(config-if)#exit
RB(config)#router ospf 10
RB(config-router)#router-id 2.2.2.2
RB(config-router)#network 172.18.0.0 0.0.0.255 area 0
RB(config-router)#network 10.0.0.0 0.0.0.255 area 0
RB(config-router)#exit
配置路由器 RC：
router>enable
router#conf t
router(config)#hostname RC
RC(config)#enable password cisco
RC(config)#int s0
RC(config-if)#ip add 10.1.1.1 255.255.255.0
RC(config-if)#no shut
RC(config-if)#int e0
RC(config-if)#ip add 172.16.1.1 255.255.255.0
RA(config-if)#int loopback 0
RA(config-if)#ip add 3.3.3.3 255.255.255.255
RC(config-if)#exit
RC(config)#router ospf 10
RA(config-router)#router-id 3.3.3.3
RC(config-router)#network 172.16.0.0 0.0.0.255 area 0
RC(config-router)#network 10.0.0.0 0.0.0.255 area 0
RC(config-router)#exit

11.5.3 默认路由

默认路由用来路由那些目的不匹配路由表中任何一条其他路由分组。事实上默认路由是使用以下格式的一条特殊的静态路由。

　　ip route 0.0.0.0　　0.0.0.0　　next-hop-address| outgoing interface　　//相邻路由器的相邻端口地址或本地出口物理端口号。

11.6 第二层交换设置

11.6.1 概述

VLAN 是英文 Virtual Local Area Network 的缩写,即虚拟局域网。VLAN 建立在局域网交换机的基础之上。VLAN 与普通局域网从原理上讲没有什么不同,但从用户使用和网络管理的角度来看,VLAN 与普通局域网最基本的差异体现在:VLAN 并不局限于某一网络或物理范围,VLAN 中的用户可以位于一个园区的任意位置,甚至位于不同的国家。

VLAN 具有以下优点:
- 控制网络的广播风暴:采用 VLAN 技术,可将某个交换端口划到某个 VLAN 中,而一个 VLAN 的广播风暴不会影响其他 VLAN 的性能。
- 确保网络安全:共享式局域网之所以很难保证网络的安全性,是因为只要用户插入一个活动端口,就能访问网络。而 VLAN 能限制个别用户的访问,控制广播组的大小和位置,甚至能锁定某台设备的 MAC 地址,因此 VLAN 能确保网络的安全性。
- 简化网络管理:网络管理员能借助于 VLAN 技术轻松管理整个网络。例如需要为完成某个项目建立一个工作组网络,其成员可能遍及全国或全世界,此时,网络管理员只需设置几条命令,就能在几分钟内建立该项目的 VLAN 网络,其成员使用 VLAN 网络,就像在本地使用局域网一样。

VLAN 的分类主要有以下几种:
- 基于端口的 VLAN:基于端口的 VLAN 是划分虚拟局域网最简单也是最有效的方法,这实际上是某些交换端口的集合,网络管理员只需要管理和配置交换端口,而不管交换端口连接什么设备。
- 基于 MAC 地址的 VLAN:由于只有网卡才分配有 MAC 地址,因此按 MAC 地址来划分 VLAN 实际上是将某些工作站和服务器划属于某个 VLAN。事实上,该 VLAN 是一些 MAC 地址的集合。当设备移动时,VLAN 能够自动识别。网络管理需要管理和配置设备的 MAC 地址,显然当网络规模很大,设备很多时,会给管理带来难度。
- 基于第 3 层的 VLAN:基于第 3 层的 VLAN 是采用在路由器中常用的方法:IP 子网和 IPX 网络号等。其中,局域网交换机允许一个子网扩展到多个局域网交换端口,甚至允许一个端口对应于多个子网。
- 基于策略的 VLAN:基于策略的 VLAN 是一种比较灵活有效的 VLAN 划分方法。该方法的核心是采用什么样的策略?目前,常用的策略有(与厂商设备的支持有关):按 MAC 地址,按 IP 地址,按以太网协议类型,按网络的应用等。

11.6.2 具体配置

两台交换机 SWA 与 SWB 均通过 F0/24 端口相连,网络拓扑结构如图 11-8 所示。

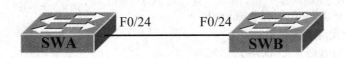

图 11-8 交换实例网络拓扑

1. VLAN VTP 设置

Switch#conf t

Switch(config)# vtp domain domain-name

Switch(config)# vtp domain domain-name password password-value

Switch(config)# vtp server

Switch# show vtp status

若想 Disable VTP，只需将 VTP 模式改为 transparent

即 Switch(config)# vtp transparent

2. 增加 VLAN

Catalyst 2900XL 系列交换机最大支持 64 个激活的 VLAN，VLAN ID 号从 1－1005。

Switch#conf t

Switch(conf t)# vlan vlan-id

Switch# show vlan

Switch(config)# no vlan vlan-id //删除 VLAN

3. 将端口加入 VLAN

Switch# configure terminal

Switch(config)# interface fa 0/24

Switch(config-if)# switchport mode access

Switch(config-if)# switchport access vlan vlan-id

Switch(config-if)# end

Switch# show interface interface-id switchport

4. 配置 trunk 端口

Switch# configure terminal

Switch(config)# interface fa 0/24

Switch(config-if)# switchport trunk encapsulation isl

Switch(config-if)# switchport mode trunk

Switch(config-if)# end

Switch# show interface interface switchport

5. 配置 trunk 上允许的 VLAN

Switch(config)# interface fa 0/24

Switch(config-if)# switchport mode trunk

Switch(config-if)# switchport trunk allowed vlan remove vlan-id-range

Switch(config-if)# switchport trunk allowed vlan add vlan-id-range

Switch(config-if)# end

Switch# show interface interface switchport allowed-vlan

若想取消 trunk 端口，只需

Switch(config-if)# no switchport mode

6. 使用 STP 实现负载分担

实现负载分担有以下两种方法：

（1）使用端口优先级。

SwitchA(config-if)# interface fa0/24
SwitchA(config-if)# spanning-tree vlan 8 9 10 port-priority 10
SwitchA(config)# interface fa0/23
Switch_1(config-if)# spanning-tree vlan 3 4 5 6 port-priority 10
（2）使用路径值。
SwitchA(config)# interface fa0/24
SwitchA(config-if)# spanning-tree vlan 2 3 4 cost 30
SwitchA(config)# interface fa0/23
SwitchA(config-if)# spanning-tree vlan 8 9 10 cost 30

7. 多层交换机 VLAN 间路由

Switch#conf t
Switch(config)#ip routing   //打开多层交换机的路由功能
Switch(config)#interface vlan 10   //进入 VLAN 10 虚拟接口
Switch(config-if)#ip add 10.0.0.1 255.255.255.0
//指定 VLAN 10 的虚拟接口 IP，用来进行 VLAN 间路由
Switch(config-if)#no shut
Switch(config)#interface vlan 20
Switch(config-if)#ip add 10.0.1.1 255.255.255.0
Switch(config-if)#no shut   //此时 VLAN 10 与 VLAN 20 之间可以通信了

11.7　访问控制列表设置

11.7.1　概述

访问控制列表（Access list）简称为 ACL，它使用包过滤技术，在路由器上读取第三层及第四层包头中的信息如源地址、目的地址、源端口、目的端口等，根据预先定义好的规则对包进行过滤，从而达到访问控制的目的。ACL 分很多种，不同场合应用不同种类的 ACL。

标准 ACL：标准 ACL 只对 IP 数据包的源 ip 地址进行检查，基于源 ip 地址来作出所有的决定。它允许（permit）或拒绝（deny）整个协议，而不能针对某些 IP 类型的数据流量如 WWW、telnet、UDP 等。表号范围 1~99 或 1300~1999。

扩展 ACL：扩展 ACL 能够检查 IP 数据包头里许多三层或者四层的其他字段的内容。它能够检查源 ip 地址和目标 ip 地址，网络层（三层）的协议字段，以及传输层（四层）的端口号码。这使得扩展访问列表能够对数据流控制作出更多的选择。表号范围 100~199 或 2000~2699。

命名 ACL：命名 ACL 可以是标准或者扩展访问列表，实际上并不是一种新类型访问列表。命名访问控制列表的优点是便于理解、配置和使用。

当在接口上应用访问控制列表时，用户要指明访问控制列表是应用于流入数据还是流出数据。

ACL 的应用非常广泛，它可以实现如下功能：
● 拒绝或允许流入（或流出）的数据流通过特定的接口；

- 为 DDR 应用定义感兴趣的数据流；
- 过滤路由更新的内容；
- 控制对虚拟终端的访问；
- 提供流量控制。

相关命令
定义 ACL   access-list
在接口下应用 ACL   ip access-group
在 VTY 下应用 ACL   access-class
定义命名的 ACL   ip access-list
定义时间范围   time-range time
定义自动执行命令   autocommand
查看所定义的 IP 访问控制列表：show ip access-list
将访问控制列表计数器清零   clear access-lists counters

11.7.2　配置实例

路由器 RB 分别与路由器 RA、RC 相连，具体参数与网络拓扑结构如图 11-9 所示。

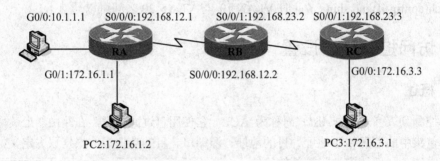

图 11-9　ACL 实例网络拓扑

1. 标准 ACL 配置

拒绝 PC2 所在网段访问路由器 RB，同时只允许主机 PC3 访问路由器 RB 的 Telnet 服务
RB(config)#access-list 1 deny 172.16.1.0 0.0.0.255   //定义 ACL
RB(config)#access-list 1 permit any
RB(config)#interface Serial0/0/0
RB(config-if)#ip access-group 1 in   //在接口下应用 ACL
RB(config)#access-list 2 permit 172.16.3.1
RB(config-if)#line vty 0 4
RB(config-line)#access-class 2 in   //在 vty 下应用 ACL

2. 扩展 ACL 配置

只允许 PC2 所在网段的主机访问路由器 RB 的 WWW 和 Telnet 服务，拒绝 PC3 所在网段 PING 路由器 RB。删除 1.标准 ACL 配置中定义的 ACL。

配置路由器 RA：

RA(config)#access-list 100 permit tcp 172.16.1.0 0.0.0.255 host 2.2.2.2 eq www

RA(config)#access-list 100 permit tcp 172.16.1.0 0.0.0.255 host 192.168.12.2 eq www

RA(config)#access-list 100 permit tcp 172.16.1.0 0.0.0.255 host 192.168.23.2 eq www

RA(config)#access-list 100 permit tcp 172.16.1.0 0.0.0.255 host 2.2.2.2 eq telnet

RA(config)#access-list 100 permit tcp 172.16.1.0 0.0.0.255 host 192.168.12.2 eq telnet

RA(config)#access-list 100 permit tcp 172.16.1.0 0.0.0.255 host 192.168.23.2 eq telnet

RA(config)#interface g0/0

RA(config-if)#ip access-group 100 in

配置路由器 RB：

RB(config)#no access-list 1   //删除 ACL

RB(config)#no access-list 2

RB(config)#ip http server   //将路由器配置成 WEB 服务器

RB(config)#line vty 0 4

RB(config-line)#password cisco

RB(config-line)#login

配置路由器 RC：

RC(config)#access-list 101 deny icmp 172.16.3.0 0.0.0.255 host 2.2.2.2 log

RC(config)#access-list 101 deny icmp 172.16.3.0 0.0.0.255 host 192.168.12.2 log

RC(config)#access-list 101 deny icmp 172.16.3.0 0.0.0.255 host 192.168.23.2 log

RC(config)#access-list 101 permit ip any any

RC(config)#interface g0/0

RC(config-if)#ip access-group 101 in

3. 命名 ACL 配置

用命名 ACL 来实现标准 ACL 配置中的要求。

RB(config)#ip access-list standard stand

RB(config-std-nacl)#deny 172.16.1.0 0.0.0.255

RB(config-std-nacl)#permit any

RB(config)#interface Serial0/0/0

RB(config-if)#ip access-group stand in

RB(config)#ip access-list standard class

RB(config-std-nacl)#permit 172.16.3.1

RB(config-if)#line vty 0 4

RB(config-line)#access-class class in

用命名 ACL 来实现扩展 ACL 配置中的要求。

RA(config)#ip access-list extended ext1

RA(config-ext-nacl)#permit tcp 172.16.1.0 0.0.0.255 host 2.2.2.2 eq www

RA(config-ext-nacl)#permit tcp 172.16.1.0 0.0.0.255 host 192.168.12.2 eq www

RA(config-ext-nacl)#permit tcp 172.16.1.0 0.0.0.255 host 192.168.23.2 eq www

RA(config-ext-nacl)#permit tcp 172.16.1.0 0.0.0.255 host 2.2.2.2 eq telnet

RA(config-ext-nacl)#permit tcp 172.16.1.0 0.0.0.255 host 192.168.12.2 eq telnet
RA(config-ext-nacl)#permit tcp 172.16.1.0 0.0.0.255 host 192.168.23.2 eq telnet
RA(config)#interface g0/0
RA(config-if)#ip access-group ext1 in
RC(config)#ip access-list extended ext3
RC(config-ext-nacl)#deny icmp 172.16.3.0 0.0.0.255 host 2.2.2.2 log
RC(config-ext-nacl)#deny icmp 172.16.3.0 0.0.0.255 host 192.168.12.2 log
RC(config-ext-nacl)#deny icmp 172.16.3.0 0.0.0.255 host 192.168.23.2 log
RC(config-ext-nacl)#permit ip any any
RC(config)#interface g0/0

11.7.3 配置原则

ACL 涉及的配置命令很灵活，功能也很强大，所以不能只通过一个小的例子就完全掌握全部 ACL 的配置。在 ACL 实际应用的设置中应遵循下列一些原则：

（1）只能够在每个接口每个协议每个方向分配一条访问列表，这意味着当你创建一个 IP 访问列表后，你只能在每个接口上应用一个进站访问列表或者一个出站访问列表。

（2）组织访问列表使更具体的规则处在访问列表的顶部。

（3）当添加一条新的规则到访问列表里的时候，新规则将会被放置到列表的底部，所以使用一个文档编辑器来编辑访问列表是一个好的建议。

（4）不能删除访问列表里的一条规则，如果这样做，会删除整个访问列表。最好的方法是把访问列表复制到一个文档编辑器并进行删除操作。

（5）除非你的访问列表有一条 permit any 规则，不然不符合访问列表所有规则的数据包都被丢弃。所以每个访问列表都至少要有一条 permit 规则否则所有的数据流都会被拒绝。创建了访问列表后需要应用到接口上才能起作用。

（6）访问列表被设计成过滤通过路由器的数据流，所以它们不能过滤路由器本身发出的数据流。

（7）尽量把 IP 标准访问列表放到离目标近的地方，如果你把标准访问列表放在靠自己近的地方，那么只根据源 IP 地址判断的标准访问列表会把本地所有的数据流都过滤掉的。

（8）尽量把 IP 扩展访问列表放到离源近的地方，因为扩展访问列表能够过滤所有指定的 IP 地址和协议，把扩展访问列表放到靠近源的地方可以防止数据流浪费你宝贵的带宽。

11.8 NAT 设置

11.8.1 概述

NAT 英文全称是 Network Address Translation，可译为网络地址转换或网络地址翻译。NAT 是一个 IETF 标准，允许一个机构以一个地址出现在 Internet 上。NAT 技术使得一个私有网络可以通过 Internet 注册 IP 连接到外部世界，位于 Inside 网络和 Outside 网络中的 NAT 路由器在发送数据包之前，负责把内部 IP 地址翻译成外部合法 IP 地址。NAT 将每个局域网节点的 IP 地址转换成一个合法 IP 地址，反之亦然。它也可以应用到防火墙技术里，把个别 IP 地址隐藏起来不被外界发现，对内部网络设备起到保护的作用，同时，它还帮助网络可以超越地址的限制，合理地安排网络中的公有 Internet 地址和私有 IP 地址的使用。

NAT 有三种类型：静态 NAT、动态 NAT 和端口地址转换（PAT）。

1. 静态 NAT

静态 NAT 中，内部网络中的每个主机都被永久映射成外部网络中的某个合法的地址。静态地址转换将内部本地地址与内部合法地址进行一对一的转换，且需要指定和哪个合法地址进行转换。如果内部网络有 E-mail 服务器或 FTP 服务器等可以为外部用户提供的服务，这些服务器的 IP 地址必须采用静态地址转换，以便外部用户可以使用这些服务。

2. 动态 NAT

动态 NAT 首先要定义合法地址池，然后采用动态分配的方法映射到内部网络。动态 NAT 是动态一对一的映射。

3. PAT

PAT 则是把内部地址映射到外部网络的 IP 地址的不同端口上，从而可以实现多对一的映射。PAT 对于节省 IP 地址是最为有效的。

下面对相关术语进行解释。

（1）内部局部（inside local）地址：在内部网络使用的地址，往往是 RFC1918 地址；

（2）内部全局（inside global）地址：用来代替一个或多个本地 IP 地址的、对外的、向 NIC 注册过的地址；

（3）外部局部（outside local）地址：一个外部主机相对于内部网络所用的 IP 地址。不一定是合法的地址；

（4）外部全局（outside global）地址：外部网络主机的合法 IP 地址。

相关命令

配置静态 NAT　　ip nat inside source static

配置 NAT 内部接口　　ip nat inside

配置 NAT 外部接口　　ip nat outside

配置动态 NAT 地址池　　ip nat pool

配置动态 NAT　　ip nat inside source list access-list-number pool name

配置 PAT　　ip nat inside source list access-list-number pool name overload

清除动态 NAT　　clear ip nat translation

查看 NAT　　show ip nat translation

查看 NAT 转换的统计信息 show ip nat statistics

动态查看 NAT 转换过程　　debug ip nat

11.8.2　配置实例

路由器 RA 与路由器 RB 相连，具体参数与网络拓扑结构如图 11-10 所示。

1. 静态 NAT 配置

针对图 11-10，配置路由器 RA 提供静态 NAT 服务配置如下：

RA(config)#ip nat inside source static 192.168.1.1 202.96.1.3　　//配置静态 NAT 映射

RA(config)#ip nat inside source static 192.168.1.2 202.96.1.4

RA(config)#interface g0/0

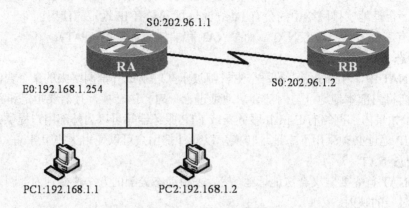

图 11-10　NAT 实例网络拓扑

RA(config-if)#ip nat inside　　//配置 NAT 内部接口
RA(config)#interface s0/0/0
RA(config-if)#ip nat outside　　　//配置 NAT 外部接口

2. 动态 NAT 配置

针对图 11-10，配置路由器 RA 提供动态 NAT 服务配置如下：
RA(config)#ip nat pool NAT 202.96.1.3 202.96.1.100 netmask 255.255.255.0
//配置动态 NAT 转换的地址池
RA(config)#ip nat inside source list 1 pool NAT　　　//配置动态 NAT 映射
RA(config)#access-list 1 permit 192.168.1.0 0.0.0.255
//允许动态 NAT 转换的内部地址范围
RA(config)#interface g0/0
RA(config-if)#ip nat inside
RA(config-if)#interface s0/0/0
RA(config-if)#ip nat outside

3. PAT 配置

针对图 11-10，配置路由器 RA 提供 PAT 服务配置如下：
RA(config)#ip nat pool NAT 202.96.1.3 202.96.1.100 netmask 255.255.255.0
RA(config)#ip nat inside source list 1 pool NAT overload //配置 PAT
RA(config)#access-list 1 permit 192.168.1.0 0.0.0.255
RA(config)#interface g0/0
RA(config-if)#ip nat inside
RA(config-if)#interface s0/0/0
RA(config-if)#ip nat outside

习　题

1. Cisco 路由器或交换机中 ROM、RAM、NVRAM 和闪存分别起什么作用？

2．登录路由器或交换机的三种方法是什么？

3．如果知道一条以 c 开头的 show 命令参数，但想不起来该参数是什么，使用哪条命令去找到命令帮助？

4．ISDN、BRI 和 PRI 分别代表什么？

5．在 frame-relay map 语句中必须包含什么关键信息？

6．某个路由器的配置中 router rip 命令后，只有一条 network 10.0.0.0 命令，而无其他 network 命令，其以太网口 0（Ethernet 0）的 IP 地址为 168.10.1.1，请问 RIP 可以从 Ethernet 0 端口发送更新信息吗？

7．哪个术语能够描述 OSPF 协议的工作原理？

8．如果两个 Cisco 局域网交换机通过高速以太网信道连接，可以使用哪种 VLAN 中继协议？如果只有一个 VLAN 跨越这两个交换机，是否需要 VLAN 中继协议？

9．一个接口上可以同时启用多少个 IP 访问控制列表？

10．定义缩写 NAT，并定义它的基本操作。

第12章 典型网络管理系统

网络管理系统提供了一组进行网络管理的工具，网络管理员对网络的管理水平在很大程度上依赖于这组工具的能力。网络管理软件可以位于主机中，也可以位于传输设备内（如交换机、路由器、防火墙等）。网络管理系统应具备 OSI 网络管理标准中定义的网络管理五大功能：配置管理、性能管理、故障管理、安全管理和计费管理，并提供图形化的用户界面。

针对网络管理的需求，许多厂商开发了自己的网络管理产品，并有一些产品形成了一定的规模，占有了大部分的市场。它们采用了标准的网络管理协议，提供了通用的解决方案，形成了一个网络管理系统平台，网络设备生产厂商在这些平台的基础上又提供了各种管理工具。下面我们将介绍一些具有较高性能和市场占有率的国内外网管系统。

12.1 CiscoWorks 2000

随着计算机网络的应用领域日益广泛，网络规模不断扩大，网络结构越来越复杂。为了保持和增加网络的可用性，减少故障的发生，必须依靠自动网络管理系统。当前在国际网络市场上，除了 HP Openview，Sun NetManager，IBM Netview 等大型网络管理平台外，还有一个十分活跃的适用于中小企业的网络管理软件 CiscoWorks 2000。CiscoWorks 2000 为 Cisco 的网络产品提供了统一的管理界面，将传统的路由器、交换机的管理功能与 Web 浏览技术相结合，提供了新一代的网络管理工具。

12.1.1 CiscoWorks 2000 简介

CiscoWorks 2000 产品现提供了一组用于企业网络管理的解决方案。这些解决方案重点针对网络管理中的关键领域，如广域网（WAN）的优化，基于交换机的局域网（LAN）管理，保护远程和本地虚拟专网的安全，以及提供了在任何时间、任何地点进行端对端网络管理的解决方案。CiscoWorks2000 解决方案共享重要的公共组件，允许独立部署其中的每一个组件。在表 12-1 中，列出了每一种解决方案共享重要的公共组件，允许独立部署其中的每一个组件。

表 12-1　　　　　　　　各种解决方案捆绑的软件包中的组件

组　件	LAN 管理	路由 WAN 管理	服务管理	VPN/安全管理
CiscoWorks 2000 服务器	*	*	*	*
访问控制列表管理器(ACL)		*		
局域网管理器(CM)	*			
内容流管理器	*			
Cisco View	*	*	*	*

续表

组　件	LAN 管理	路由 WAN 管理	服务管理	VPN/安全管理
设备故障管理器(DFM)	*			
互联网性能监视器(IPM)		*		
NGenius 实时监视器(RTM)	*	*		
资源管理器要件(RME)	*	*		*
服务级别管理器			*	

CiscoWorks 2000 使用 Internet 标准，每种解决方案既可独立安装，也可与现有的网络管理系统（NMS）共同安装，与流行 NMS 产品集成，而不必捆绑到专用的应用编程接口。

CiscoWorks 2000 通过系列的解决方案强化了网络管理，系统可以完全实现客户的多种网络管理需求，适应各种管理模式、业务发展、技术发展的需要。在安全性方面，稳定可靠，保障了传输安全控制和访问安全控制。网络管理采用网络中心管理模式，便于集中监控、集中管理。CiscoWorks 2000 的系列解决方案包括：LAN 管理解决方案（LMS）、路由 WAN 管理解决方案（RWAN）、服务管理解决方案（SMS）、VPN 安全管理解决方案（VMS）和 QoS 策略管理器解决方案。其中：局域网管理解决为局域网管理奠定了坚实的基础；路由 WAN 管理解决方案体现了广域网的需要；服务管理解决方案则为定义和管理服务级协议提供了一种集中管理方法；而虚拟专用网/安全性管理解决方案将 Web 应用集成起来，有助于安装和监控 VPN 及其安全设备；QoS 策略管理器解决方案根据应用通信流的相对重要性提供网络资源占用的保障方式。总之，CiscoWorks 2000 系列产品为管理 Cisco 的重要业务网络提供了具有领先水平的解决方案。

Cisco VPN/安全管理解决方案（VMS）提供了能够帮助布置 Cisco VPN 3000 系列集线器和 Cisco VPN 7100、7200 系列设备的关键功能。它能够监视 L2TP，PPTP 远程访问链路以及基于 IPSec 的站点到站点 VPN 链路。VMS 是一个基于 Web 的解决方案，可以提供关键 VPN 资源及其性能的"仪表板"式的视图、VPN 硬件及其配置报告、用于 IPSec 故障诊断的系统日志报告。这一解决方案还提供了 Cisco PIX 防火墙及 Cisco 入侵检测传感器的边界安全性功能所需要的关键特性数据。

VPN/安全管理解决方案包括以下应用：

（1）VPN 管理器：收集、存储和报告 L2TP，PPTP 的远程访问链路以及 IPSec 站点到站点 VPN 链路，这些链路是在 Cisco VPN 集线路 3000 系列或 Cisco 7100、7200 系列设备上的配置的。

（2）简化 Cisco 安全策略管理器：用于定义和加强 Cisco PIX 防火墙上的安全策略，当部署 Cisco 入侵检测传感器以后，可以对入侵事件进行报告和报警。

（3）Cisco View：资源管理器要件和 CiscoWorks 2000 管理服务器与前几种解决方案中相应组件的功能相同。

目前计算机网络管理中一个常见任务是，要求根据可预期的关键应用性能，以及对延迟敏感的关键语音和视频服务与突发数据传输服务相集成的需要，能够通过端对端的服务质量（Quality of Service，QoS）控制的策略工具，有差别地处理不同的网络通信流。Cisco QoS 策略管理器解决方案就是这样一个使网络管理员能够确保其关键商业应用的性能得以实现的策略工具。通过这个解决方案，管理员可灵活地布置新的应用，并随着业务的增长而对网络进行合理的扩张。作为 Cisco 端对端 QoS 和智能网络服务的一个整体组成部分，QPM 能够通过对应用和用户进行识别，最大程度地对通信流进行集中管理。作为一个全方位的 QoS 系统，QPM 能够支持差别服务和信号服务，确保整个网络基础设施内 QoS 一致性。

QoS 的目标是通过提供专用带宽、探制抖动和延迟、管理拥塞和提高通信流效率来提供一致的、可预测的网络服务。作为智能网络的一部分，QoS 对整个企业来说是非常重要的，通过实现应用性能需求到 QoS 策略的转换过程的自动化，QPM 可以确保关键商业应用、语音和多媒体通信流的可靠性能。

Cisco QoS 策略管理器解决方案的主要功能如下：

（1）集中策略探制：集中策略探制通过一个集中的、覆盖整个网络的策略数据库来管理网络中的设备，从而避免了在路由选择和交换环境中为实现 QoS 的配置、修改和布置而去逐个管理设备。

（2）简化的策略配置：QPM 简化了通信流分类和端对端 QoS 供应的配置，同时可以提供策略有效性验证，使策略配置更加易于使用。

（3）为关键商业应用提供差别服务。通过应用定义不同的服务等级，可使内容级应用识别功能得到加强。

（4）全面的 QoS 功能支持：提供广泛的可以利用智能 QoS 功能的拥塞管理、拥塞避免和通信流整形服务。还提供了语音 QoS 支持，确保了高质量语音和视频服务的性能。

（5）自动化策略部署：确保在 Cisco 设备上部署可控的、可靠的 QoS 策略。

12.1.2　LAN 管理解决方案

局域网管理解决方案（LMS）是 CiscoWorks 2000 网络管理系列产品之一。它为园区网提供了配置、管理、监控、故障检测与维修工具，同时还包括了用于管理局域网交换和路由环境的应用软件。

利用 Internet 的开放式标准及 Cisco 设备与操作系统的内在功能,局域网管理解决方案使网络管理员能够有效地管理整个局域网或园区网。Web 浏览器为关键应用提供了便于使用的接口，如拓扑映像、配置服务以及有关园区交换网的主要系统、设备、故障和性能等信息情况。由于上述应用是具有 Web 和浏览器访问功能的，因此管理员可从网络的任何地方自由获取这些网络工具。

局域网管理解决方案提供的灵活的安装能力使其能够安装在常用的网络管理系统（NMS）产品之外，或者与之并列安装。鉴于其 Web 结构，局域网管理解决方案工具可与任何在网络中运行的不同服务器上的常用 NMS 相集成。局域网管理解决方案与其他 CiscoWorks 2000 解决方案一样，不需要预先配置 NMS，并可以随时直接添加到用户的网络中。

这种多供应商并存与链接能力代表了 Cisco 一贯追求生态体系的方针：即采用基于浏览器的访问性和集成技术，为用户提供一种端到端的 Intranet 管理形式。

局域网管理解决方案为园区网管理工具奠定了坚实的基础，并对 CiscoWorks 2000 的其他产品给予补充。例如，路由 WAN 管理解决方案体现了广域网的需要。服务管理解决方案则为定义和管理服务级协议提供了一种集中管理方法。而虚拟专网/安全性管理解决方案将 Web 应用集成起来，有助于安装和监控虚拟专网及其安全设备。总之，CiscoWorks 2000 系列产品为管理 Cisco 的重要业务网络提供了具有领先技术水平的解决方案。

今天，局域网成为商业基础设施的重要组成和关键系统。局域网的管理也已经从以设备为中心转变为以管理传输数据和语音流的内容感知信息系统为中心。这就要求具备快速、方便地配置与监控网络设备的能力，以便随时能够提供连接和服务。尽早发现网络状态的变化已成为排除潜在故障的关键。局域网管理解决方案提供了满足上述需要的多种工具，它集成了最先进的侦测技术、端口分配工具、高级连接分析和配置管理工具、设备与网络诊断工具等，其能力包括故障管理、远程监控、流量监控等等。而所有的功能都建构在一个便于使用的框架中。

局域网管理解决方案集成了多种用于配置、监控和维护园区网的应用与工具。其设计体现了当今 Cisco 的网络技术，同时也为管理未来的网络需要提供了一种灵活的框架。

局域网管理解决方案包括面向操作的多种工具，如故障管理、可扩展的拓扑检查、高级配置、第 2 层/第 3 层路径分析、语音支持路径追踪、流量监控、终端工作站跟踪工作流应用服务器管理以及设备故障维修等。

局域网管理解决方案创建在 CiscoWorks 2000 常用服务器基础上。这种设计将数据收集、监控和分析工具链接起来，方便了在应用间运行工作流——所有工作都能够通过一种台式计算机应用来完成。譬如，某个抱怨反应时间太长的用户能够利用局域网管理解决方案中的第 2 层路径工具来自动搜集存储在某个数据库中的用户路径信息，并在拓扑映像中找到所使用的设备，从而能够快速地进行诊断。此外，它还能够迅速检查交换机和路由器的配置情况，或者迅速检查远程监视器的数据传输，从而发现异常情况或可能出现的变化。上述操作能够从一个或多个应用中获取信息。

Web 集成技术提供了创建多供应商管理生态体系的能力。局域网管理解决方案利用 Internet 标准来将最先进的工具结合起来，并通过数据和任务集成标准来发挥这些工具的功能。通过采用业界数据共享标准——公用信息模型（CIM）和 XML，局域网管理解决方案提供了析取数据和与常用网络管理平台产品结合使用的工具。与局域网管理解决方案结合，Cisco 提供了一系列完整的专用硬件探测器。专用探测器包括增强局域网功能、交换机和异步传输模式（ATM）的解决方案、用于端到端监控 7 层网络基础设施的千兆位快速以太网远程监控硬件探测器。

局域网管理解决方案包括以下组件：

- 园区管理器——园区管理器用于新一代 CWSI 园区网，是为管理 Cisco 交换网而设计的基于 Web 的新型应用工具套件。主要工具包括第 2 层设备和连接探测、工作流应用服务器探测和管理、详细的拓扑查、虚拟局域网/LANE 和异步传输模式配置、终端站追踪、第 2 层/第 3 层路径分析工具、IP 电话用户与路径信息等。
- 设备故障管理器——为 Cisco 设备提供实时故障分析能力。它利用多种数据收集与分析手段生成了"智能 Cisco 陷阱"。这些陷阱能够在当地显示，或者用 e-mail 的方式传递给其他常用的事件管理系统。
- 内容流量监视器——Cisco 内容流量结构优化了基于链接等待时间、地域相邻情况和服务器负载可用性的全球服务器负载分配能力。监视与管理内容传输的设备如 LocalDirector 或 Catalyst 4840G 等是了解并维护网络中关键任务应用与服务的内容流量的关键。内容流量监视器为 Cisco 服务器负载平衡设备提供了实时性能监视应用工具。
- NGenius 实时监视器——是一种新型的多用户传输管理工具包，能够为监控网络、故障排除和维护网络可用性提供全网络、实时远程监视信息。其图形应用报告和分析设备、链接和端口级远程监视能够从 Catalyst 交换机、内部网络分析模块和外部交换机探测器收集传输数据。
- 资源管理器要件——资源管理器要件（RME）具有网络库存和设备更换管理能力、网络配置与软件图像管理能力、网络可用性和系统记录分析能力。它还提供了强大的与 Cisco 在线连接相集成的功能。
- CiscoView——这种最广泛使用的 Cisco 图形设备管理应用工具现已具备 Web 能力。通过浏览器，局域网管理器能够实时获取设备状态、运行与配置功能方面的信息。
- CiscoWorks 2000 管理服务器——CiscoWorks 2000 系列解决方案提供了基本的管理构件、服务和安全性，它也是与其他 Cisco 产品及第三方应用相集成的基础。

各组件的主要功能及应用参见表 12-2。

表 12-2　　　　　　　　各组件的主要功能及应用

主要功能/应用	产品	管理优势
能够智能化自动探测 Cisco 设备创建的网络拓扑图	园区网管理器	园区网管理器拓扑服务功能可发现 Cisco 设备，并计算第 2 层的关系以检查 Cisco 网络的 ATM 域、VTP 域、LAN 边缘图以及第 2 层视图
拓扑状态指示	园区网管理器	拓扑映像指示了发现的 Cisco 设备及其 SNMP 状态，以及 CiscoWorks2000 其他应用的发射点
配置管理和监视虚拟局域网与 ATM 服务/网络	园区网管理器	提供了创建、删除和编辑虚拟局域网的工具；提供了显示 VS 和配置 SPVC/SPVP 的 ATM 工具
发现连接到交换机端口的终端站与 IP 电话，根据用户 ID 识别用户的位置	园区网管理器	园区网管理器用户追踪功能可将 MAC 地址与 IP 地址与交换机端口相关，并与微软的 PDC 和 Novell 的 NDS 树集成，以便为用户 ID 提供更高效的用户位置与追踪能力
第 2 层和第 3 层网络的两个端点（设备、服务器、电话）的追踪连接性	园区网管理器	园区网管理器路径分析工具可利用设备的主机名或 IP 地址为第 2 层和第 3 层设备提供路径分析，并在台式映像显示器或追踪显示器上显示出分析的结果
智能化故障条件的分析能力可在问题中断网络之前发现问题	设备故障管理器	设备故障管理器的自动故障探测功能可识别网络中的常见故障，而无需使用用户定义自己的规则集、SNMP 陷阱过滤器或设备的轮询间隔
在设备级与虚拟局域网级的故障条件说明	设备故障管理器	具有预先定义 100 余个 Cisco 路由器和交换机的特点，支持新设备的功能可方便地通过 CCO 增添新设备，设备故障管理器简化了第 2 层和第 3 层环境的管理
LoadDirector、Catalyst 4840G 和 Catalyst 6xxx 具有监视服务器负载平衡的功能	内容流量监视器	实时监视来自虚拟网络和实际网络负载平衡构件的包流量数据和负载服务器的负载平衡功能

续表

主要功能/应用	产品	管理优势
收集来自局域网设备和探测器的 RMON/RMON2 的数据资料	NGerius 实时监视器	监视局域网传输协议、应用和接口，以便采用适当的过滤器、降低成本与提高设备性能
排除局域网网络与应用包级的故障	NGenius 实时监视器	通过提供整个网络的可视性包括应用层、数据链路层及现有的虚拟拓扑结构，来帮助解决网络与应用问题
详细的软、硬件库存报告	资源管理器要素	准确提供 Cisco 库存基线信息，包括内存、插槽、软件版本以及网络决策所需的引导 ROM
用于设备软件和配置更改的自动升级引擎	资源管理器要素	允许软件与配置更新信息按计划传送到选定的设备，从而节省了时间和避免了网络更新过程中出现的错误
整合的故障排除工具设备中心	资源管理器要素	广泛收集的交换机和路由器分析工具，可从单点访问，设备中心能够链接到第三方的应用上
集中管理变化审计记录	资源管理器要素	可彻底改变记录用户与应用在网上活动的监视日志
图形设备管理	CiscoView	显示的浏览器代表 Cisco 路由器和交换机设备，彩色编码代表运行的状态及可获得的配置与监视工具
应用访问安全性	CiscoWorks 2000 服务器	CiscoWorks 2000 台式设备控制用户获得的应用，确保合适级别的用户才能获得改变网络参数的工具，而不符合要求的用户只能使用只读工具
第三方集成工具（集成的实用性）	CiscoWorks2000 服务器	简化了 Web 与第三方及其他 Cisco 管理工具的集成

12.1.3 路由 WAN 管理解决方案

  Cisco 路由 WAN（RWAN）管理解决方案对 CiscoWorks 2000 产品系列进行了扩展，能够提供一组功能强大的管理应用，对一个路由广域网（WAN）进行配置、管理、监视和故障诊断。

  这一解决方案中的每一应用都提供了与现有网络管理系统（NMS）之间进行"独立部署"或"联合部署"的灵活性。CiscoWorks 2000 解决方案没有 NMS 方面的先决条件，可以将其直接加入到用户的网络中去。这一解决方案符合 Internet 标准，并支持 Cisco 的端对端内部网管理模型，该模型具有基于 Web 的可访问特性和集成特性。

  随着更多的关键任务应用和服务需要依赖可靠、高性能的内部网和 Internet 连接与远程办公室、供应商、客户和世界各地的合作伙伴进行通信，今天的广域企业网络将继续出现增长。WAN 链路通常是网络中费用最高的部分，所以对其性能、正常工作时间以及带宽利用率进行监视是维持一个可靠和低费效比网络的关键。

  通过适当的容量计划对带宽进行分配也可能是非常复杂的。带宽的过度供应意味着正在为不必要的带宽付费，而供应不足导致的网络拥塞则会导致收入损失。

有效监视这些链路并度量设备、用户和服务之间响应时间的能力是保持最高级别服务质量的关键。对 WAN 边界设备、链路和服务进行正确的管理也变得十分重要，由于这一原因，Cisco 提供了一组全面的 WAN 管理工具，可使 WAN 管理人员的工作轻松得多。

RWAN 管理解决方案增加了网络行为的可视性，能够帮助用户快速确定性能瓶颈以及性能的长期趋势，并提供早期检测功能，以优化带宽及其在网络中多个费用高昂而又关键的链路之间的分配。

与 RWAN 管理解决方案一道，Cisco 还提供了一系列全面的专用、增强性质的局域网（LAN）、WAN 和异步传输模式（ATM）远程监视（RMON）硬件探测器和网络分析模块，可对网络基础设施进行全面的、端对端的、七个层次的监视。

RWAN 管理解决方案包括以下应用：

- 访问控制列表（ACL）管理器：ACL 管理器显著地减少了典型情况下使用 Cisco IOS 的命令行界面（CLI）管理访问控制列表所需要的时间。它提供了一个基于向导和策略模板的方法，可以简化基于 Cisco IOS 软件的 IP 通信流以及互联网分组交换（IPX）通信流的过滤和设备访问控制的安装、管理和优化。这一工具包括了一个访问列表编辑器、策略模板管理器、用于实现可扩展性的网络和设备种类管理器、用于故障诊断的访问列表浏览工具以及自动化的访问列表更新分发功能。
- 互联网性能监视器（IPM）：这是一个网络响应时间和可用性故障诊断应用，使 WAN 管理人员能够使用 Cisco IOS 嵌入技术预先诊断出网络响应时间方面存在的问题。IPM 提供的路径和转发性能分析简化了对产生等待时间和网络延迟的设备的识别。IPM 可用于诊断延迟、识别网络瓶颈和分析响应时间。这一应用还可用于管理基于 IP 优先权的服务质量（QoS）的有效性以及与网络信号抖动相关的故障诊断，解决这两方面的问题都需要部署 IP 语音（VoIP）。
- nGenius 实时监视器（RTM）：这是一个 Web 支持下的通信流和性能监视系统，可以提供对整个网络范围内的实时 RMON 监视信息的多用户 Web 访问，以进行故障诊断和保持 WAN 和 LAN 网络的可用性。当与 Cisco WAN 探测器、LAN SwitchProbe 设备以及网络分析模块（NAM）联合使用时，nGenius 实时监视器软件可以在网络中出现的问题变得严重之前早期发现这些问题。
- 资源管理器要件（RME）：资源管理器要件提供了网络清单和设备变化管理、网络配置和软件映像管理、网络可用性和系统日志分析功能。它还提供了强大的与 Cisco 连接在线（CCO）的集成链接。
- CiscoView：这一应用最广泛的 Cisco 图形化设备管理应用现在已经基于 Web，使 WAN 管理人员能够通过浏览器实时访问设备状态信息以及运行和配置功能。
- CiscoWorks 2000 管理服务器：提供跨 CiscoWorks 2000 系列解决方案的基本管理组件、服务和安全性功能。

12.1.4 服务管理解决方案

CiscoWorks 2000 服务管理解决方案建构在第 3 层结构基础之上，包括可远程安装的数据收集应用、Cisco IOS 的内嵌式技术以及一整套融合了业界最先进的评估服务和定额引擎的应用软件。该解决方案的构件包括：

管理引擎 1110（ME1110）：可在网络中远程安装，是具有极高扩展性和灵活性的数据收集解决方案。ME1110 是专为收集 Cisco 设备的度量数据而设计，并允许在数据收集需求增长的情况下暂停管理服务器来安装新的 ME1110 设备。

服务保障代理：一种用来确定度量数据服务级别的技术，以验证度量数据是否符合服务级别的要求。鉴于服务保障代理技术已内嵌于 Cisco IOS 软件中，因此它是随时可用的，并且对网络基础设施的费用几乎不会构成任何影响。

服务级别管理器：建构于开放的 XML 应用程序接口基础上，可提供给合作伙伴以用于第三方的应用集成。

CiscoWorks 2000 服务管理解决方案使网络经理能够验证他们为广域连接和网络服务提供的服务级别。它将基于标准的开放式管理应用程序接口、Cisco 内嵌式 IOS 代理、可扩展服务级别的管理应用与第三方产品相结合，从而具有了端到端服务级检查和全面管理能力。因此，客户现在可以完全放心地使用这些新的应用，比如 VoIP、IP 电话、虚拟专网和电子商务解决方案等，可轻松地获得不同的服务和更好的终端用户满意度，执行同时监视多个服务级协议，调试并改进网络以及定制故障报告。与此同时，第三方应用开发人员和系统集成人员能够连续地获得有关网络层的数据，并对定义和收集到的服务级度量信息进行标准化。

随着获得连续可用性和更可靠的网络服务要求的不断提高，企业服务提供商正在面临怎样为客户提供服务级协议的巨大压力。主要原因在于，有效的服务级协议的监视与管理手段过于复杂，难以提供满意的多级服务。例如，有效实施服务级协议要求：

● 能够确认服务提供商的多服务级协议符合连接性与主机应用的要求；
● 能够区分服务级协议故障与精细分级的区别；
● 能够对错误服务级协议给予经济处罚；
● 能够轻松改善和逐步扩展 Web 访问的业务级报告和详细的技术报告；
● 可对安装新型技术成本作出正确判断。

为满足端到端服务级管理的需要，即能够通过提供服务的基础设施来有效安装监视和管理工具。该解决方案必须：

● 利用来自多供应商的构件管理产品；
● 与非客户拥有和控制的客户机和设备合作；
● 可在新技术实现时添加新技术；
● 可根据大小顺序进行扩展；
● 可在适当时机正确收集网络与应用数据。

服务级协议的度量千差万别，而用来测量这些度量的技术也是如此。在管理服务级端到端时，必须确保在网络的每一层进行测量和收集数据，即从第 5/6/7 客户机-服务器层到第 3 和第 4 网络层并从网络服务层到第 1 和第 2 广域网层。如今，没有一种产品或技术能够集合上述信息。很多供应商提供的高质量产品可覆盖客户机服务和广域网层，但是却无法在第 3/4 层空间使用，更无法实现整个网络层的紧密联系。

对端到端服务级管理的另一个抱怨是客户机信息必须在整个网络层来回索取和传输。而仪表化的设备将能够以连贯方式提供数据，否则来自不同资源的设备的不兼容问题将使数据的收集变得非常困难。

对端到端管理级解决方案来说，为网络经理提供综合信息至关重要。而管理人员能够获得特殊故障的更深入、更详细的信息也十分关键。这种能力可以分析出导致不能满足服务级协议的原因，找出故障是在客户机端，还是在服务器端，或者是网络本身，这是非常重要的。

Cisco 公司不断努力，向提供完整的服务管理工具的目标前进，也就是提供一种可通过开放式标准接口的多种不同数据来源来评估端用户服务价值的端到端解决方案。CiscoWorks 2000 服务管理解决方案将端到端服务级管理所需的核心要素结合在一起。主要包括以下 5 个方面：

- CiscoWorks 2000 服务器构件，用来建构基础级服务和能力如服务器桌面、数据库、定时询问引擎、库存管理、设备凭证、设备功能和 Web 服务器软件等。
- 服务级管理器 1.0 版软件，其中包括采用 Cisco IOS 内嵌式技术可扩展的 CiscoWorks2000 SLM 应用以及搜集第 3/4 层服务级度量数据和创建详细业务与技术报告的智能网络。
- Cisco 管理引擎 1110 系列是一种带有定制软件的硬件设备。它可管理从 Cisco 服务保障代理设备远程收集到的服务级度量数据。
- 用来测量各种服务器度量的服务保障代理技术，现在已经成为 Cisco IOS 软件的组成部分。
- 第三方开发商和系统集成商现在能够通过 Cisco 管理连接程序，利用带有业界标准的可扩展标识语言接口的开发工具包轻而易举地将 Cisco 服务管理数据集成到其应用中。

1. CiscoWorks2000 服务器

CiscoWorks 2000 解决方案创建在具有 Web 管理功能的基础上。该基础构成了 CiscoWorks 2000 管理服务器，提供了安全可靠的一整套通用服务，从而提高了在多种管理应用中的可用性和连续性。CiscoWorks2000 服务器提供的基本桌面可作为所有 CiscoWorks 2000 应用的出发点。

应用套件还包括 Cisco 库存管理器应用，这是实施服务级管理应用的前提条件。库存管理器可通过服务级管理应用来收集设备的功能信息，以便确定服务适应性的检测类型。该检测要求针对指定的 Cisco IOS 设备进行。

2. 服务级管理器 1.0 版本软件

服务级管理器应用采用服务保障代理技术来获得第 3 层和网络服务的度量数据。管理用户接口使网络管理员能够定义服务级合同和相关的服务级协议，并迅速和方便地准备业务和技术级的总结与详细报告。

服务级管理应用主要负责监视企业网络以及与服务提供商的广域网服务相接的边缘。利用服务级管理软件，网络管理员能使用服务提供商和服务客户都认可的通用语言和风格与服务提供商进行信息交换。

服务级管理器 1.0 版具有如下特点：

（1）利用用户数据报协议（UDP）和 Internet 控制信息协议（ICMP）的反应时间来设定服务类型的比特值和更改测试负载规模；

（2）评估网络域名服务系统（DNS）可节省时间与超文本传输协议的响应时间；管理超文本传输协议服务的网络管理器能够掌握域名系统的查找时间，并为指定的 http 服务设立传输控制协议（HTTP）连接和网页下载；

（3）通过 IP 传输语音时，能够测量网络两点之间往返传输的抖动，并且可以改变数据包、负载的数量以及数据包间的距离与服务类型的值。

（4）"应用时间"构件是关键特色，它使管理员能够规定服务级协议的应用时间范围。

（5）"输出 slc/sla"功能使管理员能够在多服务管理解决方案的系统间交换配置，而不必重新规定服务级参数和服务级协议，只需将管理职能传输到另外一个物理位置即可。

（6）报告的导航功能为生成完整、详细的报告提供了一种便捷的方法。总结报告是专为帮助管理人员迅速查看是否满足了服务级协议要求而设计的，可显示出与服务级协议相符合的百分比。网络操作员可利用总结报告来查找每个时段的更详细报告信息，以便进一步分析和改进。

3. Cisco 1110 系列管理引擎

ME1110 系列是第一种管理引擎产品。Cisco ME1110 是带有便于使用的数据收集框架的网络设备（软、硬件相结合），有助于降低网络流量，能够灵活数据分析和提高性能，并通过简单网络管理协议对应用服务器进行定时询问从而减少了相关 CPU 的使用。ME1110 可跟踪监视资源与非响应设备，并负责维护由 CiscoWorks 2000 服务级管理服务器存储在当地磁盘上的数据仓库，以便日后进行检索。

服务级管理服务器通过连接到超文本传输协议来将基于 Java 的数据收集器下载到 ME1110 引擎上，并通过超文本传输协议和 XML 检索数据收集结果，然后通过浏览器可查看该报告。随着需求的变化和更新，今后还能够向网络添加新的管理引擎以扩大服务监视功能和限制管理流量。

ME1110 系列产品的主要优点是便于在网上远程安装。ME1110 设备的分布方式使管理应用能够通过防火墙来提供，或者简单地限制网络管理流量。例如，将 ME1110 设备放置到需要检测的路由器附近，就能够减少网络管理信息流对网络带宽的占用。

数据流量的异步特性有助于确保及时和连贯地获取数据库信息。例如，如果链接失败，只要在合理时间范围内重新建立了联系，就能够获得被监视设备保存的历史数据，而不必担心数据会丢失。当分配好管理引擎后，如果到中央管理系统的链接失败，管理引擎就会连续地收集数据，而用户可以在链接恢复工作以后自由地检索所有的数据。该功能使用户能够计划管理服务器的停机时间而无需担心丢失管理数据。管理引擎的管理也是网络化的，能够通过 CiscoWorks2000 服务器上的服务级管理应用管理接口对远程引擎进行管理。

4. 服务保障代理技术

多年以来，Cisco 一直认为通过 Cisco IOS 软件平台来提供网络与服务管理能力十分重要，因此，Cisco 始终致力于将智能功能直接植入 Cisco IOS 软件中。Cisco IOS 的基本功能就是通过一整套超值的 Cisco IOS 智能网络服务与技术，来提供网络服务和智能网络业务。在确保多个硬件平台间的互操作连接性之外，Cisco IOS 软件还提供了灵活性、可扩展性和投资保护以适应网络的增长、变化和新的应用。

起初，Cisco IOS 网络和服务管理技术是作为响应时间报告器来推出的，其主要功能是为系统网络结构环境提供延时计量。随着服务保障代理技术的改进，CiscoWorks 2000 服务管理解决方案使该功能远远地超出了原有的延时测量功能。服务保障代理提供了一种在网络中将 Cisco IOS 设备进行配置以检测终端系统或其他 Cisco IOS 设备性能的方法。而且，检测的结果还能够用来验证服务级别。

服务保障代理技术可支持 TCP、UDP 和 ICMP 通信方式，以及各种检测类型或服务保障操作，例如抖动、路径回应和数据包损失等。这些服务保障操作是传输检测的数据包以及测量服务级度量所必需的。

服务保障技术的主要优点是能够用适当的服务类型值来表示检测数据包，使网络管理员能够了解网络中展开服务质量时是如何实施不同的 TCP 和 UDP 服务的。

服务保障代理包含以下几种主要功能：
- 代理可在网络中执行综合检测，即服务保障操作；所执行的检测可定制为检测的频率、检测包负载规模和服务的类型；
- 检测结果可保留在历史表格中，时间最长为 2 小时；
- 服务保障代理具有报警和陷阱事件功能，但没有被 CiscoWorks 2000 服务级管理全部应用；
- 服务保障代理可提供完整简单网络管理协议的管理信息库以及命令行接口支持。

5. 开放式应用编程接口

服务级管理用户接口和服务器接口均基于开放式标准 XML。XML 应用编程接口使合作方和供应商能创建用于服务管理的综合解决方案。例如，供应商的应用结合了终端用户的经验，也就是说第 2 层基础设施能够使用 XML 接口来调用服务级管理应用并指示它来收集合作方应用无法获得的第 3 层度量数据。合作方应用还能够利用 XML 调用服务级管理应用来获得度量数据和集成在端到端报告中的数据。

12.1.5　CiscoWorks for Windows

CiscoWorks for Windows 是一个全面的基于 Web 的网络管理解决方案，它主要应用于中小型的企业网络。它提供了一套功能强大、价格低廉且易于使用的监控和配置工具，用于管理 Cisco 的交换机、路由器、集线器、防火墙和访问服务器等设备。使用 Ipswitch 公司的 WhatsUp Gold 工具还可管理网络打印机、工作站、服务器和其他重要的网络设备。

CiscoWorks for Windows 中包含下列组件。

1. CiscoView

CiscoView 提供图形化的前后面板的视图，能够以各种颜色动态地显示设备的状态，并提供对某一特定设备组件的诊断和配置功能。CiscoView 可以从 CiscoWorks for Windows Desktop 或 WhatsUp Gold 下启动。如果是从 CiscoWorks for Windows Desktop 下启动，可以从设备列表中选择要监视的设备。如果要监视的设备不在设备列表中，则直接键入设备 IP 地址。选择了一个设备之后，将出现有关该设备信息的页面，如图 12-1 所示。如果想从 WhatsUp Gold 下启动 CiscoView，在 Network Map 下选择要监视的设备，然后单击右键，选择 CiscoView 菜单项，同样会出现如图 12-1 所示的页面。

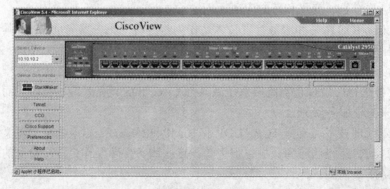

图 12-1　Cisco View 界面

使用 Cisco View 能够监视设备的性能并提供多方面的信息，并以丰富的图表种类来显示设备的性能信息，包括饼图、条形图、坐标图形、面板图及直方图等，如图 12-2 所示。

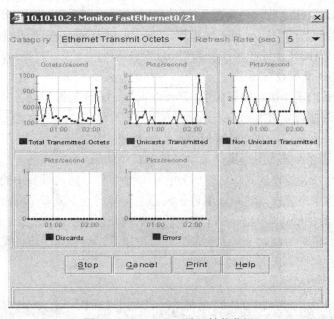

图 12-2　CiscoView 端口性能监视

2. WhatsUp Gold

WhatsUp Gold 是一种基于简单网络管理协议（SNMP）的图形化网络管理工具，可以通过自动或手工创建网络拓扑结构图管理整个企业内部网络，支持监视多个设备，具有网络搜索、拓扑发现、性能监测和警报追踪的功能。如图 12-3 所示。

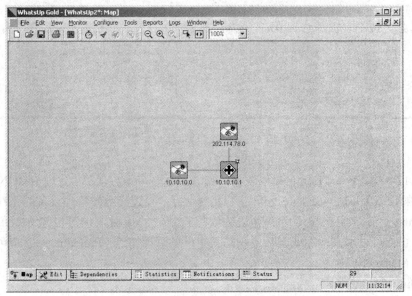

图 12-3　WhatsUp Gold 用户界面

3. Threshold Manager

Threshold Manager 使用户能够在支持 RMON（Remote Monitoring Network）的 Cisco 设备上设置极限值及获取事件信息，以降低网络管理费用，增强发现并解决网络故障的能力。使用 Threshold Manager 之前，必须建立 Threshold Manager 模板。Cisco 公司提供了一些预定义的模板，用户也可以自行定义自己的模板。Threshold Manager 具有以下功能：

- 支持实现 RMON 事件和警报组的 Cisco 设备。
- 给某个 MIB 变量设置阈值。
- 为某个设备的多个接口设置阈值。Threshold Manager 能够自动区分接口的不同类型和速度，并为接口设置适当的阈值。
- 自动地应用已定义的 Threshold 模板。
- 事件日志管理，并为用户提供某个事件的详细信息。

当超出为某个设备设置的阈值时，就发生了一个事件，然后设备中的代理就会执行下列功能：首先是产生一个警报，然后该事件记入日志，并向一个或多个网络管理站点发送一个陷阱（Trap），接着 Threshold Manager 将执行下列功能：显示刚刚记录在日志里的事件，将事件与 Threshold 模板关联起来，之后，管理员可以通过检查这些事件来发现潜在的问题。Threshold Manager 管理界面如图 12-4 所示。

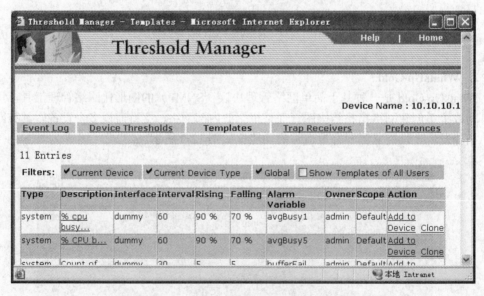

图 12-4 Threshold Manager 管理界面

在图 12-4 中，Event Log 窗口以表格的方式显示越界事件信息，并以 RMON 日志记录存在被管理的设备上；Device Threshold 窗口用来显示、设置当前被管理设备的系统或接口的阈值；Templates 窗口用来显示所有默认的或用户定制的模板，也可以建立新的模板；Trap Receivers 窗口可以用来增加或删除接收陷入事件的管理站点；Preferences 窗口可以用来设置 Threshold Manager 的属性。

4. Show Commands

Show Commands 使用户不必记住每个设备复杂的命令行语法，通过使用 Web 浏览器进行简单操作就可以获得有关设备详细的系统和协议信息。Show Commands 在 Web 页面的左边以树形显示了某设备所支持的命令列表,如图 12-5 所示。当用户选择了一个命令后,Show Commands 将执行下列功能:

- 在设备上执行所选择的命令;
- 从设备上搜集输出信息(包括系统和协议信息);
- 在屏幕上显示输出信息。

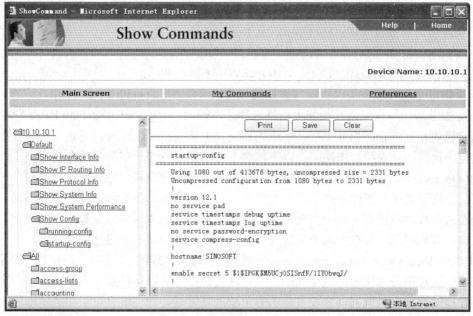

图 12-5　Show Comands 操作界面

12.2　HP OpenView

HP OpenView 网管软件 NNM（Network Node Manager）以其强大的功能、先进的技术、多平台适应性,在全球网管领域得到了广泛的应用。HP OpenView NNM 具有计费、认证、配置、性能与故障管理功能,特别适合网管专家使用。另外,HP OpenView NNM 能够可靠运行在 HP-UX10.20/11.X、Sun Solaris 2.5/2.6、Windows NT/2000/2003 等多种操作系统平台上,它能够对局域网或广域网中所涉及的每一个环节中的关键网络设备及主机部件(包括 CPU、内存、主板等)进行实时监控,可发现所有意外情况并发出报警,并可测量实际的端到端应用响应时间及事务处理参数。

12.2.1　HP OpenView 简介

HP OpenView 作为强大的网络和系统管理工具,可以帮助企业主动地实现系统和网络管理。其中,HP OpenView 应用和系统管理解决方案（Integrated IT Management Solution）是企业集成化管理解决方案的基本组成部分,它以服务质量战略为核心,利用针对业务应用管理的新技术,为企业提供最全面的 IT 系统和应用管理。

企业各项业务的日益电子化，IT 部门的职责是否能够成功实现由内向外的转变（为外部客户提供高性能、高可用性、安全的 IT 服务），已经成为一个迫在眉睫的问题。HP OpenView 是一项具有战略性意义的产品，它集成了网络管理和系统管理各自的优点，并把它们有机地结合在一起，形成一个单一而完整的管理系统，从而使企业在迅猛发展的 Internet 时代取得辉煌成功，立于不败之地。

HP OpenView 应用和系统管理由多个功能套件组成，针对不同的需求，完成不同的管理功能。HP OpenView 包括以下功能套件：

- 一体化网络和系统管理平台：HP OpenView Operations；
- 功能强大的报告管理：HP OpenView Reporter；
- 端到端资源和性能管理：HP OpenView Performance；
- 具有实时诊断和监控功能的：HP OpenView GlancePlus；
- 提供可全面管理系统可用性与性能的综合性产品：GlancePlus Pak 2000；
- 对服务器与数据库的性能和可用性进行管理的 HP OpenView Database Pak 2000。

这些模块相互依存，相互支持，集成为功能强大的系统和应用管理平台，为企业提供最全面的集成化应用和系统管理功能。以下将对上述功能套件作一些简单的介绍。

HP OpenView Operations 是一种集成化网络与系统管理模式，它使网络管理与系统管理集成在一个统一的用户界面，共享消息数据库、对象数据库、拓扑数据库等中的数据。其集中和分布式管理功能能够积极地监视和管理网络、系统、应用程序以及数据库的所有方面。还可以自动发现问题，并在不与中央管理控制台进行交互的情况下迅速解决问题。

HP OpenView Operations for Windows 管理服务器能支持数百个受控节点和数千个事件。它不仅可以通过服务视图来扩展企业的传统运营管理，还可以从任意地点进行跨平台电子商务基础设施的管理。借助它，企业可从服务角度进行管理、管理混合电子商务基础设施并获得在基本运行管理基础上创新的能力。

HP OpenView Operations for UNIX 是由业务驱动的管理模式，它使企业快速控制电子化服务。作为分布式大型管理解决方案，它能监视、控制和报告 IT 环境的状态，实现深入的超大型混合管理，延长组成电子企业环境的各个部件的正常运行时间。正是因为该管理模块具有如此强大功能，运用它复杂的 IT 系统进行管理，使系统拥有了高效性、实用性、可扩展性特点，提高工作效率，减少资源和成本的浪费，保障了各业务系统平稳、健康地运行。

HP OpenView Reporter 模块为企业分布式的 IT 环境提供的廉价、灵活、易用的管理报告解决方案。它提供了标准和可定制报告，自动将 HP OpenView 在所有支持平台上获取的数据转化为企业可利用的重要管理信息。Reporter 使报告能经由 Web 浏览器发布，企业中能访问 Web 浏览器的每个人都可立即获得报告。并无缝地集成在 HP OpenView 系列之中，使企业根据所收集的数据提供集成化的中央管理报告解决方案。

HP OpenView Performance 是一种强大的端到端资源和性能管理组件。无论管理环境是由单一系统构成还是由大型系统网络构成，它都能收集、总结和记录来自应用、数据库、网络和操作系统的资源和性能测量数据，并把这些数据进行整理后转为对用户有用的信息，最终以经济有效的方式为用户提供最佳的服务级别；HP OpenView Performance 可深入检查资源使用率和性能趋势，通过这一信息，管理人员可以发现系统瓶颈。通过比较活动水平，可均衡工作负载，提供保持系统平滑运行的信息，使用户可以有效地控制和利用资源，及时调整多个分布式的系统环境，对系统中影响服务层和用户层的故障做出响应；同时还使系统管理员能有效扩展其管理范围，对本地和远地的系统进行有效管理和监控，此外，HP OpenView Performance 数据可以多种格式输出，用于容量规划、统计数据分析和电子数据表应用中。从而在性能管理和问题分析、资源规划和服务管理等主要领域满足企业的分布式管理要求。

HP OpenView Database Pak 2000 管理模块，对服务器与数据库的性能和可用性进行管理。它提供强大的系统性能与诊断功能；有效收集并记录系统与数据库统计数据并进行告警；能够检测关键事件并采取修复措施；提供 200 多种测量数据和 300 多种日志文件状态。利用安装在服务器上的 Database Pak 2000，用户可以及时地发现数据库与系统资源的性能问题，以防止进一步恶化，及时有效地对系统和数据库进行管理。

HP OpenView GlancePlus Pak 2000 解决方案是可全面管理系统可用性与性能的综合性产品。作为一种集成性产品，它不但具有 GlancePlus Pak 系列产品的所有功能，还增加了单一系统事件与可用性管理。其组件包括：功能强大的系统性能监控与诊断工具 GlancePlus；用于记录系统性能并针对即将发生的性能问题发送警报的 PerformanceAgent；允许企业检测影响系统性能与可用性的关键事件并在这种事件发生时及时获得通知的 Single-System Event and Availability Management。这样，GlancePlus Pak 2000 不仅具有 Glance Plus 的实时诊断与监控功能以及 Performance Agent 软件的历史数据收集功能，还可监控企业系统中可能会影响性能的关键事件。利用 GlancePlus Pak 2000，企业可以解决各种与系统性能和可用性相关的问题，从而实现系统及其所运行应用的最佳可用性与性能。

以上模块既相对独立，又可完全集成在一起，为企业提供高可用性的系统管理解决方案。例如，HP OpenView Operations 可以与 Network Node Manager、Reporter 及 Performance 等结合在一起，完全集成于 HP OpenView 系列之中，共同构成 HP OpenView 解决方案的中央控制台，对 IT 系统提供全面的管理。正是由于 HP OpenView 应用和系统管理解决方案拥有如此强大的集成功能，并且适合不同规模的企业使用。而中小企业的崛起和普及，为 HP OpenView 的应用提供了更大的发展空间。

12.2.2　HP OpenView 解决方案

OpenView 集成了网络管理和系统管理各自的优点，形成一个单一而完整的管理系统。OpenView 解决方案实现了网络运作从被动无序到主动控制的过渡，使 IT 部门及时了解整个网络当前的真实状况，实现主动控制，而且 OpenView 解决方案的预防式管理工具——临界值设定与趋势分析报表，可以让 IT 部门采取更具预防性的措施，管理网络的健全状态。OpenView 解决方案是从用户网络系统的关键性能入手，帮其迅速地控制网络，然后还可以根据照需要增加其他的解决方案。在 E-Services 的大主题下，OpenView 系列产品包括了统一管理平台、全面的服务和资产管理、网络安全、服务质量保障、故障自动监测和处理、设备搜索、网络存储、智能代理、Internet 环境的开放式服务等丰富的功能特性。

其中，HP OpenView NNM 网络节点管理系统是行业中最全面、最智能和最易用的网络管理解决方案。其主要功能体现为：

- 网络拓扑自动发现，有助于充分理解现有的网络结构；
- 提供可定制表示的网络设备图和子图，以便清晰了解网络的每一个细节；
- 事件管理机制，有助于快速响应和确定网络故障所在；
- 提供排除故障的工具，以快速解决问题；
- 网络关键信息的收集，有助于查明问题和作好预防措施；

- 分布式网管结构，可有效管理大型和超大型的网络；
- 允许通过 Web 方式访问，为网管人员和用户的远程访问提供极大的便利。

这些性能可以使用户正确地监控网络，并在问题发展到严重阶段之前迅速发现并解决。与此同时，这些功能可以帮助网络管理人员智能地收集和报告网络的关键信息和网络升级计划。通过 HP OpenView NNM 网络管理解决方案，可以实现的功能如下所述。

1. 网络监控

网络节点管理系统自动地发现 TCP/IP，IPX，和第二层（CDP，网桥，中继器/802.3，MAU，MIBs）网络上的设备并绘制整个网络拓扑结构图。网络拓扑图可以显示网络设备的正常运行状态，提前发现设备故障，如图 12-6 所示。

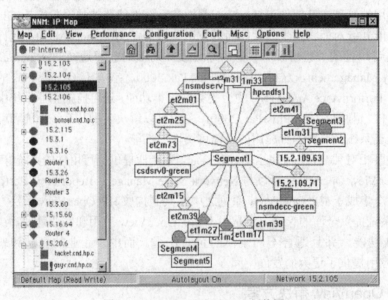

图 12-6　HP OpenView NNM 拓扑图

在网络节点管理系统 NNM 6.2 版中，可以发现并监控局域网、广域网以及 ATM，CDP，RMON V1/2，帧中继，SONET 和 DS 1/3 等设备。例如，它可以自动发现和生成整个网络或者局部网络的结构拓扑图，并包括各种核心骨干交换设备。NNM 网络节点管理系统所提供的最新的交换机管理工具，为网络管理员提供网络交换环境中的各种详细信息。这些工具包括：

- 显示交换环境下的网络连接视图，包括 Trunked 连接和 Meshed 连接；
- 显示每一台交换机的 VLAN 信息；
- 不会发现未连接端口，从而真实反映交换机的运行状态；
- 为交换机端口作标记，以便确定交换机端口的设备连接情况。

2. 管理小型到大型的网络

NNM 网络节点管理系统可以充分满足网络不断发展的需要。在 Windows NT/2000/2003，HP-UX 和 Sun Solaris 等平台上面的 NNM 数据收集系统可以分散到网络的各个位置，分别收集数据，并将最重要的信息发送到一个或多个基于 Windows 或者 UNIX 平台的网管工作站，作为集中管理。

可以让不同的操作员通过远程控制台连接到网管工作站和数据收集工作站,以访问网络节点管理系统。网页用户界面增加了操作员数并提供在 WAN 连接上的连通性。

网络节点管理系统允许用户购买所需要的部分并随着网络的增长而增加购买的部分。网络节点管理系统企业版 for UNIX or Windows 2000/2003 是适合大型企业的选择。而网络节点管理系统 250 则适用于小于或等于 250 个节点的环境。随着网络的发展可以增加额外的节点。

3. 事件处理

事件可以发送到网络节点管理系统事件浏览器。这个浏览器可以很容易地从管理站或收集站连接到,也可以通过远程控制台或 Java 网页用户界面连接。用户可以很容易地定制哪些事件是想看到的并滤除那些对自己的操作相对不太重要的事件。

当一个设备出问题时数以百计的事件会产生,网络节点管理系统事件相互关系服务(ECS)将事件排序并提供一种高层预警,如图 12-7 所示。

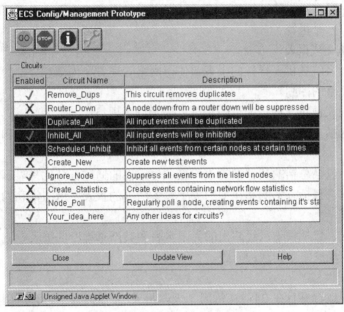

图 12-7　ECS 配置/管理原型

网络节点管理系统包含了 4 个 out-of-the-box 互通信连接装置。这些装置覆盖了使用者要处理的最通常的事件:

(1) 连接器关闭,使得下游的设备因上游设备出错而变得不可访问;

(2) 定期维护,使事件因定期维护而被禁制;

(3) 重复事件,在一个特定的时间帧里最小化预警信号副本,例如 SNMP 鉴定失败;

(4) 智能处理成对出现的事件,使成对出现的事件被禁制,例如节点启动/节点关闭。

ECS 设计工具(不包括在 NNM 之内)允许用户很容易地为自己的环境设计专用的互通信连接。

4. 通过生成报表和数据仓库预管理

Out-of-box 报告允许对网络的健全状况作预先的趋势分析。这些基于网页形式的报告指出关于性能、可用性、总的清单和未知意外的趋势。通过分析这个历史数据可以提供一幅关于网络中的设备的清晰画面并且使得网络管理员对于网络中的问题变得更有预见性。

除此之外,网络节点管理系统的有价值的拓扑、事件和被 SNMP 收集的数据会被输出到自己的数据仓库。这些数据之后会被智能地汇总和整理。数据仓库包括一个开放的计划允许从报告和数据发掘工具中进行访问。

5. 更智能和更快的数据收集

关于网络如何工作的信息为网络操作员更有效地提供解决问题的数据和满足未来需要的计划。网络节点管理系统的数据收集器已经在更快和更多地收集信息方面有了提升。管理者可以很容易地定制该收集怎样的数据和收集数据的频率。数据之后可以用图表实时或者通过历史记录观察网络的运作状况并且在将来为网络的改变作计划。

新的自动定义基线能力会自动开始收集数据并且根据偏离标准的程度自动设置界限。如果这些规范被超越了,在问题出现前会产生一个事件来警告你。

网络节点管理系统收集非数字字符串可变信息并且在固件或连接状态发生了变化或者发生了其他的变化时产生报警。例如,它可以收集网络环境中的每一次交换的 IOS 版本并在它发生变化时发出一个报警。

6. 为关键数据生成报表

网络节点管理系统提供多样性的报表,使得网络管理者和内部和外部的用户看到一幅关于网络健全性的完整的图画。

Out-of-box 报表被包含进去的目的是可以显示以下项目:

(1)性能,包括关于占用率的报表,峰值时发送者和接受者的报表,和相关的进站和出站时错误的报表。

(2)可用性,包括总括的和详细的关于设备可用性的通过百分比来显示的报表。

(3)设备清单,包括总括的和详细的关于设备清单的报表。这些报表为网络管理员显示了网络增长的程度。

(4)意外错误,包括关于已经超出的界限数目和其严重程度的报表。这些报表使得网络管理员可以马上发现网络中出现的问题。

7. 网络高可用性

使网络持续的运行并且在 24×7(每周 7 天,每天 24 小时)下运行对用户来说是相当重要的。网络节点管理系统提供许多功能可以帮助用户迎接这种挑战。它同样允许用户在持续地监测和管理关键的网络部分的同时对非常重要的网络管理信息进行备份。

除此之外,网络节点管理系统收集站可以为了持续进行网络监测而设置成错误级别高于网络节点管理系统管理站。这样在收集站不能成功运行的情况下,网络监测会继续不中断地运行。

网络节点管理系统甚至可以自我监测,用以保证它本身的良好的运行和工作——这样用户就可以保证网络是可用的并且正常工作。

8. 可以从任何地方接入访问

网络节点管理系统提供在任何地方透过网页访问网络管理工具。拓扑图和事件会被动态地更新——并不需要人工干预。网络拓扑会以图画或者表格的形式呈现。不单这样,网络节点管理系统允许用户查询 SNMP 数据,例如界面通信量,CPU 负荷或者是用于网络诊断和计划的路由通信量。

管理员通过 URL(http://主机名:7510),可以远程从浏览器访问 HP OpenView 的管理主页，如图 12-8 所示。

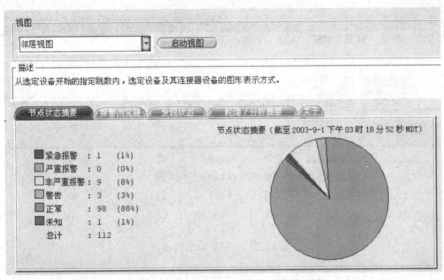

图 12-8　HP OpenView NNM 管理主页

9. 方便的 VLAN 管理和路由管理功能

网络节点管理系统还提供了非常方便的 VLAN 管理功能，在其中可以方便采用"按交换机分组"或"按 VLAN 分组"方式查看网络中的 VLAN 划分情况。可以清晰查看网络中的 VLAN 名称、VLAN 标识符，以及每个 VLAN 涉及的交换机名称及每个交换机上的端口，如图 12-9 所示。

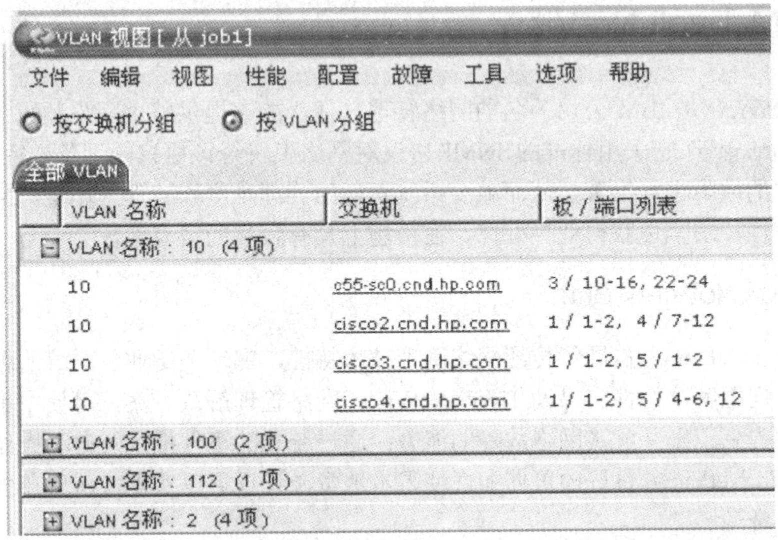

图 12-9　方便的 VLAN 管理功能

网络节点管理系统的路由管理功能同样出色，如图 12-10 所示为网络中的 OSPF 路由视图。在其中可以清晰查看网络中的 OSPF 区域名称，每个 OSPF 包含的路由器及其路由器 ID

和状态信息，还包括 OSPF 链路度量及哪些路由器是区域边界路由器等信息。

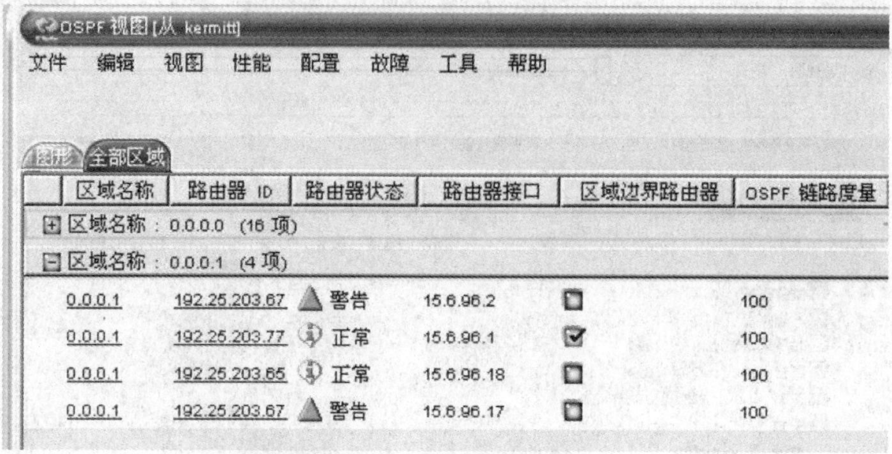

图 12-10 OSPF 路由视图

HP OpenView 的模块化解决方案使用户可以轻松地通过其他补充产品使网络节点管理系统增值。HP OpenView 网络节点管理系统与 HP OpenView 互联网服务，管理，故障诊断，报表，服务信息入口等相关系统紧密结合。某些特定的产品需要网络节点管理系统，例如 HP OpenView 网络节点管理多点传送系统。

另外，网络节点管理系统在业界拥有最强有力的合作程序。超过 300 个第三方应用软件与网络节点管理系统紧密结合，为用户提供最有弹性的方法去创建全面和特定的网络可用性解决方案。

12.3 IBM Tivoli NetView

Tivoli NetView 是 IBM 公司著名的网络管理软件，能够提供整个网络环境的完整视图，实现网络产品的管理。它采用标准的 SNMP 协议对网络上符合该协议的设备进行实时的监控，对网络中发生的故障进行报警，从而减少系统管理的管理难度和管理工作量。NetView 以其先进性、可靠性、安全性获得业界好评，在市场上具有较高的占有率。

12.3.1 Tivoli NetView 简介

IBM Tivoli NetView 扩展了传统网络管理技术特性，保证关键业务系统的可用性并提供更快速的系统问题解决特性。借助 Tivoli NetView 网络管理解决方案，可使中小企业通过基于策略的管理提高识别并解决网络故障的能力；通过统一的事件描述及自动操作提高工作效率；同时 Tivoli NetView 良好的可伸缩性使得本地资源管理得以实现，从而在分布式环境下节约了计算机资源。

Tivoli Netview 网络管理可以实现以下一些主要管理功能：
- 通过可用性评估和故障隔离来进行问题的管理；
- 通过一个 Web 控制台为不同地域的网络管理员提供网络管理功能；
- 提供一个可扩展、分布式的管理解决方案；

- 生成网络运行趋势和分析报告；
- 及时更新用于资产管理的设备清单；
- 迅速标识出现网络失效问题的根源；
- 构建管理关键业务系统的集合；
- 集成领先的供应商，例如 CiscoWorks 2000。

Tivoli Netview 除了具备以上较完善的管理功能外，还具有以下特性，这些特性也增强了 Tivoli Netview 的市场竞争力。

1. 高度实用性

现在企业的管理模式更为灵活，有集中式也有分布式管理模式，网络管理的最后目的是为了保证企业业务的正常运行。在架构企业网络管理体系的时候，可以根据企业现有的运作模式来确定 NetView 的设置方式。

2. 高度灵活性

任何企业都不可能是一成不变的，产品的灵活性决定了网络管理软件适应其操作和管理环境变化的难易程度，NetView 具有高度的灵活性：

（1）提供了大量的工具包和应用程序接口。

（2）NetView 能够对布局变化自动做出反应。

（3）在管理域的定义、建立和改变上都非常简单，管理视图易于调整以反映域中相互关系的变化、信息需求的变化。

3. 高度自动化

作为成熟的网络管理产品，NetView 使内部管理过程自动化，这一方式提供一种预先行动系统，能够在网络出现问题以前作出反应。

4. 高安全性及可靠性

NetView 提供先进的网络管理安全性与可靠的支持。网络管理人员具有独立于操作系统的多层安全性账户与登录口令，可在分布式网络管理系统的任一端登录管理系统，或进行加锁。在可靠性上，NetView 系统提供完善的热备份机制，无论是在多个 NetView 之间还是在 NetView 与 MLM 之间。

5. 易于使用的界面

NetView 图形界面基于 OSF/Motif 和 X-Window 系统标准，可以监控网络的动态视图。图形界面支持多种网络模型，包括环、树、总线型和星型，以满足不同网络的需要。

6. 对第三方厂家的支持

NetView 能够管理第三方厂家的网络设备，NetView 支持标准的 MIB-II 管理信息及主要厂家的 MIB 管理信息。另一方面，NetView 不仅仅是一个网络管理软件，而且还是一个网管平台，许多厂家在开发网络设备的同时也开发了基于 NetView 的管理软件。

7. 多平台的支持能力

NetView 支持 AIX，Sun Solaris，Digital UNIX 和 Windows NT/2000/2003/Vista。

12.3.2　Tivoli NetView 解决方案

现代的网络已变得越来越复杂，各种不同厂家的不同网络设备分布在整个企业的各个部门，有时这种分布会在一个城市或在全国的某些城市中，地域范围随着企业的业务的扩展变得越来越大。而网络协议有时也不尽相同，TCP/IP 或者 SNA，有时还有 IPX 的 Novell 网，在整个网络上面运行着 UNIX 服务器、NT 服务器以及众多的个人台式机，点多面广，管理难度和工作量都相对较大。仅靠单纯的人工管理，被动式的检查维护已无法满足整个系统良好运转的需要，如何面对并处理网络中众多设备发出的事件报告，如何在当网络中出现故障时能在最短时间内检测发现故障点，所有的这些要求很清楚地摆在网络管理人员的面前，因此迫切需要对网络进行主动的监视，自动进行网络故障的检测与解决，以维护网络的良好运转，从而更好地服务于整个企业的业务系统。

针对这种网络现状和需求，IBM Tivoli 网络管理解决方案，以 IBM Tivoli NetView 作为网络管理平台；同时配合 IBM Tivoli Switch Analyzer 可以对网络第二层实施监控；所有网络监控的事件，可以无缝地发送到 IBM Tivoli Enterprise Console，与其他系统管理监控事件进行关联；同时，所有网络性能数据可以通过 Tivoli Data Warehouse 进行存储，以便生成网络管理性能报告。

通过 IBM Tivoli 网络管理解决方案，可以实现的功能主要包括以下方面。

1. 网络拓扑管理

自动发现和生成网络拓扑是网管软件的基本功能要求。Tivoli NetView 能够自动发现联网的所有 IP 节点，包括路由器、交换机、服务器、PC 机等，并自动生成拓扑连接。NetView 提供按照网络节点所在的地理位置对网络拓扑图进行客户化，使之与实际的网络结构更加吻合。图 12-11 是 Tivoli 网络管理拓扑显示界面。

NetView 提供 SmartSet 的功能，能够将具有相同属性的重要管理对象做成管理集合，例如，用户可以把重要的路由器放在一起作为一个 SmartSet，以方便对这些路由器作统一的管理设置。与其他信息收集工具不同，Tivoli NetView SmartSet 不需要手工加入对象，管理员只需设置加入的属性条件（如条件为 Cisco 路由器），SmartSet 能够动态发现符合该条件的设备并自动加入，因而消除了人为错误和过时信息，为管理员提供了很大的管理便利。

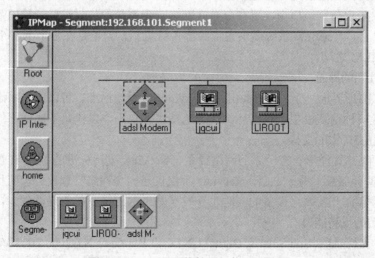

图 12-11 Tivoli 网络管理拓扑显示界面

2. 网络故障管理

网络故障管理是网络管理的核心，网管软件应当能够及时发现网络的故障，按照故障轻重缓急产生不同的报警，并且具备对故障事件自动处理的能力。Tivoli NetView 图形化的网络 IP 拓扑结构，使网络管理员可以迅速方便地发现区域网上出现故障的 IP 资源并帮助管理员分析故障原因。当网络中的设备出现故障，机器死机或网络链路中断，NetView 会及时在屏幕上出现报警信号，并在拓扑图中将该设备置成红色，便于网络管理人员发现诊断。

3. **网络性能管理**

网管人员需要了解网络实时的性能状况，需要能够对网络性能作出分析和预测，并生成相应的报表。Tivoli NetView 的 SnmpCollect 功能，能够自动采集重要的网络性能数据，如：IP 流量、带宽利用率、出错包数量、丢弃包数量、snmp 流量等，并设置相应的阈值，当所采集的数据达到阈值时能够触发报警或者定义好的自动操作。可以用图形的方式显示这些网络性能数据的变化情况，也可以将这些数据存放于关系型数据库系统中，以便于检索和分析，如图 12-12 所示。

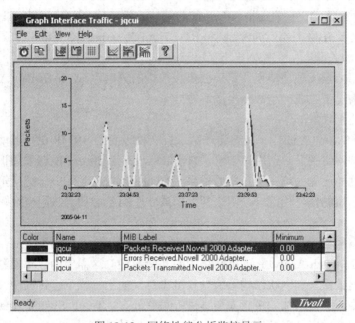

图 12-12　网络性能分析监控显示

Tivoli Data Warehouse 将为网络性能管理提供集中的历史统计和报表分析，能够帮助管理人员从大量数据中及时发掘出可以用作判断网络运行状况的数据，能够生成各种报表和图形化的分析报告。

4. **网络设备管理**

Tivoli NetView 是使用最广泛的网络管理平台之一，支持业界标准的 API，能够与主要网络设备厂商的设备管理软件，如：CiscoWorks、Nortel(Bay) Optivity、3com Transcend 等方便地进行集成，从而能够统一从 NetView 的 Console 对各种网络设备进行监控和配置。

通过使用 Tivoli NetView 与网络设备管理软件的集成，管理人员可以全面地管理网络、网络设备、网络性能，及时获取网络故障的信息，从而在最短时间内解决网络故障。

5. **管理权限分配**

Tivoli NetView 可以为管理员定义不同的管理角色，不同的管理员可以被授权管理不同地址范围的设备，而且没有权限管理的设备不会在拓扑图中显示出来。

6. Web 管理功能

Tivoli NetView 通过 Web Console 实现分布式管理界面。NetView Web Console 为用户提供了一个灵活、可配置的环境，以便用户可以访问网络状态和配置信息。

使用 Web Console 可以浏览交换机的端口状态、路由器状态、MAC 地址状态等，方便了交换机管理。

7. 支持 MPLS 管理功能

NetView 7.1 支持对 MPLS 设备的识别，并能对有关 MPLS 的数据进行查询。NetView 可以管理 LSR(Label Switch Routers)设备。

8. 交换机的故障定位

IBM Tivoli Switch Analyzer 提供第二层交换设备发现功能，识别包括第二层和第三层交换设备在内的设备之间的关系。正确的关联分析，无论其根源是一个 IP 寻址的端口还是一个第二层的局域网(LAN)交换机上非 IP 寻址的端口、板卡或插件。另外，IBM Tivoli Switch Analyzer 还扩展了 IBM Tivoli NetView 和 IBM Tivoli Enterprise Console 的故障根源分析功能：

(1) 整合和关联。

通过提供第二层发现功能以及第三层拓扑结构的关联，Tivoli Switch Analyzer 能够在不需人员干涉的情况下生成一个故障根源解决方案。

(2) 自动化管理。

IBM Tivoli Switch Analyzer 能够通过第二层交换设备的 SNMP 讯号自动地发现第二层交换机设备和识别网络关系。运用该信息，Tivoli Switch Analyzer 能够掌握识别的交换机、端口、板卡和插件与已知的第三层拓扑的关系。Tivoli Switch Analyzer 把从第二层交换设备得到的信息与第三层的信息相混合，用来帮助形成一个第二层和第三层交换拓扑结构的更完整的视图。

(3) 冗余路径相关。

IBM Tivoli Switch Analyzer 支持网络中的冗余结构，这需要为故障根源的关联而做出特殊的考虑。网络的星型和网状结构可能导致毫无意义的上行或下行传输冲突，这意味着在这些复杂的环境中应该有附加的逻辑来使其进行关联处理。Tivoli Switch Analyzer 用业界独特的第二层故障根源关联处理解决了这个问题，它主要是考虑了底层接口、端口和插件的逻辑负载。

(4) 安全性、核查和控制。

Tivoli Switch Analyzer 运用操作系统软件和 Tivoli 管理框架的安全和核查功能来防止入侵，访问核查跟踪记录并进行分级。

12.4　Sun Solstice Net Manager

随着客户机/服务器计算技术的爆发性增长，如今的企业面临着如何最好地管理复杂的、异构的环境。这个挑战由于没有一致的管理平台管理不同大小的环境而变得更加复杂！低档平台可以经济有效地管理小的网络，但是不能调整到管理大的环境。相反地，高档企业管理平台由于价格较高不适于小的网络。此外，平台一般没有提供平台之间的允许跨网络管理的分布产品。为了满足这个需要，Sun 公司开发了 Solstice Site Manager 和 Solstice Domain Manager。

Sun 公司的 Net Manager 是 Sun 平台上杰出的网络管理软件,有众多第三方厂商的支持,可与其他管理模块连用,适用于管理复杂的异构环境。尤其在国内的电信网络管理领域中有十分广泛的应用。

12.4.1 Sun Net Manager 的特点

Sun Net Manager 的分布式结构和协同式管理独树一帜。

Sun Net Manager 具有如下特点:

1. 分布式管理

Sun Net Manager 是基于分布式的管理结构,它为用户提供了管理来自不同厂商的、规模和复杂程序可变的网络及系统的能力。Sun Net Manager 结构的伸缩性体现在它将管理处理的负载分散到网络上。这不仅减少了作为管理者的主机的负担,而且降低了网络带宽的开销。

Solstice Site Manager 包括了 100 个节点数许可限制的 Sun Net Manager 2.3 和 Solstice Cooperative Console 的发送方功能,允许管理信息(拓扑、事件和陷阱)传送到 Solstice Domain Manager 的控制台上。Sun Net Manager 提供了性能价格比很好的中小型网络管理。Sun Net Manager 可以管理无限个计算机主机和网络设备,它也包括了 Solstice Cooperative Console 的发送方功能。

Solstice Domain Manager 包括了无限制节点许可的 Sun Net Manager 2.3、Solstice Cooperative Console 的发送方与接收方的全部功能及先进的版面排列工具,可用来与 Solstice Site Manager 或 Solstice Sun Net Manager 一起协同管理小型的、多层次的复杂网络。

Sun 采取分布式管理,有三种管理模式:外部到中央的管理系统可以在必要时接管外部点的网管;分级的管理方式可以缩小网管的容量,必要时还可以相互接管;协同的管理方式,两个 Domain Manager 的数据库可以保持同步,必要时可以互相接管工作。

Sun Net Manager 与 Sun Net Manager 通过 RPC 沟通的 Agent 有两种类型:直接存取管理对象,如 CPU 统计 Agent、磁盘信息 Agent 等;非直接存取规律对象,也称 Proxy Agent(委托代理)。

Proxy Agent 是分布式管理体系结构的基础,它可以很容易地扩充网管容量。规模化的管理用 Proxy Agent 来实现。这种 Proxy Agent 为用户带来三方面的好处:网络管理的轮询(Polling)局部化,减少了文件传输的开销,增加了每个管理者可管理的节点数;Proxy Agent 为远程 Agent 提供了广域网上可靠的传输;通过提供不同类型的 Proxy Agent,可使 Sun Net Manager 管理任何类型协议的对象,例如 DECnet 网和 FDDI 网等。

Sun Net Manager Agent 和 Proxy Agent 与应用程序通过 RPC(ONC/RPC)协议进行通讯。Proxy Agent 将 RPC 协议翻译成被管理元素所能理解的协议,通过它,Sun Net Manager 可以管理小量的资源,包括:通讯协议层和接口;网络设备如交换机、路由器、集线器、打印机、工作站和 PC;应用程序、数据和网络服务;系统和操作系统资源。

2. 协同管理

协同管理是由 Sun Net Manager 和 Cooperative Console 共同实现的,其主要特点是信息的分布采集、信息的分布执行、应用的分布执行。我们可将一个小型企业网管按其业务组织或地域分为若干区,每个区都有自己独立的网管系统。但有关区之间可以互相作用。区与区之间的关系可根据实际需要灵活配置,既可以层次,也可以为对等,甚至可以根据被管目标的特性管理职能,例如路由器、X.25 服务器、数据库应用等可分别由不同区域的网管中心来管理，从而充分发挥各地技术专家的特长。

数据和事件管理采用 Sun Net Manager，用户可以发送类型请示到 Proxy Agent：
- 数据请求：例如每 60 秒轮询一次 hostperf agent，提取所需信息，送回请求方；
- 事件请求：例如每 60 秒轮询一次 hostperf agent，如果某一属性符合某个标准(CPU 利用率 90%)，则送交事件报告给请求方。

Sun Net Manager 2.3 不但提供了易用的生成事件请求的工具，而且还提供了非常好的事件管理功能来监视关键设备的状况。Sun Net Manager 2.3 引进了一个新的特性：基于事件的动作（Event-Based Actions）。一个预先定义的事件发生，可激发一个接着发生的事件请求。管理者可以将多个预先定义的请求连接起来，以快速诊断问题所在。

Sun Net Manager 2.3 还允许对某一类设备（如 Cisco 路由器）提交一个共同的事件请求。

3. 全面支持 SNMP

简单网络管理协议是一个用于管理信息交换的工业标准。Sun Net Manager 包括了所有基本的 SNMP 机制，而且允许配置 SNMP 陷阱（Trap）为不同的优先等级。在网络中出现故障时，能够传送到其他 Solstice 或非 Solstice 的平台上，如需要对 IBM 的小型机实现一体化的管理，Sun 公司相应的解决方案实现 SNMP 陷阱到 IBM Netview 的传送。Sun Net Manager 同时还支持 SNMP V2。

4. 具有较强的安全性

在分布式网管系统中，网络管理系统的安全性显得特别重要，在配置 Cooperative Console 时，系统提供访问控制表以保证具有那些被授权接收管理数据的人才能得到相关信息。另外 Cooperative Console 还提供了只读控制台的功能，使得一般的网管人员只能在只读方式下操作，不能增加/移动/删除网络元素。

5. 用户工具

Sun Net Manager 的用户工具很丰富，它可使操作员监视和控制网络及系统资源。图形化的界面简化了操作过程和减轻了培训要求，这些工具主要包括：

（1）管理控制台（Management Console）。

控制台是一个中央管理应用，它具有面向图形的用户接口、使管理人员能够启动管理任务并显示管理信息。通过控制台，管理员能够解决许多类型的管理问题，如：
- 设备配置设定
- 故障报警和诊断
- 网络资源的监控与控制
- 系统网络容量规划和管理

（2）搜寻工具（Discover Tool）。

搜寻工具自动发现 IP 和 SNMP 设备，写入管理数据库，并构造网络的图形表示。这个工具为建立、显示和配置数据库节省了时间。

（3）Solstice Domain Manager 版面排列工具。

管理一个小型网络的一部分工作是以一定的方式设计屏幕，能够快速浏览到某一个具体单元。版面排列工具能从管理数据库中读取信息。并自动将设备和连接按下列三种版面排列方式之一显示，这种方式是：层次式、弧形式、对称式。

版面排列工具还提供一个总览窗口，通过它可知道目前浏览的是网络的哪个部分。版面排列工具还支持拓扑图的打印。

(4) IPX 搜寻工具（IPX Discover）。

Sun Net Manager 2.3 能够输入已存在于 Novell Manage Wise 网络管理控制台的拓扑图，因此它能够浏览到 NetWare LAN 的 PC。Sun Net Manager 2.3 能够通过 Novell Management Agent 2.0 管理 NetWare 服务器的文件系统、打印队列、用户组和其他属性。

(5) 浏览工具（Browser Tool）。

浏览工具可用来检索和设置被管设备 MIB 中的 SNMP 属性。管理员还能从特定属性中得到更多信息，包括属性名、属性类型、存取信息和网络地址。

(6) 图形工具。

图形工具通过多维的、可比较的图形来表示动态的或日志化的网络信息。这些有利于鉴别统计趋势、诊断潜在的网络问题或瓶颈。例如，很容易的创建图形来显示服务器的 CPU 利用率、观察峰值负载、网络程序的执行或其他任何有用的元素属性。

6. 应用程序接口

Sun Net Manager 既提供了用户工具，又提供了开发者工具。开发者工具是三个应用编程接口（API），厂商和用户可基于 API 开发更强大、更具个性化的工具，以扩展 Sun Net Manager 中用户工具的功能。这三个 API 分别是：管理者服务 API（Manager Services API）、代理服务 API（Agent Services API）和数据库/拓扑图 API（Database/Topology Map Services API）。

12.4.2 基于 Sun Net Manager 的解决方案

下面给出一个基于 Sun Net Manager 的网络管理解决方案实例。具体需求如下：

某集团公司总部位于北京，有 10 个分公司分别位于上海、广州、成都、西安等地。整个集团公司的用户近 3000 名，其中北京有用户约 1500 名，10 个分公司的用户从 50 名到 350 名不等。公司在各地已建立了规模不等的局域网，并租用专线连成了一个广域网。涉及的网络设备包括 3Com、Cisco、Lucent、Nortel 等公司的路由器、交换机和网卡等，运行的网络操作系统有 IBM AIX、Sun Solaris、中软 COSIX、IBM OS 400、HP-UX、Windows 2000/2003、Novell NetWare 等，客户端操作系统以 Windows 9X 为主。公司的网络拓扑如图 12-13 所示。

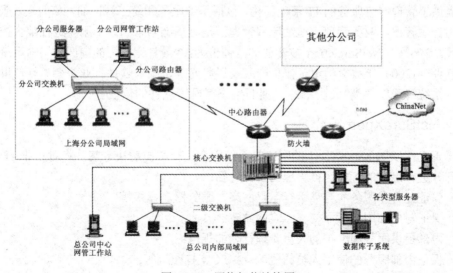

图 12-13　网络拓扑结构图

公司虽然建立了一套庞大的网络系统，主要数据均通过网络传输，但网络管理手段落后，出现故障不易查找、诊断和修复。现在公司希望在各地安装专业的网管软件，在总部可直接管理分公司网络设备，并能支持网管人员基于移动方式的管理；公司希望内部的话音/传真业务能通过广域网传输，因此需要定义数据的优先级；能防范来自内部与外部的入侵，解决安全问题；能适应公司规模的调整，易于实现设备的增减；能适应公司业务向电子商务模式的转变。

网管主要功能是完成对各主机服务器和网络设备的集中管理，同时作为全网的中心，还将实现对整个广域网进行集中的网络管理控制。Sun 公司的解决方案一般为：Sun 公司的网管平台 Sun Net Manager 外加其他网络公司的网管软件 Cisco Works，IBM NetView，Nortel Optivity 等来满足网络管理的功能。

鉴于公司的规模与管理上的需要，采取分层管理的方式来完成网络功能。具体实现方式如下：

在各分公司的网管工作站上安装 Solstice Site Manager 网管平台及被管设备的相应管理软件，比如 Cisco 路由器的 CiscoWorks 软件等。此工作站用来管理分公司网络内所有相关设备。

在公司总部的网管工作站上安装 Sun Domain Manager 网管平台及总部网络中心各被管设备的相应管理软件，例如 Cisco 路由器的 CiscoWorks 软件等。此工作站用来管理总部网络内所有相关设备及分公司网络的所有设备，分公司被管设备的相关信息由各分公司的网管工作站通过专线传送至总部的网管工作站。网管系统的硬件平台可以根据网络的规模来选用 Sun 公司各档次服务器及工作站。

12.5 青鸟网硕 NetSureXpert

北大青鸟网软有限公司是北大青鸟集团属下的专业综合运维平台软件产品和解决方案提供商。青鸟网软自主研发、具有国际先进设计理念的青鸟网硕 NetSureXpert——网络与系统综合管理平台，克服了对网络与服务的分割管理，实现了面向服务的综合网络服务管理，为企业提供了管理网络服务的 IT 基础架构，包括基于服务和统一视图的网络管理、服务器管理、应用程序管理、业务管理、运维流程管理，是对基础网络和网上服务进行综合控制和管理的手段。2003 年 NetSureXpert 被赛迪评测评价为："最具竞争力的国产网络与系统综合管理平台软件"，2004 年被中国电子信息产业发展研究院、中国软件行业协会、软件世界杂志社评为：系统管理软件类"金软件奖"，是目前国产网管软件的佼佼者。

12.5.1 NetSureXpert 简介

基于青鸟网硕 NetSureXpert 的网络与系统综合运行维护解决方案，将对企业 IT 环境的各构成部分进行综合的管理，被管理的目标包括：

（1）保证业务和服务的可靠运行——网络，服务器，程序等；
（2）保证与外部用户可靠交互——网站等；
（3）内部提供服务和维护的人员管理行为的规范；
（4）保证内部服务的使用人员的资源——PC、打印机等；
（5）改进和提供新服务——统计与分析，网络，服务器，程序等资源的统计。

青鸟网硕 NetSureXpert 具有以下特点：
（1）管理平台系统——高扩展性，高性价比；
（2）系统客户化能力强——提高客户化效率；
（3）系统集成性高——缩短系统集成时间；
（4）系统维护容易——简单、方便；
（5）系统高改进和快速升级能力——平台优势。

青鸟网硕 NetSureXpert 能够从不同的层次收集与服务相关的各种信息，从网络设备信息，全网流量分析到服务器的内存、I/O 的使用情况，甚至于应用系统对资源的占用情况，同时通过内置的智能分析系统对这些信息进行综合的关联分析，为企业提供面向服务的准确、全面的服务视图。

青鸟网硕 NetSureXpert 通过灵活的结构、先进的智能和可视技术以及简单易用的模块化设计为企业提供了对 IT 环境进行管理的强力手段，同时通过灵活的接口机制保证了对不断发展的技术与应用的支持，保证"随需而变"。

青鸟网硕 NetSureXpert 为企业提供了以下管理功能：
（1）面向服务的完整综合资源管理，对整个 IT 环境的不同资源（从网络设备到服务器，从应用程序到终端 PC）实现了在一个平台上的综合管理；
（2）面向服务的资源利用率管理，全面掌握 IT 资源利用情况、诊断服务瓶颈，优化服务质量，同时为服务的扩展提供依据；
（3）即时可用的价值保证，方便的部署，实用的功能，大幅降低网络与系统的运行维护工作量；
（4）智能的故障分析，能通过性能阈值判断服务的边缘状态，同时提供故障过滤与故障的根源分析，简化故障处理的难度；
（5）对流量的分析手段，快速发现影响网络性能的"罪魁祸首"；
（6）保证维护人员、维护流程规范化；
（7）随需而变的系统，能够根据用户的需要灵活的定制，系统能随着网络技术的发展同步发展。

12.5.2 NetSureXpert 解决方案

为了保证企业在信息化时代保持竞争力，针对传统解决方案的不足，青鸟网软基于青鸟网硕 NetSureXpert 的管理方案为企业提供了针对 IT 环境及 IT 运维管理强大而灵活的综合管理手段。青鸟网硕 NetSureXpert 通过对组成网络服务的 IT 基础架构的各方面，从网络设备到服务的物理载体服务器到各种应用程序分层监视，以服务为最终对象的综合管理；同时，对 IT 运维管理的各方面——资源管理，事件管理，流程规范化管理，IT 资源利用分析等提供了全面的管理手段，真正在一个平台实现了对 IT 环境以及 IT 运维管理需求的综合、全面的管理。

1. IT 资源管理

青鸟网硕 NetSureXpert 为用户提供了一个准确、高效的综合 IT 资源管理系统。作为产品的核心功能，系统能够准确地、实时地反映用户手中可以产生利润的种种资源，系统的资源管理功能能够帮助用户自动发现和拓扑自己的网络、设备和应用服务系统，以网络模型和图形化的形式清楚地再现了用户手中的物理资源，同时也支持通过手工方式对逻辑资源进行描述,使用户可以清楚地了解自己的网络、网络设备、服务器、应用服务(如 OA、ERP 等)的详细情况。

通过青鸟网硕 NetSureXpert 的网络资源管理功能,可以为各种网络设备以及其他相关设备建立硬件资源档案。系统能自动搜索网内的设备,对支持 SNMP 协议的设备并能识别设备的类型、型号、生产厂家以及设备的硬件配置信息,如 CPU,内存,DMA,I/O,DISK,PORT 等,对网络设备可以管理到端口级,如端口的类型、速度、端口工作模式等。对不支持标准协议的设备,系统支持手动的建立资源档案。图 12-14 显示了设备的真实面板。

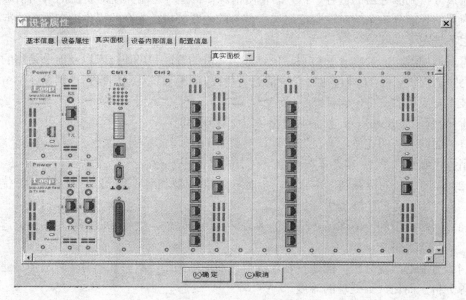

图 12-14　设备真实面板

2. 智能的故障管理

故障管理是青鸟网硕 NetSureXpert 的一个重要组成部分,系统能够自动从被管 IT 环境中接收各种报警信息,来源包括:网络设备(TRAP,主动探测、轮询等)、主机如某项服务(E-mail,Web 等)中断、数据库、PC 终端(各种非法的软硬件变动)、系统本身产生事件和各种关键应用系统(中间件、数据库等),并通过多种方式直观地进行显示,从而使得企业的 IT 运行维护人员能够及时、准确地掌握信息化系统运行的故障,以便及时发现和修复 IT 故障,保障业务的可靠运行。

青鸟网硕 NetSureXpert 提供了强大的事件管理功能,用户能够对事件的级别(从事件发生的地域、设备的类型、故障的类型等多种条件)进行自定义(最多可设置 9 种不同级别),能够对发生事件的条件进行自定义,能够对事件的关联性进行设置,并能对事件采用策略进行过滤,对于新的事件可以自动学习,存入知识库,作为经验积累。

青鸟网硕 NetSureXpert 提供了丰富的事件通知方法,包括:声、光、Windows 消息、EMAIL、SMS 等方法,用户也可自己编写处理程序进行处理;同时用户可自定义事件的处理流程,在指定事件发生后自动发起事件处理工单,以对管理流程进行规范。

3. 全面的性能监视

青鸟网硕 NetSureXpert 能够动态获取 IT 环境各组成部分的性能参数信息,包括了设备性能、端口性能、服务器性能、应用进程性能与各种基础应用的性能（如数据库、中间件等），用户还可自定义性能公式，以直观的动态趋势曲线图的形式表示，为运行维护人员进行性能监控与性能评估提供可靠的数据参考；

青鸟网硕 NetSureXpert 还提供了阈值组的功能，用户可通过将与 IT 应用相关元素的性能指标进行组合，系统在组合指标出现异常时对应用进行告警，从而为用户提供了考察 IT 服务质量的综合指标；同时，通过青鸟网硕 NetSureXpert，用户还可以对其所有关心的元素的性能指标进行综合的比较，发现 IT 环境中的瓶颈，为网络结构的优化提供依据。图 12-15 是一张端口性能监控图。

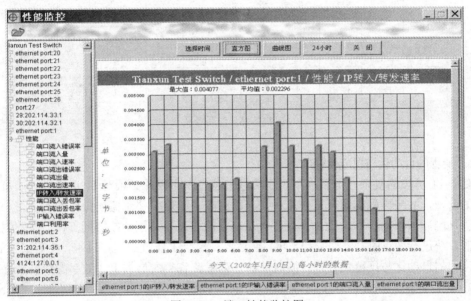

图 12-15　端口性能监控图

4. 资源自动拓扑和自动发现

青鸟网硕 NetSureXpert 拓扑管理模块能帮助用户迅速自动搜索整个网络内的所有元素，并可自动生成相应的网络拓扑图，可实时地一目了然地了解服务器、网络设备和客户端与网络的连接情况和连通状况，以及各线路的实际利用情况；同时，青鸟网硕 NetSureXpert 提供用户以地域与业务的角度来编辑和管理网络拓扑，从而能够从不同的角度对网络的整体情况进行管理。

5. 面向应用的流量分析

互联网的高速发展及企业信息化对通信网络的巨大需求，使得网络建设规模的成倍增长，数据类业务高速增长。面对庞大、不断增长的 IP 网络环境，用户如何做到可控、可预知、可管理，是用户必须解决的问题，用户需要对自己的业务进行分析，以更好地适应未来业务发展的需求，因此越来越多的用户意识到必须通过对"网络流量分析"的手段来为业务规划提供依据。青鸟网硕 NetSureXpert 能够通过对网络流量的深入分析，帮助用户完成针对网络的关键组成的流量进行全面分析；在网络优化及新的网络扩容、建设时为领导提供决策支持；对网络中异常流量数据及时检测，找到问题源头；帮助通过对流量进行分析，帮助用户调整自己的业务策略，适应不断变更的需求，如图 12-16 所示。

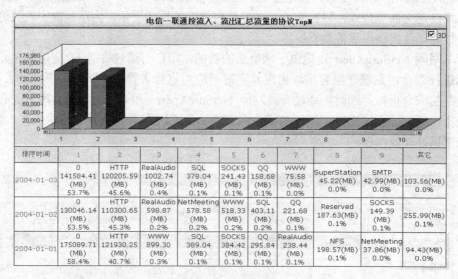

图 12-16 流量分析

6. 流程的自动化与规范化管理

随着 IT 环境的复杂性不断提高，规模越来越庞大，因此必须对 IT 运行维护人员进行规范化的管理，并将日程的管理工作流程化，以提高工作效率并避免误操作的发生。

青鸟网硕 NetSureXpert 的工作流管理功能，能通过与其他功能协同工作，在发生故障和需要对系统进行变更时，自动发起工单，通过监视整个工作流的运行过程，能够实现 IT 运行维护流程的自动化与规范化管理，同时能够作为考核各类人员的工作效率的依据。

7. 远程管理

为了保证系统运行维护人员能够随时随地地实现对 IT 运行环境的监视，避免在机房无人的情况下无法实现管理的情况出现，青鸟网硕 NetSureXpert 为管理员提供了基于 Web 的远程管理方式。

8. 丰富的工具集

为了帮助 IT 运营维护人员从烦琐的日常管理工作中摆脱出来，青鸟网硕 NetSureXpert 提供了丰富的工具。包括：对 IP 地址的管理，对 PC 终端运行的监视工具，对日志进行集中分析的工具，对网站被访问情况、可用性的分析工具、PING、TELNET、TRACROUTE 等工具。

9. 强大的可扩展性

对于如何建设一个综合网络与系统运行维护平台，用户应根据自己的实际需要，本着实用的原则，选用最适合的技术来建设。但是平台的可扩展性是必须考虑的一个根本原则，系统必须能够提供开放的接口与机制能对不断出现的新技术、新业务快速地提供支持，另一方面对于原有的一些系统也必须能够通过不同的方式进行集成，从这种意义上来说，平台的可扩展性要比平台现有的功能更加重要。

青鸟网硕 NetSureXpert 在系统架构进行设计的时候较充分考虑到平台的可扩展性与易集成性，目前，能够为用户进行针对各种不同需求的二次开发，包括无需编程即可实现的客户端客户化，对新的设备及技术的支持，对个性化应用的管理，与老系统的集成等；同时，青鸟网硕 NetSureXpert 提供了多种外部接口，能够与其他系统进行快速的集成。

习　题

1. CiscoWorks局域网管理解决方案包括哪些组件？每个组件的作用是什么？
2. 什么是Cisco IOS？简述Cisco IOS的作用。
3. HP OpenView系列家族有哪些成员？分别具有什么功能？
4. 如何用HP OpenView NNM实现并行化网络管理？
5. 试用IBM Tivoli NetView的自动拓扑功能得出实验室的网络结构图。
6. IBM Tivoli NetView如何与其他网管软件集成？
7. 什么是Sun Net Manager？Sun Net Manager的功能有哪些？
8. 试述Sun Solstice Site Manager解决方案的特点。
9. 青鸟网硕NetSureXpert为企业用户提供了哪些管理功能？
10. 青鸟网硕NetSureXpert提供的智能化故障管理中可包括哪些故障源？

第13章 基于 Windows 平台的网络管理

随着计算机网络的不断发展和 SNMP 协议的日渐成熟,网络厂商和专家不仅仅关注如何让网络设备:如路由器、交换机、防火墙等支持 SNMP,同时考虑如何将 SNMP 应用到网络操作系统和一些重要的应用服务中。20 世纪 90 年代至今,Windows 系列操作系统广泛流行,有着众多的企业和个人用户,如何基于 TCP/IP 协议簇中的 SNMP 管理 Windows 域服务器、Web 服务器、数据库服务器、E-mail 服务器等已备受重视。为此,了解和掌握 SNMP 在 Windows 中的配置及应用非常必要。本章将首先分别介绍在 Windows 2000,Windows XP 和 Windows2003 中 SNMP 服务的安装、配置、测试和应用,然后讲述如何在 Windows 平台进行 SNMP 编程。

13.1 Windows SNMP 服务的基本知识

Microsoft 公司在推出 TCP/IP-32 For Windows 协议簇时包含了一个 SNMP 服务选件,可以安装在 Windows 服务器或工作站上,接收或发送 SNMP 请求、响应和自陷。为了提高网络管理的性能,基于 Windows 的 SNMP 服务采用由管理系统、代理和其他相关组件组成的分布式体系结构,如图 13-1 所示。Windows 计算机既可以是 SNMP 管理者,也可以是安装

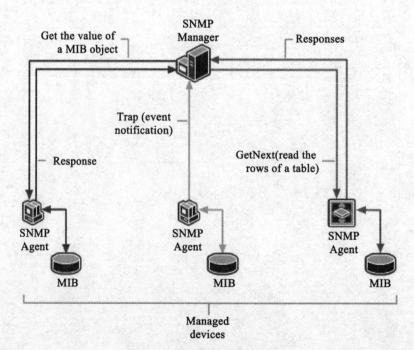

图 13-1 SNMP 分布式体系结构

SNMP 代理的被管对象。当 Windows 计算机发生重大事件，如主机的硬盘空间不足或 IIS 服务发生异常时，SNMP 代理就会把状态信息发送给一个或多个管理主机。

Windows 操作系统是 SNMP 理想的开发平台之一，Windows 支持 TCP/IP 网络和图形用户接口，利用这些特性开发 SNMP 管理系统和代理软件非常方便。现在流行的 Windows 系统均支持并发的系统服务，一个 Win32 系统服务可以在后台运行，它的开始和停止无需系统重新启动，SNMP 也是运行在 Windows 中的系统服务组件，可通过"服务"管理工具进行控制。

13.1.1 Microsoft Windows SNMP 服务

Windows 2000 网络操作系统中 SNMP 服务主要包括两个应用程序：一个是 SNMP 代理服务程序 Snmp.exe，另一个是 SNMP 自陷服务程序 Snmptrap.exe。

Snmp.exe 代理服务主要功能如下：
- 接收从管理者发来的 SNMP 请求报文，分析处理请求后发送响应报文给管理者。
- 负责对 SNMP 报文进行语法分析，支持 ASN.1 和 BER 编码/解码。
- 发送自陷报文给 SNMP 管理者。
- 负责处理与 WinSock API 的接口。

Snmptrap.exe 监听发送给 SNMP 管理主机的自陷报文，然后将其中的数据传送给 SNMP 管理 API。Windows 95 和 Windows 98 中没有该自陷服务程序。

在 Windows Server 2003 中 SNMP 的内部体系结构由管理端函数库和代理端函数库两大部分实现，其中部分函数功能出现交迭，既用于管理端，也用于代理端。图 13-2 描述了 Windows Server 2003 SNMP 内部基于 TCP/IP 的分层结构图。

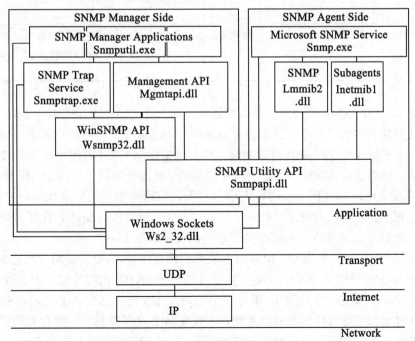

图 13-2 Windows Server 2003 SNMP 服务体系结构图

表 13-1 列出了 Windows Server 2003 中 SNMP 内部组件及其相应功能。

表 13-1　　　　　　　　　　Windows Server 2003 SNMP 组件

组件名称	相应程序文件	类型	功能描述
Microsoft SNMP Service（也称为主代理或扩展代理）	Snmp.exe	代理	接收 SNMP 请求并转发至相应的 SNMP 子代理动态链接库函数处理；截获子代理的 Trap 信息并转发 Trap 报文给相应管理系统
SNMP Subagents（子代理，又称扩展代理）	Inetmib1.dll, Hostmib.dll, Lmmib2.dll 等	代理	提供一系列入口函数负责处理 SNMP Service 转发过来的请求报文，并将返回信息传送给 SNMP Service
SNMP Utility API	Snmpapi.dll	管理端和代理	提供内存操作、地址解码、对象标识符处理等程序；提供一系列程序用于 SNMP 子代理操作 SNMP 对象。虽然 Snmpapi.dll 不是必须的，系统提供此工具主要是为方便开发新的 SNMP 扩展代理
WinSNMP API 和 Management API	Wsnmp32.dll 和 Mgmtapi.dll	管理端	帮助开发 SNMP 管理端软件。WinSNMP API 提供一系列包括编码、解码、发送、接收 SNMP 报文的函数 Management API 是基于 WinSNMP 和 SNMP Utility API 的简洁 API，提供有限函数集用于快速开发简单的 SNMP 管理端程序
SNMP Trap Service	Snmptrap.exe	管理端	基于 WinSNMP API 开发的工具，用于转发 trap 报文到相应的 SNMP 管理端程序
SNMP Manager Application	Snmputil.exe	管理端	使用 Management API 开发的命令行管理端程序,可用它获取网络中 SNMP 代理的响应信息

Windows 中的 SNMP 代理服务是可扩展的，即允许动态地添加或更改 MIB 信息。MIB 信息的变化直接导致代理程序可能需要重新编码，Microsoft 公司巧妙引入子代理（也称为扩展代理）技术来处理私有的 MIB 对象和特定的自陷条件，这意味着程序员不必修改和重新编译代理程序，只需加载或卸载一个能处理新信息的子代理就可以了。当 SNMP 代理服务接收到一个请求报文时，它就把变量绑定表中的有关内容送给相应的扩展代理，扩展代理根据 SNMP 的规则对其私有的变量进行处理，形成响应信息流回传给 SNMP 代理。SNMP 代理服务和扩展代理以及自陷服务与 Win32 操作系统的关系如图 13-3 所示。

SNMP API 是微软公司为 SNMP 协议开发的应用程序接口，是一组用于构造 SNMP 服务、扩展代理和 SNMP 管理系统的库函数。图 13-4 描述了 SNMP 代理与 SNMP API 交互作用的详细过程。SNMP 报文通过 UDP/IP 服务经 WinSock API 传送到 SNMP 代理，SNMP 代理调用 SNMP API 对报文进行译码和身份鉴别，然后将 MIB 变量信息传送给有关的扩展代理，经扩展代理处理后形成响应信息返回给 SNMP 代理，再回 SNMP 代理装配成 GetResponse 报文，交给 WinSock API 回送给发出请求报文的管理站。如果请求的 MIB 对象没有任何已装载的扩展代理可以处理，则返回 noSuchName 错误。

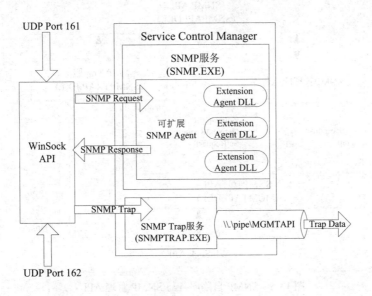

图 13-3 SNMP 服务和扩展代理

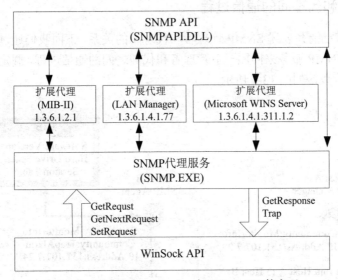

图 13-4 SNMP Agent Service 与 SNMP API 的交互

SNMP 自陷服务监听由 SNMP 代理发出的自陷报文,并把自陷数据通过命令管道转送给 SNMP 管理 API——MGMTAPI.DLL。管理 API 是微软公司为开发 SNMP 管理应用程序提供的动态链接库,是 SNMP API 的一部分。图 13-5 显示了 SNMP 自陷服务、SNMP 管理端应用程序、管理 API 以及 WinSock API 间的关系。管理端应用程序通过管理 API 发送和接收 SNMP 报文,同时它也可调用 SNMP API 申请内存空间和进行数据格式转换。

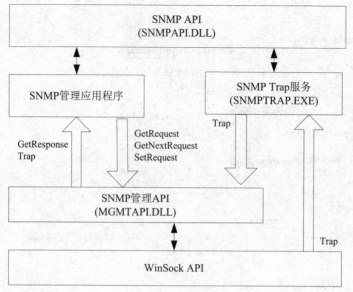

图 13-5　SNMP 自陷服务与 SNMP 管理 API

13.1.2　管理者和代理间的通信过程

本书前面章节已清楚表述 SNMP 管理者和代理间的关系，下面我们通过一个简单的例子并结合 Windows SNMP 服务来回顾一下管理者和代理之间的通信过程，假定管理者想获取主机 B 活动网络连接数，如图 13-6 所示。

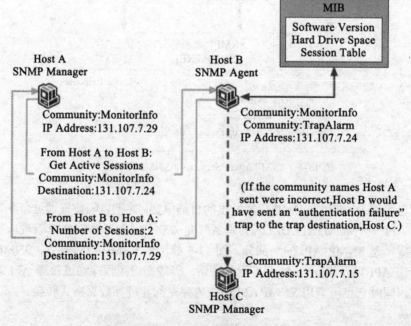

图 13-6　管理者向代理询问活动连接数

管理者和代理之间通信过程如下：

（1）主机 A 担当 SNMP 管理者，首先构造一个 SNMP GET 报文，报文中包括要获取活动连接数的信息、SNMP 管理者的共同体名以及报文的目的地址——SNMP 代理即主机 B 的 IP 地址（131.107.3.24）。SNMP 管理者可以采用 Microsoft SNMP Management API library（Mgmtapi.dll）或 Microsoft WinSNMP API library（Wsnmp32.dll）来实现这一步骤。

（2）SNMP 管理者利用 SNMP service libraries 将构造好的报文发送给主机 B。

（3）主机 B 收到报文后，首先验证报文中的共同体名（MonitorInfo）是否为合法共同体名，并验证与该共同体名相对应的访问权限和源 IP 地址是否合法。若共同体名或访问权限不合法，而且 SNMP 服务已被配置成需要发送认证陷阱，代理就会向指定的陷阱目的地——主机 C，发送一个"Authentication Failure" 的陷阱报文，其中主机 B 和主机 C 都属于 TrapAlarm 共同体。

（4）SNMP 代理的主代理组件调用相应的扩展代理从 MIB 库中取得所请求的活动连接信息。

（5）利用获得的连接信息，SNMP 代理服务构造一个响应报文，其中包括活动连接数和 SNMP 管理者的目的地址——主机 A 的 IP 地址（131.107.7.29）。

（6）主机 B 将响应报文发送给主机 A。

管理者向代理请求的信息包含在 MIB 中。MIB 是一组可管理的对象，这些对象代表了与网络设备有关的各种类型的信息。例如，活动会话的数目、主机名字或主机网络操作系统软件的版本等。SNMP 管理者和代理对 MIB 对象的理解是一致的。

Windows SNMP 服务支持 Internet MIB II，Lan Manager MIB II，DHCP MIB，HTTP MIB 等。

13.2 Windows 中 SNMP 服务的安装、配置和测试

Windows SNMP 服务的安装方法同其他服务的安装方法类似，但是需要注意的是安装 SNMP 服务必须首先安装 TCP/IP 协议。表 13-2 列出了安装 SNMP 服务后的部分相关文件，表 13-3 列出了 Microsoft 公司的部分相关 MIB 模块。

表 13-2　　　　　　　　　　Windows 中部分有关的 SNMP 文件

文件名	说　　明
INETMIB1.DLL	实现 MIB-2 的扩展代理（1.3.6.1.2.1）
LMMIB2.DLL	实现 LAN Manager MIB-2 的扩展代理（1.3.6.1.2.1.77.1.3）
MGMTAPI.DLL	SNMP 管理 API 库
MIB.BIN	经过编译的 MIB 数据，由管理 API 使用。实现文本对象名与数字对象标识符间的映射
SNMP.EXE	SNMP 代理服务可执行程序
SNMPTRAP.EXE	SNMP 自陷服务可执行程序

表 13-3　　　　　　　　　　　Microsoft 公司部分 MIB 模块

文件名	基本对象标识符	描　　述
WINS.MIB	1.3.6.1.4.1.311.1.2	包含 wins 服务器相关信息，如：统计信息、数据库信息，推/拉复制数据，成功处理的解析数，失败的解析请求等。
WINSMIB.DLL	1.3.6.1.4.1.311.1.2	实现 WINS 服务 MIB 的扩展代理
DHCPMIB.DLL	1.3.6.1.4.1.311.1.3	实现 DHCP 服务 MIB 的扩展代理
DHCP.MIB	1.3.6.1.4.1.311.1.3	包含 DHCP 服务器统计信息，DHCP 作用域及作用域选项、已租地址数、请求租用数等
INETSRV.MIB	1.3.6.1.4.1.311.1.7	Microsoft Internet 信息服务 MIB
FTP.MIB	1.3.6.1.4.1.311.1.7.2	Microsoft IIS FTP 服务器 MIB
HTTP.MIB	1.3.6.1.4.1.311.1.7.3	Microsoft IIS HTTP 服务器 MIB
NNTP.MIB	1.3.6.1.4.1.311.1.7.6	Microsoft IIS NTTP 服务器 MIB
SMTP.MIB	1.3.6.1.4.1.311.1.7.7	Microsoft IIS SMTP 服务器 MIB

13.2.1　Windows 2000 中 SNMP 服务的安装和配置

在 Windows 2000 环境下学习 SNMP 网络管理需要一个先决条件：安装并配置好 Windows 2000 的 SNMP 服务，也就是我们上一节介绍的代理进程。

1. 安装 SNMP 服务

（1）以管理员身份登录 Windows 2000，打开"控制面板"，然后选择"添加/删除程序"→"添加/删除 Windows 组件"，出现如图 13-7 所示 Windows 组件向导对话框。

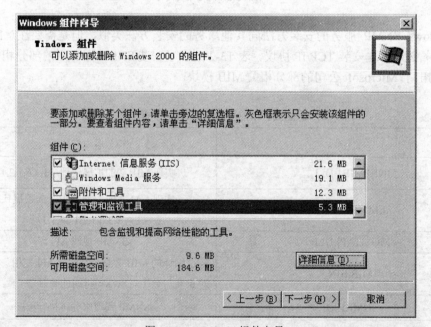

图 13-7　Windows 组件向导

（2）在"Windows 组件向导"中选择"管理和监视工具",点击下面的"详细信息"按钮,弹出如图 13-8 所示"管理和监视工具"对话框。

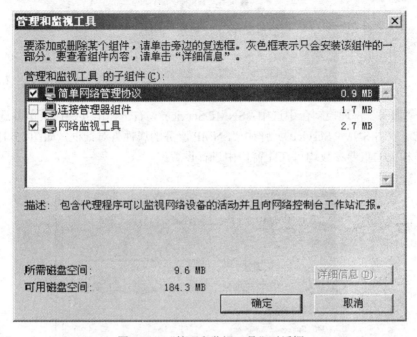

图 13-8　"管理和监视工具"对话框

（3）选中简单网络管理协议子组件,然后单击"确定"按钮,向导会自动从 Windows 2000 安装光盘中添加 SNMP 文件到系统目录,完成 SNMP 服务的安装。

2. 启动/停止和配置 SNMP 服务

（1）SNMP 组件安装成功后我们在"控制面板→管理工具→服务"中会发现 SNMP 服务已经启动,如图 13-9 所示。

图 13-9　"服务"管理工具

（2）网络管理员可以使用"服务"管理控制台中的工具栏按钮来启动/停止 SNMP 服务

和 SNMP Trap 服务，如图 13-10 所示。

图 13-10 "服务"控制台工具栏

（3）在"服务"管理控制台中选中"SNMP Service"，右击弹出其快捷菜单并选择"属性"菜单项（也可双击 SNMP Service），弹出"SNMP 服务的属性"对话框，如图 13-11 所示。与 SNMP 服务相关的重要参数均可在此窗口中进行设置。

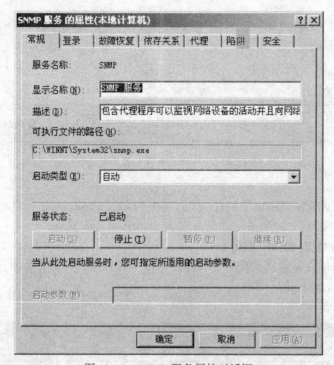

图 13-11 SNMP 服务属性对话框

（4）在如图 13-11 所示对话框"常规"选项卡下，用户可以查看 SNMP 服务对应的可执行程序文件，服务的状态，并可修改服务的启动类型。

（5）单击"代理"选项卡可进行代理配置，如图 13-12 所示。其中的联系人、位置、服务分别对应系统组中的 3 个对象 sysContact，sysLocation 和 sysServices。

（6）单击"陷阱"选项卡可进行陷阱设置，如图 13-13 所示。设置方法是先输入社区名称，如"public"，然后点击"添加到列表"按钮，最后输入陷阱目标地址。陷阱目标一般是 SNMP 管理站，可输入管理站的 IP 地址、IPX 地址或主机名。需要特别说明的是：社区名称对大小写是敏感的。

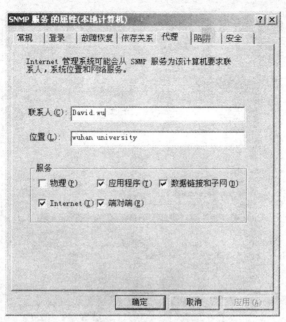

图 13-12　代理配置

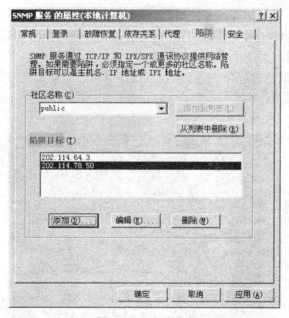

图 13-13　陷阱设置

（7）安全配置：Windows SNMP 服务不仅允许指定被接收请求的社区名和主机，还可指定当收到一个非经授权的社区名时是否发送身份认证陷阱。在"SNMP 服务属性"对话框中单击"安全"选项卡，如图 13-14 所示。如果希望出现失败认证时发送陷阱，则选中"发送身份认证陷阱"；反之，清除复选框。另外还可设置代理只接受特定主机的 SNMP 包，见图 13-14。

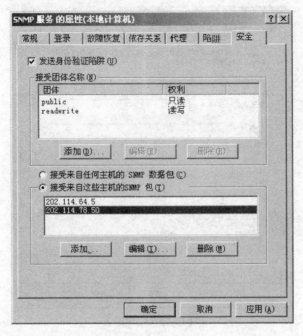

图 13-14　安全配置

（8）Windows 2000 SNMP 提供了 Trap（陷阱）服务，图 13-15 显示了 SNMP Trap 服务的属性。该服务接收由本地或远程 SNMP 代理程序产生的陷阱消息，然后将消息传递到运行在本地计算机上的 SNMP 管理程序。SNMP Trap 服务默认启动类型为手动，可在其属性窗口中改为"自动"运行。

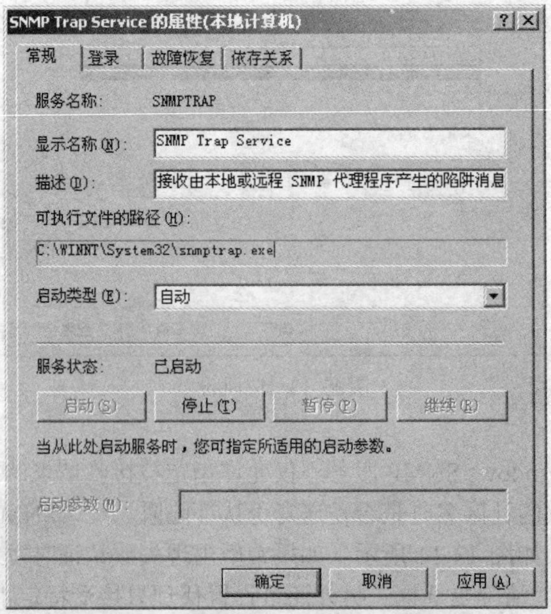

图 13-15　SNMP Trap 服务属性对话框

13.2.2 Windows XP/2003 中 SNMP 服务的安装和配置

1. 安装 SNMP 服务

（1）以管理员身份登录 Windows XP/2003，打开"控制面板"，然后选择"添加/删除程序"→"添加/删除 Windows 组件"，出现如图 13-16 所示 Windows 组件向导对话框。

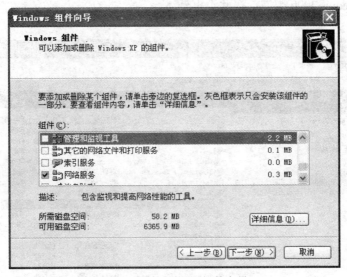

图 13-16　Windows 组件向导

（2）在"Windows 组件向导"中选择"管理和监视工具"，点击下面的"详细信息"按钮，弹出如图 13-17 所示"管理和监视工具"对话框。

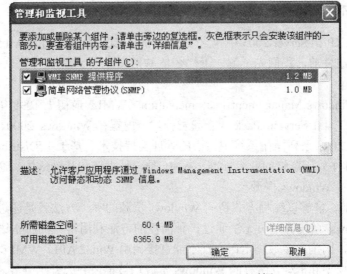

图 13-17　"管理和监视工具"对话框

（3）选中"简单网络管理协议（SNMP）"和"WMI SNMP 提供程序"子组件，然后单击"确定"按钮,向导会自动从 Windows XP/2003 安装光盘中添加相关文件到系统目录,完成 SNMP 服务的安装。

2. 配置 SNMP 服务

SNMP 组件安装成功后我们在"控制面板→管理工具→服务"中可以看到"SNMP Service"和"SNMP Trap Service"服务已经启动,如图 13-18 所示。Windows XP/2003 SNMP 服务的配置方法和 Windows 2000 类型,在此不再赘述。

图 13-18 Windows XP 服务控制台

13.2.3 "WMI SNMP 提供程序"组件及调用方法

在 Windows XP 和 Server 2003 中包含了 Windows 2000 中没有的"WMI SNMP 提供程序"组件,在讲述此组件前,我们先了解一下什么是 WMI?

1. WMI 概述

Microsoft Windows Management Instrumentation(WMI)最初于 1998 年作为一个附加组件与 Windows NT 4.0 Service Pack 4 一起发行,是内置在 Windows 2000、Windows XP 和 Windows Server 2003 系列操作系统中核心的管理支持技术。基于由 Distributed Management Task Force(DMTF)所监督的业界标准,WMI 是一种规范和基础结构,通过它可以访问、配置、管理和监视 Windows 资源。

在 WMI 之前,能够以编程方式访问 Windows 资源的唯一方法就是通过 Win32 API。这种情况使 Windows 系统管理员无法通过一种简便的方法利用常见的脚本语言来自动化常用的系统管理任务,因为大多数脚本语言都不能直接调用 Win32 API。WMI 改变了这种情况,通过提供一致的模型和框架,所有的 Windows 资源均被描述并公开给外界。系统管理员可以使用 WMI 脚本库创建系统管理脚本,从而管理任何通过 WMI 公开的 Windows 资源。

使用 Windows Script Host 和 Microsoft Visual Basic Scripting Edition(VBScript),或任何

支持 COM 自动化的脚本语言（例如，ActiveState Corporation 的 ActivePerl），可以编写脚本来管理和自动化企业系统、应用程序和网络的下列方面：

- Windows Server 2003、Windows XP 专业版和 Windows 2000 系统管理。可以编写脚本来检索性能数据，管理事件日志、文件系统、打印机、进程、注册表设置、计划程序、安全性、服务、共享以及很多其他的操作系统组件和配置设置。
- 网络管理。可以创建基于 WMI 的脚本来管理网络服务，例如 DNS、DHCP 和启用 SNMP 的设备。
- 实时监视。使用 WMI 事件订阅，可以编写代码在事件发生时监视并响应事件日志项，监视并响应文件系统、注册表修改及其他实时的操作系统更改。
- Windows .NET 企业服务器管理。可以编写脚本来管理 Microsoft Application Center、Operations Manager、Systems Management Server、Internet Information Server、Exchange Server 和 SQL Server。

下面以几个简单的示例说明如何使用 WMI 检索 Windows 远程计算机中的物理内存的总量、服务信息及事件日志记录。

（1）使用 WMI 和 VBScript 检索总物理内存。

```
strComputer = "LIROOT"
Set wbemServices = Getobject("winmgmts:\\" & strComputer)
Set wbemObjectSet = wbemServices.InstancesOf("Win32_LogicalMemoryConfiguration")
    For Each wbemObject In wbemObjectSet
        WScript.Echo "Total Physical Memory (kb): " & wbemObject.TotalPhysicalMemory
    Next
```

将以上代码复制到文本编辑器中，strComputer 变量的值更改为域中一个有效的启用 WMI 的远程计算机，保存脚本为 wutest1.vbs。执行结果如下：

D:\>cscript wutest1.vbs

Microsoft (R) Windows 脚本宿主版本 5.1 for Windows

版权所有(C) Microsoft Corporation 1996-2007. All rights reserved.

Total Physical Memory （kb）: 512000

（2）使用 WMI 和 VBScript 检索服务信息。

```
strComputer = "liroot"
Set wbemServices = Getobject("winmgmts:\\" & strComputer)
Set wbemObjectSet = wbemServices.InstancesOf("Win32_Service")
For Each wbemObject In wbemObjectSet
    WScript.Echo "Display Name:    " & wbemObject.DisplayName & vbCrLf & _
        "    State:       " & wbemObject.State         & vbCrLf & _
        "    Start Mode: " & wbemObject.StartMode
Next
```

以上脚本执行后显示出远程计算机 Liroot 上所有服务的名称、状态和启动类型，如图 13-19 所示。

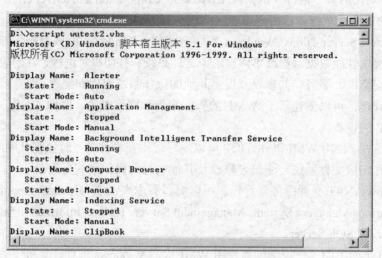

图 13-19　查看远程计算机服务信息

(3) 使用 WMI 和 VBScript 获取事件日志记录。

strComputer = "libing"
Set wbemServices = Getobject（"winmgmts:\\" & strComputer）
Set wbemObjectSet = wbemServices.InstancesOf（"Win32_NTLogEvent"）
For Each wbemObject In wbemObjectSet
　WScript.Echo "Log File:　　　　　　" & wbemObject.LogFile　　　　& vbCrLf & _
　　　　　　　"Record Number:　　　　" & wbemObject.RecordNumber　& vbCrLf & _
　　　　　　　"Type:　　　　　　　　" & wbemObject.Type　　　　　 & vbCrLf & _
　　　　　　　"Time Generated:　　　 " & wbemObject.TimeGenerated　& vbCrLf & _
　　　　　　　"Source:　　　　　　　" & wbemObject.SourceName　　 & vbCrLf & _
　　　　　　　"Category:　　　　　　" & wbemObject.Category　　　 & vbCrLf & _
　　　　　　　"Category String: " & wbemObject.CategoryString & vbCrLf & _
　　　　　　　"Event:　　　　　　　 " & wbemObject.EventCode　　　& vbCrLf & _
　　　　　　　"User:　　　　　　　　" & wbemObject.User　　　　　 & vbCrLf & _
　　　　　　　"Computer:　　　　　　" & wbemObject.ComputerName　 & vbCrLf & _
　　　　　　　"Message:　　　　　　 " & wbemObject.Message　　　　& vbCrLf
Next

以上脚本执行后会逐条显示远程计算机 Libing 上事件日志信息，如图 13-20 所示。

2. 利用 "WMI SNMP 提供程序" 进行 SNMP 操作

在 Windows XP 和 Windows Server 2003 中，可以编写脚本调用"WMI SNMP 提供程序"获取 SNMP 代理中的 MIB 信息。

(1) 获取 SNMP MIB-II TCP 与 UDP 连接及监听端口。

利用 WMI SNMP 提供程序获取并显示来自 SNMP 可管理节点的 SNMP MIB-II（RFC 1213）TCP（与 UDP）连接及监听端口。

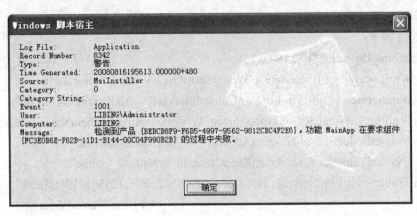

图 13-20　查看远程计算机事件日志

脚本代码如下：

```
strTargetSnmpDevice = "192.168.0.1"
Set objWmiLocator = CreateObject("WbemScripting.SWbemLocator")
Set objWmiServices = objWmiLocator.ConnectServer("", "root\snmp\localhost")
Set objWmiNamedValueSet = CreateObject("WbemScripting.SWbemNamedValueSet")
objWmiNamedValueSet.Add "AgentAddress", strTargetSnmpDevice
objWmiNamedValueSet.Add "AgentReadCommunityName", "public"
Set colTcpConnTable = _
    objWmiServices.InstancesOf("SNMP_RFC1213_MIB_tcpConnTable", , _
                              objWmiNamedValueSet)
Set colUdpTable = _
    objWmiServices.InstancesOf("SNMP_RFC1213_MIB_udpTable", , _
                              objWmiNamedValueSet)
WScript.Echo "TCP Connections and Listening Ports" & vbCrLf & _
             "-----------------------------------"
For Each objTcpConn In colTcpConnTable
    WScript.Echo objTcpConn.tcpConnLocalAddress & ":"      & _
                 objTcpConn.tcpConnLocalPort    & " => " & _
                 objTcpConn.tcpConnRemAddress   & ":"      & _
                 objTcpConn.tcpConnRemPort      & " "      & _
                 "[State: " & objTcpConn.tcpConnState & "]"
Next
WScript.Echo vbCrLf & "UDP Ports" & vbCrLf & "---------"
For Each objUdp In colUdpTable
    WScript.Echo objUdp.udpLocalAddress & ":" & objUdp.UdpLocalPort
Next
```

（2）获取 SNMP MIB-II 接口表信息。

利用 WMI SNMP 提供程序获取并显示来自 SNMP 可管理节点的 SNMP MIB-II（RFC

1213）接口表信息。

脚本代码如下：

```
strTargetSnmpDevice = "192.168.0.1"
Set objWmiLocator = CreateObject("WbemScripting.SWbemLocator")
Set objWmiServices = objWmiLocator.ConnectServer("", "root\snmp\localhost")
Set objWmiNamedValueSet = CreateObject("WbemScripting.SWbemNamedValueSet")
objWmiNamedValueSet.Add "AgentAddress", strTargetSnmpDevice
objWmiNamedValueSet.Add "AgentReadCommunityName", "public"
Set colIfTable = objWmiServices.InstancesOf("SNMP_RFC1213_MIB_ifTable", , _
                                            ObjWmiNamedValueSet)
For Each objInterface In colIfTable
    WScript.Echo "ifIndex [Key]:     " & objInterface.ifIndex          & vbCrLf & _
         "    ifAdminStatus:        " & objInterface.ifAdminStatus     & vbCrLf & _
         "    ifDescr:              " & objInterface.ifDescr           & vbCrLf & _
         "    ifInDiscards:         " & objInterface.ifInDiscards      & vbCrLf & _
         "    ifInErrors:           " & objInterface.ifInErrors        & vbCrLf & _
         "    ifInNUcastPkts:       " & objInterface.ifInNUcastPkts    & vbCrLf & _
         "    ifInOctets:           " & objInterface.ifInOctets        & vbCrLf & _
         "    ifInUcastPkts:        " & objInterface.ifInUcastPkts     & vbCrLf & _
         "    ifInUnknownProtos:    " & objInterface.ifInUnknownProtos & vbCrLf & _
         "    ifLastChange:         " & objInterface.ifLastChange      & vbCrLf & _
         "    ifMtu:                " & objInterface.ifMtu             & vbCrLf & _
         "    ifOperStatus:         " & objInterface.ifOperStatus      & vbCrLf & _
         "    ifOutDiscards:        " & objInterface.ifOutDiscards     & vbCrLf & _
         "    ifOutErrors:          " & objInterface.ifOutErrors       & vbCrLf & _
         "    ifOutNUcastPkts:      " & objInterface.ifOutNUcastPkts   & vbCrLf & _
         "    ifOutOctets:          " & objInterface.ifOutOctets       & vbCrLf & _
         "    ifOutQLen:            " & objInterface.ifOutQLen         & vbCrLf & _
         "    ifOutUcastPkts:       " & objInterface.ifOutUcastPkts    & vbCrLf & _
         "    ifPhysAddress:        " & objInterface.ifPhysAddress     & vbCrLf & _
         "    ifSpecific:           " & objInterface.ifSpecific        & vbCrLf & _
         "    ifSpeed:              " & objInterface.ifSpeed           & vbCrLf & _
         "    ifType:               " & objInterface.ifType            & vbCrLf
Next
```

运行结果如图 13-21 所示。

13.2.4　测试 SNMP 服务

在 SNMP 服务安装、配置完成并重新启动 SNMP 服务后，管理站就可以向 SNMP 代理发出请求报文查询信息，并接收代理的响应报文了，那么在 Windows 中如何对 SNMP 服务进行测试呢？

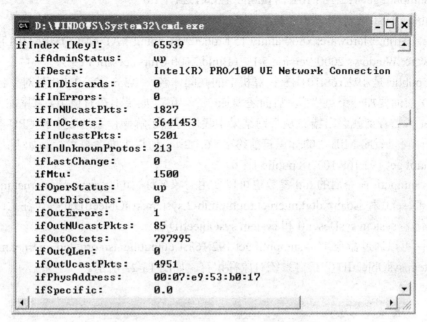

图 13-21　获取 SNMP MIB-II 接口表信息

1. SNMPUTIL.EXE 实用程序

Microsoft 提供了一个基于命令行的实用程序 Snmputil.exe，可用于测试 SNMP 服务，也可以测试用户开发的扩展代理，它包含在微软 Windows 2000 资源工具包中，是网络管理系统中的管理进程。鉴于目前 Windows 2000 Resource Kits 需要购买，笔者强烈建议用户下载免费的 Windows NT 4.0 Resource Kit Support Tools 包，将其中的 Snmputil.exe 复制到 Windows 2000 中使用，或直接利用搜索引擎查找 Snmputil.exe 下载使用。

由于 Snmputil.exe 是基于微软公司的管理 API 编写的，而在 Windows 98 中没有管理 API，所以此应用程序不能在 Windows 98 下运行。Snmputil.exe 是一个 MS-DOS 程序，运行在 DOS 命令窗口中，使用语法如下：

usage:　snmputil [get|getnext|walk] agent community oid [oid ...]

　　　　或　snmputil trap

其中 agent 表示代理进程的 IP 地址，community 表示共同体名，oid 表示 MIB 对象 ID。网络管理员可以使用 Snmputil.exe 发送 GetRequest 或 GetNextRequest 报文，也可以用 Snmputil 遍历整个 MIB 子树。一种较好的测试方法是同时打开两个 DOS 窗口，其中一个窗口发送请求报文，另一个窗口中用 Snmputil 接收陷阱。注意 Snmputil.exe 只是一个简单的工具，其中没有包含 Set 命令。

下面是一些使用 Snmputil 工具测试 SNMP 服务的例子，我们使用的测试代理 IP 地址是192.168.101.18，有效的共同体名是 public。

（1）检索简单对象。

① 查看本地计算机的系统信息。

通过对系统组 MIB 对象的查阅，我们知道系统信息 sysDesc 所对应的 MIB 对象为 .1.3.6.1.2.1.1.1，我们可使用 get 参数向代理发送 GetRequest 查询：

C:\>snmputil get 192.168.101.18 public .1.3.6.1.2.1.1.1.0

Variable = system.sysDescr.0

Value = String Hardware: x86 Family 15 Model 2 Stepping 7 AT/AT COMPATIBLE - Software: Windows 2000 Version 5.1 （Build 2600 Uniprocessor Free）

其中 public 是 192.168.101.18 计算机上的共同体名，.1.3.6.1.2.1.1.1.0 是对象标识符，注意对象 ID 前面要加一个点".", 后面还要加一个 "0"。如果不在对象 ID 末尾加上一个 0，那么用 get 参数查询就会出错。从查询结果中我们可以了解操作系统版本和 CPU 类型。

注意：可以省略 MIB-2 的标识符前缀 1.3.6.1.2.1，所以上面命令可简写如下：

snmputil get 192.168.101.18 public 1.1.0

此外，snmputil 命令后的 oid 参数也可以使用对象名称，如.iso.org.dod.internet.mgmt.mib-2.system.sysDescr.0 和.iso.org.dod.internet.mgmt.mib-2.system.sysObjectID.0 等。注意：对象 oid 也可以简化为 system.sysDescr.0 和 system.sysObjectID.0。

例如：可以通过命令"C:\>snmputil get 192.168.1.66 public .iso.org.dod.internet.mgmt.mib-2.system.sysObjectID.0"获得系统对象标识符。如图 13-22 所示。

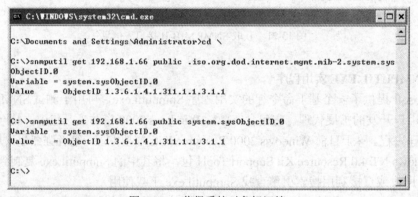

图 13-22 获得系统对象标识符

在被查询的对象中，只要有一个对象不被支持，则代理将返回一个含有错误码 NoSuchName 的 GetResponse PDU，而不返回任何其他值。在下面的示例中由于第二个被查询的 OID 对象不存在，则 GetResponse PDU 返回错误，并指明了错误状态和索引。

C:\>snmputil get 192.168.1.66 public system.sysDescr.0 system.sysObjectID.1.0

Error: errorStatus=2, errorIndex=2

② 查询计算机连续开机多长时间。

C:\>snmputil get 192.168.101.18 public .1.3.6.1.2.1.1.3.0

Variable = system.sysUpTime.0

Value = TimeTicks 447614

如果我们在对象 ID 后面不加 0，使用 getnext 参数能得到同样的效果。

C:\>snmputil getnext 192.168.101.18 public .1.3.6.1.2.1.1.3

Variable = system.sysUpTime.0

Value = TimeTicks 476123

③ 查询计算机的联系人。

C:\>snmputil get 192.168.101.18 public 1.4.0

Variable = system.sysContact.0

Value = String David.wu

大家注意到和上节在"SNMP 服务属性"对话框中设置的联系人是一致的。

④ 用 GetNextRequest 查询一个非 MIB-2 变量。

C:\> snmputil getnext 192.168.101.18 public .1.3.6.1.4.1.77.1.4

Variable = .iso.org.dod.internet.private.enterprises.lanmanager.lanmgr-2.domain.
    domPrimaryDomain.0

Value = String WORKGROUP

查询出计算机 192.168.101.18 所属域/工作组名为"WORKGROUP",注意 OID 最前面的"."是必要的,否则程序就找到 MIB-2 去了。

(2) 遍历 MIB 子树。

① 用 walk 遍历整个 MIB-2 系统组变量。

C:\>SNMPUTIL walk 192.168.101.18 public 1

Variable = system.sysDescr.0

Value   = String Hardware: x86 Family 15 Model 2 Stepping 4 AT/AT COMPATIBLE -
Software: Windows 2000 Version 5.0 (Build 2195 Uniprocessor Free)

Variable = system.sysObjectID.0

Value   = ObjectID 1.3.6.1.4.1.311.1.1.3.1.2

Variable = system.sysUpTime.0

Value   = TimeTicks 1824097

Variable = system.sysContact.0

Value   = String David.wu

Variable = system.sysName.0

Value   = String LIROOT

Variable = system.sysLocation.0

Value   = String wuhan university

Variable = system.sysServices.0

Value   = Integer32 78

End of MIB subtree.

② 用 walk 遍历整个 MIB-2 子树。

C:\>SNMPUTIL walk 192.168.101.18 public .1.3.6.1.2.1

可以接收到扩展代理 INETMIB1.DLL 支持的所有变量值,因内容太多不便列出。

③ 使用 walk 查询设备上所有正在运行的进程。

C:\>snmputil walk 192.168.101.18 public .1.3.6.1.2.1.25.4.2.1.2

Variable = host.hrSWRun.hrSWRunTable.hrSWRunEntry.hrSWRunName.1

Value = String System Idle Process

Variable = host.hrSWRun.hrSWRunTable.hrSWRunEntry.hrSWRunName.4

Value = String System

Variable = host.hrSWRun.hrSWRunTable.hrSWRunEntry.hrSWRunName.292

Value = String snmputil.exe

Variable = host.hrSWRun.hrSWRunTable.hrSWRunEntry. hrSWRunName.308

Value = String RavTimer.exe

Variable = host.hrSWRun.hrSWRunTable.hrSWRunEntry. hrSWRunName.336

Value = String RavMon.exe

限于篇幅笔者就不把所有进程列出来，大家可以在自己的计算机上面实验，以加强感性认识。

④ 查询计算机中的用户列表。

C:\>snmputil walk 192.168.101.18 public .1.3.6.1.4.1.77.1.2.25.1.1

Variable = .iso.org.dod.internet.private.enterprises.lanmanager.lanmgr-2.server.
svUserTable.svUserEntry.svUserName.5.71.117.101.115.116

Value　　= String Guest

Variable = .iso.org.dod.internet.private.enterprises.lanmanager.lanmgr-2.server.
svUserTable.svUserEntry.svUserName.13.65.100.109.105.110.105.115.116.114.97.116.111.114

Value　　= String Administrator

End of MIB subtree.

从结果中我们可以得知该计算机共有两个用户，它们分别是 Guest 和 Administrator。

(3) 检索未知对象。

如果管理站不知道 IP 组有哪些变量，则管理站可发出一个对 IP 组对象的 getnext 查询命令，则可以得到 IP 组中的第一个对象 ipForwarding，如下所示。

C:\>snmputil getnext 192.168.1.66 public ip

Variable = ip.ipForwarding.0

Value　　= Integer32 2

管理站在获得 IP 组的第一个对象后，可知道该对象的变量名、数据类型和值。同样，管理站可以继续发出 getnext 报文得到其他管理对象。

C:\>snmputil getnext 192.168.1.66 public ip.ipForwarding.0

Variable = ip.ipDefaultTTL.0

Value　　= Integer32 128

(4) 检索表对象。

我们以 IP 组中的 ipRouteTable 为例，讲解如何通过 snmputil 获得表对象的值。假设某计算机的路由表对象如表 13-4 所示，该表的 OID 为 ip.ipRouteTable.ipRouteEntry。假定管理站不知道该路由表的行数而想检索整个表，则可以连续使用 GetNext 命令来达到目的。

表 13-4　　　　　　　　　　　　某计算机的路由表

ipRouteDest	ipRouteMetric1	ipRouteNextHop
9.1.2.3	3	99.0.0.3
10.0.0.51	5	89.1.1.42
10.0.0.99	3	89.1.1.42

首先使用 getnext 命令查询下面三个对象：
ip.ipRouteTable.ipRouteEntry.ipRouteDest，
ip.ipRouteTable.ipRouteEntry.ipRouteMetric1，
ip.ipRouteTable.ipRouteEntry.ipRouteNextHop。
得到响应：
ipRouteDest.9.1.2.3=9.1.2.3，
ipRouteMetric1.9.1.2.3=3，
ipRouteNextHop.9.1.2.3=99.0.0.3
以上是第一行的值，据此可以利用 getnext 继续查询这三个对象：
（ipRouteDest.9.1.2.3，ipRouteMetric1.9.1.2.3，ipRouteNextHop.9.1.2.3）
得到的响应为第二行：
ipRouteDest.10.0.0.51=10.0.0.51，
ipRouteMetric1.10.0.0.51=5，
ipRouteNextHop.10.0.0.51=89.1.1.42
继续检索得到第三行：
ipRouteDest.10.0.0.99=10.0.0.99，
ipRouteMetric1.10.0.0.99=5，
ipRouteNextHop.10.0.0.99=89.1.1.42
当再次利用 getnext 继续查询：ipRouteDest.10.0.0.99，ipRouteMetric1.10.0.0.99，ipRouteNextHop. 10.0.0.99 之后，得到响应：
ipRouteIfIndex.9.1.2.3=65539，
ipRouteMetric2. 9.1.2.3=-1，
ipRouteType=3
这样我们知道该表只有 3 行，因为第四次检索的结果已经检索出该表目标检索列之外的对象。注意：实际的 ipRouteTable 表对象并不止包含这三列信息。

（5）测试 SNMP 自陷服务。

Snmputil 还有一个 trap 的参数，主要用于陷阱捕捉，它可以接受代理进程上主动发来的信息。如果用户在命令行下面输入 Snmputil trap 后回车，然后用错误的团体名来访问代理进程，这时候就能收到代理进程主动发回的报告。

首先打开一个 Windows XP 控制台窗口启动 SNMPUTIL 监听陷入：
C:\>SNMPUTIL trap
然后在另一个窗口中发送请求，使用一个无效的共同体名 wutest，如：
C:\>SNMPUTIL get 192.168.1.66 wutest 1.1.0

由于并不存在共同体名 wutest，自陷窗口中将会出现一个认证陷阱，如图 13-23 所示。注意必须在"SNMP 服务属性"对话框中将主机 192.168.1.66 添加为陷阱目标。

下面我们再来测试一下 SNMP 服务冷启动自陷：保持 SNMPUTIL trap 继续监听，然后先停止 SNMP 服务，再重启动 SNMP 服务，在陷阱窗口中将会收到由扩展代理发出的冷启动自陷，如图 13-24 所示。

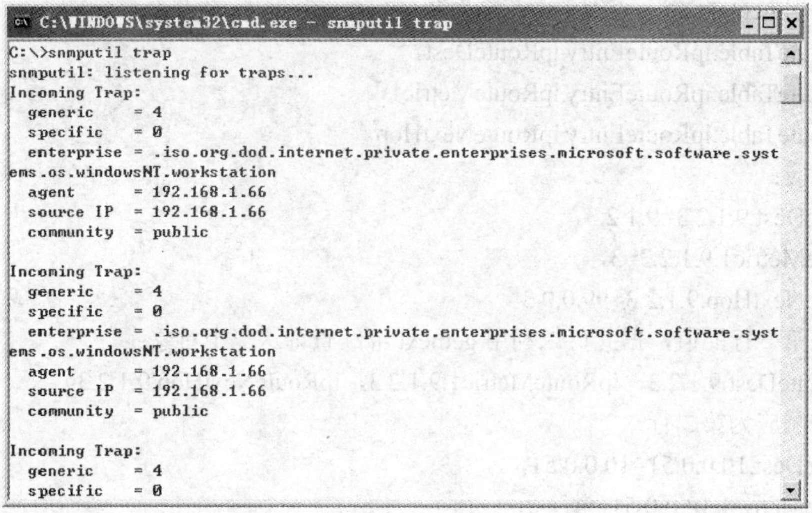

图 13-23　测试 SNMP 陷阱服务

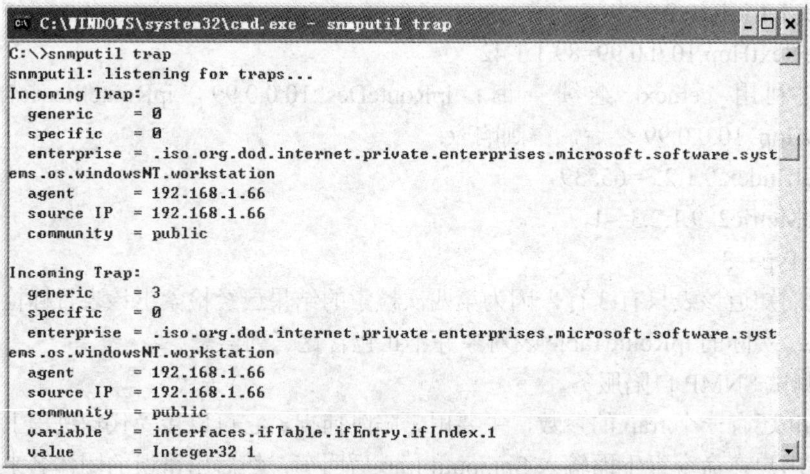

图 13-24　SNMP 重启自陷信息

以上简单介绍了用 Snmputil 查询代理进程的方法，由于在命令行下使用，可能大家感到颇为不方便，但命令行的一个好处就是可以促进管理员主动查阅 MIB 对象，加深对 SNMP 网络管理的认识。

2. SNMPUTILG 实用程序

在 Windows 2000/XP 的安装光盘中附带了一个图形界面的测试程序 SNMPUTILG.EXE，用户可以启动光盘中/support/tools/setup.exe 安装此测试程序。

安装完成后，用户可点击"开始"→"程序"→"Windows 2000 Support Tools"→"Tools"中的"SNMP Query Utility"启动 SNMPUTILG，如图 13-25 所示。

第 13 章 基于 Windows 平台的网络管理

图 13-25 启动 SNMPUTILG 测试程序

SNMPUTILG 的使用方法同 SNMPUTIL 类似，只不过它采用友好的图形化界面，不需要用户输入命令，如图 13-26 所示。

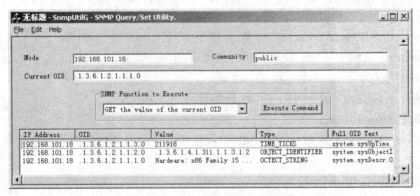

图 13-26 SNMPUTILG 测试程序

13.3 Windows SNMP 应用程序接口

Windows SNMP 的应用程序接口 SNMP API 由四部分组成，即扩展代理 API、管理 API、实用程序 API 和 WinSNMP API。编写扩展代理和 SNMP 管理应用程序都要使用这些库函数，本节将简要介绍这些库函数的功能和用途。

13.3.1 SNMP 扩展代理 API 函数

SNMP 扩展代理 API 函数定义 SNMP 服务和第三方 SNMP 扩展代理 DLL 间的接口。应用程序使用这些函数来解析由引入的 SNMP PDU 指定的变量绑定。扩展代理 API 共包括六个 API 函数，各函数说明如下：

1. SnmpExtensionClose

微软 SNMP 服务调用 SnmpExtensionClose 函数来请求 SNMP 扩展代理释放资源，并终止操作。注意：只有扩展代理运行在 NT5.0 及以上版本时 SNMP 服务才调用 SnmpExtensionClose 函数。

  VOID SnmpExtensionClose ();

  参数：无

  返回值：无

  2. SnmpExtensionInit

  SnmpExtensionInit 函数用来初始化 SNMP 扩展代理 DLL。

    BOOL SnmpExtensionInit(
      DWORD dwUptimeReference,
      HANDLE *phSubagentTrapEvent,   // 自陷事件句柄
      AsnObjectIdentifier *pFirstSupportedRegion // 第一个 MIB 子树
    );

  参数：

  dwUptimeReference [in]指定扩展代理的零时间（time-zero）参考

  注意：扩展代理应该忽略此参数。SNMP 扩展代理应该使用 SnmpSvcGetUptime 函数来检取 SNMP 服务已经运行的厘秒数（1/100 秒）。

  phSubagentTrapEvent [out]指向扩展代理传回 SNMP 服务的事件句柄的指针。此句柄用于通知服务有一个或多个自陷要发送。

  pFirstSupportedRegion [out]指向用于接收扩展代理支持的第一个 MIB 子树的 asnObjectIdentifer 结构的指针。扩展代理通过实现的 SnmpExtensionInitEx 入口点函数可以注册额外的 MIB 子树。

  返回值：函数成功，返回 TRUE，函数失败，返回 FALSE。

  3. SnmpExtensionInitEx

  SnmpExtensionInitEx 函数标识 SNMP 扩展代理支持的任何附加的管理信息库（MIB）子树。

    BOOL SnmpExtensionInitEx(
      AsnObjectIdentifier *pNextSupportedRegion // 下一个 MIB 子树
    );

  参数：

  pNextSupportedRegion [out]指向接收扩展代理支持的下一个 MIB 子树的 AsnObjectIdentifer 结构的指针。

  返回值：

  如果 pNextSupportedRegion 参数已被附加的 MIB 子树初始化，返回值为 TRUE。

  如果已没有 MIB 子树要注册，返回 FALSE。

  4. SnmpExtensionQuery

  SNMP 服务调用 SnmpExtensionQuery 函数以解析 SNMP 请求，此 SNMP 请求包含一个或多个在 SNMP 扩展代理中注册的 MIB 子树。

  注意：如果扩展代理在 Windows NT3.51 或 4.0 运行,扩展代理必须引用 SnmpExtensionQuery 函数，在 Windows 2000 及以后版本中建议使用 SnmpExtensionQueryEx 函数,它支持 SNMPv2C 的数据类型和多阶段（multiphase）SNMP SET 操作。

```
BOOL    SnmpExtensionQuery(
    BYTE bPduType,                      // SNMPv1 PDU 请求类型
    SnmpVarBindList *pVarBindList,      // 指向变量绑定的指针
    AsnInteger32 *pErrorStatus,         // 指向 SNMPv1 错误状态的指针
    AsnInteger32 *pErrorIndex           // 指向错误索引的指针
);
```

参数：参见上面注释

返回值：如果函数执行成功返回 TRUE，失败则返回 FALSE。

5. SnmpExtensionQueryEx

SNMP 服务调用 SnmpExtensionQueryEx 函数处理 SNMP 请求，此 SNMP 请求包含由 SNMP 扩展代理注册的一个或多个 MIB 子树中的变量。

```
BOOL SnmpExtensionQueryEx(
    DWORD dwRequestType,                // 扩展代理请求类型
    DWORD dwTransactionId,              // 引入 PDU 的标识符
    SnmpVarBindList *pVarBindList,      // 指向变量绑定列表的指针
    AsnOctetString *pContextInfo,       // 指向上下文信息的指针
    AsnInteger32 *pErrorStatus,         // 指向 SNMPv2 错误状态的指针
    AsnInteger32 *pErrorIndex           // 指向错误索引的指针
);
```

参数：参见上面注释

返回值：函数成功返回 TRUE，否则返回 FALSE。

6. SnmpExtensionTrap

Microsoft SNMP 服务调用 SnmpExtensionTrap 函数获取 SNMP 服务需要为 SNMP 扩展代理产生自陷的信息流。

```
BOOL SnmpExtensionTrap(
    AsnObjectIdentifier *pEnterpriseOid,   // 产生自陷的企业
    AsnInteger32 *pGenericTrapId,          // 产生的自陷类型
    AsnInteger32 *pSpecificTrapId,         // 企业专用类型
    AsnTimeticks *pTimeStamp,              // 时间戳
    SnmpVarBindList *pVarBindList          // 变量绑定
);
```

参数：参见上面注释

返回值：如果 SnmpExtensionTrap 函数返回一个自陷，则返回值为 TRUE。SNMP 服务重复调用此函数直到它返回 FALSE 值。

13.3.2 SNMP 管理 API 函数

SNMP 管理 API 函数定义第三方 SNMP 管理端应用程序与管理函数动态链接库 MGMTAPI.DLL 间的接口。此 DLL 与 SNMP 自陷服务（SNMPTRAP.EXE）一起工作，并能与一个或多个第三方管理端应用程序相结合。第三方管理端应用程序可以调用这些管理 API

函数实现发送 SNMP 请求报文,接收响应等管理操作。SNMP 管理 API 由七个函数组成,各函数说明如下:

1. SnmpMgrClose

SnmpMgrClose 函数关闭通信套接字和指定会话相关的数据结构。

BOOL SnmpMgrClose(
    LPSNMP_MGR_SESSION session　　// SNMP 会话指针
);

参数:session[in]　指向标识要关闭会话的内部结构的指针。

返回值:如果函数成功,返回非 0 值。如失败,返回 0。此函数可以返回 Windows 套接字错误代码。

2. SnmpMgrGetTrap

SnmpMgrGetTrap 函数返回在允许接收自陷时调用者还没有收到的重要自陷数据。

BOOL SnmpMgrGetTrap(
    AsnObjectIdentifier *enterprise,　　　// 产生的企业
    AsnNetworkAddress *IPAddress,　　　// 产生的 IP 地址
    AsnInteger *genericTrap,　　　　// 一般自陷类型
    AsnInteger *specificTrap,　　　// 企业私有自陷类型
    AsnTimeticks *timeStamp,　　　// 时间戳
    SnmpVarBindList *variableBindings　　// 变量绑定
);

参数:

enterprise　　[out]指向用于接收产生 SNMP 自陷的企业的对象标识符的指针
IPAddress　　[out]指向用于接收产生 SNMP 自陷的企业的 IP 地址的变量的指针
genericTrap　　[out]指向用于接收一般自陷指示器的变量的指针。
specificTrap　　[out]指向用于接收被产生的特定自陷的指示的变量的指针。
timeStamp　　[out]接收时间戳的变量的指针
variableBindings　　[out]指向用于接收变量绑定列表的 SnmpVarBindList 结构的指针

返回值:如果函数成功,返回一自陷,且返回值为非 0 值。程序员应该反复调用 SnmpMgrGetTrap 函数直到 GetLastError 函数返回 0。GetLastError 函数也可能返回下列错误代码:

错误代码	意义
SNMP_MGMTAPI_TRAP_ERRORS	指示遇到的错误,自陷不可获取
SNMP_MGMTAPI_NOTRAPS	指示没有可用的自陷
SNMP_MEM_ALLOC_ERROR	指示内存分配错误

3. SnmpMgrOidToStr

SnmpMgrOidToStr 函数转换内部对象标识符结构为其字符串表示。

BOOL SnmpMgrOidToStr(
    AsnObjectIdentifier *oid,　// 要转换的对象标识符
    LPSTR *string　　// 对象标识符的字符串表示

);

参数:

oid　　　　[in]指向要转换的对象标识符变量的指针

string　　　[out]指向用于接收转换结果的以 null 结尾的串的指针

返回值:如果函数成功,返回非 0 值。如果函数失败,返回 0。此函数可以返回 Windows 套接字错误代码。

4. SnmpMgrOpen

SnmpMgrOpen 函数初始化通信套接字和数据结构,允许与指定的 SNMP 代理进行通信。

```
LPSNMP_MGR_SESSION SnmpMgrOpen(
    LPSTR lpAgentAddress,        // 目标 SNMP 代理的名称和地址
    LPSTR lpAgentCommunity,      // 目标 SNMP 代理的共同体
    INT nTimeOut,                // 以毫秒表示的通信超时
    INT nRetries                 // 通信超时后重发次数
);
```

参数:见上面注释

返回值:如果函数成功,返回值为指向 LPSNMP_MGR_SESSION 结构的指针。此数据结构由内部使用,程序员不应改变它。如果函数失败,返回 NULL。

5. SnmpMgrRequest

SnmpMgrRequest 函数向指定 SNMP 代理发送 Get、GetNext 或 Set 请求。

```
SNMPAPI SnmpMgrRequest(
    LPSNMP_MGR_SESSION session,          // SNMP 会话指针
    BYTE requestType,                    // Get, GetNext,或 Set
    SnmpVarBindList *variableBindings,   // 变量绑定
    AsnInteger *errorStatus,             // SNMPv1 错误状态
    AsnInteger *errorIndex               // 错误索引
);
```

参数:

session　　　　[in]指定将执行请求的会话的内部结构指针

requestType　　[in]指定 SNMP 请求类型。此参数可以设定为 SNMPv1 定义的下列值之一:

值	意义
SNMP_PDU_GET	获取指定变量的值
SNMP_PDU_GETNEXT	获取指定变量的后继者数据
SNMP_PDU_SET	写指定变量的值

variableBindings　[in/out]指向变量绑定列表的指针

errorStatus　　　[out]指向将返回错误状态结果的变量的指针。此参数可选取 SNMPv1 定义的下列值之一:

值	意义
SNMP_ERRORSTATUS_NOERROR	代理报告在传输过程中没有发现错误

SNMP_ERRORSTATUS_TOOBIG　　　代理不能把请求操作的结果放置于一个 SNMP 消息中

SNMP_ERRORSTATUS_NOSUCHNAME 请求操作识别到一个未知变量
SNMP_ERRORSTATUS_BADVALUE 请求操作试图改变一变量值，但出现语法错误或非法值。
SNMP_ERRORSTATUS_READONLY 请求操作试图改变一只读变量值
SNMP_ERRORSTATUS_GENERR   请求操作过程中出现未知错误
errorIndex   [out]指向将返回错误索引值的变量的指针
返回值：如果函数成功执行返回非 0 值。如果函数失败返回值为 NULL。

6. SnmpMgrStrToOid

SnmpMgrStrToOid 函数把对象标识符的字符串格式转换为其内部对象标识符结构。
BOOL SnmpMgrStrToOid(
　　LPSTR string,   // 待转换的串
　　AsnObjectIdentifier *oid   // 内部对象标识符表示
);
参数：
string   [in]指向欲转换的以 null 结尾的字符串的指针
oid   [out]指向接收转换值的对象标识符变量的指针
返回值：如果函数成功，返回非 0 值。如果失败，返回 0。此函数不返回 Windows Socket 错误代码。

7. SnmpMgrTrapListen

SnmpMgrTrapListen 函数注册 SNMP 管理端应用程序通过 SNMP 自陷服务接收 SNMP 自陷。
BOOL SnmpMgrTrapListen(
　　HANDLE *phTrapAvailable   // 指示存在自陷的事件句柄
);
参数：
phTrapAvailable   [out]指向用于接收未处理自陷事件的事件句柄指针
返回值：如果函数成功，返回非 0 值。如果失败，返回 0。为了获得扩展错误信息，应调用 GetLastError 函数。GetLastError 函数可返回下列错误代码：

错误代码   意义
SNMP_MEM_ALLOC_ERRORS   指示内存分配错误
SNMP_MGMTAPI_DUPINIT   指示此函数已经被调用
SNMP_MGMTAPI_AGAIN   指示出现一个错误，应用程序可尝试再次调用此函数

13.3.3　SNMP 实用 API 函数

SNMP 实用 API 函数简化 SNMP 数据结构的操作并提供在 SNMP 应用程序开发过程非常有用的函数集。SNMP Utility API 共包含有 27 个函数，如表 13-5 所示。

表 13-5　　　　　　　　　　　SNMP Utility API 函数

函数名	功 能 描 述
SnmpSvcGetUptime	返回 SNMP 服务已经运行了多长时间的厘秒（1/100）值
SnmpSvcSetLogLevel	调用 SnmpUtilDbgPrint 函数调整从 SNMP 服务和 SNMP 扩展代理输出的调试信息的详细程度（级别）
SnmpSvcSetLogType	使用 SnmpUtilDbgPrint 函数调整 SNMP 服务和 SNMP 扩展代理调试信息的输出目标
SnmpUtilAsnAnyCpy	复制由 pAnySrc 参数指定的变量到 pAnyDst 参数，函数为目标的复制分配任何需要的内存
SnmpUtilAsnAnyFree	释放为指定 AsnAny 结构分配的内存
SnmpUtilDbgPrint	允许 SNMP 服务能够输出调试信息
SnmpUtilMemAlloc	分配动态内存
SnmpUtilMemFree	释放指定的内存对象
SnmpUtilMemReAlloc	改变指定内存对象的大小
SnmpUtilOctetsCmp	比较二个八位组串
SnmpUtilOctetsCpy	复制 pOctetsSrc 参数指定的变量到 pOctetsDst 参数所指变量，此函数为目标的复制分配任何需要的内存
SnmpUtilOctetsFree	释放为指定八位组串分配的内存
SnmpUtilOctetsNCmp	比较二个八位组串，此函数比较串中的子标识符直至超过 nChars 参数指定的最大长度
SnmpUtilOidAppend	向目标对象标识符追加源对象标识符
SnmpUtilOidCmp	比较二个对象标识符
SnmpUtilOidCpy	复制由 pOidSrc 参数指定的变量到 pOidDst 参数，并为目标的复制分配任何需要的内存
SnmpUtilOidFree	释放为指定对象标识符分配的内存
SnmpUtilOidNCmp	比较二个对象标识符，此函数比较变量中的子标识符直至超过 nSubIds 参数指定的最大长度
SnmpUtilPrintAsnAny	打印 Any 参数的值到标准输出
SnmpUtilVarBindCpy	复制指定的 SnmpVarBind 结构，并为目标结构分配任何需要的内存
SnmpUtilVarBindFree	释放为 SnmpVarBind 结构所分配的内存
SnmpUtilVarBindListCpy	复制指定的 SnmpVarBindList 结构，并为目标的复制分配任何所需要的内存
SnmpUtilVarBindListFree	释放为 SnmpVarBindList 结构分配的内存
SnmpUtilIdsToA	将对象标识符转换为单字节 ASCII 字符串
SnmpUtilIdsToW	将对象标识符转换为双字节 Unicode 字符串
SnmpUtilOidToA	将对象标识符转换为单字节 ASCII 字符串
SnmpUtilOidToW	将对象标识符转换为双字节 Unicode 字符串

限于篇幅原因，在此不对表中函数作详细说明，请读者参考 MSDN 相关文档。

13.3.4 WinSNMP API 函数

WinSNMP API 为在 Windows 平台下开发基于 SNMP 的网络管理程序提供解决方案。它为 SNMP 网管开发者提供了必须遵循的开放式单一接口规范,它定义了过程调用、数据类型、数据结构和相关的语法。

WinSNMP API 具有以下特点:

- 为基于 SNMP 开发网络管理应用程序提供接口;
- 支持 SNMPv1 和 SNMPv2C;
- 除支持 SNMP 管理端功能外,WinSNMP API 2.0 也支持 SNMP 代理功能;
- 支持 32 位应用程序和多线程;
- 适用于 Windows 2000 及以后操作系统;
- 比 SNMP 管理 API(MGMTAPI.DLL)提供更多功能更强的函数。

WinSNMP API 以函数的形式封装了 SNMP 协议的各部分,且针对 SNMP 使用 UDP 的特点设置了消息重传和超时机制。基于 WinSNMP 的应用程序必须通过 WSNMP32.DLL 动态链接库访问 WinSNMP API 函数,WinSNMP API 共提供了七大类,共约 50 个 API 函数。表 13-6 列出了部分函数及其功能描述。

表 13-6   部分 WinSNMP API 函数

函数名	功 能 描 述
SnmpCreatePdu	产生并初始化 SNMP 协议数据单元
SnmpDuplicatePdu	复制 SNMP 协议数据单元
SnmpGetPduData	返回从指定的 SNMP 协议数据单元选择的数据元素
SnmpSetPduData	修改在指定 SNMP 协议数据单元选择的数据元素
SnmpDecodeMsg	对 SNMP 报文进行解码
SnmpEncodeMsg	构造 SNMP 报文
SnmpStrToOid	转换 SNMP 对象标识符的点分十进制数字串格式为其内部二进制表示
SnmpOidToStr	转换 SNMP 对象标识符的内部二进制表示为其点分十进制数字串格式
SnmpGetVb	从指定变量绑定入口中获取信息
SnmpSetVb	改变变量绑定列表中的变量绑定入口,或向已存在的变量绑定列表中追加新的变量绑定入口
SnmpCreateVbl	创建新的变量绑定列表
SnmpDeleteVb	从变量绑定列表中删除一变量绑定入口
SnmpSendMsg	请求 WinSNMP 发送一 SNMP 协议数据单元
SnmpRecvMsg	获取 SNMP 操作请求的应答和代理发来的自陷
SnmpStartup	执行 WinSNMP 初始化并给应用程序返回 Windows SNMP 管理器应用程序编程接口的版本、支持的 SNMP 通信级别、缺省转换模式和缺省重发模式
SnmpOpen	打开一个 WinSNMP 会话
SnmpClose	关闭一个 WinSNMP 会话,释放为该会话分配的内存和其他资源
SnmpCleanup	关闭 WinSNMP 服务调用
SnmpRegister	向 WinSNMP 管理器应用程序注册或卸载"自陷和通告"接收

13.4 基于 WinSNMP 的网络管理程序设计

在 Windows 下实现 SNMP 协议的编程，可以采用 Winsock 接口，在 161、162 端口通过 UDP 传送信息。在 Windows 2000 中，Microsoft 已经封装了 SNMP 协议的实现，提供了一套可供在 Windows 下开发基于 SNMP 的网络管理程序的接口，这就是 WinSNMP API。

13.4.1 WinSNMP 中的有关概念

1. SNMP 支持层次（Levels of SNMP Support）

WinSNMP 支持四个层次的 SNMP 操作：

Level 0=只支持消息编码与解码。0 级别不提供通信传输服务，不支持 SnmpSendMsg、SnmpRecvMsg、SnmpRegister 函数。因为这些函数需要与其他 SNMP 实体通信。

Level 1 =支持 0 级通信和 SNMP 版本 1 框架（SNMPv1）下的与 SNMP 代理实体相互操作。

Level 2 =支持 1 级通信和 SNMP 版本 2 框架（SNMPv2C）下的与 SNMP 代理实体相互操作。

Level 3 = 支持 2 级通信和与其他 SNMPv2 管理站的通信。

因为 SNMP 协议支持 SNMPv1 与 SNMPv2 的共存，所以 WinSNMP 提供对两个版本协议的支持。SnmpStartup 函数能返回当前 WinSNMP 实现所能提供的最大支持层次。

2. Entity/Context 转换模式（Entity/Context Translation Modes）

WinSNMP 应用程序能够选择以下三种不同的方式解释 entity 和 context 参数：

（1）解释为 SNMPv1 代理的地址和共同体（community）字符串。

（2）解释为 SNMPv2 的 party 和 context 标识符（context IDs）。

（3）通过查询本地数据库将其转换为各自的 SNMPv1 或 SNMPv2 元素。

三种 Entity/Context 转换模式如下：

SNMPAPI_UNTRANSLATED_V1 = 转换为地址和共同体（community）字符串。

SNMPAPI_UNTRANSLATED_V2 = SNMPv2 的 party 和 context IDs。

SNMPAPI_TRANSLATED = 通过本地数据库查询转换。

我们可以通过 SnmpStartup 函数获得当前默认的 entity/context 转换模式，SnmpSetTranslateMode 函数可以用来改变 entity/context 转换模式。

3. 本地数据库（Local Database）

本地数据库主要存储重传模式（RetransmitMode）、重试次数（Retry）、超时（Timeout）、转换模式（TranslateMode）等值。我们可以对其中的数据进行读（Get）、写（Set）操作。

4. 会话（Session）

会话是用来管理 WinSNMP 应用程序和 WinSNMP API 之间的连接，由 SnmpCreateSession（推荐使用）或 SnmpOpen 函数创建。会话是资源管理的最小单位，也是 WinSNMP 应用程序和 WinSNMP API 之间通信管理的最小单位。一个良好的 WinSNMP 应用程序应该使用会话结构逻辑地管理它的操作，并将 API 实现中的资源需求控制在最小。

调用 SnmpCreateSession 或 SnmpOpen 函数创建一个会话时，会返回一个"Session ID"，这是一个句柄（Handle）变量，WinSNMP 用它来管理自己的资源。应用程序最终应调用

SnmpClose 函数将会话释放。

5. 异步模式（Asynchronous Model）

WinSNMP 采用了异步消息驱动模式，主要基于以下两个原因：

（1）异步消息驱动模式非常适合于面向对象理论、SNMP 分布式管理模型以及 Windows 编程、运行环境。

（2）SNMP 管理站和代理之间传送数据基本上是采用 UDP 传输，并没有在远程实体之间建立虚电路，这样的事实使得 WinSNMP 非常适合采用异步模式。

WinSNMP API 中几乎所有函数都含有异步成分，有些则是完全异步的。WinSNMP API 中有三个非常重要的异步函数：SnmpSendMsg、SnmpRecvMsg 和 SnmpRegister。WinSNMP 的整个编程模式都是基于异步消息事件驱动的。

6. 内存的释放

WinSNMP 应用程序必须负责释放所有通过调用 WinSNMP API 函数所分配的资源，主要有以下三类函数：

- SnmpFree<xxx>：释放 Entity、Context、Pdu、Vbl、Descriptor。
- SnmpClose　　　：关闭会话。
- SnmpCleanup　　：必须在程序结束之前调用，释放所有资源。

推荐程序员开发应用程序时按照上述顺序释放所有的 WinSNMP 资源。

13.4.2　WinSNMP 基本编程模式

WinSNMP API 按照 SNMP 协议封装了各种操作，包括 PDU、VarBindList 以及协议操作的各项函数。程序员可以按照 SNMP 协议的描述，调用 WinSNMP 相关函数，完成一次完整的 SNMP。下面以 SNMPv1 协议为例，具体描述 WinSNMP 的一般编程模式。通常在开发网络管理端应用程序时，一般分成发送请求报文和接受响应报文两部分来实现。

1. WinSNMP 发送请求报文

WinSNMP 发送请求报文的过程可以分为四个部分，主要包括：WinSNMP 的初始化、PDUs 的创建、发送报文以及资源的释放。

（1）WinSNMP 的初始化。

① 调用 SnmpStartup 函数启动 WinSNMP。
② 调用 SnmpCreateSession 函数创建一个会话 Session。
③ 调用 SnmpSetRetransmitMode 函数设置重传模式。
④ 调用 SnmpSetRetry 函数设置重传次数。
⑤ 调用 SnmpSetTimeout 函数设置超时时间。

其中第③、④、⑤都是对本地数据库进行操作，完成 WinSNMP 相关参数的设置。

（2）创建协议数据单元（PDUs）。

注意：在创建 PDU 之前，必须先创建变量绑定表（varbindlists）。

① 调用 SnmpStrToOid 函数创建读取对象的 OID，例如，用户想获取 MIB 变量 ipInReceives 的信息（其对象标识符为 1.3.6.1.2.1.4.3.0），可以采用下面的代码得到该变量对象标识符的二进制表示。

LPCSTR name="1.3.6.1.2.1.4.3.0";
smiOID Oid;

SnmpStrToOid（name,&Oid）；

② 调用 SnmpCreateVbl 函数创建变量绑定表。

HSNMP_VBL m_hvbl=SnmpCreateVbl（session,&Oid,NULL）；/*NULL 表示该 OID 的值为空*/

③ 调用 SnmpSetVb 函数往变量绑定表中添加变量绑定，需先创建一个 OID,命名为 Oid。

SnmpSetVb（m_hvbl,0,&Oid,NULL）；/*0 表示往变量绑定表中添加变量绑定，非 0 值表示修改此位置的变量绑定*/

创建好变量绑定表后，程序员就可调用 SnmpCreatePdu 函数创建协议数据单元，需要注意的是，调用此函数前，必须先设定 error_index、error_status、request_id 参数，它们都与协议中相应的量对应。

HSNMP_PDU m_hpdu=SnmpCreatePdu
（session,SNMP_PDU_GET,NULL,NULL,NULL,m_hvbl）；

（3）发送 SNMP 请求报文。

首先调用 SnmpStrToContext 和 SnmpStrToEntity 函数创建共同体（community）字符串和代理 entity，然后调用 SnmpSendMsg 函数发送信息。

SnmpSendMsg（session,NULL,hAgent,hView,m_hpdu）；

（4）资源的释放。

最后，调用 SnmpFreeVbl、SnmpFreePdu、SnmpFreeEntity、SnmpClose 等函数释放所有分配的资源。

2. WinSNMP 接受响应消息

SnmpCreateSession 函数请求微软 WinSNMP 为 WinSNMP 管理端应用程序打开一个会话，应用程序可以指定如何通告 WinSNMP 会话发来的消息和异步事件。

注意：SnmpCreateSession 函数是还未最终定稿的 WinSNMP 管理器 API 第二版的一个元素，其函数原型如下：

HSNMP_SESSION SnmpCreateSession(
  HWND hWnd,   // 通知窗口的句柄
  UINT wMsg,   // 窗口通知消息
  SNMPAPI_CALLBACK pfnCallBack,   // 通知回调函数
  LPVOID lpClientData   // 指向回调函数数据的指针
);

参数：

hWnd　　当异步请求事件完成或自陷通告出现时要通知的 WinSNMP 管理器应用程序窗口的句柄。此参数是会话的窗口通知消息所必需的。

wMsg　　指定一个标识要发送到 WinSNMP 管理器应用程序窗口的通知消息的无符号整数。此参数是会话的窗口通知消息所必需的。

pfnCallBack　　指定由应用程序定义的会话专用的 SNMPAPI_CALLBACK 函数的地址。

lpClientData　　指向应用程序定义的数据的指针,此数据要传递到由 pfnCallback 参数指定的回调函数。此参数是可选的并可以为 NULL。如果 pfnCallBack 参数为 NULL，则 WinSNMP 对象会忽略此参数。

返回值：如函数执行成功，返回值为标识 WinSNMP 会话的句柄，此会话由 WinSNMP

对象为发起调用的管理端应用程序打开。如果函数失败，返回值为 SNMPAPI_FAILURE。

SnmpCreateSession 函数提供了两种方式的异步消息驱动，一种方式让 WinSNMP 在有响应消息到达时发送一个消息给应用程序，另一种方式通过回调函数发送消息。假设采用第一种方式，实现如下：

session=SnmpCreateSession（m_hWnd,wMsg,NULL,NULL）;

下面我们将具体描述 WinSNMP 接受响应消息的步骤。

（1）调用 SnmpRecvMsg 函数接收数据。
（2）调用 SnmpGetPduData 函数从 PDU 中析取出数据。
（3）调用 SnmpCountVbl 获得变量绑定列表中变量绑定的个数。
（4）调用 SnmpGetVb 函数取得 PDU 变量绑定表中每个变量绑定的 OID 及其对应的值，可以指明该变量绑定在变量绑定表中的位置。参考实现如下：

int nCount=SnmpCountVbl（varbindlist）;
for（int index=1;i<=nCount;i++）
　　SnmpGetVb（varbindlist,index,&Oid,value[i]）;

其中，index 指定了变量绑定的位置，value[i]表示接收到的 OID 变量的值，是 smiLPVALUE 类型的，Oid 表示接收到的变量绑定的 OID。

（5）调用 SnmpOidToStr 函数将 Oid 转换为字符串。并将接收到的 Oid 与发送数据包的各 OID 做比较，已决定各自值的归属。

通过上面的步骤，我们就完成了一个简单的 SNMP 网络管理程序的设计。但是，在实际网络管理系统开发中，程序员应该考虑更多的问题，如内存管理、错误处理、如何通过 SNMP_PDU_GETBULK 请求类型使管理应用程序能够从目标代理有效地获取大数据块等问题。

详细的 WinSNMP API 函数说明和调用方式请参考 MSDN。

13.5　利用 AdventNet SNMP API 进行网络管理开发

在 Windows 平台采用 C/C++语言调用 Windows SNMP API 开发网络管理程序比较快捷方便，但如果采用 Java 语言开发网络管理程序，显然 Windows SNMP API 并不是好的选择。目前，许多公司都看好 Java 在网络管理方面的应用前景，纷纷推出基于 Java 语言的网络管理系统开发包，比较受程序员欢迎的有 Advent 网络公司的 Java SNMP API Package，Sun 公司的 JMAPI。我们以 AdventNet 公司的 SNMP API Package 为例，介绍如何开发网络管理程序。

13.5.1　AdventNet SNMP API 概述

AdventNet SNMP API 为基于 SNMP 的网络管理应用提供了一个全面的开发工具包。AdventNet 的 SNMP 栈包含一系列强大的 Java SNMP 库，用来为监控和跟踪网络元素创建实时的应用程序，这些应用程序不仅是可靠的、可伸展的，且独立于操作系统。

开发人员可以利用 AdventNet 的 SNMP 库来创建独立的、基于 Web 的和分布式（EJB、CORBA 或 RMI）基于 SNMP 的网络管理应用程序。Java SNMP 库除了提供基本的 SNMP 操作，如：SNMP GET、SNMP GETNEXT、SNMP GETBULK 和 SNMP SET，还为陷阱和表格处理提供了现成的组件。这些组件便于简单和快速地开发和部署 SNMPv1、SNMPv2c 和

SNMPv3 管理应用程序。

使用基于 Java 的 SNMP API 构建的 SNMP 管理应用程序能够接收 SNMP 陷阱，并能基于预定义的标准来处理这些陷阱，实现有效的 SNMP 管理。

AdventNet SNMP API 集成了一个易于使用的可视化 IDE（Integrated Development Environment）SNMP Design Studio，大大简化了 SNMP 管理应用程序的开发和部署。自动的代码生成功能减少了源代码中的人为错误，从而改进了产品的质量并降低了开发的时间和成本。SNMP Design Studio 还为代码编辑、调试、维护和封装提供了内置的工具。

AdventNet SNMP API 的一些重要特征如下：

- 多语言支持： 完全支持 SNMPv1、SNMPv2c 和 SNMPv3
- SNMPv3 安全： 支持 HMAC-SHA-96，HMAC-MD5－96，CBC-DES 和 128 位 AES 加密。
- 稳健的 SMIv1 和 SMIv2 MIB 解析器：无缝解析任何 OEM 供应商的 MIB 定义。
- MIB 加载：可以选择从预编译文件、串行文件或数据库加载 MIB 文件以增强性能。
- IPv6（Internet Protocol Version 6）： 提供与基于 IPv6 和 IPv4 的设备之间的连通性。
- SNMP 广播：面向网络广播 SNMP 数据包，从而自动发现网络中的 SNMP 设备。
- SNMP Bean：为便于应用开发提供了高级的 bean 组件，如：SnmpTarget、SnmpPoller、TrapReceiver。
- 数据库支持：通过将 MIB 定义和 SNMPv3 配置数据存储到任何关系数据库（如 MySQL 和 Oracle）增强了可伸缩性。
- MIB Browser：它是用于网络和系统组件管理的工具，既可以作为独立的应用程序运行，又可以从 Web 浏览器调用。
- 命令行工具：在远程代理上执行 SNMP 操作，如 SNMP GET、SNMP GETNEXT、SNMP SET、SNMP BULK 和 SNMP WALK。

13.5.2　AdventNet SNMP API 体系结构

AdventNet SNMP API 由一组分层的 Java 包组成，它能快速开发出适用于不同领域的网元和网络管理应用，如图 13-27 所示。

该体系结构包含了多层 API，它们为用户（开发人员）进行应用开发提供了不同级别的访问。例如，不了解 SNMP 概念的新用户可以直接使用高级的 API 进行应用开发，而 SNMP 专家则可以直接使用低级的 API。

用户可以直接使用低级 SNMP API、MIB API 和 SAS API，或通过高级 API 中提供的 Bean 调用。任一情况下，用户应用程序都可以通过分布式 API 与 SNMP API 进行通信。

低级 SNMP API：低级 API 用于实现核心 SNMP 功能，它包含促进与同等 SNMP 实体之间通信并为应用程序和 applet 提供消息安全和保密的类；还含有在浏览器中运行的管理 applet 可使用的类。它支持设备之间的多语言通信。低级的 API 提供了针对 SNMPv3 实体的 USM 和 VACM 的参考实现，还为 SAS 通信提供了不依赖协议的通信框架，程序员可以在其中插入用于 SAS 通信的私有传输协议。

MIB API：MIB API 用于表现某个 SNMP 代理上可用数据的相关信息。该 API 允许 Java 程序充分利用 MIB 模块文件中包含的信息。除了支持许多提供被管对象属性的功能，它还便于在应用程序和 applet 中加载和卸载 MIB。这些组件是使用低级 API 提供的原始 SNMP 数据类型构建的。

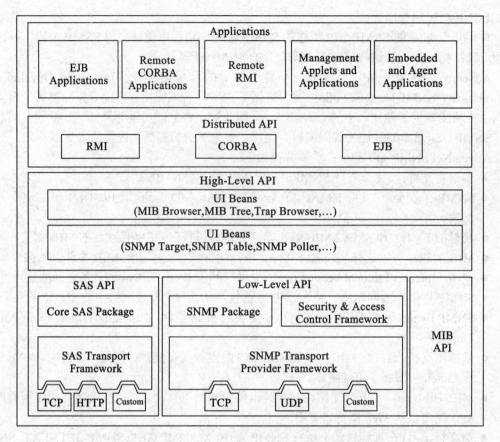

图 13-27　AdventNet SNMP API 体系结构

SAS API：SAS API 支持 Java applet 避开浏览器的安全限制。SAS 允许 applet 发送 SNMP 数据到任何被管设备以及从 applet 主机接收 SNMP 数据包。SAS 服务器需要与 applet 所在的 Web 服务器一起运行。

高级 SNMP API：它是由使用低级 API 和 MIB API 提供的 SNMP 功能构建的 UI 和非 UI bean 组成的。在任何 Java Bean Builder 中都可以使用这些 bean 组件，还可以直接在 Java 代码中使用。

分布式 API：RMI API 能使 Java 开发的分布式计算应用和服务器端应用执行 SNMP 操作。RMI API 的优点在于只要客户端向服务器发送 RMI 调用，即可让服务器执行 SNMP 功能。它的组件都是基于高级 API 的非 UI bean 构建的。

13.5.3　应用程序实例

下面用一个简单的例子来说明 AdventNet Java SNMP API 的使用，该应用程序根据命令行参数向被管理设备请求指定对象的信息。

程序源代码及其说明如下：

import java.util.*;

import java.net.*;

//除了 JDK 提供的系统 API 包外，还需要引入以下 Advent SNMP API 包

```java
import com.adventnet.snmp.snmp2.*;
import com.adventnet.snmp.mibs.*;
import com.adventnet.snmp.snmp2.usm.*;

public class snmpget {
    private static final int DEBUG = 0;
    private static final int MIBS = 6;

    public static void main（String args[]）  {
        String usage = "snmpget [-d] [-v version（v1,v2,v3）] [-c community] [-m MIB_files] [-p port] [-r retries] [-t timeout] [-u user] [-a auth_protocol] [-w auth_password] [-s priv_password] [-n contextName] [-i contextID] host OID [OID] ...";
        String options[] = { "-d", "-c",  "-wc", "-p", "-r", "-t", "-m", "-v", "-u", "-a", "-w", "-s", "-n", "-i"};
        String values[] = { "None", null, null, null, null, null, null, null, null, null, null, null, null, null };

        //ParseOptions 类用来分析选项。该类以参数和选项数组作为输入，可得到一个字符串数组 remArgs，其中包含这些选项的值。如果某个选项未指定，则相应的字符串为 null。对于每个没有相关字符串（不需值）的选项，需要把它设置为"None"。
        ParseOptions opt = new ParseOptions(args,options,values, usage);
        if (opt.remArgs.length<2) opt.usage_error();

        //启动 SnmpAPI 类，这是任何使用 Advent SNMP API 包的应用程序或小应用程序时都需要实例化并启动的类，这里还要检查在命令行中是否有-d 标志，如果有，则把 DEBUG 设为 true。
        SnmpAPI api;
        api = new SnmpAPI();
        api.start();
        if (values[DEBUG].equals("Set")) api.setDebug(true);

        //SnmpSession 类用于和对等 SNMP 进行通信。所有使用 SNMP 包的通信都需要通过一个 SnmpSession 实例进行。首先初始化 SnmpSession，设置会话中的 peername，即要和哪一个对等 SNMP 通信。
        SnmpSession session = new SnmpSession(api);
        session.setPeername(opt.remArgs[0] );

        //将 values 数组中的值传递给 SnmpSession
        SetValues setVal = new SetValues(session, values);
        If(setVal.usage_error) opt.usage_error();
```

```java
// 通过 MibOperations 类的实例载入 MIB 文件
MibOperations mibOps = new MibOperations();

//设置用经过编译后的 MIB 文件进行载入
 mibOps.setLoadFromCompiledMibs(true);
    if (values[MIBS] != null) try {
        System.err.println("Loading MIBs: "+values[MIBS]);
        mibOps.loadMibModules(values[MIBS]);
} catch (Exception ex) {
        System.err.println("Error loading MIBs: "+ex);
}

//构造 SNMP PDU，并将命令设置为 SNMP GET 请求
SnmpPDU pdu = new SnmpPDU();
pdu.setCommand( api.GET_REQ_MSG );

//将要通过 GET 请求获得的 MIB 变量的 OID 和空变量值加到 PDU 中
for (int i=1;i<opt.remArgs.length;i++) {
    SnmpOID oid = mibOps.getSnmpOID(opt.remArgs[i]);
    if (oid == null)
    System.exit(0);
    else pdu.addNull(oid);
}

//SnmpSession 会话使用前必须先打开，这将产生一个数据报套接字供我们使用，如果
不能正常打开，系统会抛出 SnmpException 异常
        try {
            session.open();
        } catch (SnmpException e) {
            System.err.println("Error opening seesion");
            System.exit(1);
        }

//如果 SNMP 的版本是第三版，则还需要在 PDU 中加入用户认证信息
        If(session.getVersion()=SnmpAPI.SNMP_VERSION_3) {
        pdu.setUserName(setVal.userName.getBytes());
            USMUtils.init_v3_params(setVal.userName, setVal.authProtocol,
setVal.authPassword, setVal.privPassword,
session.getPeername(),session.getRemotePort(),session);
            pdu.setContextName(setVal.contextName.getBytes());
```

```
        pdu.setContextID(setVal.contextID.getBytes());
    }

    //采用同步方法发送 PDU 到目的地，返回的响应信息由同一个 PDU 实例接收
    try {
        pdu = session.syncSend(pdu);
    } catch (SnmpException e) {
        System.err.println("Sending PDU"+e.getMessage());
        System.exit(1);
    }

    //如果返回的 PDU 为空，则表示可能发生意外，出现超时
    if (pdu = null) {
        System.out.println("Request timed out to: " + opt.remArgs[0] );
        System.exit(1);
    }

    //如果一切正常，得到响应 PDU，则将相关的响应信息显示在标准输出设备上
    System.out.println("Response Received from "+ pdu.getRemoteHost());
    if (pdu.getErrstat() != 0) {
        System.err.println("Error in response: " + mibOps.getErrorString(pdu));
    }
    else {
        System.out.println(mibOps.varBindsToString(pdu));
        System.out.println(mibOps.toString(pdu));
    }

    //关闭 SnmpSession 会话
    session.close();
    //停止 SnmpAPI 线程
    api.close();
    System.exit(0);
    }
}
```

习　题

1. 简述 Microsoft Windows SNMP 服务体系结构。
2. 在 Windows Server 2003 中如何安装配置 SNMP 服务？
3. 在 Windows Server 2003 中如何增强 SNMP 服务的网络安全性？

4. 什么是WMI？它有哪些功能？
5. 试用WMI和VBScript编写脚本检索环境变量。
6. 如何用SNMPUTIL测试SNMP服务？
7. 简述扩展代理API、管理API中包含哪些函数，每个函数的功能是什么。
8. 如何基于WinSNMP开发网络管理端应用程序？
9. AdventNet SNMP API体系包括哪几层API？
10. 试用AdventNet SNMP API和Java开发图形界面的网络管理端应用程序。

第14章 网络管理技术的发展

现在计算机网络变得愈来愈复杂，对网络管理的性能的要求也愈来愈高，为了满足这种需求，今后的网络管理将朝着集成化、Web化和智能化方向发展。许多新的技术，如CORBA、XML、移动代理、主动网络等都被应用到网络管理中，使得具有统一性、跨平台、互操作、高性能的网络管理系统成为可能。

14.1 集成化的网络管理

集成是指将不同性质的事物根据一定的规则集合在一起，使它们能作为一个整体进行工作的方法。随着计算机网络和电信网络沟通、融合速度的加快，广泛用于计算机网络的 SNMP 和广泛应用于电信网络的 CMIP 的集成问题逐渐被提到议事日程上来。

SNMP 和 CMIP 的集成使管理者能同时管理基于不同协议的代理。根据集成方式不同，协议集成有两种形式：协议共存（Co-exist）和协议互通（Interworking）。

14.1.1 协议共存

协议共存是指不同的协议共同存在于同一分布式的环境中，但协议之间不存在某种层次上的结合。协议共存有以下几种方式。

1. 双协议栈

双协议栈方式既允许使用 SNMP 来管理，又允许使用 CMIP 来管理。两协议既可以同时存在于管理者上，也可以同时存在于代理上。

单一的管理工作站通过同时支持两种协议来管理基于 SNMP 和 CMIP 协议的不同网络产品。两个协议之间没有重叠之处，即使在它们的管理者或代理上存在相同代码的情况下，它也只是将二者简单地放在同一工作站上。在某些类型的设备中使用双代理是十分有用的，如多协议主机和文件服务器等。图 14-1 所示的是在管理工作站上存在双协议形式的示意图。

在代理上同时存在 SNMP 和 CMIP 协议，可以使一个代理同时支持 SNMP 管理者和 CMIP 管理者的请求。图 14-2 所示的是在代理上同时支持 SNMP 和 CMIP 的情况。

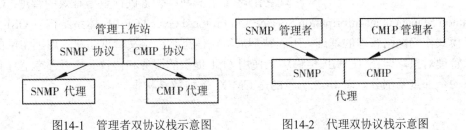

图14-1 管理者双协议栈示意图　　　图14-2 代理双协议栈示意图

如果完全按双协议的要求，则势必会给代理设备带来极大的负担。那么是否可考虑将基于 OSI 的设备进行扩展，使它能响应 SNMP 管理者的请求。这种方法的特点是将 SNMP 和 CMIP 放在一个平等的位置上，允许一个代理支持两种协议对单个管理信息库的请求。图 14-3 所示的是这种独立于协议的代理的体系结构。

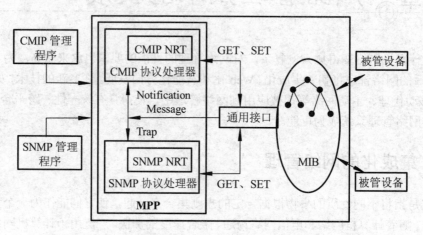

NRT：名字登记表　MPP：管理协议处理器

图 14-3　代理的体系结构

2. 混合协议

混合协议指通过更换使用低层协议来进行 CMIP 和 SNMP 的管理的协议。基于 OSI 的 SNMP 协议可以用于管理内存中有限的 OSI 路由器，TCP 上的 CMIP（CMOT）企图在 TCP/IP 上结合尽可能多的 CMIP 特性和它对数据库结构的操作。混合协议集的优点是忽略基本的网络协议，选取最适当的管理协议。图 14-4 所示的是混合协议集的示意图。

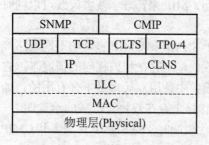

图 14-4　混合协议集示意图

SNMP 可映射到无连接传输服务（CLTS，Connectionless Transport Services）上，因为将 SNMP 映射到 CLTS 中的无连接模式时是与 SNMP 体系结构一致的。但 CLTS 本身既可以用无连接方式，也可以用面向连接的方式实现。当 SNMP Trap 在 CLTS 上传递时，管理者也是通过传输服务得到 Trap 的源的。

反之，OSI 网络管理的框架也可以应用在 TCP/IP 的网络环境中。利用 CMIP/CMIS 提供的丰富服务，对 TCP/IP 环境下的网络设备进行更为有效的管理。CMOT（Common Management Information Service and Protocol Over TCP/IP）体系结构以 OSI 的管理框架和模式作为网络管理的基础，用因特网的管理信息结构定义管理信息，用因特网的 MIB 来存放管理对象，但在 TCP/IP 传输层上使用 OSI 提供的服务和协议。它几乎包含了网络管理体系的全部重要部分。图 14-5 所示的是 CMOT 的协议结构框架。

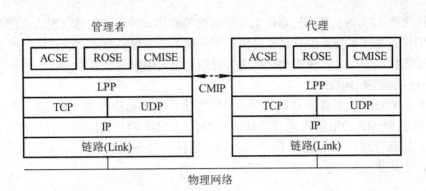

图 14-5　CMOT 的协议体系结构

在这个协议体系中，要想完成网络管理任务，就必须将 OSI 的服务及协议（ACSE、ROSE、CMIP）映射到因特网的低层协议（TCP、UDP、IP）中。为了减小两协议之间的差距，CMOT 在传输层和 OSI 网络管理应用之间加入了一层"轻表示层（LPP，Lightweight Present Protocol）"。LPP 允许在 TCP 或 UDP 上使用 OSI 的表示服务，但它并不是完成 OSI 所规定的全部表示层服务，它仅仅只完成减小两协议差距的基本功能。这种最小化了的表示层使用起来很方便，所占用的资源也很少，为 CMOT 提供了一种既简洁，又易于实现的方法。

3. 应用程序接口

跨平台的多协议管理平台的方法可以减少管理系统的数目。这种平台定义了一套开发的应用程序接口（API），它允许供应商为用户提供更为有效的管理方案，而不必关心特定管理协议的操作细节、数据定义和用户接口。网络管理平台将提供一个工具箱来完成这些特定的功能。那么基于这种平台的网络管理系统可以遵循 SNMP、CMIP 以及二者的集成，同时下层又包含了各种协议和专门的系统。通用 API 方式的优点是隐藏了基本通信协议的差别，达到跨平台、跨协议的管理。目前 HP 的 OpenView、IBM 的 NetView 等网络管理系统已采用了这种思想。图 14-6 所示的是如何通过应用程序接口实现协议共存的情况。

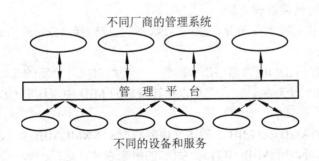

图 14-6　应用程序接口示意图

14.1.2　协议互通

互通的方式是克服差异，即让二者在特殊的统一管理环境中共同工作的方式。通过 MIB 转换和委托代理机制来克服 SNMP 和 CMIP 的差异，利用现存 MIB 定义的优点，尽量避免重复。委托代理（Proxy）是通过功能上等同的服务和协议转化来沟通管理协议的差异。利用这种方式的优点是在不损害现有投资的情况下采用不同的管理技术，而且还有一个最大的好处是这个委托代理还可以完成层次化网络管理结构中的中层管理者功能。

1. Proxy 的框架结构设计

SNMP 与 CMIP 的主要区别如下两点：管理信息结构和协议操作。因此，Proxy 的主要功能是在基于 SNMP 的中层管理者（MLM）与基于 CMIP 的代理之间进行这两方面的转换，以达到两大协议互通的目的。图 14-7 所示的是这种管理方式的框架结构，为了达到这个目的，Proxy 至少应实现以下功能：

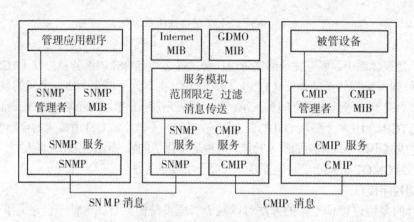

图 14-7 Proxy 的框架结构

（1）将接收到的 SNMP 的 requests 转换为 CMIP 的 requests 消息送往 CMIP 代理。

（2）将接收到的 CMIP 的 responses 转换为 SNMP 的 GetResponse 消息，然后发往 SNMP 管理者。

（3）分析和转换 CMIP 的通知（Notifications）。或者形成 SNMP 的 Trap,或者修改 SNMP 的管理信息库（MIB）。

（4）能在运行时转换管理信息。

在管理信息模式转换上有两种方法可实现，即直接转换（Direct Translate）和抽象转换（Abstract Translate）。

- 直接转换指在 GDMO 命名层次中的每一个类都对应一个新的 SNMP 组，每个属性对应 SNMP 的一个对象。它几乎可以在转换后的 MIB 中表达原 GDMO MIB 的所有方面。
- 抽象转换指将 GDMO MIB 中的语义内容映射到 SNMP MIB。如 GDMO 中名为"系统"的被管对象可以用 MIB 中名为"系统"的组来表达。这是一种一对多的转换，即一个 GDMO 的对象可对应多个 SNMP 的对象，一个 SNMP 的对象也可以对应多个 GDMO 被管对象。

在 Proxy 的设计中，这两种方法都是有用的。MIB 的直接转换法将原 GDMO MIB 的几乎所有方面在被转换的 MIB 中体现出来。主要用于对 CMIP 专有管理信息的转换上。如果在标准化了的 SNMP MIB 中有语义与 CMIP 的语义相同的部分时，可用抽象转换法。

在如何获取或修改 GDMO 中信息的问题上，也有两种方法：Proxy 保留（Stateful）法和

Proxy 不保留（Stateless）法。

Proxy 保留法需要用 Proxy 复制一个 CMIP 代理上的 MIB，并定时地向 CMIP 代理采集最新数据，当 SNMP 管理者需要某一信息时，便直接从 proxy 上获取。

Proxy 不保留法不需要用 Proxy 复制 CMIP 代理上的 MIB。当 Proxy 收到管理者的 Request 后，产生一个或多个 CMIP Request 到代理上获取数据。

保留法使得管理者对代理的操作变成了直接对 Proxy 的操作，这样，管理者得到响应的速度会更快一些。但管理者得到数据有一定的滞后性，即该值可能不是代理当前的值。因此，保留法只适用于那些长时间不会发生变化的静态值，如对代理的描述等。而对那些经常变化的动态值，就需要采用不保留的方法，直接到代理上获取。选择这两种方法的原则是：对静态值的对象采用保留法，对动态值的对象采用不保留法。

2. Proxy 的输入与输出

Proxy 位于 SNMP 中层管理者与 CMIP 代理之间，它接收 SNMP 管理的请求，将 SNMP 的请求转换为 CMIP 的请求送往代理，代理对 Proxy 发来的 CMIP 请求进行处理，处理完毕后向 Proxy 发出响应。Proxy 收到响应后，又转换成输入 SNMP 的响应返回管理者。所以 Proxy 的输入为 SNMP 的请求和 CMIP 的响应；输出为 CMIP 的请求和 SNMP 的响应。

3. MIB 的转换

因为两协议在对象的定义、命名和组织结构上有较大的差异，故需要寻找一个简单有效的方法将 CMIP 所定义的对象在 SNMP 中反映出来，使 SNMP 管理者对 Proxy MIB 中对象或对象实例进行操作，经过 Proxy 的转换后，这种操作能作用在 CMIP 代理中相应的对象或对象实例上。这点对于实现两协议的互通是十分重要的。MIB 的转换，应达到以下的目标：

- 对象命名的转换应该是简单的，且易于实现自动转换的。
- 转换的方法应具有较高的普遍性。在被管对象上所做的一点点改动不至于需要对转换方法进行改动，才能在另一个协议的 MIB 中反映出来。
- 按某种方法进行转换时，能够在转换后的 MIB 中反映出被转换的 MIB 的主要特性。

在前面对 SNMP 和 CMIP 差异的阐述中，可以看到每个 GDMO 的被管对象类对应 SNMP 的一张类表，每个被管对象实例对应表中的一行，即一个表项。实例的每个属性对应 SNMP 的一个对象，即表中的一列。图 14-8 所示的是一般 MIB 直接转换的方法。

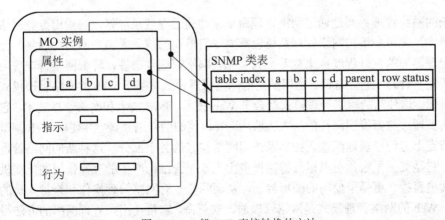

图 14-8　一般 MIB 直接转换的方法

从图中可以看出，一个 CMIP 的被管对象实例有 a、b、c、d 四个属性，对应于 SNMP 类表中 a、b、c、d 四列。不同的实例对应了不同行，表中有一个 table index 作为各行的索引，以区分不同的实例。row status 表明该行的状态，这两个属性结合起来便可以在表里创建或删除一行，相应地也应在管理对象类中产生和删除一个实例。为了表达 GDMO 中对象之间的关系，表中还设有 Parent 属性，表示它所指向的对象是该行的上一级对象。这样一个对象可以通过它找到上一级或上几级对象。这种表达方式也符合 GDMO MIB 层次化和继承性的要求。

除了上面的转换外，还需要对语法（Syntax）进行转换。语法描述了数据的一般结构，这种结构独立于数据的具体的编码技术。它定义了数据类型并描述了这些类型的值。对于简单类型数据的情况，直接进行对应就可以了。表 14-1 所示的是一些简单数据类型的对应。

表 14-1　　　　　　　　　　　　一些简单数据类型的对应

OSI 结构	SNMP 结构
BIT STRING	OCTET STRING
BOOLEAN	Truth Value convertion
ENUMERATED	INTEGER with named values
GernerializedTime	DataAndTime
GraphicString	GraphicString
IA5String NumericString printableString VisibleString	DisplayString
INTEGER	INTEGER
REAL	OCTET STRING
ObjectInstance DistingishedName	InstancePointer

14.2　基于 Web 的网络管理

传统的网络管理界面是通过网络管理命令驱动的远程登录屏幕，必须由专业网络管理工作人员操作，使用和维护网络管理系统也需要专门培训的技术人员，网络功能复杂化，使传统网络管理界面的友好程度愈来愈差。为了减轻网络管理复杂性，降低网络管理费用，急需研究和开发一种跨平台、方便、适用的新的网络管理模式，基于 Web 的网络管理模式可以实现这个目标。这种新的网络管理模式融合了 Web 技术、Java 技术和网络管理技术，它允许网络管理人员通过与万维网同样的形式去监测、管理他们的网络系统，并使用 Web 浏览器在网络任何节点上方便迅速地配置、控制及访问网络和它的各个部分，这种新的网络管理模式的魅力在于它是交叉平台，可以很好解决很多由于多平台结构产生的互操作问题，提供比传统网络管理更直接、更易于使用的图形界面，从而降低了对网络管理操作和维护人员的特别要求。基于 Web 的网络管理模式是网络管理的一次革命，它将使用户管理网络的方法得以彻底改善，从而为实现"自己管理网络"和"网络管理自动化"迈出关键一步。

14.2.1　WMB 与传统网络管理平台的比较

随着 Intranet 的流行和发展，其本身的结构也变得越来越复杂，这大大增加了网络管理的工作量，也给网络管理员真正管理好 Intranet 带来了很大的困难。传统的网络管理方式已经不适应当前网络发展的趋势。作为一种全新的网络管理模式，基于 Web 的网络管理模式（Web-Based Management，WBM）可以允许网络管理人员使用任何一种 Web 浏览器，在网络任何节点上方便迅速地配置、控制以及存取网络和它的各个部分。WBM 从出现伊始就表现出强大的生命力，它以其特有的灵活性、易操作性等特点赢得了许多技术专家和用户的青睐。

1. 传统的管理者–代理集中管理模式存在以下缺陷

（1）由一个网管站（NMS）来负责收集分析所有被管资源的状态信息并进行相应管理，造成网管站工作负担过重，这没有充分发挥网络的分布计算资源优势。

（2）所有的网络管理数据都必须传送给网管站分析处理，这样易在管理者端形成通信瓶颈。

（3）当网络出现连接故障时，造成全网或局部失控。

（4）由于系统规模和应用越来越复杂，加上用户需求的改变，现行的网络管理平台不易扩展升级。

（5）由于网络采用不同厂商的网络设备、协议、操作系统及数据库，网管人员不得不分别借助各种孤立的管理工具来监视和控制网络的运行以及管理各种信息服务。这给网管人员带来了额外负担，给有效地管理好网络带来很大的困难。

（6）目前网络管理的重心仍然放在管理网络的硬件设备上，缺乏真正有效的包括各种应用服务的集成网络管理。以前网络设备由于其处理能力和资源的缺乏，只能在其上运行一个简单的 SNMP 代理，而现在的网络设备含有更强的处理器和更多的内存，因此具有管理自身的能力。目前对 SNMP 有了一些改进措施，如采用 MIB 元变量、RMON、Agent X 等方法。

2. 基于 Web 的网络管理具有的优点

（1）地理上和系统上的可移动性。基于 Web 网络管理的可移动性使管理员使用任何一个 Web 浏览器从 Intranet 的任意一台网络工作站都可以监测和控制内部网络。对于网络管理系统的提供者来说，在一个平台上实现的管理系统可以从任何一台安装有 Web 浏览器的计算机上访问，不管这台计算机是服务器还是专用工作站，或是普通 PC，操作系统的类型也不受限制。

（2）具有统一的网络管理程序界面。网络管理员不必像以往那样学习和运用不同厂商的网络管理系统程序的操作界面，而是通过简单且非常熟悉的 Web 浏览器进行操作，完成网络管理的各项任务。

（3）网络管理平台具有独立性。WBM 的应用程序可以在各种环境下使用，包括不同的操作系统、体系结构和网络协议，无须进行系统移植。

（4）网络管理系统之间可无缝连接。网络管理员可以通过浏览器在不同的管理系统之间进行切换，比如在厂商甲开发的网络性能管理系统和厂商乙开发的网络故障管理系统之间进行切换，使得两个系统能够平滑地相互结合，组成一个整体。

在网络管理领域，包括 IBM/Tivoli、Sun、HP 和 Cisco 等公司在内的网络管理系统软件供应商都竞相推出融合了 Web 技术的管理平台。

14.2.2 WBM 的实现方式

网络管理 Web 化的基本实现方案有两种。一种是基于代理的解决方案，另一种是嵌入式解决方案。

1. 基于代理的解决方案

基于代理的 WBM 方案是在网络管理平台之上叠加一个 Web 服务器，使其成为浏览器用户的网络管理的代理者，网络管理平台通过 SNMP 或 CMIP 与被管设备通信，收集、过滤、处理各种管理信息，维护网络管理平台数据库。WBM 应用通过平台网络管理平台提供的 API 接口获取网络管理信息，维护 WBM 专用数据库。管理人员通过浏览器向 Web 服务器发送 HTTP 请求来实现对网络的监视、调整和控制，Web 服务器通过 CGI 调用相应的 WBM 应用，WBM 应用把管理信息转换为 HTML 形式返还给 Web 服务器，由 Web 服务器响应浏览器的 HTTP 请求。基于代理的解决方案如图 14-9 所示。

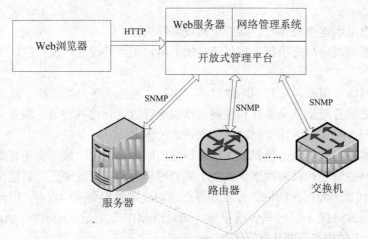

图 14-9 基于代理的解决方案

基于代理的 WBM 方案在保留了现存的网络管理系统的特征的基础上，提供了操作网络管理系统的灵活性。代理者能与所有被管设备通信，Web 用户也就可以通过代理者实现对所有被管设备的访问。代理者与被管设备之间的通信沿用 SNMP 和 CMIP，因此可以利用传统的网络管理设备实现这种方案。

2. 嵌入式 WBM 解决方案

嵌入式 WBM 方案是将 Web 能力嵌入到被管设备之中。每个设备都有自己的 Web 地址，使得管理人员可以通过浏览器和 HTTP 协议直接进行访问和管理。代理的解决方案继承了当今传统的基于工作站的管理系统和产品的所有优点，此外它还具有访问灵活的特点。因为代理服务器和所有的网络终端设备通信仍然通过 SNMP 协议，因而这种解决方法可以和只支持 SNMP 协议的设备协同工作。从另一方面来看，内嵌服务器的方法带来了单独设备的图形化管理。它提供了比命令行和基于菜单的 Telnet 接口更简单易用的接口，能够在不牺牲功能的前提下简化操作。嵌入式 WBM 方案如图 14-10 所示。

嵌入式方案给各个被管设备带来了图形化的管理，提供了简单的管理接口。网络管理系统完全采用 Web 技术，如通信协议采用 HTTP 协议，管理信息库利用 HTML 语言描述，网络的拓扑算法采用高效的 Web 搜索、查询点索引技术，网络管理层次和域的组织采用灵活的虚拟形式，不再受限于地理位置等因素。

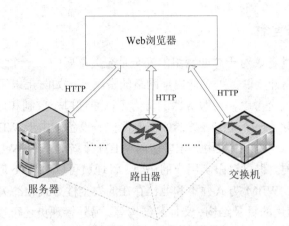

图 14-10　嵌入式 WBM 解决方案

在今后的企业网络中，基于代理服务器和内嵌 Web 服务器的方案肯定会更广泛被用来管理网络，大型的企业将继续需要使用基于代理服务器的管理方案实现对整个企业网络的监控和管理，而内嵌式 Web 服务器的管理方式由于提供了高度改良的接口，因而使企业网络安装和管理新设备时更加方便。

内嵌 Web 服务器的方式对于小型办公室网络来说是理想的管理方式。小型办公室网络相对来说比较简单，也不需要强大的管理系统和整个企业的网络视图。由于小型办公室网络经常缺乏网络管理和设备控制人员，而内嵌 Web 服务器的管理方式就把用户从复杂的管理中解脱出来。另外，基于 Web 的设备实现了真正的即插即用，减少了安装时间和故障排除时间。

实现 WBM 的技术有多种，最常用的是描述 WWW 页面超文本标记语言——HTML。HTML 可以构建页面的显示和播放信息，并可以提供对其他页面的超级链接，图形和动态元素（如 Java Applet）也可以嵌入到 HTML 页面中。因此用 HTML 页面提供 WBM 的用户信息接口是很理想的。

另一项在 WBM 中应用的技术是 CGI，它提供基于 Web 的数据库访问能力。当 WBM 应用程序需要访问 MIB 时，可以利用 CGI 对数据库进行查询，并格式化 HTML 页面。

对 WBM 来说，最重要的技术是 Java 语言。它是一种解释性程序语言，也就是在程序运行时，代码才被处理器程序解释。解释性语言易于移植到其他处理器上。Java 的解释器是一个被称为 Java 虚拟机（JVM）的设备，它可以应用于千变万化的处理器环境之中，而且可以被绑定在 Web 浏览器上，使浏览器能够执行 Java 代码。

Java 提供了一套独立而完备的小应用程序 Applet 专用于 Web。Applet 能够被传送到浏览器，并且在浏览器的本地机上运行。Applet 具有浏览器强制安全机制，可以对本地系统资源和网络资源的访问进行安全控制。Java Applet 对于 WBM 中的动态数据处理是一种有效的技术。它能够方便地显示网络运行的画面、交换机状态面板等图片，也能实时表示从轮询和陷阱得到的更新信息。Java 在 WBM 中还有一种应用就是将 JVM 嵌入到一个设备之中，该设备就可以执行 Java 代码。利用这一点，可以将应用程序代码在工作站和网络设备之间动态地传递。

14.2.3 WBM 的安全性

WBM 中的安全性考虑对于企业网络的安全是至关重要的。一个安全的网络需要有防火墙将其与 Internet 隔离开，以保护企业内部网络的资源，比如防止未经许可的外部访问 Web 服务器。另外，出于安全考虑，对服务器的访问可以通过口令控制和地址过滤来控制。从某种角度来看，WBM 也是一个基于服务器的需要保护的设备。由于 WBM 控制着网络的主要资源，因而只有 Intranet 上的授权用户才能访问 WBM 系统。基于 Web 的设备在向用户提供易于访问的特性的同时，也可以限制用户的访问。管理员可以对 Web 服务器加以设置以使用户必须用口令来登录。WBM 方式并不和业已存在的安全性方式相冲突，如已经在 Windows 和 Unix 操作系统中应用的目录结构、文件名结构等。另外管理员还可以很方便地使用复杂的鉴定技术来加强 WBM 系统的安全。

网络管理人员的操作数据是非常敏感的，如果在浏览器到服务器之间的传输过程中被侦听或篡改，会造成严重的安全问题。因此这些数据在传输过程中通常需要加密。这个需求利用现有的技术是可以满足的，因为基于 Web 的电子商务同样需要数据传输的安全，这种技术已经得到了大力开发，并取得了成功。

此外，Java Applet 的安全问题对 WBM 也很重要。因为 Java Applet 将字符串和数据暴露在光天化日之下，因此存在着被篡改的危险。尽管 Java Applet 具有一些安全保障，如被规定不能写盘、破坏系统内存或生成至非法站点的超级连接。但仍需要对代码进行保护，以保证收到的 Applet 与原有代码完全相同。目前这项技术已基本成熟。

14.2.4 WBM 的标准

为了降低网络管理的复杂性、减少网络管理的成本，WBM 管理的开放式标准必不可少。有两个 WBM 的标准目前正在考虑之中：一个是 WBEM（Web-Based Enterprise Management）标准，另一个是 JMAPI（Java-Management Application Program Interface）标准，现在发展成 JMX（Java Management Extension）。

1. WBEM 标准

WBEM 标准是由 Microsoft 公司于 1996 年 7 月提出的，并得到包括 3COM 公司在内的 60 多个供应商的支持。此标准具有面向对象特征，各种抽象的管理数据对象通过多种资源（如设备、系统、应用程度）进行收集，WBEM 能够通过单一协议来管理这些对象，被定位成"兼容和扩展"了当前标准，如 SNMP、CMIP 和 DMI，而不是取而代之。图 14-11 所示的是 WBEM 体系结构框图，它定义了访问被管理对象信息、集中客户机分析结果信息以及为分析和操作所提供的对被管对象位置透明的访问所必须的结构和规定。

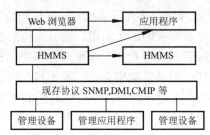

注：HMMP：超媒体管理协议 HyperMedia Management Prolocol
HMMS：超媒体管理模式 HyperMedia Management Schema\
HMOM：超媒体对象管理者 HyperMediaObject Maanager

图 14-11　WBEM 体系结构示意图

在 WBEM 体系结构中最关键的是超媒体管理协议 HMMP，它构成了 WBEM 的骨架。HMMP 能够访问管理信息，以实现独立于平台和在物理上分布于整个企业的管理方案。它的核心思想是，通过访问和操作公用信息模型（CIM）的元件，对整个网络进行管理，实体通过 HMMP 交换传送管理信息的消息，用于轮询和操作 HMMP 实体所拥有的模式。

WBEM 旨在提供一个可伸缩的异构的网络管理机构。它与网络管理协议如 SNMP、DMI 兼容。WBEM 定义了体系结构、协议、管理模式和对象管理器，管理信息采用 HTML 或其他 Internet 数据格式并使用 HTTP 传输请求。WBEM 包含以下三个部分：

（1）HMMS（HyperMedia Management Schema）：一种可扩展的、独立于实现的公共数据描述模式。它能够描述、实例化和访问各种数据，是对各种被管对象的高层抽象。它由核心模式和特定域模式两层构成，核心模式由高层的类以及属性、关联组成，将被管理环境分成被管系统元素、应用部件、资源部件和网络部件。特定域模式继承了核心模式，采用其基本的语义定义某一特定环境的对象。

（2）HMMP（HyperMedia Management Protocol）：一种访问和控制模式的部件的协议，用于在 HMMP 实体之间传递管理信息，属于应用层的协议。

（3）HMOM（HyperMedia Object Manager）：HMMP 客户请求的代管实体，HMOM 的特色是 HMMP 客户要与指派的 HMOM 通信，由其完成请求的管理任务。这样减轻了 HMMP 客户定位和管理多种设备的负担。

2. Sun JMX

JMX 是一个为应用程序植入管理功能的框架，它定义了一个包含若干中心组件的管理体系结构。JMX 是一套标准的代理和服务，实际上，用户可以在任何 Java 应用程序中使用这些代理和服务实现管理。JMX 致力于解决分布式系统管理的问题，因此，能够适合于各种不同的环境是非常重要的。为了能够利用功能强大的 Java 计算环境解决这一问题，Sun 公司扩充了 Java 基础类库，开发了专用的管理类库。JMX 是一种应用编程接口，可扩充对象和方法的集合体，可以用于跨越一系列不同的异构操作系统平台、系统体系结构和网络传输协议，灵活地开发无缝集成的系统、网络和服务管理应用。它提供了用户界面指导、Java 类和开发集成系统、网络及网络管理应用的规范。

JMX 为现有的标准网络管理协议（如 SNMP、CIM/WBEM、TMN、CORBA 等）提供了一系列的 Java API。这些 API 独立于 JMX 的四层模型，但却是必不可少的，它可以使 JMX 应用于现有的管理系统。

JMX 是一个完整的网络管理应用程序开发环境,它提供的功能有:厂商需要收集的完整的特性清单,并可生成资源清单表格;图形化的用户接口;访问 SNMP 的网络 API;主机间远程过程调用;数据库访问方法等。JMX 使用轻型的管理基础结构,其价值在于对被管理资源的服务实现了抽象,提供了低层的基本类集合,开发人员在保证大多数的公共管理类的完整性和一致性的前提下,进行扩展以满足特定网络管理应用的需要。JMX 注重于构造管理工具的软件框架,并尽量采用已成熟的技术。

JMX 体系结构分为四层,分别负责处理不同的事务,是一种动态灵活的体系结构。它们分别是:Instrumentation Level、Agent Level、Adaptor Level 和 Manager Level,如图 14-12 所示。

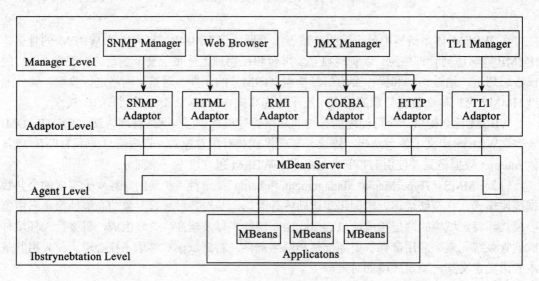

图 14-12 JMX 体系结构

(1) Instrumentation 层。Instrumentation 层主要包括了一系列的接口定义和描述如何开发 MBean 的规范。MBean 对可管理资源进行封装和抽象,可管理资源可以是应用程序、设备,也可以是某种服务或策略的软件实现。

(2) Agent 层。Agent 层用来管理相应的资源,并且为远端用户提供访问的接口。Agent 层构建在 Instrumentation 层之上,并且使用并管理 Instrumentation 层内部描述的组件。

(3) Adaptor 层。Agent 并不直接和其他 Agent、网络管理系统或其他管理应用程序通信,而是使用协议和连接适配器。协议适配器提供访问 Agent 管理资源的软件组件,它使用标准的网络协议,如 HTTP、SNMP。连接适配器是一组为 Agent 和 Agent 的管理资源提供远程接口的软件组件,通常使用远程调用如 CORBA、RMI 等。适配器层用于封装协议和接口差异,使得针对异构复杂网络开发统一的网络管理系统成为可能。

(4) Manager 层。Manager 层用来发布管理操作,这些操作可以间接地通过浏览器或单独的应用程序来激发。JMX Manager 可以通过访问 Adaptor 提供的接口来控制多个 Agent 或其他被管资源。WBM 是网络管理向前发展的重要一步,但是 WBM 因为 Web 本身的原因也有自己的缺点。用户访问 WBM 系统时要从服务器端下载本次任务所需要的类库和包到客户端,而且客户端每次与服务器端建立连接也要花费时间,所以时间的开销是 WBM 需要改进的地方。当然这些局限会随着 Internet 的不断改进终被解决，随着 WBM 技术的完善和业界的广泛重视，WBM 必将从根本上改变网络管理技术。

14.3 基于 XML 的网络管理

可扩展标记语言（eXtensible Markup Language，XML）是由互联网联合组织（World Wide Web Consortium，W3C）于 1998 年 2 月发布的一种标准，它是一种数据交换格式，允许在不同的系统或应用程序之间交换数据，通过一种网络化的处理机制来遍历数据，每个网络节点存储或处理数据并且将结果传输给相邻的节点。它是一组用于设计数据格式和结构的规则和方法，易于生成便于不同的计算机和应用程序读取的数据文件。

互联网对网络管理尤其是配置管理提出了更高的要求，基于 SNMP 的简单管理模式已经不能满足实际需求；另一方面，被管理设备的处理能力已经大大提高，可以支持更加复杂的处理。在这样的情况下，基于 XML 的网络管理有了广阔的发展前景。

14.3.1 基于 XML 网络管理的优点

作为网络管理的新兴研究技术，XML 有其他网络管理技术所不能比拟的特性，主要表现在以下几个方面：

（1）管理信息模型。XML 能提供一个存在于现有管理标准或者正在执行的方案中的信息模式。XML DTD 和 XML Schema 定义了 XML 文档的数据结构。XML Schema 以一种更灵活的方式定义管理信息的结构。通过 XML 解析器来检查配置数据文档是否格式正确并且符合 XML Schema 定义的规范，来确保配置数据的完整性。

（2）管理信息的存储和分析。XML 支持标准的 API 来访问 XML 文档。DOM 或者是 SAX 提供的 API 可以很方便地访问管理信息数据。多数的 XML 解析器都提供了解析 XML 文档的接口。此外，管理数据文档中的每一项都可以通过 XPath 表达式来寻址定位。这点是很有用的。

（3）底层数据更具可读性和标准性。目前网络中传输的底层数据通常根据网络协议的不同，而采用不同的编码规则，虽然最终在传输的时候都转化为二进制位流，但是不同的应用协议需要提供不同的转换机制，将协议所能理解的数据转换为二进制数据。这种情况导致网络管理站在对采用不同协议发送管理信息的被管对象之间进行管理时很难实现兼容性。基于 XML 的网络管理技术采用 XML 语言对需交换的数据进行编码，为网络管理中复杂数据的传输提供了一个极佳的机制。如果协议在数据表示时都采用 XML 格式进行描述，这样网络之间传递的都是简单的字符流，可以通过相同的 XML 解析器进行解析，然后根据不同的 XML 标记，对数据的不同部分进行区分处理，使底层数据更具可读性和标准性。

（4）管理信息通信。XML 格式的管理信息能方便地在异构系统之间通过 TCP 之上的 HTTP 协议传送。用 TCP 传输协议代替 UDP 传输（SNMP 协议采用 UDP 传输），一方面是提供可靠的面向连接传输服务，另一方面是更适合面向大型网络管理中的大数据量传输要求。XML 格式的管理数据在通过 HTTP 传送时还可以采用通用的压缩算法进行数据压缩，这样显著减少了管理信息数据量，减轻了网络管理所带来的额外负载。此外，可以方便地使用像 HTTP、SOAP 这些支持 XML 文档的高层传输协议，还可以保证传输的安全性。

（5）提供强大的网络配置管理功能。在应用程序开始运行之前的初始化过程中，需要把一些参数、系统环境读入到程序中，以便在程序运行过程中使用，这些参数一般都是以文件的形式存储在文件系统中,称之为"配置文件"。

目前,XML 广泛用作配置文件,为应用程序提供配置文件结构。在网络管理系统中也不例外,在其应用服务程序中,如配置管理等,采用 XML 格式来书写配置文件,这一点也符合前面描述的用 XML 描述网管数据的要求。

基于 XML 的网络管理使用 XML 文档描述网络配置管理信息,解决了 SNMP 由操作原子性带来的问题,还可以方便的添加新的操作,从而能够为网络配置管理提供必需的基本操作和高层操作,同时具有很强的可扩展性。

(6) XML 实现页面的多样性显示。XML 实现了数据和样式的分离。在 XML 文档中,我们可以根据需要创建标记,并且创建相应的样式单,指定浏览器显示用户自己创建的标记。这样,网络管理的页面设计变得更为多样和灵活,可以根据不同权限的用户,不同地区的用户显示不同的页面形式,使网管系统的显示更为丰富和灵活。

由于目前对 XML 的安全性支持正在完善中,使得 XML 在网络中的应用越来越广泛。

14.3.2 基于 XML 网络管理的四种模型

经过几年的研究与发展,利用 XML 进行网络管理已成为网络管理领域新的发展趋势。下面将沿用传统网络管理的管理端－代理模式,叙述基于 XML 的网络管理可能采取的 4 种网管模型。

1. SNMP 管理端—SNMP 代理模型

第一种模型为 SNMP 管理端—SNMP 代理,其简单结构图如图 14-13 所示。

图 14-13　SNMP 管理端－SNMP 代理模型

从图 14-13 可以看出这种模型与基于 SNMP 的传统网络管理模型非常相似,只是在管理用户接口上做了修改,网络管理工作站与 SNMP 管理端以 XML 格式交换信息。另外,此模型与传统模型还有一个显著的区别(图中未显示),就是数据在系统内部的处理主要以 XML 数据流为主,在处理过程中进行 XML/ASN.1 的报文转换。

2. 基于 XML 的管理端－SNMP 代理模型

第二种模型保留了 SNMP 代理,用基于 XML 的管理端代替 SNMP 管理端,其主要结构如图 14-14 所示。

图 14-14　基于 XML 管理端－SNMP 代理模型

在此模型中，采用 DTD 或 Schema 描述管理信息结构（类似于 SNMP SMI），HTTP 作为传输数据的手段。管理数据以 XML 文档格式存取。由于该管理端与 SNMP 代理双方所采用的技术不同，在他们之间需要增设一个 XML/SNMP 网关，管理者通过此网关来使用和管理现有的 SNMP 代理。XML/SNMP 网关提供了基于 XML 管理端管理 SNMP 代理网络的方法，主要在于管理端和代理之间管理信息和交互操作的转换。这种方式将是最有可能实现的，因为这种组合方式能对现有内嵌于设备的 SNMP 代理进行很好的管理。

3. SNMP 管理端 – 基于 XML 代理模型

第三种模型是 SNMP 管理端管理基于 XML 的代理，其简单结构如图 14-15 所示。

在这种模型中，SNMP/XML 网关是必需的，它支持从 XML Schema 到 SNMP SMI 的转换，但因为 XML Schema 在数据类型和结构方面比 SNMP SMI 复杂得多，这种转换是极其困难的。并且这种模型提高了 SNMP 管理端和基于 XML 代理间的交互，并未弥补 SNMP 的缺陷，所以这种结构广泛应用的可能性不大。

图 14-15　SNMP 管理端－基于 XML 代理模型

4. 基于 XML 管理端与基于 XML 代理模型

当不考虑现有网管系统，开发一个新的网络管理端和代理时，采用基于 XML 的管理端来管理基于 XML 的代理是充分发挥 XML 网络管理优势的最理想模型，其主要结构如图 14-16 所示。

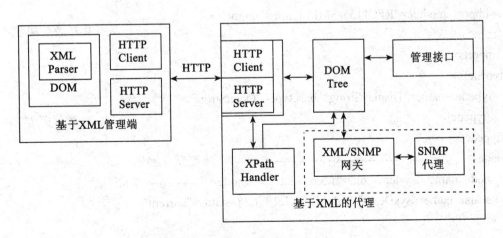

图 14-16　基于 XML 管理端与基于 XML 代理模型

在此模型中选用 XML Schema 来描述管理信息结构，管理端和代理之间采用 HTTP 协议进行通信，管理数据以 XML 格式存放。管理端通过不同的 URL 执行发出请求、接受回复和陷阱等各种功能。代理方使用 Xpath handler 解析从管理端发来的 Xpath 表达式，并通过 DOM 接口在事先解析好的 DOM 树中定位所要操作的节点，之后 DOM 树利用管理后端接口向系统应用程序发出取值请求，获得响应后将该节点的值层返回发送给管理端。

图 14-16 中需先给出一个常用的管理后端接口，即 SNMP 代理，使用它充分体现了在网络管理中 XML 技术和 SNMP 的有效结合。由于 SNMP 代理发出的管理信息使用 SNMP MIB 定义并通过 SNMP 通信协议获取，而该模型是依赖于 XML 技术处理管理信息的，所以需要设置一个 XML/SNMP 网关，实现 MIB 到 XML 的转换以及 DOM API 与 SNMP 操作的映射。

上面四种模型中，第二种和第三种为可能的过渡结构。其中第三种模型需要部署大量的 XML 代理代价较高，而且难以把 XML 文法翻译成 SNMP SMI,可行性较差；而第二种模型则最大限度地利用了已有的 SNMP 资源，同时吸收了基于 XML 网络管理的部分优势，是比较理想的过渡时期的网络管理的体系结构。

14.3.3 采用 XML 描述 MIB 文件

鉴于 XML 具有灵活性、可扩展性、交互性等多方面的优点，越来越多的厂商希望采用 XML 格式描述 MIB 文件，从而要求网络管理软件随之提供相应的 MIB 解析方案。XML 有两种方法用来描述 MIB 文件，第一种是采用 XML 的 DTD 模式，另一种是采用 XML 的 SCHEMA 模式。参照上述的 XML 文档语法，以及国际上的 smi.dtd（XML 格式 MIB 的管理信息结构描述）文档，厂商可以设计自己私有的 XML 格式 MIB 文件，下面以 RFC1213-MIB 为例给出其 XML 格式的部分内容：

```
<?xml version="1.0"?>                  ----------------------------------文档开始
<!DOCTYPE smi SYSTEM "D:\project\SnmpXMLGateway\ibm\smi.dtd">
<smi>
  <module name="RFC1213-MIB" language="SMIv1"></module>   ------- 模块名
  <imports>
    <import module="RFC1155-SMI" name="mgmt"/>                       从其他模块导入
    ... ...
  </imports>
  <typedefs>
    <typedef name="DisplayString" basetype="OctetString">
    </typedef>    ... ...                                              数据类型
  </typedefs>
  <nodes>    ---------------------------------------- 所有节点定义
    <node name="system" oid="1.3.6.1.2.1.1"></node> ------------ 中间节点
    <scalar name="sysDescr" oid="1.3.6.1.2.1.1.1" status="current">
    叶子节点
      <syntax>    ------------------------------------------ 语法类型
        <typedef basetype="OctetString">
          <parent module="RFC1213-MIB" name="DisplayString"/>
          <range min="0" max="255"/>
        </typedef>
```

```
            </syntax>
            <access>readonly</access>        ------------------------------ 访问权限
            <description>                    ------------------------------ 节点描述
                A textual description of the entity.  This value should include the full name and
                version identification of the system's hardware type, software operating-system,
                and networking software. It is mandatory that this only contain printable ASCII
                characters.
            </description>
        </scalar>
        ……
    </nodes>
        </smi>                               ------------------------------ 文档结束
```

相对于 DTD 模式，XML Schema 能够更加灵活的描述 XML 文档的结构，另外由于 XML Schema 本身就符合 XML 文档的规范，所以它也可以用 XML 解析器来解析，以下为用 XML Schema 描述的 IF-MIB 信息。

```
<?xml version="1.0" encoding="UTF-8"?>
<snmp-data xmlns="http://www.ccnu.edu.cn/netcom/base/xsd/snmp-data"
xmlns:IF-MIB="http:// www.ccnu.edu.cn/netcom/base /xsd/IF-MIB"
[...] >
<context ipaddr="134.169.246.1" hostname="netcom" port="161"
community="public" time="2003-11-10T16:57:31Z">
<IF-MIB:interfaces>
<IF-MIB:ifNumber>10</IF-MIB:ifNumber>
</IF-MIB:interfaces>
[...]
<IF-MIB:ifEntry ifIndex="2">
<IF-MIB:ifDescr>FastEthernet0/0</IF-MIB:ifDescr>
<IF-MIB:ifType>ethernetCsmacd</IF-MIB:ifType>
<IF-MIB:ifMtu>1500</IF-MIB:ifMtu>
<IF-MIB:ifSpeed>100000000</IF-MIB:ifSpeed>
<IF-MIB:ifPhysAddress>00:03:fd:32:e4:00</IF-MIB:ifPhysAddress>
<IF-MIB:ifAdminStatus>down</IF-MIB:ifAdminStatus>
[...]
<IF-MIB:ifName>Fa0/0</IF-MIB:ifName>
<IF-MIB:ifLinkUpDownTrapEnable>enabled
        </IF-MIB:ifLinkUpDownTrapEnable>
[...]
<IF-MIB:ifRcvAddressEntry ifRcvAddressAddress="00:00:00:00:03:00">
<IF-MIB:ifRcvAddressStatus>active</IF-MIB:ifRcvAddressStatus>
```

```
<IF-MIB:ifRcvAddressType>other</IF-MIB:ifRcvAddressType>
</IF-MIB:ifRcvAddressEntry>
[...]
</IF-MIB:ifEntry>
[...]
<IF-MIB:ifStackEntry ifStackHigherLayer="2" ifStackLowerLayer="0">
<IF-MIB:ifStackStatus>active</IF-MIB:ifStackStatus>
</IF-MIB:ifStackEntry>
</context>
</snmp-data>
```

14.3.4 采用 XML 描述报文

SNMP 协议采用 ASN.1 语法规则描述数据，数据在网络中进行传输时，通常需要先对其进行 BER（Basic Encoding Rules）编码。SNMP 的所有报文都是采用 BER 编码进行传递。由于 ASN.1 语法抽象难懂，如果采用 XML 文档来表示报文会更加直观，以下是用 XML 描述的取 OID 为.1.3.6.1.2.1.1.4.0 结点值的返回报文：

```
<response message-id="1"
    xmlns="http://www.ccnu.edu.cn/netcom/base">
    <data>
       <snmp-data
        xmlns="http://www.ibr.cs.tu-bs.de/projects/libsmi/xsd/SNMPv2-MIB"
        xmlns:base="http://www.ccnu.edu.cn/netcom/base">
        <context ipaddr="202.114.46.210" port="830"
                 community="public" time="2006-12-05T08:08:08Z">
           <sysOREntry sysORIndex="6" base:oid= "1.3.6.1.2.1.1.9 1.3.6.1.2.1.1.9.1">
              <sysORID base:oid="1.3.6.1.2.1.1.9.1.2">23</sysORID>
              <sysORDescr base:oid="1.3.6.1.2.1.1.9.1.3">this</sysORDescr>
           </sysOREntry >
        </context>
       </snmp-data>
    </data>
</response>
```

14.3.5 一种基于 XML 的配置管理协议——Netconf 概述

Netconf 协议是 IETF 网络配置组提出的基于 XML 的网络管理配置协议，该协议已经在 2006 年 12 月正式批准为标准 （RFC 4741）。Netconf 协议是一种解决网络配置管理问题较为有效的方法，配置数据可以被查找、上传以及操作。它采用 XML 表示网络管理操作，采用 XML 编码的 RPC（Remote Procedure Call）为网络设备定义了 API 接口。

Netconf 协议从概念上分为以下 4 个层次，如图 14-17 所示。分为内容层（Content）、操作层（Operations）、RPC 层和传输协议层（Transport Protocol）。

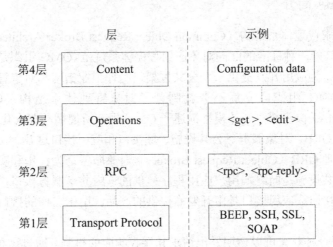

图 14-17 Netconf 协议层次图

Content 层描述了网络管理所涉及的配置数据，它基本上依赖于设备厂商。Netconf 认为 Content 层超出了它的范围，应该另行制定标准的数据定义语言和内容，但当前还没有制定出支持 Netconf 协议的标准管理信息模型。

操作层定义了一组基本操作，这些操作可以作为 RPC 方法调用。除了基本操作，Netconf 还提供了被称为 capabilities 的附加功能。Netconf 可利用网络设备发布的特征调整管理应用的行为。

RPC 层表示了基于 RPC 的通信模型。它提供了一种简单的、不依赖于传输的 RPC 请求和相应分割机制。它采用<rpc>元素封装操作请求消息，并通过一个安全、面向连接的会话将请求发送给被管设备。而被管设备将采用<rpc－reply>元素封装该 RPC 请求的相应消息，然后将此响应消息发送给请求者。

传输协议层主要用于在被管设备和管理应用之间建立通信路径。Netconf 并没有规定传输协议层必须采用哪些具体协议，它可以采用任何一个满足 Netconf 协议需求的传输协议。当前 Netconf 协议只是建议可以将 BEEP、SSH、SSL 和 SOAP 等协议应用到传输层中。Netconf 将为以后基于 XML 技术的网络管理提供一种标准。

14.4 CORBA 技术在网络管理系统的应用

随着网络管理技术的飞速发展，在当前的网络管理领域中主要存在基于 TCP/IP 的 SNMPv2 协议框架和基于 OSI/RM 的 CMIP 协议框架。他们各有局限，难以满足网络管理领域向综合、开放、分布式处理和互操作方向发展的迫切要求。CORBA 是为解决分布式处理环境中的硬件/软件系统的互联互操作所制定的规范。近几年来，CORBA 分布式对象技术正逐渐成为分布式计算环境的主流，CORBA 的 ORB、IIOP、IDL 特性使采用分布式对象技术开发的系统具有结构灵活、软硬件平台无关等优点，能够有效地解决异构环境下的应用互操作性和系统集成。

14.4.1　CORBA 简介

公共对象请求代理体系结构（Common Object Request Broker Architecture，CORBA）是由 OMG 组织制订的一种标准的面向对象应用程序体系规范。OMG 组织是一个国际性的非盈利组织，其职责是为应用开发提供一个公共框架，制订工业指南和对象管理规范，加快对象技术的发展。OMG 组织成立后不久就制订了对象管理体系结构（Object Management Architecture，OMA）参考模型，该模型描述了 OMG 规范所遵循的概念化的基础结构。OMA 由对象请求代理 ORB、对象服务、公共设施、域接口和应用接口这几个部分组成，其核心部分是对象请求代理 ORB（Object Request Broker）。对象服务是为使用和实现对象而提供的基本服务集合；公共设施是向终端用户应用程序提供的一组共享服务接口；域接口是为应用领域服务而提供的接口；应用接口是由开发商提供的产品，用于它们的接口，不属于 OMG 标准的内容。

ORB 提供了一种对象可以透明发出请求和接收响应的机制。通过这种机制，分布的、可以互操作的对象利用 ORB 构造可以互操作的应用。ORB 可看作是在对象之间建立客户/服务关系的一种中间件。基于 ORB，客户可以透明的调用服务对象提供的方法，该服务对象可以与客户运行在同一台机器上，也可以运行在其他机器上通过网络与客户进行交互。ORB 截取客户发送的请求，并负责在该软件总线上找到实现该请求的服务对象，然后完成参数传递、方法调用，并返回最终结果。

CORBA 作为系统集成的一种工业标准体系结构，其主要优点在于：

（1）CORBA 简化了分布式应用的集成，对于最终用户而言，它更易使用，因而在时间和成本方面都有所节约。

（2）CORBA 作为一种抽象的规范定义并不限制具体的实现方案，这一点对于软件供应商而言最具吸引力。因为这种灵活性使供应商可以充分利用现有的网络设施，比如有些供应商（如 IONA）是以基于 ONC（Open Network Computing）兼容的 RPC 方式实现 CORBA，而有些供应商（如 HP）是利用 OSF DCE 来实现 CORBA，还有些供应商（如 SunSoft）则跳过 RPC 层在底层直接实施 CORBA，大多数供应商都提供使用 OMG IDL 接口实现连接库代码的支持。这种软件结构与实现手段相分离的特点，使得供应商们可以先利用 IDL 完成软件的结构设计，然后再选择合适的通信机制，以使系统具有最大限度的可用性。

（3）与原有的基于 RPC 机制的单纯的 C/S 结构相比，CORBA 结构更有利于资源的灵活、合理利用。因为 CORBA 是对等式的分布计算环境，所有应用对象之间的地位是平等的，其担任的角色也是可以转换的：当某一对象产生服务请求时就被称为客户方，而当它接受服务请求时就被称为服务方。绝大多数 CORBA 对象都可以担任客户方和服务方两种角色。

（4）CORBA 是面向对象的，这意味着面向对象的种种方便与强大功能将在 CORBA 的使用中得以体现，如系统的开放性、可重用性以及与原有系统的无缝集成和新功能的快速开发等。

（5）CORBA IDL 是一种与编程语言无关的接口定义语言，用来定义对象的请求/服务接口，描述应用对象所封装的内容及界限。它类似于 C++中类的描述，也包括属性和操作两部分，并且也支持接口之间的继承，以实现对象的可重用性。IDL 定义经过编译后成为可为开发人员直接使用的头文件和 stub 程序。由 OMG IDL 到任何编程语言的映射理论上都是可支持的。

（6）CORBA 作为一种标准，其核心元素的稳定性是有保证的。CORBA 产生于拥有 700 多成员的 OMG 组织，该组织包括了多家主要的计算机软硬件厂商及大的科研院所，并得到 X/Open、OSF、COSE、CI Labs、X/Consortium 等的支持，权威性是毋庸置疑的。自 1991 年 CORBA 1.1 版本问世以来，CORBA 的功能不断扩展，对异构平台的兼容性不断增强，现在的 CORBA 2.0 规范实现了真正意义上的互操作性。

14.4.2 基于 CORBA 的网络管理

1. 纯 CORBA 技术的网管系统

SNMP 和 CMIP 的网络管理模型是由一组协议在管理者和管理代理之间建立网络连接交换信息，以便管理者通过管理代理对被管设备进行操作。管理者和管理代理之间以客户/服务器的方式进行工作，因此使用开放分布式处理技术来改进是十分合适的。将管理者和管理代理用对象封装，通过分布式计算环境达到交互信息的目的。CORBA 技术以其自身的优势领导着开放分布处理的发展，它具有的突出特点表明有能力而且很适合构造网管系统：

- 在 CORBA 规范中引入了代理（Broker）的概念，实现客户与服务器的完全分离；
- CORBA 规范是基于面向对象的设计思想和实现方法；
- 提供了软件总线的机制，分层的设计原则和实现方式。

计算机网络管理中的代理/管理器交互方式是典型的客户/服务器的模式，因此，计算机网络管理系统十分适合于使用 CORBA 技术来实现。在纯 CORBA 的网络管理系统中，将网络设备作为对象来看待，管理者被称为管理对象，被管设备被称为被管对象。根据被管对象的功能和地位分析，可以将被管对象作为一个 CORBA 对象来实现，封装代理的网管功能，用 IDL（Interface Definition Language）描述其接口，提供给管理对象进行网管操作。管理对象作为一个客户端，使用普通 CORBA 远程调用激活被管对象，通过 GIOP（General Inter-ORB Protocol）协议调用远程被管对象的操作，执行网管功能。

管理对象可以如同调用本地对象一样调用代理提供的服务，完成对网络设备的配置管理、故障管理、计费管理等。

使用 CORBA 构建网络管理系统有以下优点：首先，CORBA 规范所遵循的面向对象的设计思想和实现方法将能够贯穿网络管理系统从设计、实现、仿真、应用和维护的整个生命周期，从而使得网络管理系统具有更强的可扩展性、可重用性，便于系统升级改造；其次，CORBA 规范实现了客户与服务器的完全分离，使得基于 CORBA 规范开发的管理代理与管理器之间只要遵从相同的调用接口就可以实现开发平台、操作系统、编程语言以及运行状态的透明性，这对于支持异构环境的计算机网络管理系统的实现有着极大的吸引力。最后，CORBA 技术的使用可以使计算机网络管理和计算机系统/服务的管理基于相同的支持平台开发，方便两者的集成。

但是基于 CORBA 开发的网管系统必须面对如何集成现有网络管理系统的问题，这就是下面要解决的不同管理系统域之间的互操作问题。

2. CORBA 网管与传统网管的互联

基于 CORBA 的网管系统域和传统网管系统域之间的互联可以通过网关来实现。在 CORBA/SNMP 网关的支持下，CORBA 管理域的管理器可以和 SNMP 管理域的管理代理交互。同样地，CORBA 域的管理器可以通过 CORBA/CMIP 网关的支持，和 CMIP 域的管理代理进行交互。因此，CORBA 网络管理系统是建立在 SNMP 和 CMIP 之上，可以屏蔽网络管理协议的异构性。

　　CORBA 网管层次如图 14-18 所示,它将现有的网络管理分为两层,在 CMIP 中,第一层网络管理有 X.721 协议和 SDH 协议两种,在 SNMP 域中,网关协议基于 MIB2 协议。SNMP 和 CMIP 之间的交互需要再提高一个层次,在这个层次上通过两种网关对 CORBA 的 GIOP 和两种网管协议的转换达到互操作的目的。

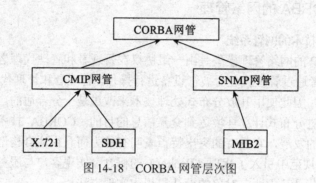

图 14-18　CORBA 网管层次图

　　本方案不仅利用 CORBA 的面向对象、分布式计算的优势无缝地集成各种现有的网管设备,而且通过两种网关将原有的网管系统继承下来,以便老设备、老系统继续使用,节约成本。但是,如何构造这两个网关,以便在计算机网和电信网络中的网络设备最后全部归结于统一的 CORBA 网管系统之下将是必须解决的问题。

3. 网关实现模型

　　CORBA/SNMP 网关和 CORBA/CMIP 网关分别在计算机网络和电信网络管理中起到融合原有网管系统的作用,下面提出各自的网关实现模型。

　　(1) CORBA/CMIP 网关。

　　考虑到电信领域里 CMIP 网管系统数量的庞大,为拓展其功能至 CORBA 网管系统域内,必须设计担当此任的网关,称为 CORBA/CMIP 网关。如图 14-19 所示。

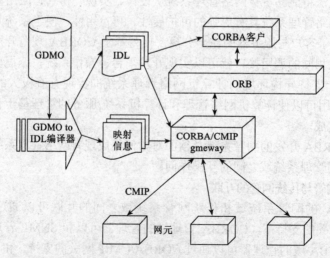

图 14-19　CORBA/CMIP 网关实现模型

对于 CORBA 和 CMIP 之间的互操作，需要两个方面的转换：一是协议转换；二是动态的调用转换。网关实现由 CORBA 客户发出的 CORBA 远程调用到 CMIP 被管设备的调用转换，而协议转换，就是将 GDMO 描述的网管设备信息，转化为 IDL 语言描述的 CORBA 接口信息，以便被作为 CORBA 管理对象远程调用。在实际应用中可使用 GDMO 到 IDL 的编译器进行转换。

CORBA 网管系统对一个 CMIP 遗留系统的接入工作，可以分为两步走。首先，使用 GDMO/IDL 编译器将 GDMO 语法描述的网络设备信息转为由 IDL 语法描述。其次，将这个 IDL 文档的接口定义信息用于构造网管对象和网关；同时生成的调用映射信息交给 CORBA/CMIP 网关以实现调用转换。

（2）CORBA/SNMP 网关。

在计算机网络中 SNMP 协议是网管系统的事实上的标准，为和 CORBA 网管系统互通，以便拓展其功能至 CORBA 网管系统域内，进行两者之间的协议转换必不可少，此项交互工作由 CORBA/SNMP 网关完成。CORBA/SNMP 网关实现模型如图 14-20 所示。

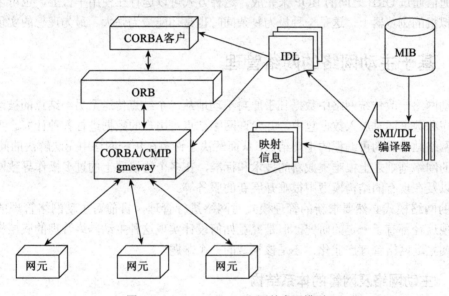

图 14-20　CORBA/SNMP 网关实现模型

实现 CORBA/SNMP 之间的互操作，同样需要两方面的转换：一个是协议转换；另一个是调用转换。网关在运行时进行调用转换，而协议转换就是将 SMI 描述的网管设备信息库转化为 IDL 语言，以利于作为 CORBA 客户端的管理对象远程调用。在本模型里，使用 SMI 到 IDL 的编译器。

CORBA 网管系统对一个 SNMP 遗留系统的接入工作，分为两个步骤：首先，使用 SMI/IDL 编译器将 SMI 语法描述的网络设备信息库转化成为 IDL 语法描述的接口信息。其次，将这个 IDL 文档的接口定义信息用于构造网管对象和网关，另外，同时生成的调用映射信息交给 CORBA/SNMP 网关以实现调用转换。

4. 基于 Web 的 CORBA/JAVA 实现方式

Java 与 CORBA 有很强的互补性，二者的结合使用，可以实现与平台无关的、面向对象的、真正开放的 Web 化网络管理，一种基于 Web/CORBA 的具体结构如图 14-21 所示。

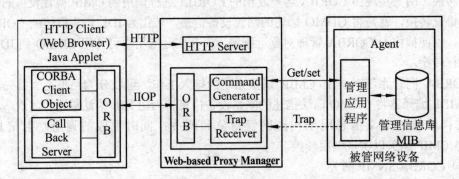

图 14-21 Web-based Proxy Manager 的 CORBA/JAVA 实现方式

在图 14-21 中，Call Back Serves 用于接收从 Agent 发出的 Trap 信息。浏览器与代理（Proxy）模块的通信通过 ORB 之间的 IIOP 来完成。这种方式可以运行在使用平台上，也可以运行在 Java 虚拟机的浏览器上，这是一种最为复杂同时也是功能最为强大、最为理想的实现方式。

14.5 基于主动网络的网络管理

主动网络一改传统网络中数据几乎原封不动地从一个结点传送至另一结点的被动局面，而将程序和数据同时放入数据包中，并允许网络结点对用户的数据进行各种计算。主动网络技术使网络结点成为可编程的主动结点，从而解决了许多在传统网络中无法解决的问题，如：在共享的网络基础之上很难集成新的技术和标准，在多个协议层上的过多操作导致网络的性能下降以及在现有的结构模型中很难开展新的服务等。

新的网络模式必然要求新的管理模式对网络进行管理，目前对主动网络管理的系统结构，实现途径都有了一定的研究，但是究竟如何设计实现这种主动网络管理的底层框架，从而尽快使主动网络管理产业化，还是该领域的一个难题。

14.5.1 主动网络及网管的体系结构

主动网络管理模型是建立在主动网络基础之上，而主动结点则是主动网络的核心组成部分，因此在设计实现主动网络管理软件时首先要考虑到主动网络结点及相应网管的体系结构特点。

1. 主动网络结点体系结构

主动网络的结点体系结构由结点操作系统（NodeOS）、执行环境 EEs（Execution Environments）和主动应用 AAs（Active Applications）三部分组成，如图 14-22 所示。

EEs 定义了一个虚拟机和主动网络用户可调用的编程接口，Management EE 则是网络管理的接口。AA 是一段程序，它通过使用 EE 提供的编程接口，实现端用户所定制的服务。NodeOS 提供了执行环境所赖以生存的基本功能，它管理主动结点的资源，并且在资源（如传输、计算、存储等）之间进行协调。可见，主动网提出了一个解决网络体系结构的新方法，它把更多的计算处理任务放到廉价的网络结点中，用户可以把程序代码插入到网络的结点中，路由器和交换机可以对流经的数据进行计算。主动网可以在不增加带宽的情况下，更加有效和智能地充分利用现有的带宽，可以说这是在网络体系结构和技术的演变过程中的"量子级"的飞跃。

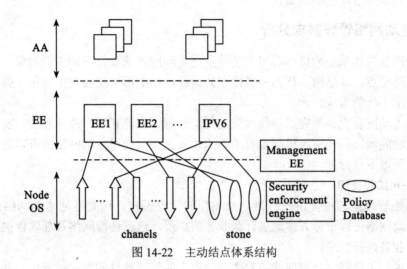

图 14-22　主动结点体系结构

2. 主动网管体系结构

从主动网络结点的体系结构可以看出，传统的集中式网络管理模式已经不可能适应主动网络的管理。为了适应主动网络的特点，主动网管的体系结构突破传统网管的非对称管理模式，使网络控制和管理工作站及主动结点达到一种对等的关系，从而克服传统网络中管理端发生信息瓶颈问题，也便于业务的动态加载和动态 MIB 库的管理与维护，主动网络管理的体系结构如图 14-23 所示。

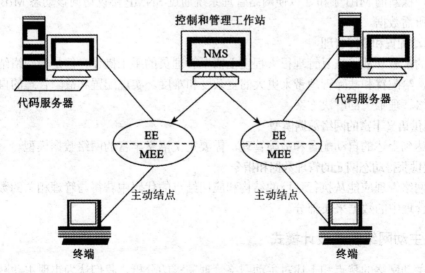

图 14-23　主动网络管理的体系结构

其中 NMS 是网络管理者控制和管理主动网络的界面，主动结点是网管系统的主要管理对象，负责处理主动信包，EE 提供了主动信包执行和处理所必需的环境。MEE 负责主动结点的全局管理功能，代码服务器负责提供网元设备采集数据所必需的逻辑方法，终端系统使用主动结点的服务运行主动应用。

14.5.2 主动网络管理需求分析

从主动网管的体系结构可以看出主动结点是主动网管所要管理的主要对象。作为主动网络灵魂的主动结点，其结构、行为和属性在其运行过程中都可能会发生变化，因此对主动网络管理也提出了新的需求。

当然，主动网管也必须完成传统网管的配置管理、性能管理、故障管理、安全管理和计费管理五大功能域，但在实现机制上有了新的要求。要实现对主动网络的有效管理，网络管理软件应达到以下目标。

1. 动态可编程管理

主动网络管理应该能提供一种可动态编程的管理模式，这是适应主动网络最根本的需求。因为主动网络可以十分方便地进行新业务的扩展，这就使得网络管理软件也应能迅速地对新加载的业务进行管理。

具体来说，主动网络管理应能随着主动结点上的管理软件的变化而变化，并能与其他的结点管理软件集成在一起；同时，还应提供一种可共享的内部执行环境，即可为各种执行环境提供与网络管理接口的机制，使得其他的执行环境能够发现和使用这些接口来完成相应的操作。

2. 与 SNMP 兼容

由于大多数网络设备都支持 SNMP 协议，因此主动网络管理也应能与 SNMP 兼容。其关键在于能够提供动态的 MIB 技术，因为主动结点的结构并不是一成不变的而可能经常发生变化，因此当主动结点中某些新业务的增加使得原有的 MIB 信息不够用时，这时就需要将新的信息生成一棵新的 MIB 子树，以便网络管理系统通过 SNMP 协议访问该动态 MIB 树，从中获得管理所需数据。

3. 自动配置和故障管理

传统的配置和故障恢复管理很大程度上需要管理员的手工操作，但是当网络结点由静态变为动态，给配置和故障管理带来更大的复杂度和难度。实现配置和故障管理的自动化，将是主动网络管理唯一的解决方案。

4. 提供语义丰富的网络数据模型

为了达到上述的自动配置和故障管理，需要定义语义丰富的网络数据模型。

5. 提供获得动态网元的管理数据和指令

主动网络管理应能从执行环境的结构和应用结点的代码中获得与管理相关的数据，这是主动网络管理中的数据采集部分。

14.5.3 主动网络管理设计模式

根据主动网络的特点和上述对主动网络管理需求的分析，我们认为实现主动网络的一种比较好的模式是以结点管理（Node Manager）为核心的分层结构模式，如图 14-24 所示。

第 14 章 网络管理技术的发展

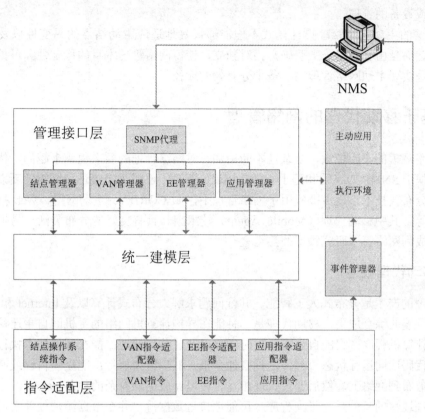

图 14-24 主动网络管理设计模式

图 14-24 中的指令适配层、统一建模层和管理接口层构成了节点管理，负责管理、配置、分析和监控主动节点，它通过结点操作系统的应用程序接口（API）发出该节点的本地指令来访问节点的性能数据、配置功能和操作事件，同时它还作用于节点执行环境以达到对环境的配置、故障和性能管理，从而提高网络管理软件对主动应用发生变化的适应性。另一方面，结点管理又为执行环境提供一套 API 接口，使得主动应用可以适应和配置网络资源，监控网络性能。

节点管理与网络管理工作站（NMS）相连，既便于对网络的远程管理，又可以使网络管理工作站上的软件可以适应主动应用的变化。

最底层的指令适配层提供各种指令适配器来访问不同种类结点的事件和管理数据，这种指令适配器通过动态 MIB 来实现访问功能；中间的数据统一建模层用来将采集到的管理数据统一成网络管理应用程序能够访问和分析的数据格式；而管理接口层则负责管理特殊的结点功能和组件，包括通讯和操作系统单元、主动虚拟网络组件、执行环境、主动应用等。

当有新应用或服务到来时，只需在每一层上动态加载相应对象模块就可以对新应用进行管理。

主动网络管理的分层设计模式将主动网络管理分为指令适配层、统一建模层和管理接口层三个相对独立又互相关联的实体，在指令适配层通过加载动态 MIB 库新对象来实现新服务或新设备的指令扩展，在统一建模层提供新服务所需要的功能函数或方法以供上层管理器调用，在管理接口层则提供新的管理器来为网络管理员提供友好而完善的操作界面，最终完成对新服务或设备的管理。

这种分层的主动网络管理设计模式不但能够很好地适应主动结点的易变性以及主动应用的扩展性，而且由于各层分工明确，相对独立，使得网络管理本身的稳定性和可扩展性也大大提高，是实现主动网络管理的一条十分有效的途径。

14.6 基于移动代理的网络管理

随着网络规模的不断扩大，复杂性不断增加，对网络管理的要求也越来越高。传统的集中式网管：基于 SNMP 协议的和基于 CMIP 协议的管理，已越来越难适应网络的新发展。因而一些新的分布式技术正逐步被应用于网络管理中，如 CORBA、主动网络、Web 技术、移动代理技术等。其中移动代理（Mobile Agent）技术因其具有良好的分布灵活、易扩展和容错等特性，成为网络管理研究领域的热点之一。

14.6.1 移动代理概述

移动代理的产生是分布式人工智能、并行问题求解、分布式计算以及 Internet 和 Intranet 应用等领域发展的综合成果。移动代理是一种能在异构计算机网络的主机间自主迁移，代表其他实体的计算机程序。它能自主选择何时迁移以及迁移到何地；能在程序任意执行点上挂起并将执行代码连同运行状态一起传送到其他主机，然后继续执行；能克隆自己或产生子代理并把它们散布到网络上，然后通过代理相互合作以完成更加复杂的任务。

移动代理迁移的目的是为了使程序尽可能地接近数据源，并在数据源端处理数据和实施管理操作，从而可以降低网络的通信开销，平衡负载，提高完成任务的效率。移动代理"迁移➔计算➔迁移"的工作模式及代理间的通信和协作能力为网络管理提供了全新的整体解决方案。

14.6.2 基于移动代理的网络管理体系结构

移动代理是人工智能和分布式系统的研究热点之一，而移动代理在网络管理中的应用又是移动代理应用中很重要也很有效的应用之一。它们可以移动到存有数据的地方，利用预先赋予它们的智能性，选取使用者感兴趣的信息，并作相应的处理。这样就不需要传输大量的原始数据和中间临时数据，从而节省了带宽。

基于移动代理的网络管理体系结构如图 14-25 所示，主要包括以下三个部分：

（1）NMS：网络管理工作站，其功能与传统 SNMP 的管理站相似。

（2）NE（Network Element）：被管理网络设备，由于要在其上运行移动代理，因此必须加载移动代理执行环境 MAE（Mobile Agent Environment）。

（3）MA（Mobile Agent）：移动代理，具有本地处理能力和移动性，可以处理数据并传送到其他 NE 或 NMS 上。

基于移动代理的网络管理工作原理如下：

（1）NMS 产生一个移动代理 MA，其内部包含了所需要的网管功能，然后将此 MA 发送到第一个被管理的设备 NE 上。

（2）MA 在 NE 上运行，调用本地的资源，根据预先设置的网管功能执行相应的操作。

（3）将处理后的结果数据和 MA 的现有状态保存在 MA 中。

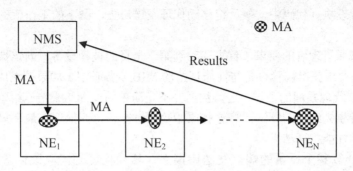

图 14-25　基于移动代理的网络管理体系结构

（4）判断这个 NE 是不是最后一个未处理过的 NE，如果不是，MA 将自己传送到下一个 NE，然后转到步骤（2）执行。如果是最后一个未处理过的 NE，则转到（5）。

（5）MA 处理完最后一个 NE 之后，将所有 NE 上的响应消息传送到 NMS，由 NMS 进一步处理。

基于移动代理的网络管理体系结构具有分布灵活、动态易扩展等待性，减少了网络管理的数据流量，缩短管理响应时间，避免传统 SNMP 轮询带来较大的网络管理通信开销，克服了传统集中网络管理模式中的主要缺陷。它主要具有以下优点：

（1）通过派遣移动代理，降低了网络通信量及管理器轮询的密度。

（2）提高了分布式系统的容错能力和自动恢复能力。如当失去与网络管理器联系时，移动代理可以激活自治管理程序，这样在发生网络连接故障的情况下也可实施管理任务。

（3）充分利用了分布的网络资源，移动代理自动迁移到最优的计算环境进行分布式计算。

（4）移动代理可以在异构环境中迁移，灵活地提供了在不同管理协议中的互操作。

（5）由于移动代理具有智能性和自主性，它可以在没有网络管理员的情况下收集网络状态信息，并对设备进行管理。

14.6.3　基于移动代理的网管系统功能设计

采用移动代理技术来设计网管系统，就是要充分发挥移动代理技术带来的好处，即它的远程数据处理能力和它的灵活性。移动代理在网管系统中的优势主要体现在网络的性能管理、故障管理和安全管理上，所以重点介绍这三个模块的设计。

这三个模块的设计原理和实现机制相似，都是采用静态代理加移动代理的方法。每一个模块由一个静态代理和多个移动代理组成，静态代理负责图形界面的生成，为移动代理提供执行的参数，负责产生和发送移动代理，并显示移动代理返回的结果。移动代理主要在远程设备上完成特定的任务，并把结果报告给静态代理。每个模块的移动代理和静态代理密切合作，共同完成模块的功能。

1. 性能管理模块

性能管理模块提供对网元的流量、端口利用率和错误率等重要信息进行监视，并能以文字或曲线图的形式显示出来。在基于移动代理的性能管理中，管理者所要做的不再是同时向网络中的被管设备发出大量轮询命令，而是将采集命令封装在移动代理中，由移动代理向被管设备发出数据采集的请求。首先管理者从移动代理库中得到已经由移动代理生成器构建好的基本移动代理，然后将需采集的设备信息、MIB 变量及性能指标的算法等相关信息动态加载到基本移动代理执行代码中,最后将移动代理发送出去,剩下的工作就都由移动代理来完成。

移动代理按照管理者的要求,首先移动到第一个目的被管设备,向该被管设备的 SNMP 代理发出请求,要求获得被管设备与性能相关的 MIB 变量信息。如果请求成功,移动代理就会接收到 SNMP 代理发回的数据,这些数据并不是简单的作为结果传送给管理者,移动代理还需按照管理者事先给出的算法,将这些原始数据进行一定的处理,最后只保留管理者所需要呈现给用户的性能指标结果。

例如,要计算某个设备的端口发送错误率,移动代理先读取该设备的 ifOutErrors、ifOutUcastPkts 和 ifOutNucastPkts 变量值,再利用公式:端口错误率 =ifOutErrors/(ifOutUcastPkts+ifOutNucastPkts) 计算出结果回送给 SNMP 管理者。

在完成对第一个目的被管设备的数据采集后,移动代理根据管理者加载给自己的被管设备地址列表,到达第二个、第三个……直到所有需要采集数据的设备信息都已采集完毕,移动代理就可以返回到管理者,最后管理者只需将移动代理中的数据进行相应的存储、显示,就完成了对整个网络被管设备的一次性能数据采集。图 14-26 描述了基于移动代理的性能管理的模型图。

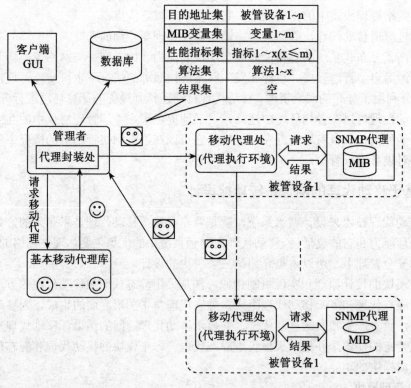

图 14-26 基于移动代理的性能管理的模型图

性能管理主要监视的性能指标有:端口利用率,各种包的接收、发送、丢失、错误率等。通过移动代理有效监测主要设备的这些性能指标,可以了解比较实时的网络状态,及时发现网络拥塞等异常情况,尽早采取预防措施。

2. 故障管理模块

故障管理模块通过计算网元的一些性能指标，并与预先设定的门限值进行比较，判断网络中是否出现了故障。故障管理模块提供对性能指标门限值的管理，以及故障检测与告警等功能。有些故障的门限由上限和下限组成，如接口利用率，当性能指标超出限制时预示该端口可能出现了拥塞。有的故障只有上限，如 TCP 接收错误率。门限值由用户根据实际情况设定，并可以修改。当需要执行故障检测时，移动代理携带这些门限值及相关参数移动到 SNMP 代理设备上，从本地数据库获取所需的 MIB 变量值，计算并与门限值比较。当超出门限时，主动向网管控制台发出告警指示。

移动代理所携带的功能还可被设置成检测被管节点是否发生了某个网络故障。当发现某一部分网络可能发生故障之后，可以发送一个移动代理到故障点，由移动代理启动一系列的本地执行检测工作，从而获得关于故障点的更详细资料，可能的话尝试修复故障。移动代理在故障点所能完成工作的多少和质量依赖于它本身所具有的智能。

故障的判断有它的不确定性，这主要是由于在不同的网络环境中，同样的 MIB 参数可能指示不同的问题。如 MIB 变量 ifIndiscards，当该值上升超出门限时，不一定是一个故障，它可能是由于网络中运行了非 TCP/IP 协议；也可能是一个故障，如由于路由器的软件故障造成的丢包率上升，因而有时故障不能精确定性。故障管理模块可以检测的故障包括线路故障、网卡故障、网络设备接口故障和路由器故障等。

3. 安全管理模块

安全管理模块提供对网络中逻辑资源的安全管理，包括用户管理、访问控制、安全策略的制定和审计、入侵事件的检测和跟踪等。不同级别的用户应划分到不同的组，每一组拥有不同的访问权限和可使用的网络资源，用户访问受限制的系统资源时需进行安全认证，这些功能由安全模块的静态代理完成。

移动代理主要完成对网络资源的审计和网络入侵的检测与跟踪。由于移动代理可以直接发送到重要的服务器上去执行（只要该服务器加载了移动代理平台），因此利用移动代理来进行安全管理比其他方法更有成效。它可以直接对该主机系统进行安全审计，当发现安全事件时，如重要的系统配置文件被修改、系统服务日志异常等，立即报告网管控制台；或者当它发现入侵企图时，可以立即启动入侵跟踪程序，记录入侵者的活动情况，向网管控制台报告，必要时中止该网络会话。运行在主机上的移动代理，还可以通过检查网段上的数据包来发现针对其他主机的入侵活动，并向网管控制台及时报告。

14.7 网络管理智能化

由于现代计算机网络结构和规模日趋复杂，网络管理员要有坚实的网络技术知识、丰富的网络管理经验和应变能力。但由于网络管理因素的实时性、动态性和瞬变性，使得即使有丰富经验的网络管理人员也有力不从心之感。为此，现代网络管理正朝着网络管理智能化的方向发展。智能化网络管理应具有如下特殊能力。

1. 处理不确定性的能力

如前所述，网络管理就是要对网络资源进行监测控制管理，以达到网络系统高效率运行的目的，这种管理控制是依赖于它对系统资源状态的了解，包括系统的全局状态和系统的局部状态。但由于网络系统的瞬变性，当某资源的状态信息传到网络管理系统时可能已经变化了。因此，网络管理只能知道系统的局部状态，根据这些信息进行管理，由于上述同样的原因，局部信息也是不确切的，智能化网络管理要有处理不确定信息的能力，能根据这些信息对网络资源进行管理和控制，现在已经有了一些比较好的方法，如模糊逻辑（Fuzzy Logic）、主观 Bayes 方法、Dempster Shafer 的证据理论（Belief Function）等。

2. 协同能力

如前所述，由于网络规模和结构日趋复杂，集中系统中单一网络管理者是难以应付全部网络工作的，为此，出现层次化网络管理概念，上层管理者可以用轮询方式监测中层管理者，中层管理者向上层管理者报告突发事件而且还要对下层进行监测，这就存在多层管理者之间任务的分配、通信和协作问题。目前，多代理协作、分布式人工智能的思想逐渐引入网络管理中。

3. 适应系统变化的能力

传统的网络管理是通过不断地轮询所管网络资源的状态变化，即采用"数据驱动"模式对网络资源进行管理控制的，即管理控制是基于管理者所收集的数据信息来驱动的。但网络系统是一个不断变化的分布式动态系统，因此，传统网络管理难以适应系统的状态特征，基于规则的智能化网络管理能够较好地适应网络系统的变化。所谓规则可以简单地理解为一种"系统状态-动作"的描述，当系统处在某些状态下时，管理系统启动相应的处理动作。网络管理员可以灵活地增加删除修改基于规则的智能化网络管理中的规则以适应网络的不断变化。

4. 解释和推理能力

目前大多数网络管理者都基于某种网络管理协议，如 SNMP、CMIP，它所监测到的只是一些 MIB 信息，而这些信息所反映出的问题，以及如何基于这些信息来对网络管理控制，却没有得到很好的解决，工作仅停留在网络监测阶段。

智能化网络不只是简单的响应低层的一些孤立信息，它应有能力综合解释这些低层信息，以得出高层的信息和概念，并基于这些高层的信息概念对网络进行管理和控制。同样，智能化网络管理的推理能力也很重要，它能够根据已有的不很完全、不很精确的信息来作出对网络的判断。如当网络中某个路由器出现故障时，这台路由器及其与之相连的网络管理通信设备都会失去与网络管理者的联系，当网络管理者轮询这些设备时，它们都不会响应，此时的智能化网络管理应有能力推断出其中设备出了故障。图 14-27 所示的是智能化网络管理结构框图。

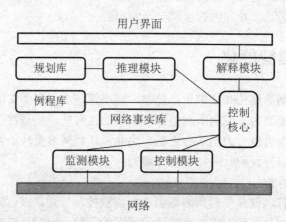

图 14-27　智能化网管结构示意图

用通用人工智能语言，如 LISP、Prolog 来进行智能化网络管理的开发，其效率不是很高，因而不太适合网络管理领域，美国 NASA 针对这个问题开发一个基于 C 语言的专家开发系统（C Language Integrated Production System，CLIPS），比较适合于类似智能化网络管理系统的开发。

习　题

1. 简述网络管理技术的发展趋势。
2. 什么是WBM？WBM有什么特点？
3. 简述两种WBM实现方式的区别。
4. 实现WBM需要哪几种关键技术？如何解决WBM的安全性？
5. 什么是WBEM标准？什么是JMX？
6. 什么是CORBA？如何实现CORBA/SNMP网关？
7. CORBA/CMIP网关的作用是什么？
8. 简述主动网络管理的基本概念。
9. 基于移动代理的网络管理体系结构包括哪几个部分？每部分完成什么功能？
10. 试述如何将移动代理用于故障管理。
11. 简述如何将移动代理用于网络性能监测。
12. 通过网络了解基于智能代理和策略的网络管理的基本模式。

附录A ITU-T有关网络管理的建议书索引

下面列出的是由ITU-T制定/通过，与网络管理有关的各个建议书，以建议书的编号为序。每个建议书都列出了编号、公布年月和标题。

M.3000　(02/00)——Overview of TMN Recommendations

M.3010　(02/00)——Principles for a Telecommunications management network

M.3013　(02/00)——Considerations for a telecommunications management network

M.3016　(06/98)——TMN security overview

M.3020　(02/00)——TMN Interface Specification Methodology

M.3100　(07/95)——Generic network information model

M.3100 Amendment 1　(03/99)

M.3100 Amendment 2　(02/00)——Enhancement of M.3100

M.3100 Amendment 3　(01/01)——Definition of the management interface for a generic alarm reporting control (ARC) feature

M.3100 Amendment 4　(08/01)——Bridge and Role Cross Connect Model

M.3100 Amendment 5　(08/01)——Enhanced Cross Connect Model

M.3100 Corrigendum 1　(06/98)——Corrigendum 1

M.3100 Corrigendum 2　(01/01)

M.3100 Corrigendum 3　(08/01)

M.3101　(07/95) – Managed object conformance statements for the generic network information model

M.3108 –TMN management services for dedicated and reconfigurable circuits network(由下面4个分册组成)：

- M.3108.1　(03/99)——TMN management services for dedicated and reconfigurable circuits network: Information model for management of leased circuit and reconfigurable services
- M.3108.1 Corrigendum 1(01/01)
- M.3108.2　(02/00)——TMN management services for dedicated and reconfigurable circuits network: Information model for connection management of preprovisioned service link connections to form a reconfigurable leased service
- M.3108.3　(01/01)——TMN management services for dedicated and reconfigurable circuits network: Information model for management of virtual private network service

M.3120　(10/01)——CORBA generic network and NE level information model

M.3108　(10/92)——Catalogue of TMN management information

M.3200　(04/97)——TMN management services and telecommunications managed areas:

overview

M.3207　(05/96)——TMN management services: maintenance aspects of B_ISDN management

M.3208 TMN management services for dedicated and reconfigurable circuits network (由下面五个分册组成)：
- M.3208.1 (10/97)——Leased circuit services
- M.3208.1 Corrigendum 1　(02/00)
- M.3208.2　(03/99)——Connection management of pre-provisioned service link connections to form a leased circuit service
- M.3208.2 Corrigendum 1 (01/01)
- M.3208.3　(02/00)——Virtual private network

M.3210.1 (01/01)——TMN management services for IMT-2000 security management

M.3211.1 (05/96)——TMN management services: Fault and performance management of the ISDN access

M.3300　(06/98)——TMN F interface requirements

M.3320　(04/97)——Management requirements framework for the TMN X-Interface

M.3400　(02/00)——TMN Management Functions

M.3600　(10/92)——Principles for the management of ISDNs

M.3602　(10/92)——Applications of maintenance principles to ISDN subscriber installations

M.3603　(10/92)——Applications of maintenance principles to ISDN basic rate access

M.3604　(10/92)——Applications of maintenance principles to ISDN primary rate access

M.3605　(10/92)——Applications of maintenance principles to static multiplexed ISDN basic rate access

M.3610　(05/96)——Principles for applying the TMN concept to the management of B-ISDN

M.3611　(04/97)——Test management of the B-ISDN ATM layer using the TMN

M.3620　(10/92)——Principles for the use of ISDN test calls, systems and responders

M.3621　(07/95)——Integrated management of the ISDN customer access

M.3640　(10/92)——Management of the D-channel-Data link layer and network layer

M.3641　(10/94)——Management information model for the management of the data link and network layer of the ISDN D channel

M.3650　(04/97)——Network performance measurements of ISDN calls

M.3660　(10/92)——ISDN interface management services

附录 B 与网管有关的 ISO 标准索引

下面列出的是由 ISO 制定/通过，与网络管理有关的各个标准文本，以标准文本的编号为序。每个标准文本都列出了编号、标题、通过地，有的还有标准发布日期。

ISO 7498-4: "Information Processing Systems – Open Systems Interconnection – Basic Reference Model – Part 4: Management Framework", Geneva, 1989

ISO 9595: "Information Processing Systems – Open Systems Interconnection – Common Management Information Service Definition", Geneva, 1990

ISO 9595/DAM 1: "Information Processing Systems – Open Systems Interconnection –Common Management Information Service Definition – Amendment 1: Cancel/Get", Geneva

ISO 9595/DAM 2: "Information Processing Systems – Open Systems Interconnection –Common Management Information Service Definition – Amendment 2: Add, Remove and setToDefault", Geneva

ISO 9595/DAM 3: "Information Processing Systems – Open Systems Interconnection –Common Management Information Service Definition – Amendment 3: Support for Allomorphism", Geneva

ISO 9595/DAM 4: "Information Processing Systems – Open Systems Interconnection –Common Management Information Service Definition – Amendment 4: Access Control", Geneva

ISO 9596: "Information Processing Systems – Open Systems Interconnection – Common Management Information Protocol", Geneva, 1991

ISO 9596/DAM 1: "Information Processing Systems – Open Systems Interconnection –Common Management Information Protocol – Amendment 1: Cancel/Get", Geneva

ISO 9596/DAM 2: "Information Processing Systems – Open Systems Interconnection –Common Management Information Protocol – Amendment 2: Add, Remove and setToDefault", Geneva

ISO 9596/DAM 3: "Information Processing Systems – Open Systems Interconnection –Common Management Information Protocol – Amendment 3: Support for Allomorphism", Geneva

ISO DIS 9596-2: "Information Processing Systems – Open Systems Interconnection – Common Management Information Protocol – Part2: Protocol Implementation Conformance Statement (PICS) proforma", Geneva

ISO 10040: "Information Processing Systems – Open Systems Interconnection – Systems Management Overview", Geneva

ISO DIS 10164-1: "Information Processing Systems – Open Systems Interconnection – Systems Management – Part 1: Object Management Function", Geneva

ISO DIS 10164-2: "Information Processing Systems – Open Systems Interconnection – Systems Management – Part 2: State Management Function", Geneva

ISO DIS 10164-3: "Information Processing Systems – Open Systems Interconnection – Systems Management – Part 3: Attributes for Representing Relationships", Geneva

ISO DIS 10164-4: "Information Processing Systems – Open Systems Interconnection – Systems Management – Part 4: Alarm Reporting Function", Geneva

ISO DIS 10164-5: "Information Processing Systems – Open Systems Interconnection – Systems Management – Part 5: Event Report Management Function", Geneva

ISO DIS 10164-6: "Information Processing Systems – Open Systems Interconnection – Systems Management – Part 6: Log Control Function", Geneva

ISO 10164-7: "Information Processing Systems – Open Systems Interconnection – Systems Management – Part 7: Security Alarm Reporting Function", Geneva

ISO DIS 10164-8: "Information Processing Systems – Open Systems Interconnection – Systems Management – Part 8: Security Audit Trail Function", Geneva

ISO CD 10164-9: "Information Processing Systems – Open Systems Interconnection – Systems Management – Part 9: Objects and Attributes for Access Control", Geneva

ISO DIS 10164-10: "Information Processing Systems – Open Systems Interconnection – Systems Management – Part 10: Accounting Meter Function", Geneva

ISO DIS 10164-11: "Information Processing Systems – Open Systems Interconnection – Systems Management – Part 11: Workload Monitoring Function", Geneva

ISO DIS 10164-12: "Information Processing Systems – Open Systems Interconnection – Systems Management – Part 12: Test Management Function", Geneva

ISO CD 10164-13: "Information Processing Systems – Open Systems Interconnection – Systems Management – Part 13: Measurement Summarization Function", Geneva

ISO CD 10164-sm: "Information Processing Systems – Open Systems Interconnection – Systems Management – Part sm: Software Management Function", Geneva

ISO CD 10164-tc: "Information Processing Systems – Open Systems Interconnection – Systems Management – Part tc: Confidence and Diagnostic Test classes", Geneva

ISO CD 10164-ti: "Information Processing Systems – Open Systems Interconnection – Systems Management – Part ti: Time Management Function", Geneva

ISO DIS 10165-1: "Information Processing Systems – Open Systems Interconnection – Structure of Management Information – Part 1: Management Information Model", Geneva

ISO DIS 10165-2: "Information Processing Systems – Open Systems Interconnection – Structure of Management Information – Part 2: Definition of Management Information", Geneva

ISO DIS 10165-4: "Information Processing Systems – Open Systems Interconnection – Structure of Management Information – Part 4: Guidelines for the Definition of Managed Objects", Geneva

ISO DIS 10165-5: "Information Processing Systems – Open Systems Interconnection – Structure of Management Information – Part 5: Generic Management Information", Geneva

ISO DIS 10165-6: "Information Processing Systems – Open Systems Interconnection –

Structure of Management Information – Part 6: Requirements and Guidelines for Management Information Conformance Statement Proformas", Geneva

ISO 10733: "Information Processing Systems – Open Systems Interconnection – Specification of the elements of Management Information related to OSI Network layer Standards", Geneva

ISO 10733/PDAM 1: "Information Processing Systems – Open Systems Interconnection – Specification of the elements of Management Information related to OSI Network layer Standards – Amendment 1: Managed object conformance statement proforma", Geneva

ISO 10737: "Information Processing Systems – Open Systems Interconnection – Specification of the elements of Management Information related to OSI Transport layer Standards", Geneva

ISO 10737/PDAM 1: "Information Processing Systems – Open Systems Interconnection – Specification of the elements of Management Information related to OSI Transport layer Standards – Amendment 1:Specification of the elements of management information relating to NCMS", Geneva

ISO 10737/PDAM 2: "Information Processing Systems – Open Systems Interconnection – Specification of the elements of Management Information related to OSI Transport layer Standards – Amendment 2: Managed object conformance statement proforma", Geneva

ISO 10742: "Information Processing Systems – Open Systems Interconnection – Elements of Management Information related to OSI Data Link layer Standards", Geneva

ISO TR xxx: "Information Processing Systems – Open Systems Interconnection – Systems Management Tutorial – 2nd draft ", ISO/IEC – JTC 1/SC 21/WG/N 1532, May 1992

参 考 文 献

1．雷振甲编著. 计算机网络管理及系统开发.电子工业出版社，2002.
2．胡谷雨编著. 谢希仁 审定. 网络管理技术教程. 北京希望电子出版社，2002.
3．张国鸣，唐树才，薛刚逊编著. 网络管理实用技术. 清华大学出版社，2002.
4．杨家海，任宪坤，王沛瑜编著. 网络管理原理与实现技术. 清华大学出版社，2000.
5．Mani Subramanian 编著. 王松，周靖，孟纯城译. 网络管理原理与实践. 高等教育出版社，2003.
6．郭军编著. 网络管理. 北京邮电大学出版社，2003.
7．岑贤道，安常青编著.网络管理协议及应用开发. 清华大学出版社，1998.
8．李明江编著. SNMP 简单网络管理协议.电子工业出版社，2007.
9．雷雪梅，苏力萍，孙辰宇等编著. 现代网络管理.国防工业出版社，2005.
10．夏海涛，詹志强编著. 新一代网络管理技术.北京邮电大学出版社，2003.
11．武孟军，任相臣编著. Visual C++开发基于 SNMP 的网络管理软件. 人民邮电出版社，2007.
12．雷震甲编著. 计算机网络管理. 西安交通大学出版社，2000.
13．[美]Todd Lammle 著，程代伟，徐宏，池亚平等译. CCNA 学习指南（中文第六版）. 电子工业出版社，2008.
14．[美]Brian Hill 著. 肖国尊，贾蕾等译. Cisco 完全手册. 电子工业出版社，2003.
15．[美]Matthew J. Castelli 著. 袁国忠译. 网络工程师手册. 人民邮电出版社，2005.
16．[美]Cisco Systems 公司. Cisco Networking Academy Program 著. 思科网络技术学院教程（第一、二学期）（第三版）. 人民邮电出版社，2004.
17．[美]Cisco Systems 公司. Cisco Networking Academy Program 著. 思科网络技术学院教程（第三、四学期）（第三版）. 人民邮电出版社，2004.
18．[美]Karl Solie 著. 李津，卓林译. CCIE 实验指南(第 1 卷). 人民邮电出版社，2002.
19．王振川编著. CCNA 试验手册. 人民邮电出版社，2003.
20．刘洋，季仲梅，刘其锋. SNMPv3 协议安全机制的研究.计算机安全，2010 (1)．
21．俞承志，王淑静，宋瀚涛.基于 MIB-Ⅱ的网络安全入侵检测策略.北京理工大学学报，2004，24(8).
22．David T. Perkins, Evan McGinnis.Understanding SNMP MIBs.Prentice Hall PTR,1997.